Arbeiten mit Kunststoffen
Band 1 Aufbau und Eigenschaften

Helmut Käufer

Arbeiten mit Kunststoffen

Zweite, neubearbeitete und erweiterte Auflage

Band 1
Aufbau und Eigenschaften

Mit 16 Übersichtstafeln, 62 Bildern
und einem Kunststoffüberblick

Springer-Verlag
Berlin Heidelberg New York 1978

Dr. HELMUT KÄUFER

o. Professor für Kunststofftechnik
Technische Universität, Englische Straße 20, D-1000 Berlin 12

Die 1. Auflage erschien 1968 im Wilhelm Knapp Verlag, Düsseldorf

ISBN-13:978-3-642-81167-8   e-ISBN-13:978-3-642-81166-1
DOI: 10.1007/978-3-642-81166-1

Library of Congress Cataloging in Publication Data: Käufer, Helmut. Arbeiten mit Kunststoffen. Contents: Bd. 1 Aufbau und Eigenschaften. 1. Plastics. TP1120.K33 1978 664'.4
78-921.

Gesamtherstellung: Konrad Triltsch, Würzburg
2061/3020/543210

Vorwort zur zweiten Auflage

„...Dieses Buch ist aus der praktischen Arbeit entstanden in dem Bemühen, Arbeitsgrundlagen zu schaffen, welche eine schnelle und verständliche Information auf den unterschiedlichen Gebieten, auf denen heute Kunststoffe angewendet werden, ermöglichen. Zweifellos ist dieser Versuch in mancher Beziehung gewagt, weil Gebiete zusammengefaßt wurden, welche bis jetzt immer nur gesondert und unter speziellen Aspekten betrachtet werden. Dies führte zu ungewohnten Zusammenstellungen und Darstellungen ...“

Dieser Ausschnitt aus dem Vorwort zur 1. Auflage (1968) kündigte einen Versuch an, dessen Ergebnis damals nicht vorauszusehen war. Heute haben sich nicht nur die Zielsetzung sondern auch Darstellung und Betrachtungsweise des damaligen Versuchs in wesentlichen Punkten durchgesetzt, und es hat sich bestätigt, daß die überblicksmäßige Betrachtung der Kunststoffe in ihrem gesamten Bereich unter anwendungstechnischem Aspekt die Grundlage für ein erfolgreiches Arbeiten mit Kunststoffen ist.

Daher haben sich die Zielsetzung und die Schwerpunkte der Darstellung auch in dieser zweiten Auflage nicht verändert. Gegenüber der seit einiger Zeit vergriffenen ersten Auflage ist eine völlige Neubearbeitung vorgenommen worden, um der in der Zwischenzeit sehr lebhaften Entwicklung der Kunststoffwissenschaften und Kunststofftechnik gerecht zu werden.

Kunststoffe sind heute unbestritten die vielseitigsten und anpassungsfähigsten Werkstoffe. Ihr Einsatz hat unzählige neuartige technische Problemlösungen und Produkte ermöglicht. Diese Entwicklung ist noch voll im Gange und hat zur Folge, daß für die technische Gesamtentwicklung die Kunststoffe die Werkstoffgruppe sind, die die größten und auf breitester Basis wirkenden Impulse in den kommenden Jahren bringen wird. Auch als Werkstoffe selbst werden die Kunststoffe als junge Werkstoffgruppe eine wesentlich intensivere Entwicklung erfahren, als dies bei den anderen Werkstoffen der Fall sein wird.

Dem steht entgegen, daß die Kunststoffe und ihre speziellen Technologien in der Lehre und in der Ausbildung gegenüber den klassischen Werkstoffen entsprechend ihrer heutigen Bedeutung völlig unterrepräsentiert sind. Daher fehlt den meisten von uns heute auch noch eine sozusagen instinktive Sicherheit auf diesem Gebiet, ganz anders als bei den klassischen Werkstoffen Metall, Stein und Holz. Ein sicheres Gefühl für die wichtigsten Eigenschaften und Anwendungen der Kunststoffe, insbesondere in ihren komplexen Strukturen und im Verbund mit den anderen

Werkstoffen hat sich wegen ihrer Vielfältigkeit und schnellen Verbreitung jedoch bisher nicht entwickeln können. Ein Hauptanliegen ist es daher, eine solche sichere Kenntnis der Aufbaumöglichkeiten, der Eigenschaften und der Verarbeitungsmöglichkeiten von Kunststoffen zu vermitteln.

Nach einer kurzen Übersicht über Geschichte und wirtschaftliche Bedeutung werden in den Kapiteln 2 und 3 der Aufbau und die anwendungsbezogene Einteilung der Kunststoffe erklärt, ohne zu sehr auf chemische und physikalische Einzelheiten einzugehen. Ergänzend dazu befindet sich ein Überblick über alle wichtigen Einzelkunststoffe am Schluß des Bandes. Die praktisch wichtige Bestimmung von Kunststoffen anhand einfacher Verfahren wird in Kapitel 4 vermittelt. Der größte Teil des Bandes behandelt in den Kapiteln 5 bis 9 dann die technisch wichtigen Eigenschaften der Kunststoffe. Dabei werden jeweils zusammenhängende Eigenschaften für sämtliche Kunststoffgruppen besprochen. Zu diesem Vergleich werden auch die klassischen Werkstoffe herangezogen, um den Standort der Kunststoffe in der gesamten Werkstoffpalette zu verdeutlichen.

Der zweite Band wird sich mit der Verarbeitung und Anwendung der Kunststoffe befassen.

Bei der Neubearbeitung lag mir besonders daran, eine anwendungsbezogene Gliederung der Kunststoffe mit ihren komplexen Makroaufbauarten in den Vordergrund zu stellen.

Deshalb werden, anknüpfend an die bereits in der ersten Auflage gegebenen Gliederungen, differenziertere Unterteilungen und Erweiterungen der Einteilung der Kunststoffe mitgeteilt und veranschaulicht. So bei ihrer Gruppeneinteilung und bei der neu verwendeten Gliederung des Makroaufbaus der Kunststoffe in diesem Buch. Letztere basiert auf einer Einteilung, die der Fachwelt in meinem Buch „Kunststoffe als Werkstoff" (Vogel-Verlag, Würzburg 1974) vorgestellt und begründet wurde. Die darauf erfolgten Diskussionen lassen mich nun hier vorschlagen, den Makroaufbau der Kunststoffe in fünf Arten einzuteilen, der ebenfalls die Verbundmöglichkeiten auch mit den anderen Werkstoffen klassifiziert. Das Verständnis dieser Möglichkeiten ist für die Anwendung wichtig, da es neben den Kunststoffen keinen anderen Werkstoff gibt, der in sämtlichen dieser fünf Makroaufbauarten hergestellt und angewendet werden kann. Es zeigt sich dabei bereits bei der vergleichenden Betrachtung der Eigenschaften, daß die begriffliche Anwendung solcher Makroaufbauarten das Überlicken der Kunststoffmöglichkeiten sehr erleichtert.

Als Besonderheit der Darstellung ist beibehalten worden, zu versuchen, alle wichtigen Daten und Zusammenhänge in Tabellen oder Abbildungen anschaulich zusammenzustellen. Dabei sind auch charakteristische Eigenschaften der anderen Werkstoffe integriert, so daß durch einen Brückenschlag zu den klassischen Werkstoffen die Einordnung der Kunststoffe in die gesamte Werkstoffpalette veranschaulicht wird. Die Tabellen und Abbildungen sind außerdem so angelegt, daß sie auch ohne den Text verständlich sind. Daher kann das Buch auch als Nachschlagewerk für eine schnellere erste Information dienen.

Möge diese zweite Auflage eine ebenso freundliche Aufnahme wie die erste finden und viele weiterführende Diskussionen in der Fachwelt auslösen. Für letztere, aber auch für Anregungen und Hinweise aus dem Leserkreis, bin ich wie bisher besonders dankbar.

Mein Dank gilt vielen Kollegen in der Industrie, in den Forschungs- und Prüf-
instituten und insbesondere in den Universitäten sowie meinen Mitarbeitern am
Kunststofftechnikum und in der Kunststoffphysik. Ihnen allen habe ich zu danken
für vielfältige Anregungen, Diskussionen und Kritik sowie für die Überlassung von
Meßergebnissen und Bildvorlagen. Dem Springer-Verlag danke ich für die gute Zusammenarbeit.

Berlin, im August 1978   H. Käufer

Inhaltsverzeichnis

Inhaltsübersicht Band 2: Kunststoffverarbeitung

1. Geschichte und Wirtschaft

Nach nur 100jähriger Geschichte sind Kunststoffherstellung und -verarbeitung ein wichtiger Wirtschaftsfaktor geworden.

1.1 Einleitung

Die Anfänge der Kunststoffe ließen nicht ahnen, welche beachtenswerte Entwicklung die Kunststoffherstellung und Verarbeitung zu einem großen Wirtschaftszweig nehmen würde. Mehr oder weniger Zufallsentdeckungen und die Verwendung von Abfallprodukten sowie der Begriff des Ersatzstoffes, der hochwertige Materialien in Zeiten des Mangels mehr schlecht als recht ersetzen sollte, waren den Kunststoffen in die Wiege gelegt. Das ist heute allzuschnell vergessen, darum sei hier wenigstens kurz darauf eingegangen.

Viele wirtschaftliche Interessen haben im Laufe der vergangenen Jahrzehnte zusammengewirkt, um die Kunststoffe als eine der wichtigsten Werkstoffgruppen zu etablieren. Da die Kunststoffe chemische Werkstoffe sind, war und ist ihre Herstellung vor allem ein Anliegen der chemischen Industrie. Die Rohstofflieferanten der chemischen Industrie und die Anlagenhersteller sind dabei zwangsläufig mit im Spiel.

Verarbeitungsmaschinen für die Kunststoffverarbeitung liefert der Maschinenbau, von dem sich zahlreiche Betriebe ganz oder bereichsweise auf die Kunststoffverarbeitung spezialisiert haben. Das breiteste Interessenfeld wird durch die verschiedensten Anwendungs-Industrien repräsentiert, die sich mit den Fragen der Kunststoffanwendung auf ihren Spezialgebieten befassen. Genannt seien hier die Elektro-, Verpackungs- und Fahrzeugindustrie als Beispiele von vielen.

Bei einer so weitverzweigten wirtschaftlichen Auswirkung der Kunststoffe ist es schwierig, kurze allgemeingültige Aussagen über ihre geschichtliche und wirtschaftliche Entwicklung zu machen. Im folgenden wird versucht, nachdem die wichtigsten geschichtlichen Faktoren behandelt sind, die Kunststoff-Herstellung in der chemischen Industrie unter Berücksichtigung der Rohstoff-Zulieferung und dann die der Kunststoffe in den einzelnen industriellen Bereichen auch hinsichtlich der zukünftigen Entwicklung zu besprechen.

1.2 Kunststoffe in der Vorkunststoffzeit

Als Columbus seine Reisen unternahm, die zur Entdeckung Amerikas führten, konnten seine Leute auf Haiti im Jahre 1495 bereits Gummibälle aus Kautschuk beobachten, mit denen die Bewohner spielten. Im Jahre 1502 lernten die Spanier in

Mexiko dann auch Gummibäume kennen, welche Kautschuk-Latex lieferten, wie Antonio Herreira (1559 – 1625) in seinen Reisebeschreibungen des Columbus berichtet.

Alle anderen bekannten Daten über Kunststoffe in der Vorkunststoffzeit stammen aus dem 19. Jahrhundert, so die Imprägnierung von Stoffen mit *Kautschuklösung* für Regenmäntel (Charles Macintosh, 1823), die Beschreibung von Styrol und seiner Umwandlung in *Polystyrol* (Simon 1829), die Durchführung der *Kautschukvulkanisation* (F. W. Lüdersdorff, 1832), die Beschreibung von *Polyvinylchlorid* aus Vinylchlorid (H. V. Regnault, 1838), die Nitrierbarkeit und Löslichkeit der *Cellulose* (C. F. Schönbein 1846) sowie die Härtung von Cellulosebahnen zu Vulkanfiber (John Taylor, 1859).

Obwohl Erkenntnisse über Kunststoffe damit bereits in über 100 Jahren zurückliegenden Veröffentlichungen zu finden sind, darf dies nicht darüber hinwegtäuschen, daß die Ergebnisse der Forschung und Technologie auf diesem Gebiet bis ins erste Jahrzehnt unseres Jahrhunderts nicht interessiert haben. Einige wenige Pioniere, die sich mit diesem Gebiet befaßten und denen wir heute das „Kunststoffzeitalter" verdanken, haben ihre Arbeiten gegen den starken Widerstand ihrer Kollegen und der Wirtschaft verteidigen und ausführen müssen.

Dies hatte drei Gründe: 1. Das Bestreben der Forschung und wissenschaftlichen Entwicklung war nicht primär auf die Schaffung optimaler Werkstoffe gerichtet, sondern lag auf anderen Gebieten, wie dem der Farbstoff-, Arzneimitteloder Düngemittelherstellung.

2. Eine in einem Reaktionsgefäß entstandene klebrige oder harte Masse ließ sich von der Reaktionswand schlecht entfernen. Sie wurde daher nicht als Werkstoff erkannt, sondern als Ergebnis eines mißlungenen Versuchs betrachtet, obwohl in vielen solcher Fällen sicher Kunststoffe beobachtet wurden.

3. Die damalige Bewertung war nicht werkstoffneutral; d. h. man beurteilte Werkstoffe nicht nach ihren Eigenschaften allein, sondern auch nach ihrem Handelswert. Aus diesem Grunde wurde angestrebt, vor allem die Edelmetalle Gold und Silber künstlich zu erzeugen.

Dem eigentlichen Durchbruch der Kunststoffe geht daher in der zweiten Hälfte des 19. Jahrhunderts die Einführung von Produkten voraus, die aus Werkstoffen bestehen, die durch die Abwandlung natürlicher Stoffe zu Kunststoffen erzielt wurden. Es handelt sich um Cellulose- und Kautschuk-Erzeugnisse.

1.2.1 Cellulose-Kunststoffe aus der Papier-Herstellung

Der Grundstoff aller pflanzlichen Zellwände ist der Zellstoff, auch Cellulose genannt. Der aus Holz, Stroh, Baumwolle und anderen Pflanzen gewonnene Zellstoff diente und dient zur Herstellung von Papier und Fasern. Angeregt durch die Zellstoffgewinnung der jahrhundertealten Papierherstellungsverfahren bestand in der Mitte des vorigen Jahrhunderts das Bemühen, einen festeren Stoff, als es das Papier war, herzustellen. Die bereits erwähnte Nitrierbarkeit der Cellulose, von Schönbein entdeckt, als er mit Putztüchern aus Baumwolle Schwefel- und Salpetersäure beseitigen wollte, war bereits ein erster Schritt dazu. Diese Nitrocellulose war als leichtentzündlicher Sprengstoff nicht nur die Grundlage für die von Alfred Nobel 1875 entdeckte Sprenggelatine, die aus Nitrocellulose mit Nitroglyzerin in Kieselgur besteht, sondern auch die Grundlage für das Collodium (Nitrocellulose in Alkohol-äthermischung gelöst).

Collodium, das in der damaligen Fotografie große Bedeutung hatte, zog Fäden. L. M. H. Bernigaud de Chardonnet (1889) wandte dieses Phänomen an, um die erste Kunstseide zu erzeugen. Auf der Pariser Weltausstellung stellte er diesen neuen Stoff aus. Obwohl diese Kunstseide daraufhin in mehreren Fabriken hergestellt wurde, war ihr kein langer Erfolg beschieden, weil ihre leichte Entflammbarkeit zu vielen Unfällen führte. Die *synthetische Faser* war jedoch damit geboren.

Der amerikanische Drucker John Wesley Hyatt wollte Collodium dazu benutzen, Billard-Bälle herzustellen, die damals aus dem teueren Elfenbein bestanden. Mittels einer Mischung aus Collodium und Kampfer, die ein verformbares plastisches Material ergab und nach dem Verdampfen des Kampfers einen hornähnlichen festen Werkstoff lieferte, stellte er über Erwärmen und Pressen ab 1878 in seiner Fabrik Celluloid-Erzeugnisse her. Seine Celluloid-Billard-Bälle waren allerdings ein Mißerfolg, weil sie zu zerbrechlich waren.

Dem noch heute zu Kämmen und ähnlichem verarbeiteten Celluloid gesellten sich bald weitere Cellulosekunststoffe zu, von denen vor allem das sogenannte Cellulose-Pergament (1878 in England von Warren de la Rue) und die ersten aus löslichen Celluloseverbindungen gegossenen Cellulosefolien (etwa 1890 in den USA) erwähnt seien. Letztere waren übrigens in der Photographie die Grundlage für die Entwicklung der Roll-und Kinofilme.

In Tafel 1.1 ist die *zeitliche Entwicklung der heutigen Kunststoffe* gegeben. Die Cellulose-Kunststoffe sind in drei Zeilen angeführt, weil sie auch heute noch Bedeutung für den Kunststoffmarkt haben, insbesondere auf dem Faser- und Foliensektor.

1.2.2 Die technische Kautschukanwendung durch die Vulkanisation

Bei den von Macintosh 1823 verwendeten Verfahren zur Imprägnierung von Regenmänteln wurde der Rückstand der Kautschuk-Latex des Gummibaums, der feste Kautschuk, in Erdöl gelöst und zwischen zwei Lagen eines Stoffes gegossen. Bei warmem Wetter klebte dieser Stoff, während er bei Regenwetter eine sehr gute wasserabweisende Wirkung zeigte.

Charles Nelson Goodyear (1800 – 1860) wollte diese Imprägnierung verbessern und sie für Postsäcke anwenden. Besser imprägnierte Postsäcke erreichte er nicht, jedoch fand er durch Beigabe von Schwefelpulver und Erhitzen eine plastische Kautschukmasse, die sich formen ließ und elastische, nicht klebrige kälte- und wärmebeständige Gummiteile lieferte. Die dabei eintretende Vernetzung wird als *Vulkanisation* bezeichnet. Die Erfindung hatte weitgehende Auswirkungen, und Goodyear erkannte und verteidigte sie. Ihre Früchte konnte er nicht mehr ernten. Nachdem er seinen ganzen Besitz, selbst die Schulbücher seiner sechs Kinder, verpfändet hatte, hinterließ er 1860 bei seinem Tod seiner Frau 200 000 Dollar Schulden.

1845 wurde der Luftreifen aus Gummi erfunden, und nach und nach wurden immer mehr Gummi-Artikel gebräuchlich. Erst in den letzten beiden Jahrzehnten des 19. Jahrhunderts kam jedoch der erste große Aufschwung der Herstellung von Gummiteilen aus Kautschuk.

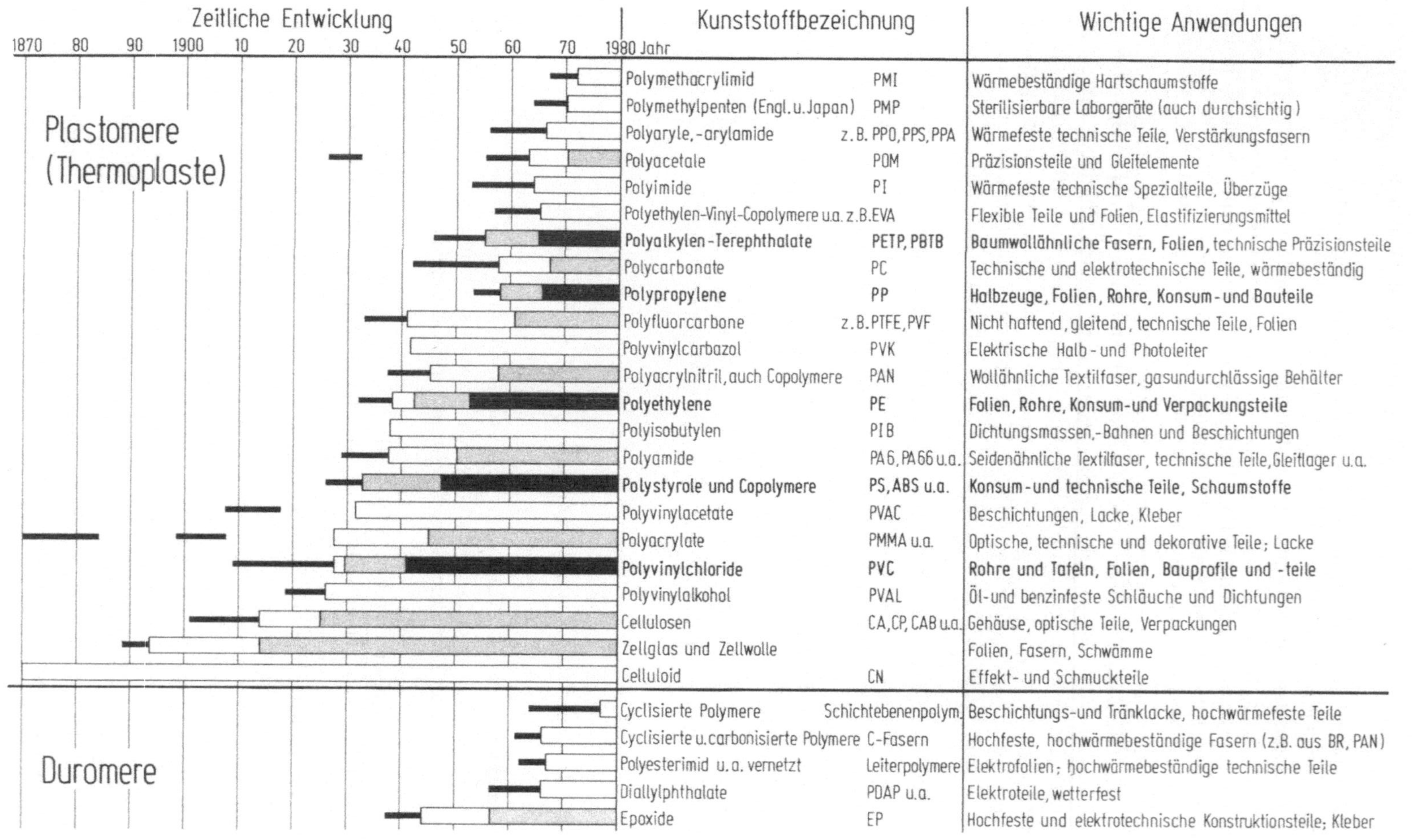

Zeitliche Entwicklung
Kunststoffbezeichnung
Wichtige Anwendungen
1870 80 90 1900 10 20 30 40 50 60 70 1980 Jahr
Plastomere (Thermoplaste)
Polymethacrylimid   PMI   Wärmebeständige Hartschaumstoffe
Polymethylpenten (Engl. u. Japan)   PMP   Sterilisierbare Laborgeräte (auch durchsichtig)
Polyaryle, -arylamide   z. B. PPO, PPS, PPA   Wärmefeste technische Teile, Verstärkungsfasern
Polyacetale   POM   Präzisionsteile und Gleitelemente
Polyimide   PI   Wärmefeste technische Spezialteile, Überzüge
Polyethylen-Vinyl-Copolymere u.a. z.B.EVA   Flexible Teile und Folien, Elastifizierungsmittel
Polyalkylen-Terephthalate   PETP, PBTB   Baumwollähnliche Fasern, Folien, technische Präzisionsteile
Polycarbonate   PC   Technische und elektrotechnische Teile, wärmebeständig
Polypropylene   PP   Halbzeuge, Folien, Rohre, Konsum- und Bauteile
Polyfluorcarbone   z. B. PTFE, PVF   Nicht haftend, gleitend, technische Teile, Folien
Polyvinylcarbazol   PVK   Elektrische Halb- und Photoleiter
Polyacrylnitril, auch Copolymere   PAN   Wollähnliche Textilfaser, gasundurchlässige Behälter
Polyethylene   PE   Folien, Rohre, Konsum- und Verpackungsteile
Polyisobutylen   PIB   Dichtungsmassen,-Bahnen und Beschichtungen
Polyamide   PA6, PA66 u.a.   Seidenähnliche Textilfaser, technische Teile, Gleitlager u.a.
Polystyrole und Copolymere   PS, ABS u.a.   Konsum- und technische Teile, Schaumstoffe
Polyvinylacetate   PVAC   Beschichtungen, Lacke, Kleber
Polyacrylate   PMMA u.a.   Optische, technische und dekorative Teile; Lacke
Polyvinylchloride   PVC   Rohre und Tafeln, Folien, Bauprofile und -teile
Polyvinylalkohol   PVAL   Öl- und benzinfeste Schläuche und Dichtungen
Cellulosen   CA, CP, CAB u.a.   Gehäuse, optische Teile, Verpackungen
Zellglas und Zellwolle   Folien, Fasern, Schwämme
Celluloid   CN   Effekt- und Schmuckteile
Duromere
Cyclisierte Polymere   Schichtebenenpolym.   Beschichtungs- und Tränklacke, hochwärmefeste Teile
Cyclisierte u. carbonisierte Polymere   C-Fasern   Hochfeste, hochwärmebeständige Fasern (z.B. aus BR, PAN)
Polyesterimid u. a. vernetzt   Leiterpolymere   Elektrofolien; hochwärmebeständige technische Teile
Diallylphthalate   PDAP u.a.   Elektroteile, wetterfest
Epoxide   EP   Hochfeste und elektrotechnische Konstruktionsteile; Kleber

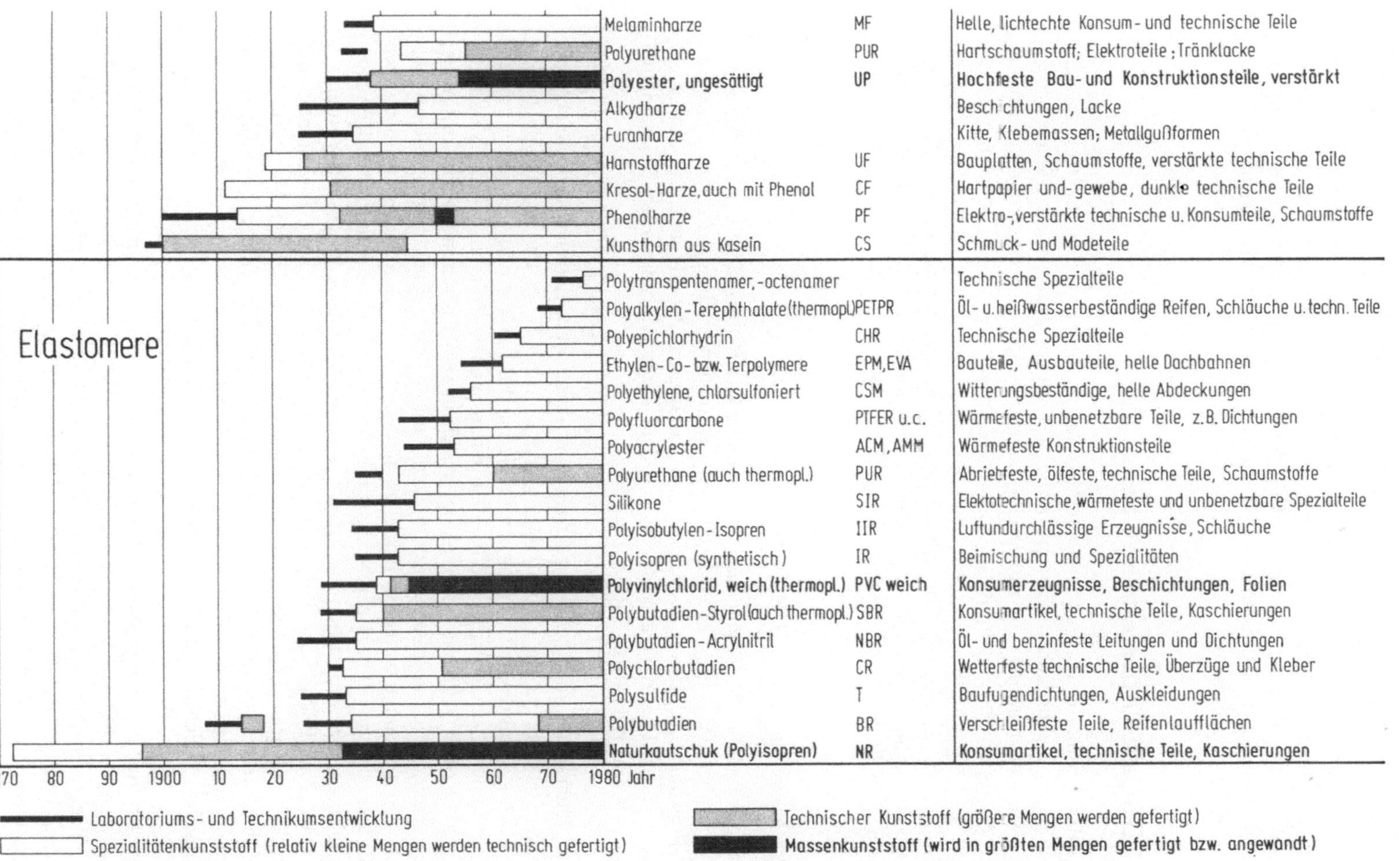

Tafel 1.1 Kunststoffentwicklung und Anwendung. Zeitliche Entwicklung der heutigen Kunststoffe und wichtige Anwendungen.

Auch heute wird Naturkautschuk noch in großen Mengen angewandt. Die synthetischen Kautschuke oder Elastomere haben ihn überflügelt. Das maßgebliche Produkt in der Gummiindustrie ist heute der Autoreifen. Bei vielen der Gummierzeugnisse wird auch heute noch die Vulkanisation so durchgeführt, wie im Prinzip von Goodyear gefunden.

1.3 Synthetisch hergestellte Kunststoffe

Es gab zwar um die Jahrhundertwende bereits eine Gummi- und eine Celluloid-Industrie sowie eine Kunstfaser- und Folienherstellung. Ihre wirtschaftliche Bedeutung war jedoch gering. Die wissenschaftlichen und technischen Grundlagen zu der Herstellung waren rein empirisch. So bestand keine brauchbare Vorstellung, wie eigentlich die Stoffe, die verarbeitet wurden, aufgebaut waren und welche Prozesse sich dabei abspielten. Die Erforschung dieser Fragen sowie die gezielte Herstellung und Verarbeitung chemisch aufgebauter Kunststoffe, d. h. synthetischer Kunststoffe, war dem 20. Jahrhundert vorbehalten.

1.3.1 Phenolharz von L. H. Baekeland

Dies gilt auch für das *Phenolharz,* dem manche Kunststoff-Fanatiker bereits ein Alter von über 100 Jahren geben, weil es der Münchener Chemie-Professor und Nobel-Preisträger Adolf von Baeyer 1871 beschrieben hat. Er erläutert, daß das Desinfektionsmittel Phenol (Karbolsäure), mit dem Konservierungsmittel Formaldehyd gemischt, eine hornartige Substanz ergibt.

In den Münchener Universitätslaboratorien ist nach dieser Veröffentlichung mit dem Phenolharz nicht mehr gearbeitet worden. Erst Leo Hendrik Baekeland (1863 – 1944) hat es um 1900 wieder aufgegriffen. Als Fotochemiker aus Belgien in die USA gekommen, hatte er großen Erfolg bei der Entwicklung des ersten brauchbaren fotografischen Papiers, das er zu einem hohen Preis an Kodak verkaufte. Nunmehr ohne geldliche Sorgen, zog er sich in sein Forschungslaboratorium bei New York zurück und versuchte, für den damals besten Lacküberzug, den Schellack, einen kostengünstigeren Ersatz zu finden. Der echte Schellack war nämlich sehr teuer und nur in geringen Mengen erhältlich, weil er aus einer harzartigen Ausscheidung einer ostindischen Insektenart, der Lackschildlaus, hergestellt wurde.

Mit dem Phenolharz kultivierte Baekeland bewußt eine „Technologie des Drecks", indem er die übelriechende und blasenwerfende klebrige Masse bei Wärme mit Zusätzen vermischte und unter Druck formte. Dies führte mit völlig neuen Arbeitsmethoden nicht nur zu Phenolharzbeschichtungen, sondern auch zu Phenolharzteilen. Welches Unmaß von Arbeit in dieser Entwicklung steckt, die chemische Reaktion zur Bildung dieses ersten echten Kunststoffes so zu steuern, daß ein Kunststoffteil mit vorgegebener Form entsteht, mag daraus ersehen werden, daß Baekeland ca. 400 Patente angemeldet hat.

Nach mehrjähriger Arbeit stellte Baekeland die *ersten synthetisch hergestellten Kunststoffteile* am 15. Februar 1909 anläßlich des Kongresses der Chemischen Vereinigung in New York im Rahmen eines Referates vor, das skeptisch aufgenommen wurde. Unter dem Namen „Bakelite" trat aber das Phenolharz seinen Siegeszug durch die Industrienationen der Welt an und ist noch heute ein bedeutender Kunststoff, der in vielfältiger Weise angewendet wird.

1.3.2 Kunstkautschuk von F. Hoffmann

Die zunehmende Industriealisierung und das beginnende Kraftfahrzeugzeitalter ließen zu Beginn unseres Jahrhunderts den Bedarf an Gummierzeugnissen stark zunehmen. Es ergab sich für die Industrienationen eine Abhängigkeit vom *Naturkautschuk-Import*, der von Militärs verschiedener Länder als Unsicherheitsfaktor gewertet wurde. Deshalb stellten sie die Aufgabe, den Gummi künstlich herzustellen, um vom Naturkautschuk unabhängig zu werden.

In Großbritannien wurde der Chemiker William A. Tilden (1842 – 1926) beauftragt, zu untersuchen, ob eine solche künstliche Gummiherstellung möglich sei, nachdem es bereits an verschiedenen Stellen gelungen war, labormäßig in kleinsten Mengen Gummi zu erzeugen. Sein Urteil war eindeutig negativ. Im Jahre 1907 teilte er abschließend mit, daß die in Frage kommenden Reaktionen so schwierig und langsam seien, daß künstlicher Gummi niemals kommerziell hergestellt werden könne und auch in Zukunft die Verarbeitung des Naturkautschuks beibehalten werden müsse.

Er ahnte allerdings nicht, daß in Deutschland bereits seit einem Jahr Versuche liefen, *Kunst- bzw. Synthesekautschuk* herzustellen, die positive Ergebnisse brachten. 1909 meldeten die Farbenfabriken Bayer & Co. in Wuppertal ihr erstes Patent dazu an. Wieder in New York, allerdings drei Jahre später, 1912, stellte der damalige Entwicklungschef von Bayer, C. Duisberg, die ersten Kunstgummireifen für Autos aufgrund dieser Entwicklungen auf dem internationalen Kongreß für Materialprüfung vor. Er ließ die Katze aus dem Sack und sagte: „Die großtechnische Produktion von künstlichem Gummi ist möglich. Ich fahre mit meinem Wagen bereits seit einem Jahr auf Reifen aus synthetischem Kautschuk und habe 4000 km ohne Reifenpanne hinter mich gebracht." Dabei rollte er einen dieser Reifen durch den Saal.

Trotz dieser aufsehenerregenden Weltpremiere führte die von Fritz Hoffmann entwickelte Möglichkeit, Kunstkautschuk herzustellen, vorerst zu keiner industriellen Produktion, weil der Kunstkautschuk härtere Produkte als der natürliche lieferte und keinen Preisvorteil gegenüber diesem aufwies. Erst 1915, unter dem Druck der Kriegsblockade Deutschlands, mußte in Wuppertal eine Kunstgummifabrik buchstäblich aus dem Boden gestampft werden, die mit einer Monatskapazität von 150 t lief.

Infolge des Qualitäts- und Preisnachteils gegenüber dem Naturkautschuk wurde die Synthesekautschuk-Herstellung in Wuppertal nach dem Krieg 1918 wieder aufgegeben. Es handelte sich dabei um den sogenannten Methylkautschuk, der auch später nie mehr hergestellt wurde. Aber diese erste industrielle Großproduktion eines künstlichen Kautschuks hatte prinzipiell gezeigt, daß Kautschuk synthetisch hergestellt werden kann und war damit eine der wichtigsten Grundlagen für die Entwicklung der heutigen synthetischen Elastomere. Dies sind Kunstkautschuke, die die Eigenschaften des natürlichen Kautschuks auf verschiedenen Gebieten ganz erheblich übertreffen.

1.3.3 Andere Entwicklungen

Parallel dazu fand noch eine Reihe von Entwicklungen statt, die das Kunststoffgebiet befruchteten. Erwähnt sei das von Krische und Spitteler um 1900 in Deutschland entdeckte *Kunsthorn,* das auf dem Casein der Milch aufgebaut war und unter dem Namen „Galalith" über Jahrzehnte eine bestimmte Bedeutung hatte.

Das erste Viertel unseres Jahrhunderts brachte damit die *industrielle Kunststoffherstellung und -verarbeitung.* Zwar basierte sie mit Ausnahme des Phenolharzes im wesentlichen auf den Naturstoffen Kautschuk und Cellulose. Der Versuch, Kunstkautschuke herzustellen, war nur ein Zwischenspiel. Die verarbeitungstechnologische Breite war allerdings schon erheblich; es wurden gepreßte Teile, Beschichtungen, Folien und Fasern in vielen Variationen hergestellt. Mit Ausnahme der Kunstseide war der Ruf der damaligen Kunststoffe ausgesprochen schlecht, er wurde, nur zum Teil mit Recht, als billiger Ersatzstoff abqualifiziert.

1.4 Entdeckung des Kunststoffaufbaus durch H. Staudinger

Die Beurteilung und die Erklärung der mit der Kunststoffherstellung, -verarbeitung und -anwendung zusammenhängenden Probleme war deshalb besonders schwierig und führte oft zu falschen Schlußfolgerungen, weil die damaligen Vorstellungen vom Aufbau der Kunststoffe falsch war. Diese Vorstellungen wurden als *Aggregationstheorie* bezeichnet und besagten, daß sich die chemischen Baueinheiten, die Moleküle, durch verschiedene Nebenkräfte und sonstige Effekte zu Kunststoffen zusammenlagern.

Hermann Staudinger (1881 – 1965) hatte bereits Arbeiten bei v. Baeyer in München und eine Professur in Karlsruhe hinter sich, als er sich, fast vierzigjährig, in Zürich als Chemieprofessor an der Eidgenössischen Technischen Hochschule dazu entschloß, den Aufbau der Kunststoffe zu erforschen. Nach fünfjähriger Arbeit trug Staudinger zum ersten Mal seine Erkenntnisse über den Kunststoffaufbau vor einer größeren Öffentlichkeit vor, anläßlich der Naturforscher-Versammlung in Innsbruck im Jahre 1924. Er trug vor, daß die Kunststoffe genau wie alle anderen Stoffe aus Molekülen bestehen, die aber die Besonderheit haben, daß sie ungewöhnlich groß sind und somit als *Riesen- oder Makromoleküle* zu bezeichnen sind. Demnach war die Aggregationstheorie also falsch. Diese revolutionierenden Aussagen brachten ihm eine geschlossene Front von Mißachtung ein. „So etwas gibt es nicht!", rief sein berühmter Züricher Kollege, der Mineraloge P. Niggli.

Staudinger, der um die gleiche Zeit einen Ruf an die Universität Freiburg als Direktor des chemischen Labors angenommen hatte, befaßte sich nun ausschließlich mit Arbeiten über die Kunststoff-Struktur und die damit zusammenhängenden Fragen. Er und seine Mitarbeiter schufen in jahrelangen Arbeiten, niedergelegt in 450 Mitteilungen, den Anstoß zu den vielen Untersuchungen, die zur heutigen Kenntnis des Aufbaus der Kunststoffe führten.

Allerdings dauerte es noch über ein Jahrzehnt, bis sich die Auffassung Staudingers und seiner Mitarbeiter durchgesetzt hatte. Staudinger erhielt 1953 den Nobel-Preis für Chemie. Viele Forschungen und Entwicklungen sind durch seine Arbeiten in der Industrie und an den Hochschulen angeregt worden.

Sicher war für die etablierte *Hochschulforschung* die Erkenntnis, daß die jahrzehntelang vertretene Aggregationstheorie falsch war, eine große Enttäuschung. Vielleicht ist dies auch der Grund, daß die Kunststoffwissenschaft an den europäischen Universitäten auch heute noch nicht entsprechend ihrer Bedeutung in der Praxis präsent ist. Viele Forscher und Forschungsgruppen haben trotzdem bis heute sehr viel Arbeit geleistet, um auch den Feinaufbau der Kunststoffe und den Zusammenhang des Aufbaus mit ihren Eigenschaften zu klären. Dabei eröffnete sich ihnen ein ganz neues Gebiet der Werkstoffwissenschaften, entsprechend der Metallkunde die *Polymerkunde*. Ihre Grundzüge werden im übernächsten Kapitel zur Erklärung des Kunststoffaufbaus benützt. Dabei und im späteren wird sich zeigen, daß es erst die heutige Kenntnis des Kunststoffaufbaus möglich macht, die Kunststoffe optimal aufzubauen und anzuwenden.

1.5 Der Durchbruch zum Massenwerkstoff

Die Forschungen, die um 1930 in der Industrie in größerem Maßstab aufgenommen wurden, hatten weniger das Ziel, die Struktur zu erforschen, als vielmehr neue Kunststoffe zu entwickeln.

Während bis dahin die Entdeckung eines neuen Kunststoffs mehr oder weniger Zufall war, konnten nun Kunststoffe mit ganz bestimmten Eigenschaften aus vorhandenen günstigen Rohstoffen bewußt entwickelt werden. Außerdem waren nun die Grundkenntnisse vorhanden, um die dem Kunststoff gemäße Verarbeitung und seinen günstigsten Einsatz ohne viel Herumprobieren zu finden. Systematisch wurden daher zahlreiche Kunststoffe aufgebaut, geprüft, erprobt. Nur wenige dieser neuen Kunststoffe wurden allerdings für die industrielle Fertigung gewählt.

1.5.1 Polyvinylchlorid (PVC) als erster Massenkunststoff

Als Beispiel sei der heutige Massenkunststoff *Polyvinylchlorid* (PVC) genannt, der bereits seit Jahrzehnten bekannt war und vor und im 1. Weltkrieg auch intensiver erforscht wurde, jedoch nicht zum Einsatz kam. Er wurde aber seit 1929 in größeren Mengen im damaligen Werk Bitterfeld der IG Farben hergestellt, um Chlor aus der Laugenherstellung zu binden, das früher in die Atmosphäre abgelassen worden war und starke Umweltschäden verursacht hatte. Da eine Verarbeitungsmöglichkeit nicht bekannt war, wurde er auf Halde gekippt. Erst intensive verfahrens- und verarbeitungstechnische Entwicklungen führten dann in den Dreißiger Jahren dazu, daß er in immer größerem Maße Anwendung fand. Schon während des 2. Weltkriegs war PVC ein wichtiger Werkstoff für Platten und Rohre, Folien und elektrische Isolierungen.

Heute haben sich seine Anwendungsbereiche noch wesentlich erweitert. Es tritt in fast allen Anwendungsgebieten auf. Die wichtigsten Gebiete und deren Aufteilung sind in der Tabelle 1.2 gegeben. Es ist heute praktisch, obwohl es nur eine Kunststoffart repräsentiert, im Hinblick auf seine Anwendung ein Universalwerkstoff.

In der Zwischenzeit sind nur zwei Kunststoffe entwickelt worden, die heute in größeren Mengen als das Polyvinylchlorid angewendet werden. Es sind dies die zu den Polyolefinen gehörenden Polyethylene und die Polystyrole.

Tabelle 1.2 Wichtigste Anwendungsgebiete des Massenkunststoffes Polyvinylchlorid (PVC) und die *gewichtsmäßige* prozentuale Aufteilung der erzeugten Menge auf diese Gebiete.

Anwendungsgebiet	Prozent
Rohre und Fittings	22
Folien (weich und hart)	22
Bodenbeläge	10
Kabelummantelungen (elektrische Isolation)	11
Profile einschl. Fenster	9
Beschichtete Gewebe (Kunstleder)	4
Rolläden, Bauplatten, Fassaden	6
Flaschen u. a. Hohlkörper	2
Bänder, Schnüre, Seile u. Fasern	2
Schläuche	2
Schallplatten, Schuhe, Treibriemen, Förderbänder, Schaumstoffe	9
Summe	99

1.5.2 Aufbau einer Kunststoffpalette

Inzwischen bahnte sich auch eine Umwälzung im Lebensstil der Menschen der Industrienationen an. Die Verbreitung funktionellen Lebens und Wohnens, die Abwendung vom Individual- zum Industrieerzeugnis und eine ausgesprochen kunststofffreundliche Ausdrucksform der den Menschen umgebenden Sachwelt griff immer mehr um sich. Diese hier nur skizzenhaft angedeuteten Entwicklungen sind heute noch im vollen Fluß. Sie haben die Ausbreitung der Kunststoffe ganz wesentlich gefördert und werden das in zunehmendem Maße auch weiterhin tun.

Zusätzlich trat in den dreißiger Jahren die Tendenz der Industrienationen zutage, sich aufgrund politischer Überlegungen von Rohstoffeinfuhren möglichst unabhängig zu machen. Deutschland und die USA waren hier wiederum führend. Die Entwicklung der Kunststoffe war nun soweit gediehen, daß der Kunststoff nicht mehr als Ersatzstoff zur Verfügung gestellt werden mußte, sondern als vollwertiger neuer Werkstoff angeboten werden konnte. Daher faßten nun die vollsynthetischen Kunststoffe so in der Werkstoffpalette Fuß, daß sie nach dem Zweiten Weltkrieg nicht mehr entbehrlich waren.

Der aufgestaute Bedarf an Konsum- und technischen Gütern unterstützte die weitere Ausbreitung der Anwendung der Kunststoffe sehr wesentlich. Dabei zeigte sich immer mehr, daß mit den Kunststoffen *neue technische Lösungen* möglich wurden, die den Einsatz neuer Techniken und die Herstellung kostengünstiger Produkte erlaubten.

So kam es, daß in den Jahrzehnten nach dem zweiten Weltkrieg Kunststoffe in vielerlei Anwendungen so in die *Werkstoffpalette integriert* worden sind, daß heute das Leben der Industrienationen ohne Kunststoffe überhaupt nicht mehr denkbar ist. Kunststoffe werden in größten Mengen zu oder in den verschiedensten Produkten verarbeitet und sind so wie Holz und Stahl zu Massenwerkstoffen geworden.

1.5.3 Heutige Situation

Aus Tafel 1.1 wird die heutige Palette der wichtigsten Kunststoffe ersichtlich. Sie zeigt, daß nur wenige Kunststoffe vor 1930 großtechnisch hergestellt wurden. Es sind aber auch relativ wenig Kunststoffe seit 1965 neu hinzugekommen. Dabei können nur wenige als die eigentlichen *Massenwerkstoffe* bezeichnet werden. Der weitaus überwiegende Teil sind *Spezialwerkstoffe.*

Die Entwicklung der Kunststoffe als Werkstoffe ist vielschichtiger geworden. Eine immer größere Rolle spielen die Herstellung spezieller Aufbaustrukturen für bestimmte Einsatzzwecke und die Kombination von Kunststoffen mit anderen Werkstoffen zur Herstellung komplexer Werkstoffe. Auf diesen Gebieten ist die Entwicklung noch voll im Fluß, so daß augenblicklich nur schwer zu erkennen ist, wie sie im einzelnen verlaufen wird. Eines kann aber gesagt werden:

In den Laboratorien und Versuchsfeldern der Industrie sind Kunststoffe in der Erprobung, welche Eigenschaften aufweisen, die früher nicht für möglich gehalten wurden. Viele dieser neuen Versuchskunststoffe werden wieder in der Versenkung verschwinden. Entscheidend für ihre Auswahl zur technischen Herstellung sind nämlich nicht mehr nur ihre Eigenschaften und Anwendungsmöglichkeiten auch im Rahmen des Zusammenwirkens mit den anderen Werkstoffen, sondern auch wirtschaftliche Faktoren, auf die im folgendem kurz eingegangen sei.

1.6 Kunststofferzeugung

1.6.1 Mengenentwicklung im Vergleich zu anderen Werkstoffen

Da die eigentliche Kunststofferzeugung, nicht die Verarbeitung, im wesentlichen von den Chemie-Großfirmen getragen wird, liegen relativ exakte Zahlen vor. Für die Zeit seit 1928 kann deshalb in Bild 1.3 die *jährliche Kunststofferzeugung* in der Welt, den USA und Deutschland gegeben werden.

1930 wurden in der ganzen Welt 90 000 Tonnen Kunststoff hergestellt, 1975 waren es über 40 Millionen Tonnen. Dabei stellen augenblicklich die USA, Deutschland und Japan die größten Teilmengen der Gesamterzeugung her. Das Aluminium, dessen Erzeugungskurve ebenfalls angegeben ist, und die anderen Nichteisenmetalle sind heute von den Kunststoffen längst überholt. Dagegen liegt die Rohstahlerzeugung der Welt nach dem Gewicht noch um ein Vielfaches höher als die der Kunststoffe. Allerdings ändert sich das Bild beim Vergleich der Volumenanteile, weil Stahl siebenmal so schwer ist wie Kunststoff.

Die *Zuwachsraten der Kunststofferzeugung* werden auch in den nächsten Jahren größer sein als die anderer Werkstoffe. Dies beruht darauf, daß z. B. Stahl ein gut eingeführter Werkstoff ist, dessen Entwicklung keine grundlegenden, sondern nur noch Detailverbesserungen bringen dürfte, während der Kunststoff aber mitten in seiner Einführung begriffen ist und seine Entwicklung noch grundlegende Neuerungen und Verbesserungen hinsichtlich der Werkstoffeigenschaften und der Anwendungstechnologie erwarten läßt.

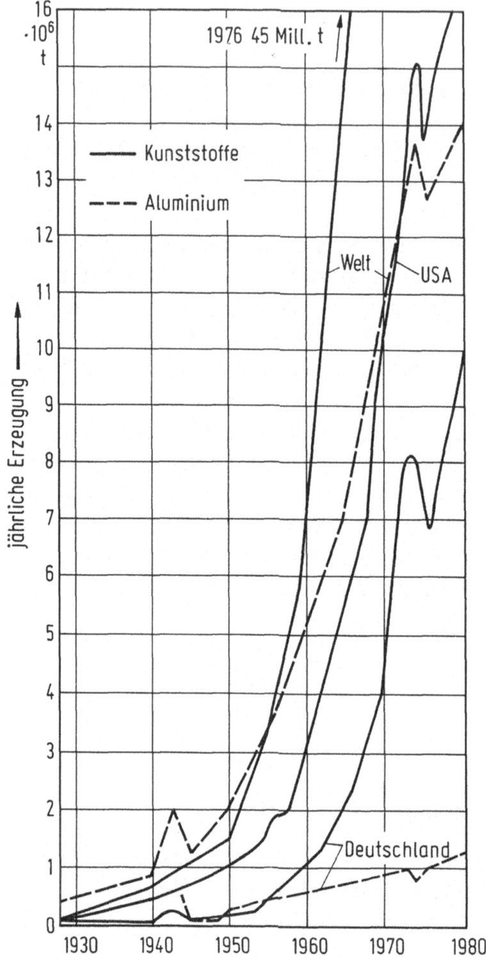

Bild 1.3 Kunststofferzeugung. Zeitliche Entwicklung der jährlichen Kunststofferzeugung in der Welt, den USA und Deutschland im Vergleich zur Aluminiumerzeugung.

Bild 1.3 zeigt auch, daß die Kunststoffe wie andere Güter den wirtschaftlichen Schwankungen unterliegen. Für die Zeit vor 1945 und für die Jahre nach dem Kriege ist das bereits zu sehen, jedoch ist der Zusammenhang noch anschaulicher in der Rezessionszeit 1974/76. Es gibt Kreise, die behaupten, daß die Zuwachsraten der davor liegenden Jahre in der Wirtschaft nie mehr kommen werden. Dies kann möglich sein, jedoch stimmt es nicht für die Kunststoffe. Hier kommen, für die Gesamtheit der Kunststoffe gesehen, nochmals ähnliche Zuwachsraten, als Folge der Bedienung neuer Techniken und seiner Anwendung anstelle anderer Materialien.

Von der wirtschaftlichen Seite her läßt sich die Kunststofferzeugung in ihre drei Hauptgebiete aufteilen, die eigentlichen Kunststoffe, die Kunststoffe für die synthetischen Fasern, die synthetischen Elastomere. Interessanterweise ist die Erzeugungsmenge der letzteren die geringste, während die der allgemein verwendeten Kunststoffe die dominierende ist. Aus dem Bild 1.4 ist für Deutschland die Aufteilung der jährlichen Erzeugung auf diesen drei Gebieten seit 1945 zu ersehen.

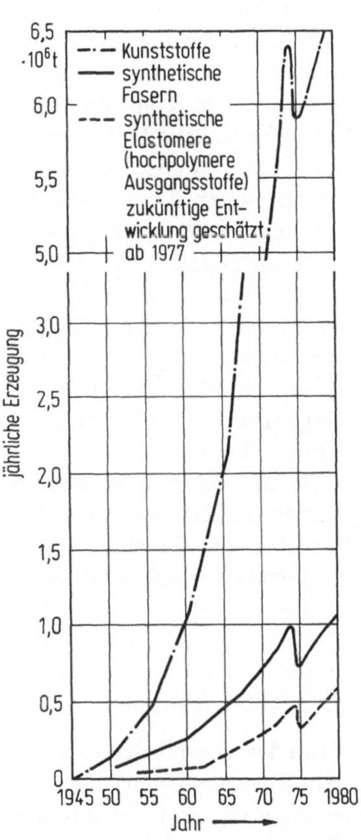

Bild 1.4 Kunststoffe, Fasern und Elastomere als Wirtschaftsfaktoren. Zeitliche Entwicklung der jährlichen Erzeugung in der Bundesrepublik Deutschland, aufgeteilt in eigentliche Kunststoffe für Technik und Konsum, synthetische Fasern und synthetische Elastomere. (Gewichtsmäßiger Vergleich)

Für die *chemische Industrie* hat die Einbeziehung der Kunststoffe eine Veränderung ihrer inneren Struktur zu Folge gehabt. Aus „Stoff-Herstellern" für die verschiedensten Anwendungen sind Werkstoff-Hersteller geworden, die Material liefern, das wie Metalle oder Holz zu Fertigteilen weiterverarbeitet wird. Nach außen macht sich diese Umstrukturierung bemerkbar durch einen besonderen Kunststoffverkauf und eine entsprechende Beratung sowie durch große Abteilungen, die sich anwendungsmäßig mit der Kunststoffverarbeitung und Prüfung befassen. Da die Kunststoffe inzwischen an den Umsätzen der Großfirmen der chemischen Industrie mit zwanzig bis über 50% beteiligt sind, verdanken sie ihr überproportionales Gesamtwachstum dieser Integrierung des Kunststoffes in ihr Herstellungsprogramm.

1.6.2 Die Petrochemie als die heutige Rohstoffbasis

Kunststoffe bestehen, darauf wird später näher eingegangen, im wesentlichen aus Kohlenwasserstoffen. Sie können daher aus Kohle, Erdöl oder Erdgas hergestellt werden.

Bis etwa 1950 wurden in Deutschland die Kunststoffe aus Kohle mit der sogenannten *Kohlechemie* hergestellt. In den USA wurden schon damals Kunststoffe aus Erdöl mit der *Petrochemie* erzeugt. Die Petrochemie erwies sich zur Herstellung der Kunststoffe aus zwei Gründen als günstiger. Die Ausgangsprodukte Erdöl oder Erdgas wurden kostengünstiger angeboten als entsprechende geeignete Kohle. Die bei der Petrochemie nötigen Arbeitsgänge sind weniger aufwendig als die der Kohlechemie. Die Kunststoffe lassen sich daher rationeller und z. T. sogar kontinuierlicher herstellen. Heute werden daher auch in Deutschland fast alle Kunststoffe nach petrochemischen Verfahren hergestellt. Selbst bei zeitweilig höheren Ölpreisen wären Kunststoffe auf der Basis der Kohlechemie kaum konkurrenzfähig gewesen. Es ist allerdings unbestritten, daß im Falle eines Ölmangels alle Kunststoffe auf die Herstellung über die Kohlechemie umgestellt werden könnten.

Es wird oft auf die *beschränkten Ölvorkommen* hingewiesen und gesagt, daß die Kunststofferzeugung mithelfe, sie aufzubrauchen. Dabei wird aber meistens vergessen, daß nicht einmal 5% des gesamten Erdöl- und Erdgasverbrauchs von der Petrochemie zur Herstellung von Chemikalien genutzt werden. Von diesen machen allerdings Kunststoffe den Hauptanteil aus. Der weitaus größte Teil des Erdöls wird als Kraftstoff und als Heizmittel benützt. Wenn Erdöl gespart werden soll, wäre es technisch viel vernünftiger, andere Kraftfahrzeugantriebe zu benützen und insbesondere anders zu heizen, statt die petrochemische Herstellung der Kunststoffe einzustellen. Für die Herstellung selbst wesentlich größerer Kunststoffmengen werden die Ölvorräte noch sehr lange reichen.

1.6.3 Wiedergewinnung und -verwertung von Kunststoffen

Etwa Dreiviertel der Kunststofferzeugung besteht aus den sogenannten Plastomeren (Thermoplasten) die im weiteren erklärt werden. Ein kleiner Teil der Kunststofferzeugnisse sind thermoplastische Elastomere. Plastomere und thermoplastische Elastomere sind ohne chemische Aufarbeitung vielmals wieder zu verarbeiten, indem sie unter Wärme neu geformt werden.

Gewichtsmäßig etwa ein Viertel der Kunststoffe sind Duromere (Duroplaste) und die vernetzten Elastomere. Die Erzeugnisse dieser beiden Gruppen sind nicht direkt wieder zu verarbeiten, sondern bedürfen für eine Wiederverwertung einer chemischen Aufarbeitung. Es sind an verschiedenen Stellen Forschungen im Gange, hierfür die günstigten Möglichkeiten zu ermitteln.

Wahrscheinlich werden daher auch Verwendungsmöglichkeiten für die nicht direkt wiederverarbeitungsfähigen Duromere und Elastomere gefunden. Die bereits heute problemlos wiederzuverarbeitenden Plastomere und thermoplastischen Elastomere werden teilweise bereits neu genutzt statt weggeworfen. Eine allgemeine Wiedernutzung, die vom wirtschaftlichen und Energiestandpunkt anzustreben ist, scheint noch lange nicht in Sicht, ist jedoch von der technischen Seite her möglich.

1.7 Kostensituation

Kunststoffe konkurrieren nicht nur teilweise hinsichtlich ihrer Anwendungseigenschaften mit den anderen Werkstoffen, sondern auch hinsichtlich ihrer Kosten. Da es nicht immer einfach ist, die z. T. widersprüchlichen Aussagen über die Kostensituation bei den Kunststoffen richtig einzuordnen, sei hier kurz darauf eingegangen.

1.7.1 Zusammensetzung des Produktpreises

Der Verarbeiter bezieht den Kunststoff vom Hersteller. Der Preis, den er zahlt, wird als *Materialpreis* bezeichnet. Die Materialpreise sind abhängig von dem Preisniveau der Rohstoffbasis, z. B. vom Erdölpreis und von den Herstellungs- und Vertriebskosten. Da schon der Erdölpreis gewissen Schwankungen unterworfen ist, schwanken auch die Kunststoffpreise in einem gewissen Rahmen. Größer sind jedoch meist die Preisunterschiede, welche durch die unterschiedlichen Herstellungskosten bedingt sind. Kunststoffarten, welche nur sehr schwierig und aufwendig hergestellt werden können, und deren Produktionsmenge daher relativ klein ist, sind am teuersten. Der sogenannte Kilopreis kann über DM 30,— liegen (z. B. bei den Spezialwerkstoffen Polyfluorcarbonen, Polyimiden und einigen Silikonen). Kunststoffe, welche einfacher herzustellen sind und in größerer Menge angewendet werden, liegen in einem mittleren Preisniveau von derzeit etwa 3 bis 8 DM. Dazu gehören alle Kunststoffe, die nicht in größten Mengen eingesetzt und oft als „technische Kunststoffe" bezeichnet werden (beispielsweise Polyacetal, Polyacrylat und Polyurethan). Diejenigen, die in größten Mengen zum Einsatz kommen, können in sehr großen Anlagen rationell hergestellt werden. Ihre Preise liegen derzeit zwischen 1,50 und 3,50 DM je Kilogramm. Diese sogenannten Massenkunststoffe sind Polyethylene, Polyvinylchlorid und Polystyrole, aber auch ungesättigter Polyester u. a.

Durch die Verarbeitung des Kunststoffrohstoffes entsteht das Kunststofferzeugnis. Sein Preis hängt also von dem Materialpreis, den der Verarbeiter bezahlt hat, und seinen *Verarbeitungs- und anderen Kosten* ab. Und hier kommt es nun zur zweiten Konkurrenzsituation. Nicht nur die Materialpreise konkurrieren direkt miteinander, sondern auch Produktpreise der entsprechenden Erzeugnisse aus verschiedenen Werkstoffen.

Bringt z. B. das Kunststoffprodukt gegenüber dem aus klassischen Werkstoffen erhebliche Vorteile, z. B. dauernde Korrosionsfestigkeit oder Wartungsfreiheit, dann wird für das Kunststoffprodukt auch ein höherer Preis akzeptiert. Aber auch dabei darf die Preisdifferenz nicht zu groß sein, sonst nimmt der Anwender lieber die Nachteile des billigeren Produkts in Kauf.

1.7.2 Volumen- und gewichtsbezogene Preise

Die Materialpreise der Kunststoffe sind oft höher als die der klassischen Werkstoffe. Die Verarbeitungskosten der Kunststoffe gleichen das zum Teil aus, denn in vielen Fällen liegen sie niedriger. Trotzdem würden bei einer solchen Betrachtung die Kunststoffe in den meisten Fällen wesentlich teurer sein als entsprechende Teile aus klassischen Werkstoffen, wenn dem Kunden und Anwender nicht eine andere Besonderheit zugute käme. Kunststoffe sind, vom Holz abgesehen, wesentlich leichter als die anderen klassischen Werkstoffe. Es ist daher in vielen Fällen möglich, das entsprechende Teil aus Kunststoff mit einem wesentlich geringeren Gewicht herzustellen. Dies führt dazu, daß beim Materialeinsatz sehr oft nicht die gewichtsbezogenen, sondern volumenbezogenen Preise verglichen werden müssen, und dabei ergibt sich für den Kunststoff ein wesentlich günstigeres Bild.

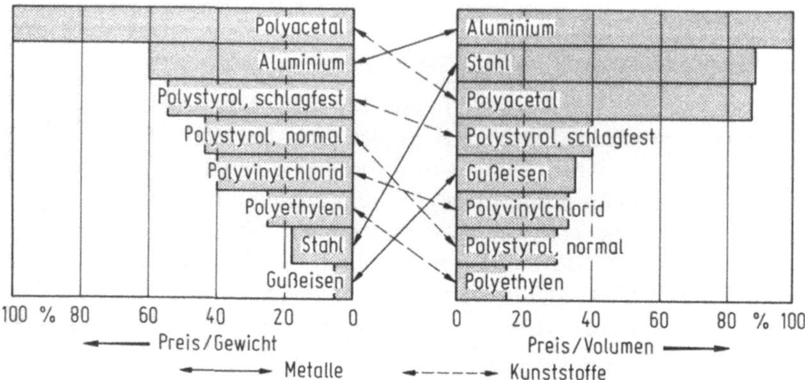

Bild 1.5 Preisvergleich. Relative Preise verschiedener Konstruktionswerkstoffe auf Gewicht und Volumen bezogen, berechnet aus den mittleren Weltmarktpreisen. (Preisbasis 1976)

Der *Unterschied gewichtsbezogener und volumenbezogener Preise* ist in Bild 1.5 vergleichsweise veranschaulicht. Während bei gewichtsbezogenen Preisen Eisenguß- und Stahlteile weitaus kostengünstiger sind, liegen bei den volumenbezogenen Preisen Polystyrol und Polyethylen am vorteilhaftesten. Nicht nur der Stahl, sondern auch das Aluminium sind zu den Stellen der Spitzenpreise gewandert. Lediglich der Eisenguß befindet sich zwischen den Kunststoffen, wobei aber auch er seine preisgünstigste Stellung eingebüßt hat.

Obwohl diese Anschauungsweise sehr viel für sich hat, muß hier doch vor zu weitgehenden Schlußfolgerungen gewarnt werden. Die Kunststoffe weisen oft eine wesentlich geringere Festigkeit auf als Stahl, Eisen und Aluminium. Daher ist es notwendig, bei der Umkonstruktion eines Teiles die Wandstärken manchmal zu verstärken, was wiederum den Vergleich auf volumenbezogene Preise in Frage stellt. Außerdem sind auch alle anderen Eigenschaften der Kunststoffe nicht mit denen der genannten klassischen Werkstoffe vergleichbar, so daß auch aus diesen Gründen oft eine andere Konstruktion gewählt werden muß.

Kunststoffe, deren Festigkeiten in etwa denen einiger Metalle ähneln, sind heute noch Sonderkunststoffe und im Preis entsprechend hoch. Das in der Preisvergleichstabelle angeführte Polyacetal ist ein solcher Kunststoff.

Dieser Preisvergleich ist nicht anzuwenden, wenn es sich um die vielen Erzeugnisse handelt, die aufgrund der besonderen Eigenschaften nur aus Kunststoffen hergestellt werden können, bei denen der Kunststoff also neue Anwendungsmöglichkeiten erschließt. Trotzdem zeigt der Vergleich, daß durch Kunststoffeinsatz die Produkte nicht unbedingt teurer oder billiger werden müssen, es kommt immer auf den Fall an. Der günstigste liegt dann vor, wenn der sogenannte kunststoffgerechte Einsatz bei Preisreduzierung gegeben ist.

1.8 Anwendung

1.8.1 Kunststoffgerechter Einsatz

Aus dem Vorhergehenden ist es bereits klar geworden, daß Kunststoffe nicht in jedem Fall billige Produkte ergeben. Auch die Tatsache, daß es gerade auf dem Gebiet der Konsumartikel viele billige Kunststofferzeugnisse gibt, kann diese Auffassung nicht belegen, denn hier sind die Kunststoffe in manchen Fällen als reine Ersatzstoffe falsch eingesetzt.

Weder ein reiner Ersatz der klassischen Werkstoffe durch irgendeinen billigen Kunststoff noch das Heranziehen eines gerade zur Verfügung stehenden Kunststoffes müssen zu befriedigenden Lösungen führen. Enttäuschungen und falsche Schlüsse über den Kunststoff als solchen sind oft die Folge von solch falsch eingesetzten Kunststoffen gewesen.

Ein *kunststoffgerechter Einsatz* setzt drei wesentliche Schritte voraus: Die *Auswahl* des richtigen Kunststoffes muß aufgrund seiner Eigenschaften und aufgrund der Beanspruchung des Teils oder Gegenstandes vorgenommen werden. Die *Konstruktion* des Teils muß auf den Kunststoff und *seine optimale Verarbeitung* bezogen sein. Es muß im voraus geklärt werden, ob eventuell eine durch den Kunststoffeinsatz erreichte Preisreduzierung eine eventuell vorhandene Gebrauchsminderung oder geringere Lebensdauer rechtfertigt.

Damit soll hier nicht der Eindruck erweckt werden, daß der Einsatz von Kunststoffen immer Qualitätseinbußen mit sich bringt. Aber die weit verbreiteten Klagen über Enttäuschungen mit irgendwelchen Kunststoffgegenständen und -teilen sollten hier ganz klar aufgezeigt werden.

Ganz im Gegensatz zu oben Gesagtem kann der Einsatz von Kunststoffen nämlich echte Verbesserungen bringen. Dies ist in der Natur der Kunststoffe begründet, die andere Eigenschaften haben, in vielen Fällen wartungsfrei arbeiten und zusätzlich auch leichter zu reinigen und anzuwenden sind.

Relativ schwierig gestaltet sich in der Praxis öfters die *Auswahl des richtigen Kunststoffes.* Diese beinhaltet nämlich nicht nur die Auswahl einer Kunststoffart, sondern auch die Festlegung ihres Aufbaus und eventuell die Frage ihrer Kombination mit anderen Kunststoffen oder Werkstoffen. Der gleiche Kunststoff kann in vielen verschiedenen Aufbauarten (Strukturen) zur Anwendung kommen. Da Kunststoffe auch fast beliebig untereinander und mit anderen Werkstoffen verbindungsfähig sind, bieten sich für jedes Anwendungsproblem von der Kunststoffseite viele Lösungen an, von denen die optimale auszuwählen oft viel Aufwand bereitet. Hierfür sind außerdem Kenntnisse und Erfahrungen über das Verhalten und die Eigenschaften der verschiedenen Möglichkeiten nötig, welche häufig nur über Recherchen, Rückschlüsse oder Versuche erhältlich sind.

Deshalb wird in der Praxis der Kunststoff heute noch zuwenig und differenziert eingesetzt. Die weniger bekannten Aufbauarten sowie die verschiedenen Möglichkeiten komplexer Werkstoffstrukturen, durch die Verbindungsfähigkeit der Kunststoffe gegeben, werden noch zu wenig genutzt. Der einfache homogene Kunststoffaufbau wird dagegen auch in Fällen eingesetzt, bei denen er nicht optimal ist, d. h. bei denen ein kunststoffgerechter Einsatz nicht vorliegt.

Die Überlegungen, die zu einem kunststoffgerechten Produkt führen, setzen deshalb ein Umdenken gegenüber dem Arbeiten mit den klassischen Werkstoffen voraus. Dies beruht auf dem grundsätzlich anderen Stoffaufbau der Kunststoffe, der im nächsten Kapitel beschrieben wird und dem anderen Eigenschaftsbild, das der zweite Teil dieses Bandes behandelt. Ein großer Teil der Produkte, bei denen der Kunststoff falsch eingesetzt wird und so zu Mißerfolgen führt, ist sicher nur deshalb entstanden, weil diese notwendigen Kenntnisse über Stoffaufbau und Eigenschaftsbild noch nicht genügend verbreitet sind.

1.8.2 Einsatz in den einzelnen industriellen Bereichen

Es gibt heute kein Gebiet mehr, auf dem Kunststoffe nicht in irgendeiner Weise angewendet werden. Aber der Grad des Einsatzes von Kunststoffen ist auf den verschiedenen Gebieten sehr unterschiedlich. Das ist nur teilweise berechtigt, nämlich in den Fällen, in denen die anderen Werkstoffe die bessere Lösung ermöglichen. Es gibt viele andere Anwendungsfälle, bei denen Kunststoffe die beste Lösung wären, bei denen jedoch noch klassische Materialien eingesetzt werden. Dies beruht auf der Tatsache, daß die Kunststoffe relativ neu sind, während die klassischen Materialien traditionell für diese Anwendungen zum Einsatz kamen. Eine Umstellung auf Kunststoffe erfordert nicht nur eine Umkonstruktion und neue Investitionen für ihre Verarbeitung, sondern auch beim Verbraucher eine Umorientierung, die oft gar nicht so leicht zu erreichen ist.

Es ist leider nicht möglich, für alle industriellen Bereiche vergleichbare Zahlenangaben über den Einsatz von Kunststoffen zu erhalten. Aus diesem Grund ist es nötig, aus Einzelangaben Abschätzungen durchzuführen, die einen orientierenden Überblick ermöglichen. Dies ist in Tafel 1.6 geschehen, wobei, um die Entwicklung zu zeigen, nicht nur die Abschätzung für die Gegenwart, sondern auch die für 10 Jahre vorher und 10 Jahre nachher beigegeben ist.

Für 1975 ist der prozentuale *Anteil der Kunststoffe* in den einzelnen Bereichen am *Kunststoffgesamtumsatz* angegeben. Die *Bauwirtschaft* erscheint mit 21% als *größter Anwender* der Kunststoffe. Trotzdem weist sie im Vergleich zu den dort eingesetzten anderen Werkstoffen nur einen relativ geringen Kunststoffanteil auf. Es handelt sich hier im wesentlichen um Spezialitäten, die allerdings trotz ihrer geringeren Menge auch im Baubereich eine Schlüsselrolle spielen. Erwähnt seien die Leichtbauelemente, die Wärmeisolierung mit Schaumkunststoffen und das Abdichtwesen, das fast ausschließlich mit Kunststoffen arbeitet.

Beachtenswert ist, daß Kunststoffe in einigen Bereichen schon eine wesentliche Rolle spielen. Führend sind der Bekleidungssektor und die Elektrotechnik, gefolgt vom Verpackungssektor. Ohne näher zu erläutern, welche Kunststoffe in den einzelnen Bereichen Anwendung finden, sind die *wichtigsten Anwendungsgebiete* innerhalb dieser Bereiche mit Stichworten skizziert.

Die angegebenen Abschätzungen für 1985 lassen erkennen, daß für alle Bereiche ein Anstieg des Kunststoffanteils an den zur Anwendung kommenden Werkstoffen im nächsten Jahrzehnt zu erwarten ist. Wenn auch die einzelne Entwicklung von der technischen und wirtschaftlichen Entwicklung und der zukünftigen Preissituation abhängt, so gibt es allgemein Tendenzen, die sich auf jeden Fall auf eine

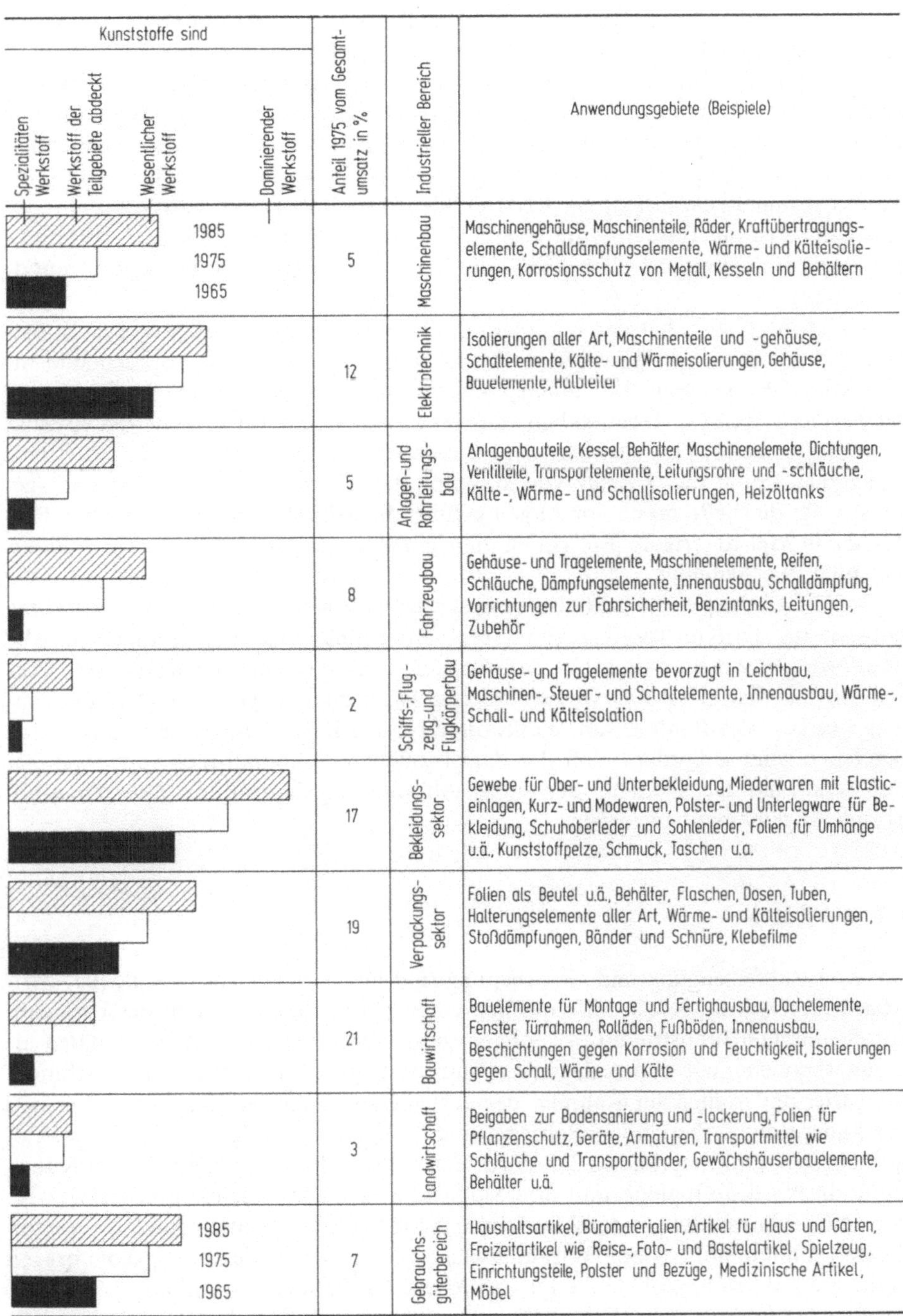

Tafel 1.6 Anwendungsgebiete. Das Vordringen der Kunststoffe in die einzelnen Bereiche der industriellen Fertigung, der Konsum- und Verbrauchswirtschaft; mengenmäßig und an Hand der wichtigsten Anwendungen.

weitere Zunahme der Kunststoffe auswirken. Zu ihnen gehört der Übergang zu einer Verbundwirtschaft im Bereich der chemischen Industrie und der Herstellung größerer Kunststoffmengen pro Produktionsanlage, was zu günstigeren Kunststoffrohstoffpreisen führen dürfte. Ein weiterer Trend ist das Vordringen wartungsfreier Produkte, weil die Dienstleistungen auch relativ immer teurer werden. Schließlich ist die kostengünstigere Verarbeitung, ihre größere Anpassungsfähigkeit, Variabilität und Automatisierbarkeit ein weiterer wichtiger Faktor. Bei der Gestaltung der Erzeugnisse ist die Tendenz zum leichthandhabbaren farbigen Erzeugnis mit funktioneller Formgebung zu beobachten, die sich als ausgesprochen kunststoff-freundlich erweist.

Es wurde bereits bei der Betrachtung der Kostensituation erklärt, daß Kunststoffprodukte in vielen Fällen wesentlich leichter sein können als entsprechende aus klassischen Werkstoffen. Mit dieser Gewichtseinsparung kann eine *Verkleinerung des Produkts* Hand in Hand gehen, was bis zu einer Miniaturisierung der Erzeugnisse führen kann. Die Verkleinerung elektrotechnischer Geräte, z. B. der Rundfunkgeräte, durch den Einsatz von kombinierten Kunststoffisolierungen und -gehäusen hat dies jedermann vor Augen geführt. Es gelingt damit, mit manchen Produkten in viel niedrigere Preiskategorien einzudringen und damit neue Käuferschichten zu erschließen.

Viele Gesichtspunkte sind also zu beachten, falls genaueres über die zukünftige Entwicklung der Kunststofferzeugung und -anwendung ausgesagt werden soll. Alle Überlegungen weisen darauf hin, daß der zukünftige Zuwachs der Kunststoffe über dem des durchschnittlichen wirtschaftlichen Wachstums liegen wird. Die Betrachtung des Kunststoffanteils am Werkstoffverbrauch in den einzelnen industriellen Bereichen zeigt außerdem, daß der Kunststoff bereits überall mehr oder weniger Fuß gefaßt hat. Das Zeitalter der Kunststoffpioniere geht zu Ende. Der Kunststoff ist zum Allgemeingut geworden.

1.9 Ausblick

Die Kunststofferzeugung und -verarbeitung sind heute bereits ein bedeutender wirtschaftlicher Faktor. Kunststoffe machen einen beträchtlichen Anteil des Umsatzes der chemischen Industrie aus, benötigen selbst beachtliche Industrieaktivitäten als Zulieferbereiche, wie den Anlagenbau und die Kunststoffverarbeitungsmaschinen-Industrie, und stellen im Rahmen der verschiedenen Anwendungsindustrien und der kunststoffverarbeitenden Betriebe einen weiteren wichtigen Wirtschaftsfaktor dar. Dies ist darin begründet, daß durch den Einsatz der verschiedenartigen Kunststoffe die Werkstoffpalette und ihre Möglichkeiten ganz wesentlich erweitert werden. Neue Anwendungstechniken wurden und werden dadurch möglich, vereinfachte Produkte mit besserer Wirkungsweise und größerem Bedienungskomfort mit geringerem Wartungsaufwand oder -freiheit sind außerdem erreichbar.

Die Gründe für diese Erweiterung der Werkstoffpalette durch die Kunststoffe wird in den folgenden Kapiteln erklärt. Wie sich diese Erweiterung auf die Anwendungsmöglichkeiten von der technischen Seite her auswirkt, veranschaulichen die Kapitel über die Eigenschaften, die das Eigenschaftsbild der Kunststoffe beschreiben.

2. Der Aufbau der Kunststoffe

Kunststoffe sind in ihrem Aufbau viel variabler als andere Werkstoffe.

2.1 Einleitung

Die Chemie befaßt sich mit der Zusammensetzung und dem Aufbau der Stoffe, und es waren Chemiker, die die ersten Vorstellungen über den Aufbau der Kunststoffe erarbeitet haben. Später kamen dann die Physiker hinzu, denn es wurde erkannt, daß der chemische Aufbau zu verschiedenen physikalischen Strukturen führt, die für die Eigenschaften maßgeblich sind.

Wer sich heute intensiv mit dem Kunststoffaufbau befassen will, muß sich mit der Kunststoffchemie beschäftigen. Das soll aber nicht heißen, daß derjenige, der sich nicht mit Chemie befaßt, den Kunststoffaufbau nicht verstehen kann. Er wird nur keine Überlegungen über die chemisch möglichen Variationen bei Kunststoffen anstellen können. Dagegen wird er aufgrund seiner Vorstellungen über den Kunststoffaufbau die Eigenschaften und die Anwendungsmöglichkeiten von Kunststoffen beurteilen können. Dies wird hier angestrebt. Mit möglichst wenig Chemie soll der Kunststoffaufbau im folgenden so veranschaulicht werden, daß für den Techniker und Ingenieur das Arbeiten mit Kunststoffen und deren Eigenschaften verständlich wird. Denn gerade die Möglichkeit, Kunststoff richtig einzusetzen und zu behandeln, basiert auf der Fähigkeit, den Zusammenhang zwischen Aufbau und Eigenschaften in den jeweiligen Verarbeitungs- und Anwendungssituationen zutreffend beurteilen zu können.

2.2 Kohlenstoff-Atome sind die Hauptbausteine der Kunststoffe

2.2.1 Chemische Grundlagen

Alle Stoffe bestehen aus Atomen, als den für das chemische Verhalten maßgebenden Grundeinheiten. Es gibt über hundert, welche jeweils anders aufgebaut sind und unterschiedliche Größen haben. Mit menschlichen Maßstäben gemessen, sind jedoch alle Atome unvorstellbar klein, nämlich einige zehnmillionstel Millimeter oder 10^{-10} m.

Viele gleiche Einzelatome können sich aneinanderlagern und den ihnen gemäßen Stoff bilden. Die meisten Stoffe bestehen jedoch nicht direkt aus Einzelatomen sondern aus größeren chemischen Einheiten, den *Molekülen*. Sie sind chemische Verbindungen von zwei oder mehreren Atomen, welche bei chemischen Reaktionen der Atome entstehen. Ihr Zusammenhalt wird durch starke spezielle elektrische Kräfte, die durch die Atome selbst hervorgerufen werden, bewirkt. In Bild 2.1 oben ist ein Molekül, das aus sechs Atomen besteht, mit den Elektronenbahnen der Elektronen der Atome dargestellt. Es ergibt sich ein sogenanntes Elektronen-Wolkenmodell, das die Bindungsstruktur des Moleküls veranschaulicht.

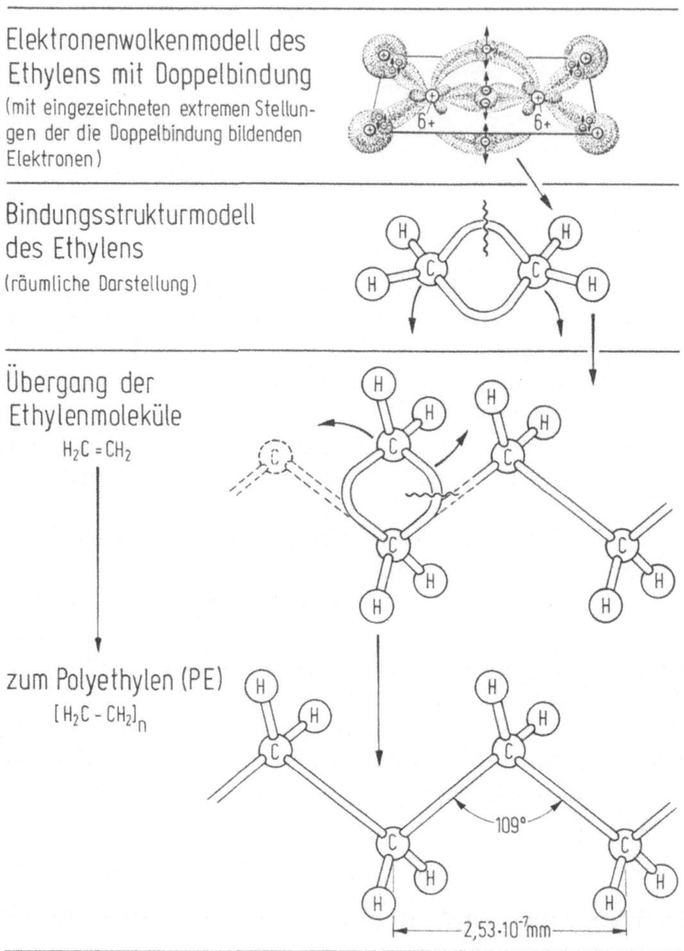

Bild 2.1 Makromolekül-Bildung. Aneinanderlagerung der Ethylenmoleküle zum Polyethylen (PE) bei der Polymerisation. (Schematische Darstellung).

Eine wichtige Rolle spielt dabei das *Atom Kohlenstoff.* Im wesentlichen mit Wasserstoff, Sauerstoff und Stickstoff bildet es eine praktisch unbegrenzte Zahl von sogenannten organischen Verbindungen, die natürlich auch andere Atome enthalten können. Kohlenstoff zusammen mit Wasserstoff, Sauerstoff und Stickstoff sind jedoch kennzeichnend und weitaus überwiegend in den Verbindungen der organischen Chemie. Diese Bezeichnung zeigt an, daß alles Leben auf diesen Verbindungen basiert. Dies ist um so erstaunlicher, wenn bedacht wird, daß der Kohlenstoff nur zu 0,09% in der dem Menschen zugänglichen Oberflächenschicht der Erde vorhanden ist.

Der Kohlenstoff wird in der Chemie mit dem Symbol C bezeichnet. Er ist ein sogenanntes vierwertiges Atom, d. h. er kann vier Verbindungsbrücken zu anderen Atomen bilden, wenn er sich mit ihnen zu einem Molekül zusammenschließt. Diese Bindungsmöglichkeiten werden als Valenzen bezeichnet und in den *chemischen Strukturformeln* durch vier Striche zum Ausdruck gebracht. Zwei oder drei parallel laufende Striche zwischen zwei Atomen kennzeichnen eine Doppelverbindung bzw. Dreifachverbindung. Eine Doppelbindung zwischen zwei Kohlenstoffatomen liegt in dem in Bild 2.1 bereits besprochenen Ethylen-Molekül vor. In diesem ist an der linken Seite, Mitte, auch die Strukturformel dieses Ethylen-Moleküls gegeben.

Im folgenden werden zum besseren Verständnis verschiedentlich Strukturformeln von Kunststoffen oder ihrer Bausteine gezeigt.

Dabei ist zu beachten, daß der in diesen Formeln vorkommende Wasserstoff (H) einwertig ist, das heißt, er kann nur eine Verbindungsbrücke zu einem Atom bilden. Der Sauerstoff (O) ist dagegen zweiwertig.

2.2.2 Werkstoffe aus monomeren und polymeren Molekülen

In der Natur gibt es neben vielen niedermolekularen organischen Molekülen auch solche Kohlenstoffverbindungen, die das tausend- bis hunderttausendfache von Atomen enthalten und heute als *makromolekulare Stoffe* bezeichnet werden. Zwei davon wurden schon erwähnt, das Kautschuk-Molekül im Kautschuk-Latex des Gummibaums und das Cellulose-Molekül, aus dem die Zellwände von Pflanzen und Holz bestehen. Es wurde bereits berichtet, daß die ersten Kunststoffe dadurch entstanden, daß diese natürlichen Riesenmoleküle entsprechend aufbereitet und geformt wurden und so als Werkstoff nutzbar wurden. Der Mensch hat dann aber auch gelernt, gezielt große Moleküle aufzubauen, hauptsächlich auf der Basis von Kohlenstoff, welche in der Natur nicht vorkommen und die ebenfalls als Werkstoff verwendet werden können. Beide, bestimmte *modifizierte Naturstoffe* und die *synthetisch hergestellten Makromoleküle,* die als Werkstoffe verwendbar sind, werden als Kunststoffe bezeichnet.

Die heute angewendeten Kunststoffe, bis auf eine Ausnahme, basieren noch auf dem Kohlenstoff, d. h. sind organische Makromoleküle. Die Ausnahme bildet die auf dem ebenfalls vierwertigen Silicium (Si) basierende Kunststoffgruppe der Silicone. Zukünftige Entwicklungsmöglichkeiten zeichnen sich in Richtung anderer anorganischer Stoffe, insbesondere verschiedener Metallverbindungen als Grundlage neuer Kunststoffklassen ab, einige Versuchsprodukte auf der Basis der Metalle Bor und Eisen sind bereits in Erprobung.

Bekanntlich sind die meisten klassischen Werkstoffe, insbesondere die Metalle, die Steine und die keramischen Werkstoffe anorganischer Natur. Im Gegensatz dazu werden die Kunststoffe oft als *organische Werkstoffe* bezeichnet, obwohl zu beachten ist, daß auch Holz, Baumwolle und Papier organische Werkstoffe sind. Außerdem kann diese Bezeichnung suggerieren, daß der wesentliche Unterschied zwischen den klassischen Werkstoffen und den Kunststoffen darin bestünde, daß die einen aus „anorganischen" die anderen aus „organischen" Stoffen aufgebaut sind. Dies ist jedoch nicht der ausschlaggebende Unterschied. Das eigentliche Kennzeichen der Kunststoffe gegenüber den klassischen Werkstoffen sind die Großmoleküle oder Makromoleküle, oder, wie der Chemiker sagt, das Vorliegen seiner Moleküle als *Polymere*. Aus diesem Grund trifft es den Kern der Sache besser, statt von organischen Werkstoffen, von Polymerwerkstoffen oder von künstlich aufgebauten „Kunststoffen" zu sprechen.

Mit Kohlenstoffatomen läßt es sich ermöglichen, eine praktisch unbegrenzte Zahl von Molekülverbindungen herzustellen. Dies hat zur Folge, daß es auch möglich ist, sehr viele verschiedene Kunststoffe herzustellen. Für die industrielle Anwendung sind aber davon nur wenige ausgewählt worden, so daß das Gebiet der Kunststoffe gut überschaubar ist. Wenn es heute über vierzig verschiedene industriell angewandte Kunststoffarten gibt, so zeigt dies, daß durch den Aufbau verschiedener Molekülbausteine zum Kunststoffmolekül unterschiedliche Eigenschaftskombinationen beim Werkstoff Kunststoff erzielt werden können, die benötigt werden. Viele Eigenschaften können durch Auswahl bestimmter Moleküle beim Kunststoff gezielt gezüchtet werden. Daher sprechen die Chemiker mit Recht bei den heutigen Kunststoffen von „*Werkstoffen nach Maß*".

Wichtig dabei ist, daß für alle Kunststoffe, unabhängig von ihrer chemischen Zusammensetzung im einzelnen, allgemeine Gesetzmäßigkeiten gelten, die sie von den klassischen Werkstoffen unterscheiden. Dies ist darin begründet, daß ihr räumlicher Aufbau infolge der enormen Größe ihrer Moleküle besonderen Gesetzmäßigkeiten unterliegt. Der räumliche Aufbau wiederum ist auch maßgebend für die Eigenschaften des Werkstoffes. Darum werden im folgenden zuerst die grundsätzliche Form und Größe der Makromoleküle und dann die Aufbaumöglichkeiten besprochen, bevor später über die chemisch bedingten Unterschiede zwischen den Einzelkunststoffen berichtet wird.

2.3 Makromoleküle ermöglichen den plastischen Zustand

2.3.1 Aufbau und Herstellung der Makromoleküle

Obwohl die Kunststoffmoleküle als *Makromoleküle oder Riesenmoleküle* bezeichnet werden, sind sie immerhin noch so klein, daß sie für das menschliche Auge unsichtbar bleiben. Werden sie aber den Atomen oder Molekülen der klassischen Werkstoffe gegenübergestellt, dann können sie bis mehrere tausend mal so groß sein wie diese.

In Tafel 2.2 ist etwa zehnmillionenfach vergrößert ein Ausgangsmolekül dargestellt (Isobutylen), das eine normale organische Substanz ist. Dies bedeutet, daß es gasförmig, flüssig und fest vorliegen kann. Bei Zimmertemperatur liegt es gasförmig vor. Unter 6,6 °C ist es eine Flüssigkeit und unter −146,8 °C liegt es als fester Stoff vor. Wenn seine Doppelbindung geöffnet wird, die in der Darstellung als Doppelstrich dargestellt ist und auf eine Einfachbindung reduziert wird, so können sich aus diesen Monomeren die Isobutylenchlorid-Moleküle chemisch aneinanderketten und ergeben ein Makromolekül, das aus vielen Einzelmolekülen besteht. Dieser Vorgang, der in Bild 2.1 beim Ethylen-Molekül in Einzelschritten gezeigt wird, ist eine chemische Reaktion und wird *Polymerisation* genannt. Der so entstandene Kunststoff heißt daher auch Polymer. Die Kettenlänge wird durch den *Polymerisa-*

tionsgrad charakterisiert. Dieser gibt an, wieviel Moleküle des „Monomeren", in diesem Fall Isobutylen-Moleküle, im Makromolekül enthalten sind.

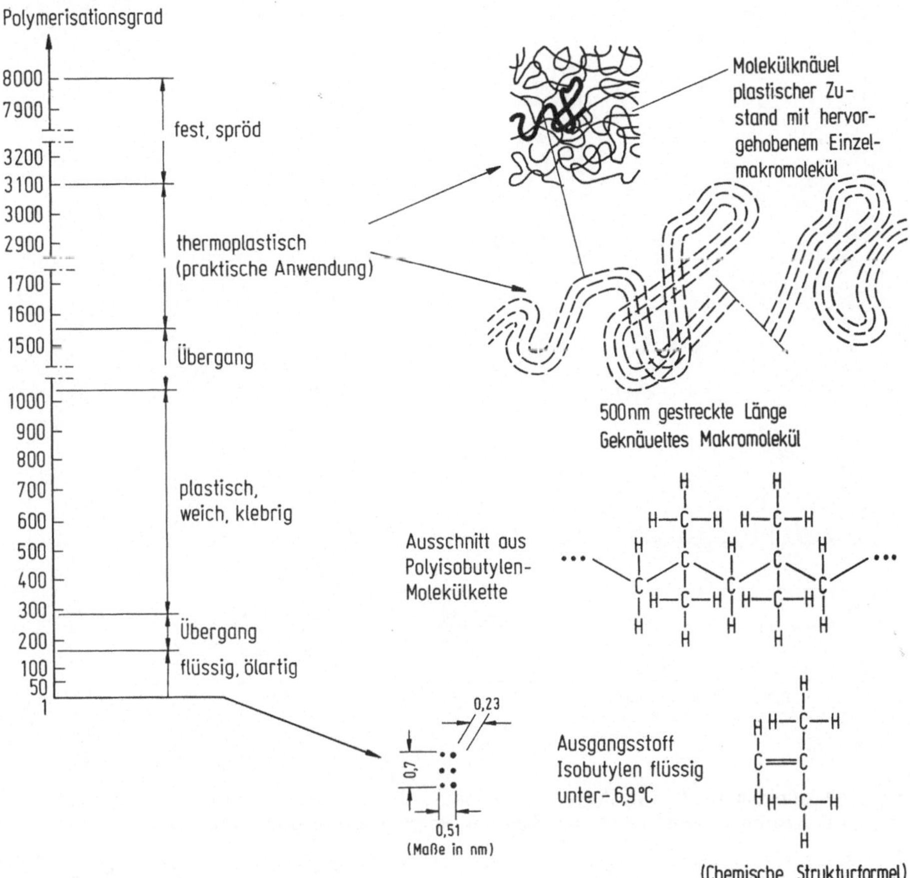

Tafel 2.2 Polymerisationsgrad und Stoffzustand. Größenvergleich eines monomeren und polymerer Moleküle und Abhängigkeit des Stoffzustandes vom Polymerisationsgrad beim Polyisobutylen.

2.3.2 Überblick über Stoffzustände polymerer Moleküle

Durch die zunehmende Kettenlänge vom Einzelmolekül zum immer größeren Makromolekül wird ein Stoff erzeugt, der ausgehend von der Gasform des Isobutylens bei geringem Polymerisationsgrad zuerst flüssig scheint und dann mit steigendem Polymerisationsgrad immer zäher und plastischer wird. Nach dem *plastischen Bereich* kommt dann auch bei normaler Temperatur ein fester Bereich und der nicht, wie bei dem Monomeren, nur bei tiefen Temperaturen (unter −146,8° bei Isobutylen) auftritt. Am Beispiel des Isobutylens ist dieser Zusammenhang in den Tafeln 2.2 und 2.3 veranschaulicht. Letztere zeigt, daß *polymerisierbare Moleküle* auf

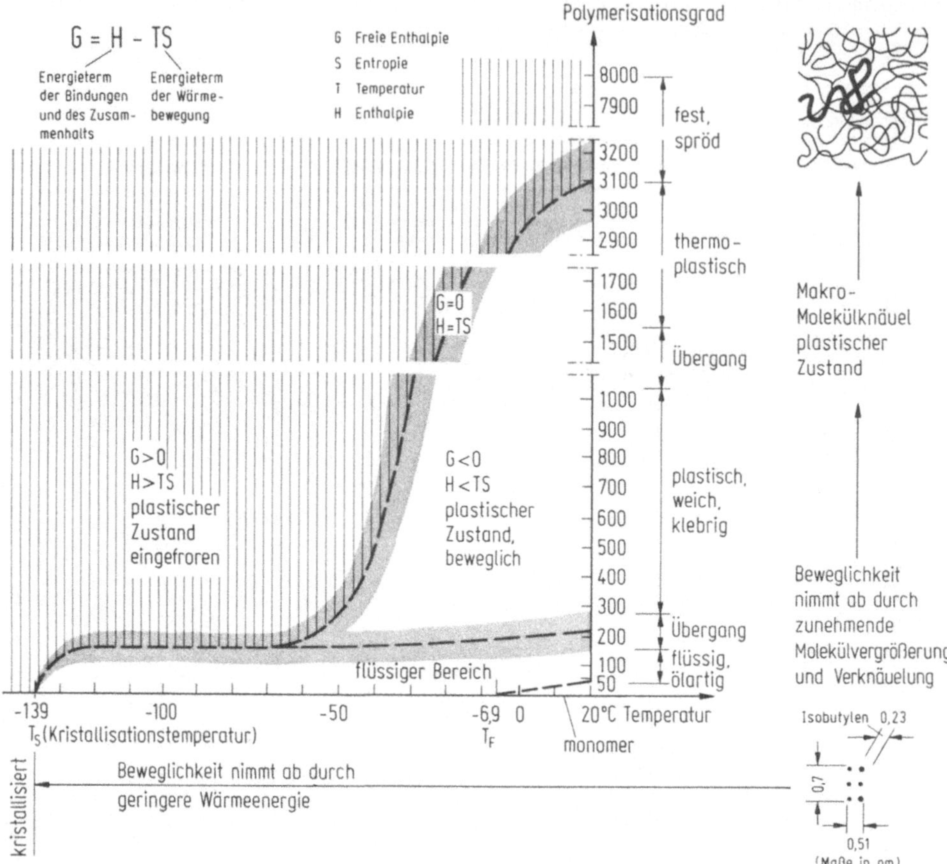

Tafel 2.3 Zustandsbereiche von Polymeren. Zustandsdiagramm von Isobutylen (chem. „Isobuten") und Polyisobutylenen in Abhängigkeit von Polymerisationsgrad und Temperatur.

zwei Wegen in *den festen Zustand* überführt werden können, einmal *durch Temperaturerniedrigung* und einmal *durch die Polymerisation.* Während bei der Temperaturerniedrigung zwischen dem gasförmigen und dem festen Zustand der flüssige Zustand liegt und genau festlegbare Schmelz- und Verdampfungstemperaturen existieren, gibt es bei zunehmender Polymerisation nach einem scheinbaren flüssigen Bereich einen Bereich des plastischen Zustandes, der dann allmählich immer fester und spröder wird. Die Übergangsbereiche sind nicht scharf abgrenzbar, etwa durch genaue Werte des Polymerisationsgrades. Die Verhältnisse bei zunehmender Polymerisation sind in Tafel 2.3 nach oben aufgetragen.

Daraus ist auch zu sehen, daß das Makromolekül bei hohem Polymerisationsgrad scheinbar fest vorliegt, da sein plastischer Zustand eingefroren ist. Ist der Polymerisationsgrad niedriger, so ist der Kunststoff plastischer. Bei Abkühlung geht er aber bei höheren Temperaturen als das monomere Ausgangsmolekül in einen scheinbar festen Zustand über. Dieser Bereich des Übergangs vom plastischen in den eingefrorenen plastischen oder amorphen Zustand wird als *Einfriertemperaturbereich* bezeichnet.

Dieser bei Kunststoffen neu auftretende plastische Zustand und sein Verhalten werden aus der besonderen Molekülform der Makromoleküle verständlich. Sie ist, wie in der Tafel 2.2 rechts oben schematisch eingezeichnet, einer langen Kette vergleichbar, die durch die Wärmebewegung ihrer einzelnen Glieder, den Molekülbausteinen und -abschnitten, in geknäueltem, sich bewegendem Zustand vorliegt. Der Kunststoff stellt nun ein Aggregat aus vielen solcher mehr oder weniger ineinander verflochtenen *geknäuelten Makromoleküle* dar. Selbst bei guter Einzelbeweglichkeit der Makromoleküle wird wegen dieser Verflechtung einer äußeren Krafteinwirkung ein Widerstand gegen Verformung entgegengesetzt. Die Einwirkung kann zu einer Verformung führen, wenn die Molekülketten auseinandergleiten und sich entknäuelen. Der Kunststoff fließt dann, er verhält sich plastisch. Im Vergleich dazu ist eine Flüssigkeit bei äußerer Krafteinwirkung sofort bereit, auszuweichen und zeigt kein langsames Kriechen.

2.3.3 Der plastische Zustand im Rahmen des Kunststoffverhaltens

Die Aussage, daß ein Kunststoff plastisch ist, bezeichnet einen breiten Stoffzustandsbereich. Auch dies geht aus den Tafeln 2.2 und 2.3 hervor. Dabei zeigt sich die Zwitterstellung des plastischen Zustands deutlich; ein plastischer Kunststoff kann dem flüssigen Zustand benachbart sein oder er kann fast wie ein kristalliner fester Körper wirken.

Die Verknäuelung der kettenförmigen Makromoleküle und ihr Widerstand bei mechanischer Beanspruchung hängt nämlich von drei Faktoren ab:

— Vom *chemischen Aufbau* des oder der Monomeren und des Makromoleküls. Er bestimmt die Beweglichkeit des Kettenmoleküls, welches sich ergibt aus der Beweglichkeit der direkt die Kette bildenden Atome und ihrer Bindungen sowie der Behinderung der Beweglichkeit durch die Seitengruppen.

— Von dem *mittleren Polymerisationsgrad,* der mittleren Kettenlänge. Je länger die in einem Knäuel zusammen verschlungenen Kettenmoleküle sind, um so schwerer ist der Knäuel zu entwirren und um so größer ist sein Widerstand gegen äußere Krafteinwirkungen. Der Kunststoff erscheint deshalb um so zähplastischer (viskoser) oder fester, je größer der mittlere Polymerisationsgrad ist und je mehr er längere Ketten enthält.

— Von der *Temperatur* der Makromoleküle. Je höher die Temperatur ist, um so stärker ist die Wärmebewegung und um so leichter kann eine Entknäuelung stattfinden. Bei niedrigen Temperaturen friert die Wärmebewegung ein, der Stoff wird scheinbar fest.

Das Verhalten des Kunststoffes in den einzelnen Phasen ist deswegen schwerer zu verstehen, weil diese drei Faktoren immer zusammenwirken. Je nach der Art ihres Zusammenwirkens liegen unterschiedliche Werkstoffverhalten vor. Daher sind neue Vorstellungen und Begriffe zum Verständnis ihrer Zusammenhänge nötig, um mit Kunststoffen richtig arbeiten zu können. Dies war lange Zeit nicht klar, weil die Tatsache nicht beachtet wurde, daß der feste Zustand beim Kunststoff nicht dem festen Zustand beim klassischen anorganischen Werkstoff entspricht. Der feste Zustand der Kunststoffe ist z. B. ein *eingefrorener plastischer Zustand,* während der feste Zustand der klassischen Werkstoffe in der Regel kristallin, z. B. bei Metallen, jedoch auch der eingefrorener Flüssigkeiten bei den Gläsern ist. Neben der Möglichkeit der Makromoleküle, im plastischen Zustand eingefroren und beweglich vorzuliegen, können sie auch gleichzeitig in Bereichen partiell kristallisieren und durch chemische Eingriffe miteinander mehr oder weniger verbunden werden (Vernetzung). Deshalb kann es bei dem gleichen Makromolekül verschiedene Anwendungsarten durch unterschiedlichen Aufbau des Gesamtkunststoffes geben, die zwar alle fest scheinen, aber unterschiedliche Eigenschaften haben. Daher wird im folgenden eine Systematik dieser Möglichkeiten dieses unterschiedlichen Aufbaus gegeben. Auf den Einfluß auf die Eigenschaften wird später noch eingegangen, wobei dann auch die in Tafel 2.3 enthaltene Enthalpiegleichung erklärt wird.

2.4 Die Kunststoffgruppen

Die wesentliche Eigenschaft, mit der die Kunststoffe die Werkstoffpalette bereichern, ist ihr plastisches Verhalten. In den wenigsten Fällen wird es direkt angewandt, fast immer erfolgt eine indirekte Anwendung innerhalb des Mikroaufbaus eines festen Kunststoffes. Dies geschieht dadurch, daß die plastische Phase in verschiedenen Weisen so stabilisiert und eingebaut wird, daß der Kunststoff als Werkstoff eingesetzt werden kann.

Diese Stabilisierung der plastischen Phase geschieht prinzipiell in sechs verschiedenen Weisen, deren Ergebnisse hier in drei Kunststoffgruppen zusammengefaßt werden. In der Tafel 2.4 ist eine Systematik der einzelnen Stabilisierungsmöglichkeiten gegeben und schematisch veranschaulicht. Da das Verhalten der Kunststoffe stark temperaturabhängig ist, sind die dabei entstehenden Kunststoffgruppen auf den *Gebrauchstemperaturbereich bezogen,* beschrieben. Dieser kann variieren, liegt aber im allgemeinen von unter 0 °C bis über 60 °C und weit darüber.

2.4.1 Plastomere (Thermoplaste)

Eine Stabilisierungsmöglichkeit des plastischen Zustandes ist bereits bekannt, nämlich das Einfrieren, d. h. ein Kunststoff kann als fester Stoff angewendet werden, wenn sein Gebrauchstemperaturbereich unterhalb seines Einfriertemperaturbereichs liegt. Bei der in Tafel 2.4 gezeigten Systematik ist dies bei den eingefrorenen *amorphen Plastomeren,* womit gesagt wird, daß keine kristallinen Bereiche und Vernetzungen vorhanden sind, der Fall. Als Beispiel für Kunststoffe, die im eingefrorenen Zustand als amorphe Plastomere angewendet werden, seien das bereits besprochene Polyisobutylen (PIB), die Polyvinylchloride (PVC) und die Polystyrole (PS) genannt. Als Kurzbezeichnung für diesen Aufbau ist P–a, das bedeutet: Plastomere, amorph, gewählt.

Bei geeigneter Molekülstruktur und damit zusammenhängend entsprechender Beweglichkeit ist es Teilen der Makromoleküle möglich, mit anderen Makromolekülen so geordnet nebeneinander zu liegen, daß sich ein kristalliner Bereich bildet.

Schematisch ist dies später in den Tafeln 2.5 und 2.6 ausführlich veranschaulicht. In Tafel 2.3 ist der Einbau teilkristalliner Bereiche bei den Plastomeren vereinfacht gezeigt (unten, Mitte).

Solche kristallinen Teilbereiche bewirken eine Verfestigung des Kunststoffes und damit auch eine Stabilisierung einer noch verbleibenden plastischen Phase. Polyethylen (PE), Polypropylen (PP) und Polyacetale (POM) sind die bekanntesten Kunststoffe, die aufgrund ihrer Teilkristallinität angewandt werden. Ihre amorphen Teilbereiche sind im Gebrauchstemperaturbereich jedoch nicht eingefroren, sie sind plastisch. Im allgemeinen wird von ihnen nur als teilkristallinen Kunststoffen gesprochen. Exakter ist es, sie als *teilkristalline Plastomere* mit *plastischer amorpher Phase* zu bezeichnen. Als Kurzbezeichnung ist für sie P–kw gewählt, wobei k für kristallin und w für weich bei der amorphen Phase steht.

Es ist natürlich auch möglich, teilkristalline Plastomere mit einer amorphen Phase im eingefrorenen Zustand anzuwenden. Dies ist dann der Fall, wenn der Einfriertemperaturbereich über dem Gebrauchstemperaturbereich liegt. Teilkristallinität und die eingefrorenen Bereiche der amorphen Phase tragen dann beide zur Stabilisierung und Festigkeit dieser Stoffe bei. Das bekannteste Beispiel solcher *teilkristallinen Plastomeren* mit eingefrorenen d. i. *harten amorphen Bereichen* sind Polyamide (PA). Als Kurzbezeichnung ist für diesen Aufbau P–kh gewählt, wobei P für Plastomere, k für teilkristalline und h für harte amorphe Phase steht.

2.4.2 Elastomere

Drei bis jetzt besprochene Aufbauarten bei der Anwendung schränken die Plastizität, die Kunststoffe aufweisen könnten, im Gebrauchstemperaturbereich stark ein. Es gibt Möglichkeiten, diese Plastizität in reversibler Form für die Werkstofftechnik stärker nutzbar zu machen. Das geschieht dadurch, daß die einzelnen Makromoleküle an verschiedenen Stellen elastisch zusammengekoppelt werden, so daß sie sich zwar bewegen können, aber durch diese Bewegung gleichzeitig die elastischen Verbindungen, die zwischen ihnen bestehen, dehnen. Wenn die Kraft, welche die Verformung bewirkt, wegfällt, ziehen die gedehnten Verbindungen die Kettenmoleküle wieder in ihre Ausgangslage zurück, bis die Dehnung beseitigt ist. Dies bedeutet, daß die Plastizität sich nun wie eine sehr große Dehnbarkeit mit hoher Reversibilität auswirkt. Diese große Elastizität wird *Gummi-Elastizität* genannt. Kunststoffe, die solche elastischen Verbindungen und damit gummielastisches Verhalten aufweisen, werden als *Elastomere* bezeichnet.

Bei Elastomeren liegt also immer der Einfriertemperaturbereich unter dem Gebrauchstemperaturbereich. Die elastisch wirkenden Verbindungen der Kettenmoleküle untereinander können in zwei Weisen erreicht werden, durch das Vorhandensein von Molekülgruppen, die starke Anziehungskräfte aufeinander ausüben, und durch chemische Verbindungen. Letztere sind auch seit über 100 Jahren die Grundlage der Anwendung des Naturkautschuks. Dieser Herstellung der chemischen elastischen Verbindungen wurde damals der Name „*Vulkanisation*" gegeben. Obwohl dieser Ausdruck in der Gummi-Industrie immer noch üblich ist, ist die richtige Bezeichnung „*elastische Vernetzung*".

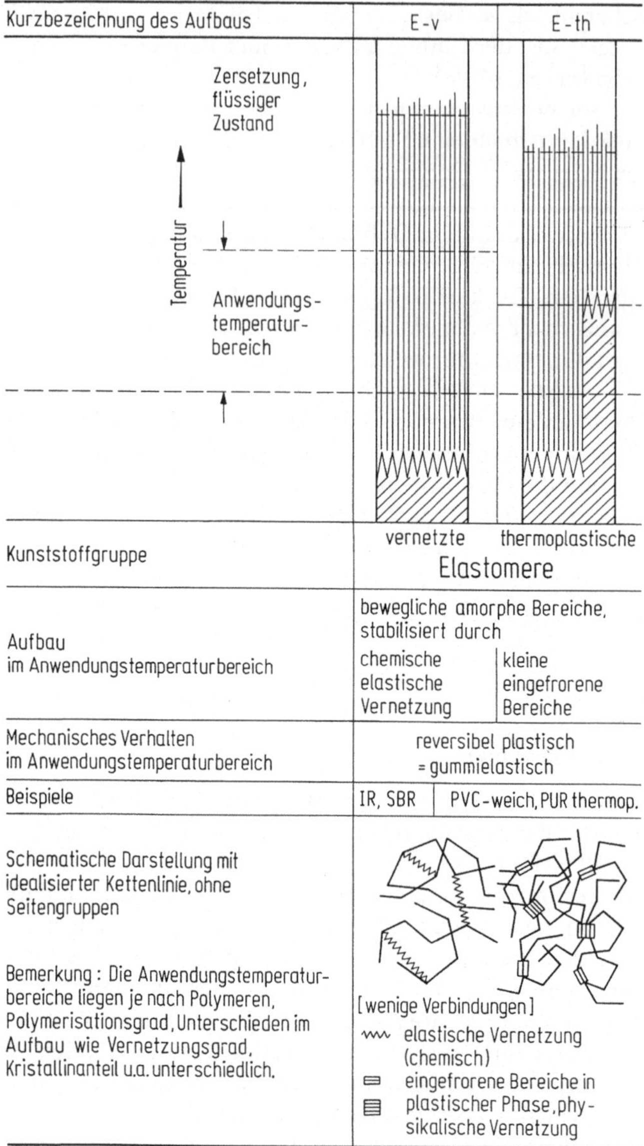

Tafel 2.4 Kunststoffgruppen. Die Kunststoffgruppen und ihre strukturelle und anwendungstechnische Charakterisierung. Die Tafel veranschaulicht, daß verschiedene Stabilisierungen des plastischen Zustands wirksam werden können.

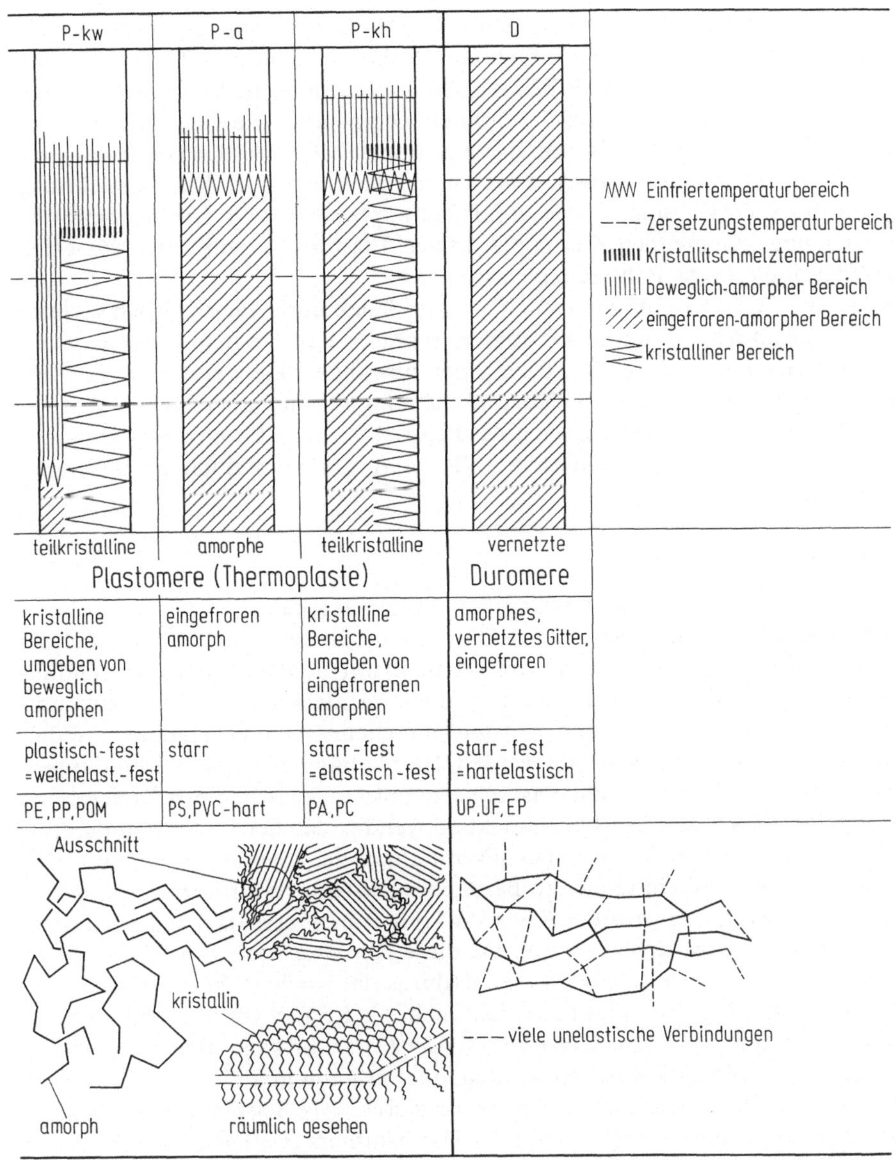

kristalline Bereiche, umgeben von beweglich amorphen	eingefroren amorph	kristalline Bereiche, umgeben von eingefrorenen amorphen	amorphes, vernetztes Gitter, eingefroren
plastisch-fest =weichelast.-fest	starr	starr-fest =elastisch-fest	starr-fest =hartelastisch
PE,PP,POM	PS,PVC-hart	PA,PC	UP,UF,EP

Gruppen, die mittels besonderer Anziehungskräfte zur Nachbarkette einen besonderen physikalischen Zusammenhalt herstellen, sind in einigen Kunststoffen direkt enthalten, so das Chlor (Cl) im Polyvinylchlorid (PVC). In andere Kunststoffmoleküle werden solche Gruppen gesondert einpolymerisiert. Infolge einer elektrischen Polarität üben sie auf eine gegenpolige Gruppe, die im benachbarten Kettenmolekül liegt, so starke Anziehungskräfte aus, daß sie den Kunststoff bei Beanspruchung zwar plastisch verformen lassen, aber auch so spannen, daß sich nach der Beanspruchung wieder die Ausgangslage einstellt. Da diese Anziehungskräfte polarer Gruppen bei höherer Temperatur infolge der stärker werdenden Wärmebewegung unwirksam werden, können sie als kleine eingefrorene Bereiche betrachtet werden. Solche Elastomere gehen ab einer bestimmten Temperatur, die das Einfrieren der Bereiche aufhebt, in den plastischen Zustand über. Daher werden Stoffe mit solchem Verhalten als *thermoplastische Elastomere* bezeichnet. Ihre Kurzbezeichnung ist E–th, wobei E für Elastomere und th für thermoplastisch steht. Die bekanntesten zur Anwendung kommenden thermoplastischen Elastomere sind das PVC-weich und das thermoplastische Polyurethanelastomer.

Der größte Teil aller Gummierzeugnisse wird heute durch die chemisch verbundenen, d. h. chemisch vernetzten Elastomere repräsentiert. Deshalb werden sie allgemein als Elastomere schlechthin bezeichnet, obwohl exakterweise chemisch vernetzte Elastomere besser wäre. Als Kurzbezeichnung für diesen Aufbau wählen wir E–v, was bedeutet: Elastomer, vernetzt. Als Beispiel für diese Gruppe sei der bereits wiederholt genannte Natur-Kautschuk (NR) und das Styrolbutadien-Elastomer (SBR) angegeben.

2.4.3 Duromere (Duroplaste)

Da die nötigen Verbindungen zwischen den Kettenmolekülen, auch wenn sie elastisch sind, bei den chemisch vernetzten Elastomeren die Beweglichkeit der Kettenmoleküle doch erheblich behindern, wird versucht, mit möglichst wenig Verbindungen zwischen den Makromolekülen auszukommen. Anders ist dies, wenn kein gummielastisches Verhalten angestrebt wird und die chemischen Verbindungen lediglich für die Stabilisierung angewandt werden. Hier können nun viele Verbindungen, d. h. Vernetzungen, die auch nicht elastisch sein müssen, zwischen den Kettenmolekülen eingebracht werden. Es ist auch nicht notwendig, daß der Einfriertemperaturbereich der unvernetzten Makromoleküle unterhalb des Gebrauchstemperaturbereichs liegt. Immer wird ein relativ großer Gebrauchstemperaturbereich vorhanden sein, und bei Erwärmung wird der Kunststoff mit seinen Vernetzungen auch dann kaum plastisch, sondern sich zersetzen. Da diese Kunststoffe auch bei Erwärmung starr und hart sind, werden sie als *Duromere* (durus (lat.) = hart) bezeichnet.

Der Kunststoff liegt hier praktisch nicht mehr als Knäuel von Kettenmolekülen vor, sondern als *dreidimensionales Netzwerk oder Gitter*. Er kann über Kettenmoleküle aufgebaut werden, die vernetzt werden, oder er kann in anderen Fällen direkt aus monomeren Einheiten zum Netzwerk reagieren. Als Beispiel seien der sogenannte ungesättigte Polyester (UP) und das Harnstoffharz (UF) genannt. Die Kurzbezeichnung dieser Kunststoffgruppe ist D.

2.4.4 Zusammenfassender Überblick der Kunststoffgruppen

Die sechs beschriebenen Stabilisierungsmöglichkeiten des plastischen Zustands bei der Anwendung sind in drei Gruppen zusammengefaßt: Die *Elastomere,* die *Plastomere* (auch Thermoplaste genannt) und die *Duromere.* Da bei den chemisch vernetzten Elastomeren und bei den Duromeren der Zusammenhalt durch chemische Bindungen bewirkt wird, die zu einer dreidimensionalen Netzstruktur führen, sind sie nach Erwärmung nicht zu anderen Teilen wieder formbar. Bei den *thermoplastischen Elastomeren* und den *Plastomeren* ist dies möglich. Das heißt, sie sind durch

Erwärmen und Wiederformen *wiederverwendbar*. Eingeschränkt wird dies nur durch einen eventuellen chemischen Abbau während der vorhergehenden Anwendung oder Verarbeitung.

Diese einfache Wiederverwendbarkeit und leichte Verarbeitbarkeit sind Gründe, warum Plastomere am häufigsten angewendet werden. Sie bestreiten etwa 3/4 der Anwendungen, Elastomere und Duromere zusammen nur 1/4. Manche tendieren deshalb dazu, letztere als Spezialwerkstoffe zu bezeichnen. Dies ist aber kein Unterscheidungsmerkmal gegenüber den Plastomeren, da auch viele Plastomere als Spezialwerkstoffe eingesetzt werden. Die Hauptgründe für die *Dominanz der Plastomere* liegen darin, daß sie den breitesten Eigenschaftsbereich aufweisen, die vielfältigsten Eigenschaftskombinationen zulassen und die kostengünstigsten Erzeugnisse ergeben, oft natürlich aufgrund der relativ einfachen Verarbeitungsmethoden.

Die prinzipiell unterschiedlichen Aufbaumöglichkeiten sind in Tafel 2.4 schematisch angedeutet, wobei die Makromoleküle nur als eckige Linien und Verknüpfungen oder die Verknüpfungen durch Vernetzungen besonders dargestellt sind. Dabei ist zu beachten, daß die Darstellung zweidimensional, während der wirkliche Aufbau dreidimensional ist. Es ist in diesen Zeichnungen natürlich auch nicht darstellbar, daß die Kettenmoleküle bei eingefrorenem amorphen Aufbau relativ starr sind und im uneingefrorenen amorphen Aufbau beweglich. Letzteres ist der plastische Zustand, mit einer leichten gegenseitigen Verschiebbarkeit der Kettenmoleküle bei Einwirkung äußerer Kräfte.

Bei den Plastomeren ist in Tafel 2.4 versucht, das Zusammenwirken von amorphen und kristallinen Bereichen darzustellen. Da diese Kombination von amorph und kristallin in einem Werkstoff neben dem des amorphen eingefrorenen die wichtigste Möglichkeit bei der Anwendung der Plastomere ist, wird darauf nun näher eingegangen.

2.5 Entstehung und Aufbau der kristallinen Bereiche

Fast jeder aus Atomen oder hinreichend kleinen Molekülen zusammengesetzte Stoff ist in seinem festen Zustand kristallin, in seinem flüssigen Zustand aber amorph. Kristallin bedeutet, daß die Atome oder Moleküle in einer bestimmten periodischen räumlichen Anordnung vorliegen, die als Kristallstruktur oder Raumgitterstruktur bezeichnet wird. Bei einer solchen Raumgitterstruktur liegen an den Schnittpunkten der Gitterlinien die Atome, und der Abstand dieser Schnittpunkte ist konstant oder periodisch gleich.

Amorph bedeutet dagegen, daß die einzelnen Stoffbausteine zwar einen Zusammenhalt aufweisen, aber gegeneinander frei beweglich sind und beliebige Stellungen zueinander einnehmen können. Atome und monomere Moleküle bilden im amorphen Zustand immer Flüssigkeiten, Makromoleküle, wie sie beim Kunststoff vorliegen, sind im amorphen Zustand infolge ihrer Verknäuelung plastisch bis fest. Später wird dargelegt, warum auch ein anscheinend fester amorpher Kunststoff eigentlich plastisch ist und daher hier als *pseudoflüssig* bezeichnet wird. Der eigentliche feste Werkstoff ist meist kristallin. Deshalb war es für die Kunststoffanwendung sehr einschneidend, als sich zeigte, daß es möglich war, Kunststoffe mit kristallinen Bereichen herzustellen.

2.5.1 Beweglichkeit der Makromoleküle

Die Beweglichkeit eines Kunststoffmoleküls, mit der auch diese Bildung kristalliner Bereiche erklärt werden kann, setzt sich vereinfacht aus zwei Komponenten zusammen, jener der die eigentliche Kette bildenden Moleküle und jener der Einschränkung dieser Beweglichkeit durch die Seitengruppen. Damit hängt die Beweglichkeit praktisch vom chemisch-strukturellen Aufbau des Makromoleküls ab.

Die Möglichkeit der *Kettenbeweglichkeit* ist links in der Tafel 2.5 für die $-C-C-$-Kette dadurch veranschaulicht, daß die maximalen Drehbarkeiten von

Beweglichkeit des Moleküls am Beispiel der C—C—Kette		Kettensysteme im Kunststoff		
Aufbauprinzipien	Schematische Veranschaulichung	Aufbauprinzip	Kettensysteme, gezeichnet	Beweglichkeitsgrad Beispiel
				Höchste Beweglichkeit
Chemisches Grundmolekül	(H–C=C–H, H)	Sauerstoff-Kohlenstoff	C–O–C	Polyacetal
Chemische Bindung der Moleküle (Polymerisation)	(ohne Seitengruppen)	Stickstoff-Kohlenstoff	C–N–C	Polyamid
Evtl. Vernetzung oder Vulkanisation (nicht gezeigt) und		Kohlenstoff-Kohlenstoff mit Doppelbindung	C=C–C	Polyisopren
Drehbarkeit der Kette und	(ohne Seitengruppen)	Kohlenstoff-Kohlenstoff gesättigt	C–C–C	Polyethylen
Behinderung der Drehbarkeit durch Seitengruppen (Kreise stellen größere Seitengruppen dar)		Ringe an Kohlenstoff oder Sauerstoff	Ring–C–	Polycarbonat
		Doppel- und Mehrfachringe an Kohlenstoff u.ä.	(alle ohne H-Atome gezeichnet)	Polyimide (Polybenzimidazol)
		Nur aneinanderhängende Ringe (Leiterpolymere)	(ohne C- und H-Atome gezeichnet)	Leiterpolyacrylnitril
				Niedrigste Beweglichkeit

Tafel 2.5 Beweglichkeit der Makromoleküle. Kettenbeweglichkeit verschiedener Kunststoffmolekülketten und Auswirkung auf die Molekülbeweglichkeit.
(Nach H. Käufer, *Kunststoffe als Werkstoffe*, Würzburg 1974)

Kettengliedern gegeneinander gestrichelt eingezeichnet sind, wobei angenommen ist, daß keine Seitengruppen vorhanden sind. Diese $-C-C--$ Kette ist nicht die beweglichste Kunststoffkette. Das ist vielmehr die $-C-O-C--$ Kette, die auf der Kohlenstoff-Sauerstoff-Kohlenstoffverbindung beruht. Rechts in der Tafel 2.5 sind die wichtigsten bei den Kunststoffen heute angewendeten Kettensysteme nach ihrer Beweglichkeit geordnet aufgeführt. Jedem Kettentyp ist ein Beispiel eines Kunststoffes beigegeben. Wie zu erwarten, sind Ketten, die aus Einzelatomen bestehen, beweglicher als solche, die einzelne Ringe enthalten und diese wiederum beweglicher als solche, die nur aus einem Ringgerüst bestehen. Letztere werden als Leiterpolymere bezeichnet und nur in Spezialfällen angewendet.

Keines der angegebenen Kunststoffkettensysteme existiert ohne Seitengruppen. Während bei den Ketten mit Ringen die Seitengruppen im allgemeinen die Beweglichkeit des gesamten Makromoleküls nur noch wenig verringern, zeigen sich bei den Ketten, die keine Ringe enthalten, starke *Abhängigkeiten von der Größe, Art und Lage der Seitengruppen*. Die einfachste Seitengruppe ist das Wasserstoffatom. Wird es ausschließlich an der $-C-C--$ Kette in der Tafel 2.5 angebracht (an jedem C zwei H), so ergibt sich das Polyethylen (PE). Bei einem mittleren Polymerisationsgrad, d. h. einer mittleren Größe der Makromoleküle, liegt sein Einfriertemperaturbereich um $-125\,^{\circ}C$. Wird von jeweils vier Wasserstoffatomen (H) eines durch die viel größere Methylgruppe (CH_3-Gruppe) ersetzt, es befindet sich also an jedem zweiten C-Kettenatom eine CH_3-Gruppe, so wird bei gleicher mittlerer Kettenlänge die Beweglichkeit wesentlich geringer, weil die CH_3-Gruppe mehr Platz benötigt und damit ein räumliches Hindernis für die Beweglichkeit der Kette darstellt. Bei diesem Kunststoff handelt es sich um Polypropylen (PP). Die geringere Beweglichkeit seiner Molekülkette kommt in der wesentlich höheren Lage seines Einfriertemperaturbereichs zum Ausdruck, er liegt um $-10\,^{\circ}C$.

Setzt man bei dem gleichen Kettensystem statt der CH_3-Gruppen Benzolringe ein, so erhält man das Polystyrol (PS), das infolge der noch geringeren Bewegungsmöglichkeit des Moleküls durch den größeren Benzolring einen noch höheren Einfriertemperaturbereich um ca. $+95\,^{\circ}C$ aufweist. Bei dem bereits besprochenen Polyvinylchlorid (PVC) sind dagegen die CH_3-Gruppen des PP durch Chlor(Cl)-Gruppen ersetzt. Da durch sie die Beweglichkeit nicht in dem Maße beeinträchtigt wird wie durch einen Ring als Seitengruppe beim Polystyrol, aber durch ihre große Polarität stärker als bei der CH_3-Gruppe, liegt der Einfrierbereich des Polyvinylchlorids um ca. $+85\,^{\circ}C$, also zwischen dem des Polypropylens und dem des Polystyrols.

Am Beispiel von Kunststoffen, die sich auf der $-C-C--$ Kette aufbauen, ist damit gezeigt, daß bei einer vergleichbaren mittleren Makromoleküllänge, gegeben durch den mittleren Polymerisationsgrad, der Einfriertemperaturbereich von der Beweglichkeit der Gesamtmoleküle abhängt. Daß diese Beweglichkeit, nur durch die Seitengruppen beeinflußt, sehr große Unterschiede aufweisen kann, zeigt die Änderung des Einfriertemperaturbereichs von $-125\,^{\circ}C$ für (PE) bis fast $100\,^{\circ}C$ für (PS) bei den gebrachten Beispielen.

2.5.2 Kristalline Bereiche

Je größer die Beweglichkeit der Makromoleküle ist, um so gleichmäßiger und näher können sie sich auch anordnen. Kettenabschnitte, die sich dadurch so nah wie in einem kristallinen Verband kommen, ergeben typische Kristallstrukturen, die sich aber nicht über das ganze Kettenmolekül hinwegziehen, sondern nur Teile der Kettenmoleküle enthalten. In Tafel 2.4 ist dies schon schematisch veranschaulicht worden. Dabei wurde gezeigt, daß ein Kettenmolekül mehreren amorphen (d. h. plastischen) und mehreren verschiedenen kristallinen Bereichen zugleich angehören kann.

Die Arten der sich bildenden *Kristallstrukturen* sind in der Tafel 2.6 für die wichtigsten teilkristallinen Kunststoffe genannt. Auch die prozentualen Anteile, die vom Gesamtkunststoff kristalline Bereiche bilden, sind darin aufgeführt. Es zeigt sich, daß das Polyacetal mit der beweglichsten $-C-O-C-$-Kette und das Polyethylen mit der $-C-C-C-$-Kette und beide mit den kleinstmöglichen Seitengruppen, den H-Gruppen, die größten kristallinen Anteile aufweisen können.

Je nach *Anordnung der Seitengruppen* auf einer Seite oder auf beiden Seiten, ist die Kristallstruktur unterschiedlich. Beim Polypropylen bringt eine einseitige Anordnung der CH_3-Gruppen (isotaktische Anordnung) eine monokline, während eine beidseitige Anordnung (syndiotaktische Anordnung) eine orthorombische Kristallstruktur bedingt. Unregelmäßig angeordnete Seitengruppen haben zur Folge, daß trotz genügender Beweglichkeit kein gleichmäßiger Aufbau stattfinden kann und damit auch keine kristalline Struktur entsteht. Die heute angewandten Polystyrole und Polymethylmethacrylate (PMMA) sind Beispiele dafür. Bei einer gleichmäßigen Anordnung der Seitengruppen in diesen Kunststoffen würden sich auch bei ihnen Kristallstrukturen bilden. In Tafel 2.6 ist dieser Tatbestand, obwohl die Teilkristallinen nicht angewandt werden, berücksichtigt. Die unregelmäßige Anordnung der Seitengruppen (ataktische Anordnung) gibt jeweils die amorphe Struktur. Die einseitige gleichmäßige (isotaktische) Anordnung der Seitengruppen führt zu teilkristallinen Bereichen, weil nun eine Regelmäßigkeit vorhanden ist, die die Bildung der kristallinen Struktur erlaubt.

Alle diese Kristallstrukturen können mit Hilfe der Analyse mit Röntgenstrahlen nicht nur in ihrem Aufbau, sondern auch in ihren Abmessungen bestimmt werden. Außerdem ist es natürlich möglich, durch Dichtemessungen der Kunststoffe Aufschluß darüber zu bekommen, wie groß der Anteil der kristallinen Bereiche ist, weil durch die nähere Zusammenlagerung der einzelnen Moleküle die *kristallinen Bereiche eine größere Dichte* aufweisen als die amorphen. Solche Messungen an vielen Kunststoffteilen haben gezeigt, daß nicht nur die Größe des kristallinen Anteils je nach Verarbeitungsart und Beimischungen schwanken kann, sondern daß vor allem die Größe der einzelnen kristallinen Bereiche sowie die *Formierung* größerer kristalliner Strukturen sehr unterschiedlich sein können. Da diese Faktoren auf die Eigenschaften der teilkristallinen Kunststoffe wesentlichen Einfluß haben, sei darauf am Beispiel des Polyethylens noch eingegangen.

Das Raumgitter des Polyethylens ist orthorombisch und setzt sich in seiner kleinsten Einheit aus je zwei Grund-Einheiten von vier beteiligten Ketten, wie in der Tafel 2.7 oben gezeigt, zusammen. Diese kleinste Gitterzelle mißt $0,74 \times 0,493 \times 0,253$ Nanometer ($nm = 10^{-9}\,m = 10^{-6}\,mm$), also weniger als ein Millionstel Milli-

Kunststoff	Kristallsystem	Anteil in %**	Hinweise und Beispiele
Polyacetal	orthohexagonal	> 80	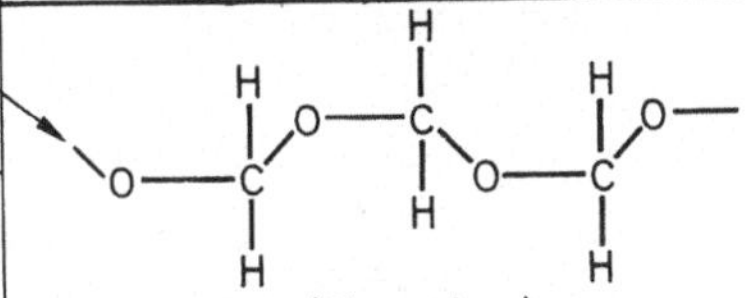
Polytetrafluorethylen	< 19° triklin > 19° ortho- hexagonal	55…75	(Wannenform)
Polyethylen	orthorhombisch	50…75	
Polypropylen isotaktisch	monoklin	> 60	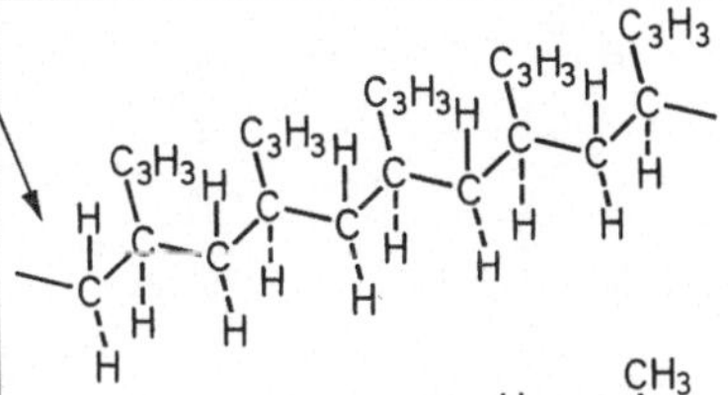
*(syndiotaktisch	orthorhombisch)		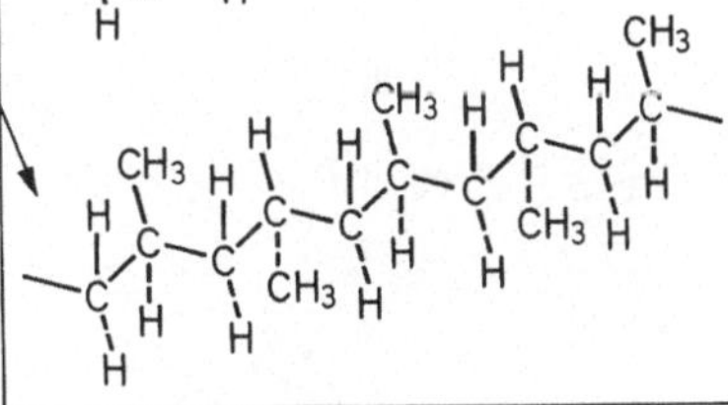
ataktisch	keines, amorph	0	
Polyamid 6 Polyamid 6.6	monoklin triklin	40…55	
Polycarbonat	orthorhombisch	< 10	
Polyurethan (unvernetzt)	triklin	verschieden	
Cellulosen	monoklin	verschieden	
Polystyrol ataktisch	keines, amorph	0	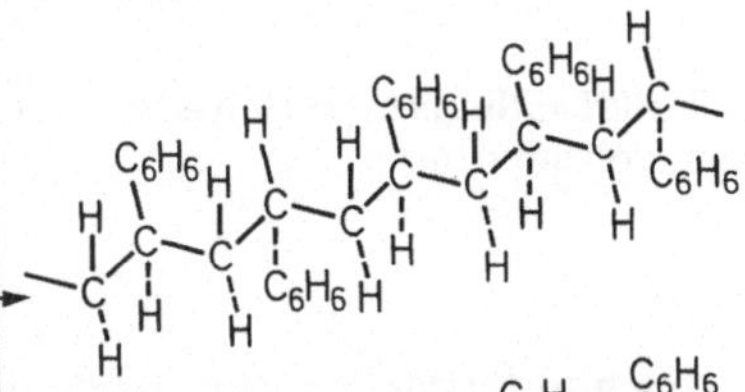
*(isotaktisch	rhomboedrisch)	verschieden	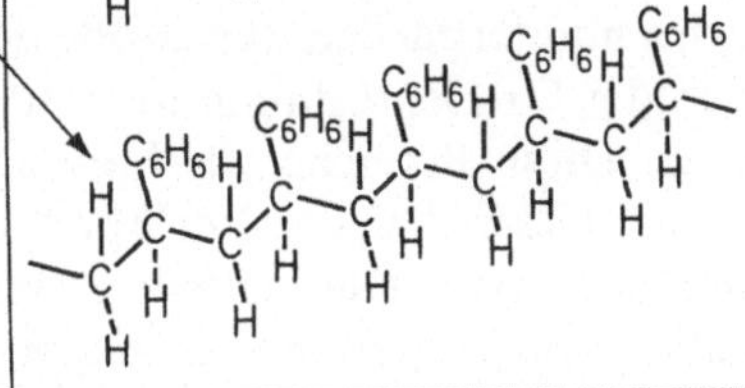
Polymethylmethacrylat ataktisch	keines, amorph	0	
*(isotaktisch	orthorhombisch)	90	

*( ) in Klammern bedeutet: nicht oder nur wenig angewandt

** bezieht sich auf nicht verstrecktes technisches Material

Tafel 2.6 Teilkristallinität. Kristalline Strukturen bei Kunststoffen.

meter in allen Richtungen. Viele solcher kleinsten Zellen sind in einem kristallinen Bereich, der grob gesagt aus Faltungen von Molekülketten entstehen kann, enthalten. Ein solcher Bereich ist daneben in Tafel 2.7 ebenfalls angedeutet. Seine Abmessungen können sehr unterschiedlich sein, sie liegen im allgemeinen zwischen dem

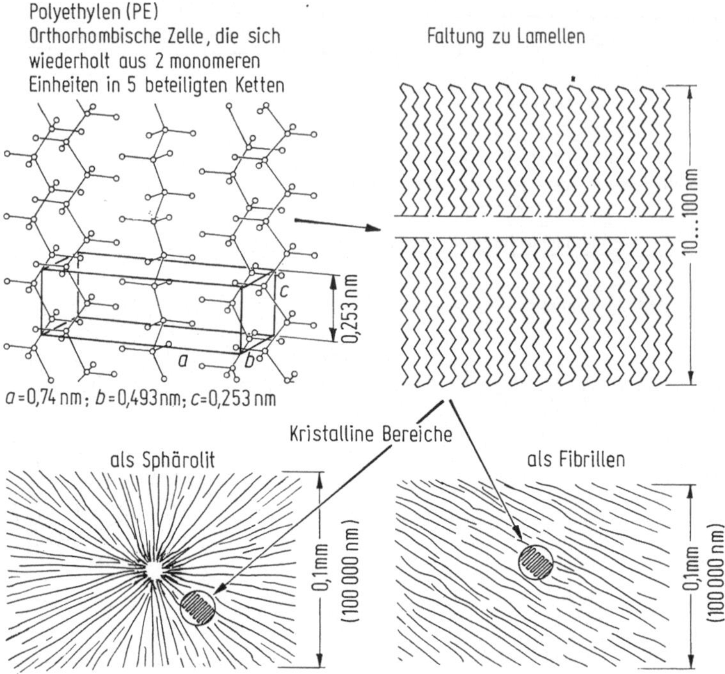

Bild 2.7 Teilkristallinität von Polyethylenen. Aufbau der kristallinen Bereiche und Überstrukturen beim Polyethylen.

fünfzig- bis hundertfachen der Größe der kleinsten Kristallgittereinheit der Kristalle, also in der Größenordnung über $10\,nm = 10^{-5}\,mm$, d. i. ein Hunderttausendstel Millimeter. Diese Bereiche aus Faltungen können sich nun je nach Abkühl- und Druckverhältnissen bei der Verarbeitung unterschiedlich zu größeren kristallinen Bereichen anordnen. Die beiden extremen Anordnungsmöglichkeiten sind einmal die Parallel- und Hintereinander-Anordnung, die sogenannten *Fibrillen,* sowie das anderemal die radiale Anordnung von einem Zentrum aus, deren Erscheinungsbild die sogenannten *Sphäroliten* sind. Im unteren Teil der Tafel 2.7 sind diese beiden Anordnungsmöglichkeiten ebenfalls schematisch gezeigt. Durch solche Anordnungen können Kristallüberstrukturen entstehen, die bis zu 0,1 bis 1 mm groß sein können, also zehntausendmal so groß wie die kristallinen Bereiche und millionenfach so groß wie die kleinste Kristallgittereinheit.

Diese Verhältnisse müssen beachtet werden, um den bestimmenden Einfluß des unterschiedlichen Aufbaus der Kunststoffe auf ihre unterschiedlichen Eigenschaften verstehen zu können. In Bild 2.8 ist daher eine Vergrößerung eines Sphärolits oben (a) und unten eine entsprechende von einem Kristallit in Fibrillenaufbau gezeigt. Beide sind aus dem gleichen Kunststoff, dem Polymid (PA) gebildet. Ob sich der eine oder der andere Aufbau bildet und wie groß die kristallinen Bereiche und die Kristallüberstrukturen werden, hängt von der Verarbeitungsart und den Verarbeitungsbedingungen ab. Daher ist es möglich, durch entsprechende Wahl und For-

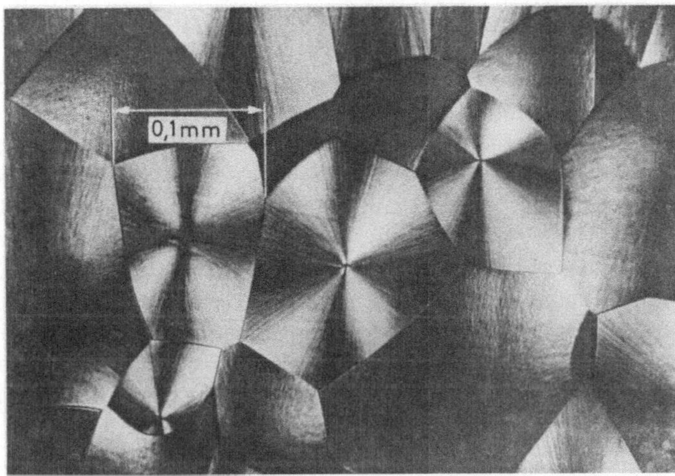

Bild 2.8 a

Bild 2.8 b

Bild 2.8 Sphärolithe und Fibrillen. Mikroskopische Aufnahmen von Dünnschnitten von Polyamid (PA) in polarisiertem Licht; (a) Sphärolitstruktur (*oben*), (b) Fibrillenstruktur (*unten*). (Fotos: BASF AG, Ludwigshafen)

mung der Kunststoffe in amorphe Bereiche eingebaute Kristallit-Strukturen zu erhalten, deren Größe und Ausbildung optimal nach dem Anwendungszweck gewählt werden können.

Diese Einflußnahme ist möglich, weil heute die Gründe für die Bildung der kristallinen Bereiche aus Teilen der Makromolekülketten der Kunststoffe weitgehend geklärt sind. Wie bei normalen kristallinen Stoffen die *Kristallisation von Keimen ausgeht,* erfolgt sie auch bei den Kunststoffen von Keimen aus, die auf nahen Zusammenlagerungen von Molekülkettenteilen beruhen. Eine solche Zusammenlagerung kann mit einer Faltung des Kunststoffkettenmoleküls beginnen, wie sie in dem Lamellen-Beispiel von Tafel 2.7 gezeigt ist. Der Keim mit der geringsten Bildungsart (geringste freie Enthalpie) ist aber der Büschelkeim, der der Ausgangspunkt eines spärolitischen Kristallbereichs ist.

Durch die Beigabe bestimmter feinster Pulver, sogenannter *Nukleierungsmittel*, wird die Keimbildung durch Aneinanderlegung von Ketten erleichtert, und es entstehen dadurch mehr Kristallisationspunkte. Die kristallinen Bereiche werden kleiner, aber dafür zahlreicher, die Kristallinität wird gleichmäßiger.

Auf diese Weise ist es möglich, durch den Eingriff in die Nahordnung, die vermehrte Aneinanderlagerung einzelner Molekülkettenteile, eine Änderung der Fernordnung zu erreichen. Für die Eigenschaften eines Kunststoffteils ist es von entscheidender Bedeutung, wie *Nah- und Fernordnung sich im teilkristallinen Kunststoff überlappen* und welche Gleichmäßigkeit bzw. Ungleichmäßigkeit die kristallinen Bereiche aufweisen. Prinzipiell gelten folgende Regeln: Je höher der Anteil der kristallinen Bereiche und je gleichmäßiger ihre Verteilung ist, um so größer ist die Festigkeit eines homogenen Kunststoffteils.

Wird gleichmäßiges Festigkeitsverhalten in alle Richtungen gewünscht, so sind sphärolitische Kristallstrukturen optimal. Wird besonders hohe Festigkeit in eine Richtung oder in zwei Richtungen gewünscht, so sind Fibrillen-Kristallstrukturen in diese Richtungen optimal. Sie überwiegen bei gereckten bzw. verstreckten Fasern und Folien, treten aber auch bei Spritzgießteilen wegen der beim Abkühlen vorhandenen Strömungsausrichtung auf.

Kristallinität schließt bei Kunststoffen klare Transparenz aus. Wird ein durchsichtiges, d. h. also amorphes Kunststoffteil gewünscht, dann ist es möglich, auch teilkristallisierende Kunststoffe durch die Anbringung entsprechender oder anderer Anordnung der Seitengruppen am Kristallisieren ganz zu hindern. Bei den transparenten speziellen Polyamiden wird dies angewendet.

2.5.3 Die amorphen Bereiche

Es ist nun naheliegend, daß die amorphen Bereiche, die bei den teilkristallinen Kunststoffen z. B. über die Molekülketten mit den kristallinen Bereichen zusammenhängen, meist keine völlig ungeordnete Struktur aufweisen können. Sie werden aber auch nicht den Ordnungsgrad zeigen, der bei den kristallinen Bereichen vorhanden ist.

Aus diesem Grund war es bis jetzt nicht in allen Fällen möglich, *die Strukturen der amorphen Bereiche und amorpher Kunststoffe* mit Erfolg festzustellen. Es zeigt sich aber, daß nicht nur bei der Anwesenheit einer zweiten Phase, z. B. der kristallinen Bereiche, oder von Zumischungen und Verstärkungen in den amorphen Phasen, Fern- und Nahordnungen vorliegen, die von den Verarbeitungsparametern abhängen. Ähnlich wie bei den kristallinen Bereichen gibt es unterschiedliche Strukturen bei nichtorientierten und orientierten Makromolekülen. Den ersteren entspricht eine *Globular- oder Nodularstruktur*. (Globular = Kugel-, Nodular = Knoten-...) den letzteren eine *zeilenähnliche Struktur*. Größenordnungsmäßig liegen diese Strukturen um 0,1 μm, so daß sie nur noch mit dem Elektronenmikroskop sichtbar gemacht werden können, wobei z. B. eine Sauerstoffionenätzung und dann der entsprechende Oberflächenabdruck vorgenommen wird. Sicher wäre auch hier eine

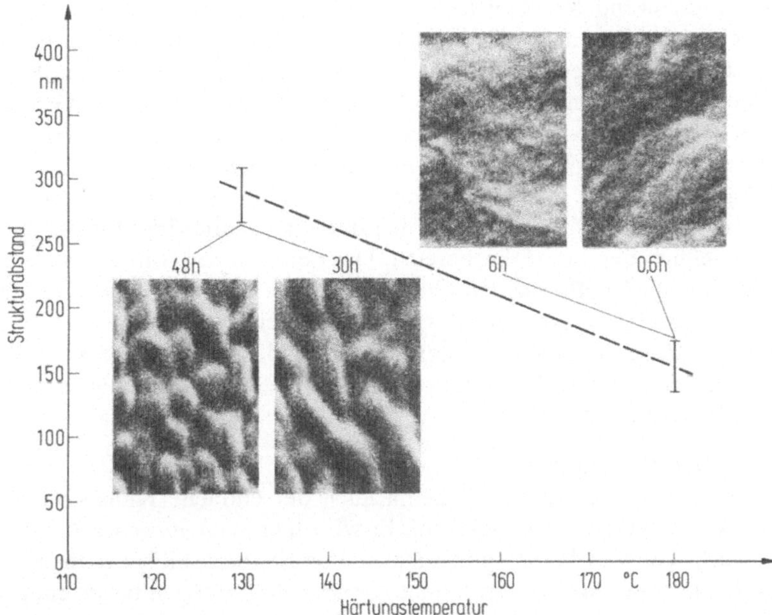

Tafel 2.9 Sekundärstrukturen amorpher Bereiche. Nodularstrukturen in amorphem homogenem Epoxid-Duromer in Abhängigkeit von der Bildungsreaktionstemperatur. Reaktionszeiten in Klammern.
(Fotos und Werte: K. E. Lüttgert, Dissertation Technische Universität Berlin 1977)

optimale Einstellung der Ordnungen in der amorphen Phase möglich, wenn nähere Zusammenhänge bekannt wären. Vorerst ist jedoch nur soviel klar, daß sich Bereiche unterschiedlicher Ordnungen ausbilden, die vor allem auch in ihrer Form, wie dies am Beispiel eines amorphen Duromeren in Tafel 2.9 gezeigt ist, unterschiedlich sein können. Je nach der Entstehungsgeschichte der amorphen Phase und ihrer Beanspruchung üben sie, je nach ihrer Stärke und ihrem Aufbau, Einfluß auf die Eigenschaften des Kunststoffes aus, der diese amorphen Bereiche mit den jeweiligen Strukturen enthält.

2.6 Aufbaumöglichkeiten im Makrobereich

Der amorphe Aufbau des Kunststoffes wurde bereits als flüssigkeitsähnlich bezeichnet. Flüssigkeiten haben nun die Eigenschaft, daß man ihnen beliebig andere Stoffe zumischen kann. In vielen Fällen wird zwar wieder eine Entmischung stattfinden, wenn jedoch die Flüssigkeit entsprechend bewegt wird, können die zugesetzten Stoffe in allen Zuständen während dieser Bewegung in der Flüssigkeit verteilt bleiben. Dies unter anderem ermöglicht es z. B., daß Feststoffe in Flüssigkeiten aufgeschwemmt sind, daß Gase in Flüssigkeiten enthalten sind und damit einen Schaum bilden, oder daß bei den Emulsionen Anteile von anderen nicht mischbaren Flüssigkeiten in einer Flüssigkeit enthalten sind.

Da beim angewendeten Kunststoff der flüssigkeitsähnliche plastische Zustand durch verschiedene Maßnahmen stabilisiert wird, können auch diese meist nicht stabilen Mischungen anderer Stoffe mit flüssigkeitsähnlichen plastischen Kunststoffen nach der Mischung im Kunststoff stabilisiert werden. Dies ist der Grund dafür, daß der Kunststoff in vielen komplexen *Makroaufbaukombinationen* vorliegen kann, für deren Erfassung im folgenden ein Schema gegeben ist.

Hier handelt es sich nicht mehr um den im Vorhergehenden beschriebenen Aufbau in den Kunststoffgruppen, also den des Kunststoffes im Mikrobereich, sondern ausschließlich den im Makrobereich. Das heißt, dieser Aufbau muß im allgemeinen durch einfaches Betrachten ohne wesentliche optische Vergrößerung zu erkennen sein, wenn der Werkstoff in einem geeigneten Querschnitt vorliegt. Da die Kunststoffe im Makrobereich entweder homogen oder in verschiedenem Verbund vorliegen, werden im folgenden und in Tafel 2.10 die Makroaufbauarten durch vier Gruppen charakterisiert.

2.6.1 Homogener Kunststoff

Natürlich muß in einem solchen Schema auch der einfache Kunststoff ohne besondere Makrostrukturen enthalten sein. Er wird hier als *homogener Kunststoff* bezeichnet. Auch wenn er Beimengungen von Verarbeitungshilfsmitteln oder Farbstoffe u. a. in kleineren Mengen enthält, sei er noch als homogen bezeichnet.

Ein Sonderfall des homogenen Kunststoffes sind die *flächen-* oder *linienhaften Gebilde,* bei denen eine bzw. zwei Dimensionen gegenüber der bzw. den anderen sehr klein sind. Es handelt sich bei ihnen um Folien bzw. Fasern und Fäden aus homogenen Kunststoffen, die jedoch solche besonderen Mikrostrukturen aufweisen, daß es oft ratsam erscheint, ihre besondere Makrogestalt als besonderen Makroaufbau im Rahmen der „homogenen" Kunststoffe zu betrachten.

2.6.2 Schaumkunststoffe

Mit Gas gefüllte Hohlräume in Körpern werden als Lunker bezeichnet. Sie sind für die Festigkeit von Nachteil, weil sie eine Schwächung bewirken. Durchgehende Hohlraumstrukturen, also über den ganzen Körper Hohlräume gleichmäßig verteilt, führen in Kunststoffen zu den *Schaumstoffen.* Auch durch sie wird die Festigkeit reduziert, aber andere Eigenschaften verbessert. So wird das spezifische Gewicht geringer, die Wärmeisolierung wesentlich größer und die aufzuwendende Kunststoffmenge bei gleichem Volumen geringer. Aus diesen Gründen nimmt die Anwendung von Schaumkunststoffen ständig zu, wobei auch ihre einfache Herstellbarkeit eine wesentliche Rolle spielt.

Es gibt Schaumstoffe, die nur einen relativ geringen Anteil Gas enthalten. Es sind dies die *„schweren"* Schaumstoffe, welche zu Konstruktionsteilen u. ä. Anwendung finden.

Bei den *„Leicht-Schaumstoffen"* besteht der Kunststoffanteil nur noch aus dünnwandigen Zellenwänden. Der überwiegende Volumenanteil dieses Schaumstoffes ist Gas. Es gibt zwar Zellstrukturen in der Natur, die bekannteste ist das Holz, aber keine entsprechende Struktur in der Natur, die als Leicht-Schaumstoff in harter oder weicher Form als Werkstoff angewendet werden könnte. Kunststoffe haben hier eine neue Stoffstruktur als Werkstoff erschlossen und ermöglichen damit neue, günstige optimale Lösungen in der Kälte- und Wärmeisolierung, Polstertechnik u. a.

Es sind auch flüssigkeitsgefüllte Schaumstoffe, insbesondere mit Wasser, hergestellt worden. Damit dabei der Schaum mit einer Flüssigkeitsfüllung stabil bleibt, muß der verwendete Kunststoff in der Flüssigkeit unlösbar und unquellbar sein. Von Spezialgebieten abgesehen, haben diese jedoch in der Praxis bisher keine Bedeutung erlangt.

2.6.3 Verstärkte und gefüllte Kunststoffe

Enthält ein Kunststoff Füll- oder Verstärkungsmaterial, so wird von *verstärkten* und *gefüllten Kunststoffen* bzw. von Kunststoffen *im umhüllenden Verbund* gesprochen.

Füll- und Verstärkungsmaterialien werden meist in relativ größeren bis sehr großen Mengen beigegeben. Mit Füllmaterialien ist nicht nur ein kostengünstigeres Gesamtmaterial erzielbar, sondern auch die Änderung bestimmter Eigenschaften erreichbar. Erwähnt seien hier größere Härte, größere Steifigkeit, größeres Gewicht, höhere Wärmebeständigkeit und anderes Aussehen. Kreide, Kaoline, Tonerde, Talkum, Holzmehl u. ä. werden heute als Füllstoffe in großer Menge angewendet. Gefüllte Duromere und Elastomere können aus bis zu 80% Füllstoff bestehen. Plastomere werden nur bis Füllgraden von 40 bis 60% Füllmaterial angewandt, weil der Zusammenhalt des gesamten Werkstoffs durch den Kunststoff gewährleistet bleiben muß. Wenn eine gute Verbindung zwischen Füllstoff und Kunststoff erreicht wird, kann es sich um einen sogenannten *aktiven Füllstoff* handeln, der im Kunststoffverband integriert ist und teilweise auch die Festigkeitseigenschaften verbessert.

Echte Verstärkung des Kunststoffes wird jedoch meist durch hochfeste Materialien erreicht. Sie können als Pulver, Körner und Kugeln angewandt werden. Durch den gerichteten Einbau unsymmetrischer Körper, z. B. von Fasern, in den Kunststoff, kann eine gerichtete Verstärkung erreicht werden. Ungeordneter Einbau bringt Verstärkung des Kunststoffes in alle Richtungen. Diese ist aber natürlich nicht so groß wie die gerichtete Verstärkung beim gerichteten Einbau der gleichen Menge Verstärkungsmaterials in die bevorzugte Richtung. Ruß als Kohlenstoffpulver, Glas in Faser- und manchmal auch in Kugelform und Asbestfasern sind derzeit die am meisten angewandten Verstärkungsmaterialien. Die Entwicklung ist hier jedoch sehr im Fluß, so daß vor allem mit einem Vordringen von anderen hochfesten Fasern, z. B. Kohle- und Kunststoff-Fasern, für Verstärkungszwecke zu rechnen ist.

2.6.4 Flächenhafter Verbund

Verbundwerkstoffe oder *flächenhafter Verbund* liegen vor, wenn ein Körper aus mehreren Werkstoffen besteht, wobei jeder einzelne Werkstoff auch eine für sich allein bestehende, meist flächenhaft ausgebildete Makroform hat. Bekanntestes Beispiel eines Verbundteils ist das Sandwich-Element, das aus einem Schaumstoffkern und zwei Außenplatten besteht.

2.6.5 Vergleich der Makroaufbauarten

In der Tafel 2.10 sind diese Makroaufbauarten zusammengestellt und schematisch dargestellt. Außerdem sind sie durch Bilder und Hinweise auf Anwendungsbeispiele veranschaulicht.

Schematische Schnittzeichnung		Gruppenbezeichnung des Makroaufbaues	Vergrößertes Schnittbild	Anwendungsbeispiele
Schnitt 1-1	Schnitt 2-2	**Homogener Kunststoff als Massivkörper** Durchgehender, gleichmäßiger Aufbau, geringe Zumischungen		**Homogener Kunststoff** Bild 7.3 Projektorlinsen aus PMMA Bild 7.7 Gehäuseteil aus Polystyrol Bild 8.10 Gießkanne aus PP
	Faden, Folie Faser	**als flächen- oder linienhafte Gebilde** Durchgehender, gleichmäßiger Aufbau, geringe Zumischungen, eine Dimension sehr klein		**Flächenhafte Gebilde** Bild 5.6 Elastomerfolie aus PUR, *gedehnt* Faserbündel aus Polypropylen (PP) siehe Ausschnitt Schnitt durch Polypropylen-Viellagenvlies (beides vergrößert) Foto: Metallgesellschaft, Frankfurt
		Geschäumte Kunststoffe Zellige Kunststoffstruktur mit Gas- oder Flüssigkeitsfüllung, offen- oder geschlossen-porig		**Schaumkunststoffe** Bild 9.7 Schaumstoff aus PUR in einem Sandwichelement Schnitt durch geschlossenzelligen Polyvinylchloridschaumstoff (PVC) (vergrößert) Foto: Apprich-Airex, Aachen

Verstärkte oder gefüllte Kunststoffe
(Fadenverstärktes Teil)
Kunststoff umhüllt Füll- oder/
und Verstärkungsmaterialien
(Umhüllender Verbund)

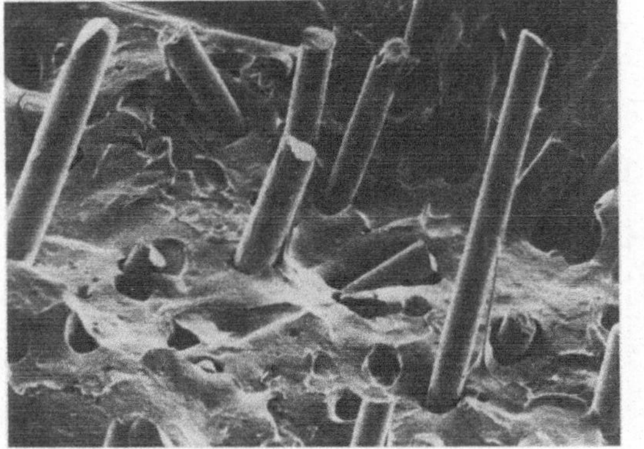

Verstärkte oder gefüllte Kunststoffe
Glasfaserverstärkte Teile,
wie Behälter, Wellplatten
und Profile

Vergrößerte Bruchfläche von glasfaserverstärktem
Pclypropylen (GV-PP)
(Vergrößerung etwa 300-fach)

Foro: Metallgesellschaft, Frankfurt

Verbundwerkstoffe mit Kunststoffen
(Sandwich-Element)
Flächenhafter Verbund zweier
oder mehrerer Körper
(Flächenhafter Verbund)

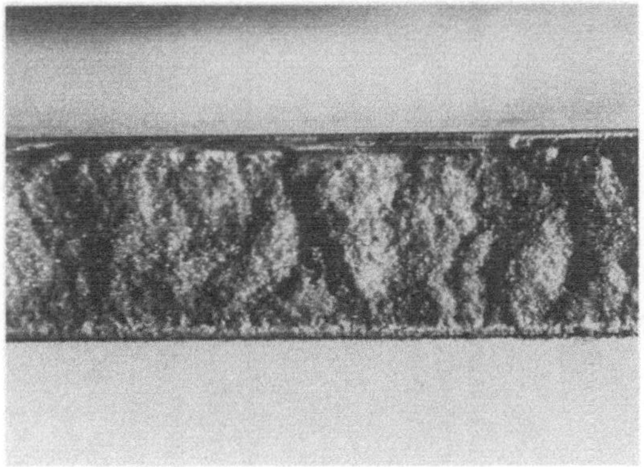

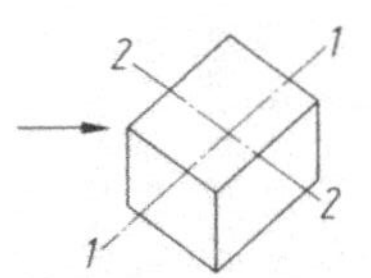

Verbundwerkstoffe
Bild 8.9 Ummantelte Metalldrähte
Bild 9.7 Sandwichelement mit
Schaumstoffkern und
PVC-Außenplatten

Schnitt durch Sandwichplatten

Foto: Bayer AG, Leverkusen

Ein Kunststoffteil wird in den Schnitten
1-1 und 2-2 gezeigt, um die prinzipiellen Unterschiede des Makroaufbaus
in den verschiedenen Gruppen schematisch zu veranschaulichen

Tafel 2.10 Makroaufbauarten der Kunststoffe. Definitionen. Veranschaulichung und Hinweise auf Anwendungsbeispiele.

45

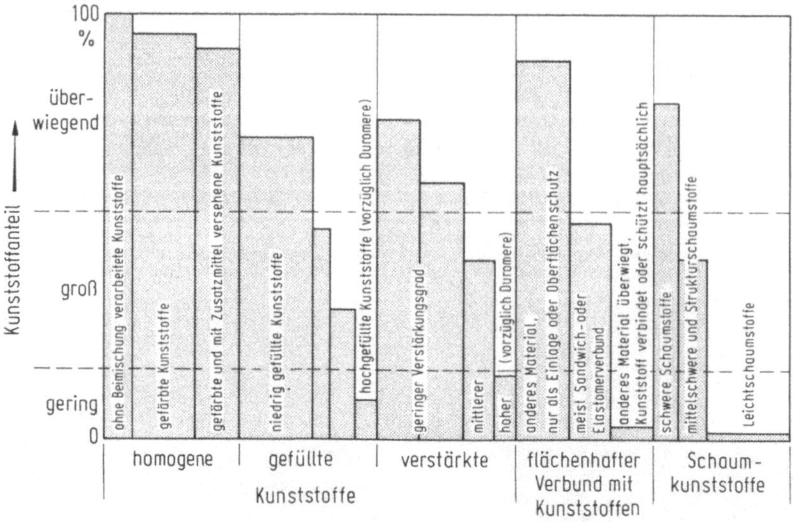

Bild 2.11 Kunststoffanteile bei verschiedenen Makroaufbauarten. Es sind die üblichen Anteile der Kunststoffe angegeben. (Qualitative Zusammenstellung, die den heutigen Zustand in der Praxis wiedergibt. Sonderfälle sind weggelassen; die Zusammensetzungen werden sich in Zukunft ändern.)

Von dem flächenhaften Verbund abgesehen, sind praktisch alle Makroaufbauarten dadurch erreicht, daß *Mischungen verschiedener Stoffe* und ihrer Aggregatzustände *mit Kunststoffen* vorliegen. Dies ist in Bild 2.11 veranschaulicht, indem die üblichen Anteile anderer Stoffe am Gesamtwerkstoff bei den verschiedenen Makroaufbauarten der Kunststoffe gezeigt sind.

Diese Möglichkeit der Variation durch den Makroaufbau zu komplexen Werkstoffkombinationen weist in diesem Umfang keine andere Werkstoffgruppe neben den Kunststoffen auf. Es hat lange gedauert, bis erkannt wurde, daß hierin einer der Hauptvorteile der Kunststoffe liegt. Die Kombinationsmöglichkeiten sind außerordentlich vielfältig. Jede dieser Kombinationen kann nämlich mit den verschiedenen Kunststoffen jeder Kunststoffgruppe aufgebaut werden. Die Mischungsverhältnisse der Stoffe können in einem weiten Bereich beliebig variiert werden, und auch die zur Kombination herangezogenen anderen Werkstoffe können sehr zahlreich und in ihrer Form unterschiedlich sein.

Am Beispiel des *gefüllten Kunststoffes* sei dies gezeigt. Bei der Füllung können organische und anorganische Stoffe verwendet werden. Darunter natürlich auch Metalle. Diese Stoffe können in sehr feinkörniger, in grobkörnigerer Form oder als größere Teilchen in unterschiedlicher geometrischer Form vorliegen. Ihre auf das Volumen bezogene Oberfläche kann klein oder groß sein. Sie können porös oder kompakt homogen sein, können Mischungen oder Legierungen sein, oder rein oder verunreinigt vorliegen. Die Anzahl der der Füllung beigegebenen Komponenten kann fast beliebig groß sein.

Wenn nun bedacht wird, daß mit diesen vielfältigen Füllungen und den ebenso zahlreichen Verstärkungen die vielen Einzelkunststoffe mit ihrem verschiedenen

Mikroaufbau gemischt werden können, so erkennt man die außerordentlich große Zahl der Variationsmöglichkeiten, um die verschiedensten Eigenschaftskombinationen in solchen komplexen Werkstoffen in fast beliebigen Abstimmungen zu erhalten. Hierauf beruht ein Teil der Zukunftsaussichten der Kunststoffe. Die große Vielfalt der Möglichkeiten führt aber auch zu Schwierigkeiten bei der Festlegung normierter Eigenschaften, weil praktisch zu viele und zu unterschiedliche Werkstoffkombinationen existieren.

Es ist daher verständlich, daß heute der homogene Kunststoff noch am häufigsten angewandt wird und die gerichtete Entwicklung der *optimal geeigneten Makroaufbauart* für viele Anwendungen noch mitten im Fluß ist. Durch die Herstellung dieser optimalen Aufbauarten ist jedoch auch der wirtschaftlichste Materialeinsatz möglich, denn die für den jeweiligen Anwendungsfall nötige Eigenschaftskombination kann unter Heranziehung praktisch aller Werkstoffe durch Nutzung der Kobinationsfähigkeit der Werkstoffe durch die Kunststoffe erreicht werden.

Die Auswirkungen sind deswegen schwerer zu überschauen, weil die Kombination nicht nur eine gleichmäßige Mischung zweier Werkstoffe und damit eine Überlagerung der Eigenschaften erlaubt, sondern auch örtlich unterschiedliche partielle und richtungsabhängige Einbauten in den Kunststoffen erreicht werden können, die zu partiellen und richtungsabhängigen Eigenschaftswerten führen.

Einfachstes Beispiel für die örtliche partielle Kombination von Eigenschaften durch Stoffkombinationen ist die elektrische Isolierung, die dadurch erzielt wird, daß an der Metalloberfläche ein isolierender Kunststoff aufgebracht wird. Das isolierte Kabel wirkt aber in seiner Biegsamkeit bei seiner Anwendung wie eine Einheit, es ist ein flächenhafter Verbund.

Eigenschaften gerichtet anzubringen, geschieht vor allem durch den Einbau von flächigen oder faserigen Verstärkungen, die in der Richtung liegen, in der die Kraftaufnahme erfolgen muß. Dieser umhüllende Verbund kann damit in seine Beanspruchungsrichtung oft ein vielfaches der Belastungen von denen in anderen Richtungen aufnehmen.

Wichtig ist dabei immer die Beachtung einer wirtschaftlichen Verarbeitungsmöglichkeit, welche ebenfalls ein wichtiger Faktor bei der Gesamtbetrachtung eines Kunststoffeinsatzes ist. Auf diese sei im Rahmen der Werkstoffauswahl nun eingegangen.

2.7 Werkstoffauswahl ist Auswahl des Kunststoffes und seines Aufbaus

Auch beim Arbeiten mit klassischen Werkstoffen findet für jedes Teil eine Werkstoffauswahl statt. Diese ist jedoch relativ einfach, weil sich die zur Verfügung stehenden klassischen Werkstoffe meistens ganz markant voneinander unterscheiden, und zwar sowohl in den Anwendungseigenschaften als auch im Stoffaufbau.

Bei den Kunststoffen ist die Werkstoffauswahl schwieriger, weil die Möglichkeiten viel zahlreicher sind, und sich teilweise überlappen. Daher verlangt hier die Werkstoffauswahl eine differenzierte Betrachtungsweise hinsichtlich der vielen Möglichkeiten und notwendigerweise eine bestimmte Systematik.

Die Einzelschritte für die Werkstoffauswahl ergeben sich parallel zu den Aufbauprinzipien, wie sie in den vorhergehenden Abschnitten dieses Kapitels bespro-

Atomarer-und molekularer Bereich	Mikrobereich	Makrobereich	Verarbeitung	Formfestlegung
chemisches Grundmolekül bzw. Moleküle Art der Polyreaktion Polymerisation Polyaddition Polykondensation Copolymerisation u. a.	Makro-Molekulargewicht Molekulargewicht-Verteilung unvernetzt (Plastomer) Stabilisierung der plastischen Phase (z.B. kristallin, amorph, polare Gruppen, u.a.) vulkanisiert (Elastomer) vernetzt (Duromer)	homogene Kunststoffe als Massivteil, als linienhaftes oder flächenhaftes Gebilde Schaumkunststoffe gefüllte und verstärkte Kunststoffe (umhüllender Verbund) Verbundwerkstoffe mit Kunststoffen (flächenhafter Verbund)	Direktverarbeitung mit Polyreaktion Verarbeitung aus Lösung oder Dispersion Urformung von thermoplastischen Schmelzen Umformung von thermoplastischen Halbzeugen mechanische Bearbeitung	Gestaltung Dimensionierung
↓ Chemischer Aufbau Kunststoffart	↓ Mikroaufbau Kunststoffgruppe	↓ Makroaufbau Makroaufbauart	→ Herstellung	↓ ↓ optimales Produkt

Tabelle 2.12 Werkstoffauswahl. Systematik der Gesichtspunkte bei der Werkstoffauswahl und der Produktentwicklung.

chen wurden. Der Versuch, über sie einen Überblick zu geben, führt in Tabelle 2.12 zu einer *Systematik der Werkstoffauswahl* bei Kunststoffen. Es finden sich darin wieder die im Rahmen der Kunststoffgruppen zusammenwirkenden Faktoren des Mikroaufbaus und die im Makrobereich bestimmenden Faktoren, die den Makroaufbau kennzeichnen. Alle sind bereits besprochen. Nicht behandelt sind bis jetzt die Fragen der Verarbeitung und Teile-Gestaltung, die natürlich auch vom gewählten Kunststoff, Kunststoffgruppe und Makroaufbauart, abhängen. Sie werden in späteren Kapiteln behandelt.

Ergebnis einer solchen optimierten Werkstoffauswahl soll das optimale wirtschaftlichste und zweckentsprechende und nicht das beste, das maximierte Kunststofferzeugnis sein. Beim Einsatz von Kunststoffen ist dies ein besonders wichtiger Gesichtspunkt. Denn im Grunde könnte natürlich bei jedem Anwendungsfall ein hochwertiger Spezialkunststoff oder sogar Verbundwerkstoff mit extrem guten Eigenschaften verwendet werden. In vielen Fällen sind jedoch diese hochgezüchteten Eigenschaften gar nicht erforderlich. Die Anwendung hochwertiger Kunststoffe oder eines speziellen Verbundwerkstoffes macht aber das Produkt kostenintensiv. Wenn nun Kunststoffe eventuell im Verbund mit anderen Werkstoffen verwendet werden, die die geforderten Eigenschaften gerade erfüllen und dabei kostengünstiger sind oder eventuell auf eine kostengünstigere Verarbeitung ausgewichen werden kann, dann erfüllt das Produkt die gestellten Anforderungen mit den geringst möglichen Kosten: es ist ein *optimales Erzeugnis.* Dies ist vom wirtschaftlichen Standpunkt die einzig richtige Erzeugnis- bzw. Produktionskonzeption.

Den Kunststoffen hat es seit ihrer Einführung bis heute ziemlich geschadet, daß die primäre Zielrichtung oft nicht das optimale und damit kunststoffgerechte Produkt war, sondern, daß in vielen Fällen versucht wurde, billigere Ersatzerzeugnisse zu Produkten aus klassischen Werkstoffen zu erzielen. Da diese ganz andere Vorteile und Nachteile als die Kunststoffe aufweisen, hat das zu vielen Fehleinsätzen des Kunststoffes geführt. Noch heute ist diese Fehlentwicklung nicht völlig überwunden. Viele Kunststoffprodukte sind hinsichtlich des Werkstoffeinsatzes nicht optimal, d. h. sie weisen für die Anwendung ungünstige Eigenschaftskombinationen auf, welche nicht nur auf dem Kunststoff, sondern auch auf einem ungeeigneten Kunststoffaufbau beruhen können, oder sind zu kostspielig. Die noch häufig anzutreffenden bald zerbrechenden Konsumartikel aus ungeeigneten Kunststoffen mit ungeeignetem Aufbau, z. B. Eimer, Becher u. a., sind dafür genauso Beispiele, wie z. B. Teile aus relativ dickwandigem homogenem Kunststoff, die nur für Abdeckzwecke angewendet werden und dafür eigentlich viel zu aufwendig sind. Bei Abdeckungen kann durch Verwendung von gefülltem oder Schaumstoff-Kunststoff also durch Anwendung eines anderen Kunststoffaufbaus eine wesentlich kostengünstigere Lösung erzielen.

Die Systematik der Werkstoffauswahl in Tabelle 2.12 zeigt dazu, daß dabei viele Gesichtspunkte zu beachten sind, die ineinandergreifen und daher nicht isoliert betrachtet werden dürfen. Hier liegen die eigentlichen Schwierigkeiten für das richtige Verständnis der Kunststoffe im Hinblick auf ihre optimale Anwendung. Diese Ausführungen sollen helfen, diese Vielfalt der zu beachtenden Gesichtspunkte so zu überblicken, daß mit den Kunststoffen erfolgreicher und leichter gearbeitet werden kann.

2.8 Die chemische Stoffbezeichnung charakterisiert Einzelkunststoffe bzw. die Kunststoffart

Am Anfang dieses Kapitels wurde vom chemischen Aufbau der Kunststoffe ausgegangen und erläutert, daß es sich bei den heutigen Kunststoffen noch ganz überwiegend um Kohlenstoff-Verbindungen handelt. Außerdem wurde gesagt, daß es möglich ist, unzählige chemisch unterschiedliche Kunststoffe aufzubauen. Es wurde jedoch auf ihren chemischen Aufbau im einzelnen nicht eingegangen, sondern dann allgemein der physikalische Aufbau betrachtet, der sich aufgrund der Anordnung und Verknüpfung der Makromoleküle des Kunststoffes ergibt. Dabei wurde auch zum Ausdruck gebracht, daß der chemische Aufbau, d. h. die Molekülstruktur, den physikalischen Aufbau der Kunststoffe wesentlich mit bestimmt.

2.8.1 Handelsnamen als Bezeichnungen

Bei der Betrachtung der *Kunststoffbezeichnungen* kann der Eindruck entstehen, daß es heute in der Praxis unübersehbar viele verschiedene Kunststoffe gibt. Dies hat folgenden Grund: Stellt eine Firma einen Kunststoff her, so gibt sie ihm in den allermeisten Fällen auch einen eigenen Namen, der als Handelsname von anderen Firmen nicht benützt werden darf. So hat der gleiche Kunststoff bereits als Rohstoff mehrere Namen. Aber auch die Weiterverarbeiter legen ihren Mischungen und Halbzeugen teilweise eigene Namen zu, so daß auf dem Gebiet der Kunststoffe eine Namensinflation herrscht, die auf dem Werkstoffgebiet ihresgleichen sucht.

Diese Vielzahl von Bezeichnungen ist es auch, die dem Uneingeweihten das Kunststoffgebiet so unübersichtlich erscheinen läßt. Bei Verwendung der eigentlichen *Stoffbezeichnungen* werden die Zusammenhänge jedoch sofort übersichtlich, wenn auch dem Nichtchemiker diese Stoffbezeichnungen anfänglich ungewohnt vorkommen.

Beim Arbeiten mit Kunststoffen tritt einem in den meisten Fällen der Handelsname entgegen, den die Firmen besonders herausstellen. Nur bei wenigen dieser Namen ist auf die Stoffart direkt zu schließen, obwohl in vielen Fällen der Stoff verschlüsselt in der Handelsbezeichnung auftaucht. So ist z. B. bei vielen Polyethylen-Marken die der Stoffbezeichnung entnommene Schlußsilbe „len", wie bei Lupolen, Hostalen, Vestolen usw. enthalten.

Bei vielen Handelsbezeichnungen ist der Herstellungsort (Lupolen z. B. bedeutet Ludwigshafen, Trolitul weist auf Troisdorf hin), bei anderen die Herstellungs- oder Verarbeitungsfirma angedeutet. (Dytron ist z. B. von der Dynamit-Nobel, Bakelit von der Bakelite-GmbH). Jedoch sind die Hinweise auf die Firma der Herstellung nicht von der Bedeutung wie die Kenntnis, um welchen Stoff es sich handelt. Meistens ist die dafür nötige chemische Stoffbezeichnung auf der Verpackung in kleiner Schrift oder in den Prospekten als sogenannte Stoffbasis erwähnt.

Auf eine weitere Möglichkeit, auf die Kunststoffzusammensetzung zu schließen, sei hingewiesen. Bei einigen Kunststofftypen ist in der Norm DIN 7708 eine Zahlenbezeichnung eingeführt, aus der nicht nur der Kunststoff, sondern auch seine Mischung und seine Farbe ersichtlich ist. Für einen Teil der aus Duromeren bestehenden Preßmassen ist dieses Verfahren eingebürgert, so daß die Preßmassenhersteller darauf verzichten, für die speziellen Kunststoffe jeweils einen Namen zu wählen. Sie haben meistens für alle Preßmassen einen Namen z. B. Bakelite oder Supraplaste und führen dann die sogenannte Typenbezeichnung als drei- und mehrstellige Zahl an. Da solche Bezeichnungen nur für wenige Kunststoffe existieren, sei darauf nicht näher eingegangen.

2.8.2 Chemische Stoffbezeichnungen

Wenn man die heute angewandten Einzelkunststoffe überblickt, so zeigt sich, daß verschiedene Kunststoffe jeweils auf eine chemische Stoffklasse zurückgeführt werden können und Variationen im Makromolekülaufbau oder in der Molekülgröße oder in der unterschiedlichen chemischen Bindung Varianten ergeben. Kunststoffe, die Ausgangspunkt solcher Variationen sind, seien als *Grundkunststoffe* bezeichnet. Ein solcher ist z. B. das Polystyrol, das in verschiedener Weise copolymerisiert oder anders variiert werden kann.

Alle wichtigen angewandten Grundkunststoffe und ihre wichtigsten Varianten als Kunststoffart zusammengefaßt, aber natürlich keineswegs alle, sind in dem *Kunststoffüberblick,* der sich am Schluß dieses Bandes befindet, aufgeführt. In dieser Zusammenstellung sind die Kunststoffe in ihre drei Kunststoffgruppen eingeteilt, die Plastomeren, Duromeren und Elastomeren. Neben der eigentlichen Stoffbezeichnung sind die internationalen Kurzbezeichnungen der Kunststoffe angegeben, welche aus der englischen Schreibweise der Kunststoff-Stoffnamen abgeleitet sind (festgelegt z. B. in der DIN 7728). Die beigegebenen chemischen Formeln sind typisch für den Grundkunststoff, werden aber exakt natürlich nicht allen Varianten gerecht. Dies ist unmöglich und auch gar nicht nötig, denn durch die Beigabe der chemischen Formeln sollte nur eine Veranschaulichung der chemischen Namen gegeben werden. Die chemische Strukturformel gibt immer den Aufbau des Grundmoleküls, des monomeren Bausteins, an. Das n außerhalb der Klammer bedeutet, daß der Kunststoff aus vielen (n) dieser Grundbausteine zusammengesetzt ist.

Bei fast jedem Kunststoff sind eine Reihe Handelsnamen angeführt. Dabei konnten bei weitem nicht alle für die einzelnen Stoffe existierenden Bezeichnungen gebracht werden. Nur die gebräuchlichsten und bekanntesten wurden gegeben. Es gibt in verschiedenen Nachschlagwerken, auf welche in der Literatur verwiesen wird, ausführliche Verzeichnisse der Handelsnamen.

Die in der vorletzten Spalte gebrachten Angaben, in welchen Formen die einzelnen Kunststoffe angeboten werden, ist für die Beschreibung des Kunststoffes als Werkstoff kaum von Belang. Sie gewinnt jedoch erhebliche Bedeutung für die Besprechung der Verarbeitungs- und Anwendungsmöglichkeiten. Natürlich sind diese Hinweise nicht erschöpfend, denn je nach Polymerisationsgrad sowie seiner Verteilung, Zumischstoffen u. a. kann fast jeder Stoff auch in anderen Formen angeboten werden, aber der, bzw. die angeführten Zustände stellen das heute übliche dar.

Es ist bereits bekannt, daß ein und derselbe *Kunststoff in verschiedenen Kunststoffgruppen* angewandt werden kann. Der oder die in der Praxis angewandten Kunststoffgruppen und ihr Aufbau sind in Abkürzungen angegeben.

Aus diesem Kunststoffüberblick ist eine interessante Schlußfolgerung zu ziehen. Es werden in der Praxis nur etwa 30 Kunststoffarten angewendet, die sich aufgrund ihres wesentlichen chemischen Aufbaus unterscheiden. Bei Betrachtung der vielen Variationen, die die einzelnen Kunststoffe aufweisen können und der vielen möglichen chemischen Verbindungen, die es gibt, ist dies eigentlich wenig. Derjenige allerdings, der damit arbeiten muß, vor allem, wenn er nicht Chemiker ist, wird diese 30 Kunststoffe bereits als sehr viel betrachten, weil er ja den Überblick darüber haben muß. Dazu soll diese Zusammenstellung der Einzelkunststoffe am Ende des Buches dienen.

Bereits in Bild 1.1 ist eine Differenzierung der Kunststoffe in Spezialkunststoffe, technische Kunststoffe und Massenkunststoffe vorgenommen und die Bedeutung dieser Differenzierung beschrieben worden. Durch verschiedenartigen Druck sind auch in der Zusammenstellung der Einzelkunststoffe solche, die als Massenwerkstoffe und als technische Werkstoffe eingesetzt werden, hervorgehoben. Für einen ersten Überblick genügt es, die wichtigsten Kunststoffe zu kennen, was bedeutet, daß es fürs erste ausreicht, sich mit den hervorgehobenen Kunststoffen zu befassen.

2.9 Zusammenfassung und Ausblick

Der in diesem Kapitel gegebene Überblick über den Kunststoffaufbau zeigt, daß die einzelnen Faktoren, die bei ihm zu beachten sind, aus verschiedenen Disziplinen kommen, im wesentlichen aus der Chemie und der Physik, und daß sie viele Variablen aufweisen. Dies hat zur Folge, daß bis zur endgültigen Klärung aller Fragen des Kunststoffaufbaus noch viele chemische und physikalische Forschungen durchgeführt werden müssen. Für ihre spezielle Behandlung haben sich eigene Teilbereiche gebildet: auf dem Gebiet der Chemie der Kunststoffe die sogenannte *Makromolekulare Chemie,* auf dem der Physik die *Polymerphysik.* Über diese Gebiete existiert ein umfangreiches Schrifttum, und es gibt viele Bücher, die sich nur mit ihnen oder mit Teilgebieten daraus befassen.

Makromolekulare Chemie und Polymerphysik liefern die Grundlagen und die Aussagen, die es gestatten, den Kunststoffaufbau zu beschreiben. Die Kenntnis des Kunststoffaufbaus ist nötig, damit der Werkstoffingenieur Eigenschaften und Verarbeitungsmöglichkeiten in Abhängigkeit vom Aufbau festlegen kann, um es dem

Konstrukteur und Fertigungsingenieur zu ermöglichen, den Kunststoff optimal zu gestalten, bzw. zu verarbeiten, also einzusetzen.

Wenn nun hier in einem kurzen Kapitel ein Gesamtüberblick über den Aufbau der verschiedenen Kunststoffe in ihrer Anwendung gegeben wird, wobei neben den Plastomeren die Duromere und Elastomere berücksichtigt sind, so kann dieser Überblick nicht erschöpfend sein. Er soll aber dazu dienen, das Verständnis dafür zu wecken, wie bei den Kunststoffen mehr als bei anderen Werkstoffen chemischer Aufbau, Mikrostruktur und ein davon weniger abhängiger Makroaufbau zusammenwirken, um einen bestimmten Gesamtaufbau zu erhalten.

Das Verständnis dieser Prinzipien des Kunststoffaufbaus ist der Schlüssel für das Verstehen der besonderen Eigenschaften und Eigenschaftskombinationen der Kunststoffe und ihrer Verarbeitungsmöglichkeiten. Er ist aber auch eine wesentliche Grundlage für die Beantwortung der Frage, wie sich die zukünftige Kunststoffentwicklung und Anwendung gestalten wird.

Mit der Behandlung der Eigenschaften und der Verarbeitungsmöglichkeiten in den folgenden Kapiteln und im nächsten Band wird nicht nur der Zusammenhang zu den relativ komplizierten Aufbaumechanismen der Kunststoffe klar werden, sondern es wird auch verständlich werden, warum Kunststoffe neue technische Gebiete erschließen und daher die Grundlage ganz neuer Technologien wurden. Auf die daraus folgende zukünftige Entwicklung sei abschließend noch näher eingegangen.

Am Anfang wurde der Kunststoff nicht als universelles Werkstoffprinzip behandelt, das es gestattet, unter Hinzunahme der klassischen Werkstoffe fast alle gewünschten Eigenschaftskombinationen zu erzeugen, sondern als ein Werkstoff, der einzelne technologische oder wirtschaftliche Werkstofflücken füllte. So machte und macht er mit seiner reversiblen Elastizität Gummiartikel und Fahrzeugreifen, mit seiner Durchsichtigkeit unzerbrechliche Glaserzeugnisse u. a. möglich. Heute ist klar, daß dies nur die eine Seite der Kunststoffe ist. Die andere Seite ist ihre universelle Verbindungsfähigkeit mit allen Werkstoffen und ihre große Variationsfähigkeit im Aufbau. Dies bringt als neues Werkstoffprinzip die Möglichkeit, fast alle gewünschten Eigenschaftskombinationen dadurch zu erzielen, daß einerseits der Kunststoff als geeignetster Einzelkunststoff ausgewählt und andererseits in seinem geeignetsten Aufbau im Rahmen einer geeigneten Makroaufbauart gezielt mit anderen Kunststoffen und mit anderen Werkstoffen kombiniert wird. Dies ist noch nicht allen Ingenieuren voll bewußt.

Heute dominiert noch der „Monowerkstoff", meist in seinem einfachsten Aufbau, nämlich dem des homogenen Werkstoffs. Die enormen Möglichkeiten durch die Anwendung der komplexen Werkstoffe und der Kombination der Werkstoffe untereinander sind zwar schon sichtbar, jedoch noch nicht voll ausgelotet und haben noch nicht genügend Eingang gefunden in die Überlegungen der Entwicklungs- und Konstruktionsbüros.

Diese Ausführungen bringen daher für den Kunststoff nicht nur, was es an entsprechender Werkstoffkunde für Metalle und andere klassische Werkstoffe gibt, sondern sollen vom „Monowerkstoffdenken" zum „Multiwerkstoffdenken" führen, wozu m. E. die Kunststoffe die geeignetste Gruppe sind. Sie spielen zunehmend wegen ihrer Variabilität im Aufbau und ihrer Verbindbarkeit auch mit allen klassischen Werkstoffen praktisch eine Moderatorrolle in der zukünftigen Werkstoffpalette.

3. Kunststoffzusammenhalt

Der Zusammenhalt resultiert aus unterschiedlichen Mechanismen. Ihr Zusammenwirken führt zu dem variablen Verhalten der Kunststoffe.

3.1 Einleitung

Kunststoffe weisen, weil auf organischen Ausgangsstoffen basierend, je nach ihrem chemischen Aufbau, ein anderes und z. T. wesentlich günstigeres Korrosionsverhalten auf als die Metalle oder Holz. Es ist bedingt einstellbar, indem entsprechende chemische Ausgangssubstanzen gewählt werden, mit denen der Kunststoff aufgebaut wird. Obwohl diese Korrosionsfestigkeit oft als Grund für die Kunststoffanwendung bezeichnet wird, ist sie nicht der wesentliche Grund, warum heute in so großem Umfang Kunststoffe eingesetzt werden.

Es wurde bereits bei der Betrachtung des Aufbaus der Kunststoffe darauf hingewiesen, daß ein neues Verhalten mit einer plastischen Phase durch den Aufbau eingebaut wird. Einerseits beruht es auf strukturellen Gegebenheiten, insbesondere der Form und Beweglichkeit der Makromoleküle und ihrer Bestandteile, andererseits aber auch auf der anderen Art des Zusammenhalts der Makromoleküle und ihrer Gruppen im Vergleich zu den klassischen Werkstoffen. Dieser andere Zusammenhalt hat gravierende Auswirkungen bei dem Verhalten des Kunststoffes.

Daher ist es wichtig, die den Zusammenhalt bewirkenden Bindungskräfte und ihre Wirkungsweise zu kennen, um das besondere Verhalten der Kunststoffe bei Beanspruchungen verstehen zu können. Dieses ist der wesentliche Grund, warum Kunststoffe für schwierige Aufgaben eingesetzt werden, so z. B. wegen ihrer Elastizität und Schlagfestigkeit. Es kann aber auch ein Grund für das frühe Versagen von Kunststoffteilen sein, wenn dieses besondere Verhalten nicht geeignet berücksichtigt wird.

Die Entscheidung für einen richtigen Einsatz ist noch aus einem weiteren Grund schwierig. Alle Werkstoffe werden durch Eigenschaftswerte charakterisiert. Auch bei den Kunststoffen ist dies möglich und geschieht in großem Umfang, s. die Kapitel 5 bis 9. Diesen Eigenschaftswerten ist im allgemeinen nur bedingt anzusehen, daß der Kunststoff sich bei Beanspruchung gänzlich anders verhalten kann als herkömmliche Werkstoffe, selbst wenn er und die Vergleichswerkstoffe den gleichen Wert einer Eigenschaft aufweisen. Er kann bei Kunststoffen oft nur bei bestimmten begrenzten Bedingungen gelten und wird daher besser als Eigenschaftskennwert bezeichnet. Um den Zusammenhang der Eigenschaften mit diesen eingrenzenden Bedingungen zu verstehen, muß der Zusammenhalt der Kunststoffe und sein besonderer Mechanismus betrachtet werden. Er ist komplex und wird im folgenden zuerst in seinen einzelnen Komponenten besprochen, bevor die Auswirkungen ihres Zusammenwirkens auf das Verhalten abgeleitet werden.

3.2 Die Zusammenhaltskräfte bei Kunststoffen

3.2.1 Chemische Bindungskräfte

Größe und Art der Bindungskräfte bestimmen den Aggregatzustand und das Festigkeitsverhalten der Stoffe. Auch die klassischen Werkstoffe weisen je nach Aufbau und Aggregatzustand unterschiedliche Zusammenhaltekräfte auf. Beim Kunststoff ist dies auch der Fall, aber eine herausragende Tatsache gilt allgemein: Immer sind bei den Kunststoffen als die wichtigsten den Zusammenhang bewirkenden Kräfte, die der *chemischen Verbindung* vorhanden. Wenn das Bild des Kettenmoleküls verwendet wird, so ist der Zusammenhang zwischen den einzelnen Gliedern der Kette die chemische Verbindung, auf die bei der Erklärung des Makromoleküls bereits eingegangen wurde.

Je nach dem Aufbau der Molekülkette sind diese Bindungskräfte der chemischen Verbindung unterschiedlich, sie haben jedoch zwei Merkmale gemeinsam: Sie wirken nur in der einen Richtung, in der sie die Verbindung herstellen, und sie sind unelastisch, d. h. bei Beanspruchung tritt keine Änderung des Abstands zwischen den von ihr zusammengehaltenen Partnern auf. Allerdings können zwei hintereinanderliegende Bindungen ihren gegenseitigen Winkel zueinander in gewissen Grenzen ändern.

Die Bindung löst sich auf, d. h. die Molekülkette reißt auf, wenn eine bestimmte Beanspruchung, die durch die jeweilige Aktivierungsenergie gegeben ist, überschritten wird.

Kunststoffe aus eng vernetzten Makromolekülen, die Duromeren, werden allein durch die chemischen Bindungen (die Vernetzungen sind auch solche) zusammengehalten. Bei den Plastomeren und teilweise auch bei den Elastomeren liefern jedoch die elektrischen Zusammenhaltskräfte einen wichtigen Beitrag zum Gesamtzusammenhalt.

3.2.2 Elektrische Bindungskräfte

Den Kristallaufbau von Metallen bewirken z. B. allein *elektrische Bindungskräfte*. Sie sind in allen Richtungen wirksam und weisen ein elastisch erscheinendes Verhalten auf, weil sie bei Beanspruchung den Abstand der zusammengehaltenen Ladungsträger ändern lassen, ohne daß ihre Wirkung sofort abbricht. Wenn die Einwirkung, die den Abstand verändert, wieder entfällt, nehmen die Partikel den alten Abstand ein. Es gilt für sie im Prinzip das *Coulombsche Gesetz*, das besagt, daß die Kraft zwischen zwei Ladungen q_n umgekehrt proportional dem Quadrat ihres Abstandes r ist:

$$F \sim \frac{q_1 \cdot q_2}{r^2} \,. \tag{3.1}$$

Daraus ist ersichtlich, daß bei einer Vergrößerung des Abstandes r durch eine äußere Krafteinwirkung, z. B. eine Zugkraft, die Zusammenhaltskraft kleiner wird, aber weiter vorhanden bleibt, weil die Ladungen ihre Größe nicht ändern.

Bei Makromolekülen können in zwei prinzipiell unterschiedlichen Fällen elektrische Anziehungskräfte wirken. Einer wurde bereits besprochen, er liegt dann vor, wenn die Molekülketten so beweglich sind, daß sich kristalline Bereiche im Kunststoff bilden können. Die die „Kristallitbereichbildung" bewirkenden Bindungskräfte sind elektrische Anziehungskräfte und genügen dem vorher gesagten. Da diese Kraftwirkungen zusätzlich zu denen der chemischen Bindungen auftreten, bewirken sie mit den kristallinen Bereichen im Kunststoff eine wesentliche Verfestigung. Der zweite Fall ist das Auftreten von Anziehungskräften zwischen bestimmten Makromolekül- bzw. Seitengruppen der Makromoleküle. Sie führen nicht zu kristallinen Bereichen, weil durch räumliche Behinderung ein näheres Zusammenrücken größerer Makromolekülteilchen, wie es zur Kristallbildung nötig ist, nicht möglich ist. Da deshalb der Abstand r zwischen den elektrischen Ladungen, die die Anziehung bewirken, relativ groß ist, sind diese Anziehungskräfte kleiner.

Die elektrischen Anziehungskräfte werden dabei in den Molekülen meist nicht von einfachen elektrischen Ladungen, sondern meist von sogenannten Dipolmomenten polarer Gruppen bewirkt. Diese bestehen aus einer Doppelladung, wobei die Ladung mit einem Vorzeichen in die wirkende Richtung weist, während die mit dem anderen Vorzeichen in Richtung der Kette weist. Die Restfelder solcher eng benachbarten Doppelladungen bewirken eine gegenseitige Kraftwirkung durch die zueinander zeigenden verschiedenen Ladungen, z. B. Anziehung. Bekanntestes Beispiel solcher Anziehungen zweier Gruppen ist die sogenannte Wasserstoffbrückenbildung, z. B. bei Polyamiden.

3.2.3 Van-der-Waalssche Bindung

Als dritte Bindungskraft ist die sogenannte *van-der-Waalssche Anziehung* zu nennen, welche auf der Massenanziehung benachbarter Kettenmoleküle beruht. Ihre Wirkung ist wesentlich schwächer, als die der elektrischen Anziehung der polaren Seitengruppen sein kann, und die der chemischen Bindungskräfte ist.

3.2.4 Zusammenwirken der einzelnen Zusammenhaltsmechanismen

Das besondere bei den Kunststoffen, vor allem bei den Plastomeren mit ihren nicht miteinander verbundenen Makromolekülen, ist die Tatsache, daß sich die einzelnen Zusammenhaltsmechanismen bereichsweise oder über den ganzen Körper in den verschiedensten Weisen überlagern können. Dies bedeutet aber, daß die drei besprochenen Effekte *gleichzeitig zusammenwirken* können. Die Art des Zusammenwirkens hängt von dem Aufbau des Makromoleküls und seiner Lage zu den anderen im Kunststoffverbund ab.

Im Falle der Bildung kristalliner Bereiche im Kunststoff sind die elektrischen Anziehungskräfte, welche für die Kristallbereichbildung maßgebend sind, so groß, daß gegenüber ihnen die gleichzeitig vorhandene van-der-Waalssche Anziehung vernachlässigt werden kann.

Auch wenn die chemische Bindung dominierend den Kunststoffzusammenhalt bewirkt, kann ihr Effekt, bei unausgerichteten Makromolekülen in Plastomeren, nicht den der elektrischen Anziehungskräfte, der zur Kristallbildung führt, erreichen. Das keine wesentlichen Dipole aufweisende und nicht kristallisierfähige Polyisobutylen (PIB) sei daher mit Stoffen mit rein kristallinem Zusammenhang verglichen. In

Bild 3.1 sind dafür die *vergleichbaren Zusammenhaltsenergien* für diesen amorphen Kunststoff und für zwei Metalle gegenübergestellt. Es ist daraus ersichtlich, daß die

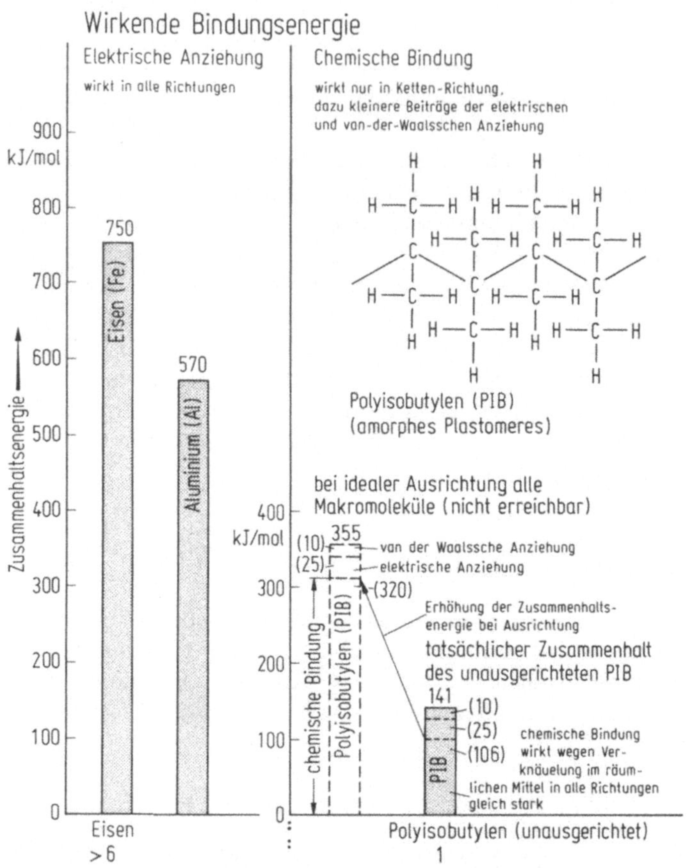

Bild 3.1 Größe und Zusammensetzung der Bindungsenergien. Vergleich der Bindungsenergien bei Polyisobutylen im eingefrorenen plastischen Bereich und bei Metallen. Die angegebenen Werte für die van-der-Waalssche und für die elektrische Anziehung könnten sich bei polaren Gruppen und Bildung von Sekundärbindungen (z. B. Wasserstoffbrückenbildung und Teilkristallisation) ebenfalls vergrößern. Beim hier gezeigten PIB ist dies nicht der Fall.

Bindung, welche auf der elektrischen Anziehung beruht und zum metallischen Kristallverbund führt, eine größere Festigkeit im Zusammenhang erreichen muß als die chemische Bindung der amorphen plastomeren Kunststoffe, weil sich die Zusammenhaltsenergien wie 5 : 1 verhalten können. Ausrichten der Molekülketten, das Vorhandensein von Kristallanteilen oder mehr chemischen Bindungen durch Vernetzungen bringen natürlich ein für den Kunststoff günstigeres Zusammenhaltsenergieverhältnis.

3.3 Der plastische Zustand und seine Beschreibung

3.3.1 Unterschied zwischen einer flüssigen und plastischen Phase

Flüssiges, d. h. aufgeschmolzenes, Metall hat einen wesentlich schwächeren Stoffzusammenhalt als festes, weil hier Kristalle und damit der durch sie bedingte Zusammenhalt fehlen. Die einzelnen Metallatome sind daher beliebig gegeneinander verschiebbar. Das Metall stellt dann eine reine Flüssigkeit dar. Kunststoffe können, sie müssen aber nicht, flüssig werden, jedoch weicht ihr Verhalten in diesem Zustand immer von dem normaler Flüssigkeiten ab, weil der durch die chemischen Bindungen vorhandene Zusammenhalt weiter, wenn auch abgeschwächt, besteht.

Bei einer Kunststoffschmelze eines unvernetzten Kunststoffes bewegen sich daher nicht wie beim Metall die einzelnen Metallatome, also die einzelnen monomeren Baugruppen, beliebig gegeneinander, sondern jeweils die kettenförmigen Makromoleküle. Ihr eigener Zusammenhalt bleibt erhalten. Die Molekülketten können sich nämlich nur durch Aneinandervorbeigleiten und Platzwechsel von Kettenabschnitten bewegen und vermitteln damit den Eindruck einer flüssigkeitsähnlichen Phase bei einer Schmelze.

Auch wenn scheinbar eine flüssige Phase vorliegt, handelt es sich bei den Kunststoffen daher immer um eine *plastische Phase*. Die Kräfte, die nötig sind, um eine Flüssigkeit und den scheinbar flüssigen Kunststoff in der plastischen Phase zu formen, sind sehr unterschiedlich. Die plastische Phase benötigt wegen der vorhandenen chemischen Bindungen höhere Kräfte, und es wird deshalb von einer größeren Zähigkeit oder Viskosität dieser Phase gesprochen.

3.3.2 Makromolekülgröße und Viskosität

Die Viskosität eines Kunststoffes im plastischen Zustand ist um so größer, je länger seine Makromoleküle sind. Diese sind nicht gleichmäßig lang, sondern sie weisen eine statistische Verteilung auf, die recht unterschiedlich sein kann. Eine Kennzahl für die mittlere Makromolekülgröße ist der mittlere Polymerisationsgrad (siehe 2.3.1).

Es ist naheliegend, daß die Bestimmung einer Größe, welche die Zähigkeit (Viskosität) des Kunststoffes wesentlich bestimmt, auch durch Viskositätsmessungen möglich sein muß. Dazu wird allerdings nicht in der plastischen Phase sondern meist in der Lösung gemessen. Die sogenannte *Viskositätszahl* (DIN 53726/8) eines gelösten Kunststoffes unter bestimmten Bedingungen bei verschiedenen Konzentrationen wird dazu ermittelt und ihr Anstieg mit zunehmender Konzentration erlaubt dann den Schluß auf das *mittlere Molekulargewicht* bzw. den mittleren Polymerisationsgrad.

3.3.3 Schmelzindex

Das Viskositätsverhalten von Plastomeren bei höheren Temperaturen ist für die Beurteilung bei der Verarbeitung von Bedeutung. Es wird durch den sogenannten *Schmelzindex* charakterisiert, der die Menge in Gramm eines Kunststoffs mit seinen eventuellen Zumischungen angibt, welche bei einem bestimmten genormten Prüfgerät (DIN 53735, ASTM 1268-621) bei einer bestimmten Temperatur (meist der Verarbeitungstemperatur) durch ein 2-, 5- oder 10-kg-Gewicht innerhalb 10 Minuten aus einer Düse herausgedrückt wird. Dieser Schmelzindex wird als MFI (Melt-Flow-Index) bezeichnet, wobei die benützte Temperatur und das verwendete Gewicht immer angegeben werden, z. B. MFI 200/10 für einen Schmelzindex, der bei 200 °C mit einem 10-kg-Gewicht gemessen ist.

3.3.4 Strukturviskosität

Viskositätszahl und Schmelzindex sind lediglich Kennwerte, welche keine allgemeinen Aussagen zulassen, weil ihre Zahlenwerte von der Art der Durchführung der Messung abhängen. Mit je höherer Geschwindigkeit und und mit je höherer Kraft die Messung durchgeführt wird, um so geringer erscheint bei sonst gleichen Bedingungen die Viskosität, aber um so größer der Schmelzindex. Dies beruht darauf, daß alle Kunststoffe strukturviskos sind, d. h. ihre Zähigkeit hängt von ihrer jeweiligen gegenseitigen Verknäuelung und Beweglichkeit der Ketten ab. Wenn z. B. alle Molekülketten in alle Richtungen gleichmäßig verknäuelt sind, dann wird die Kraft, die nötig ist, um die plastische Masse zu verformen, größer sein, als wenn die Ketten teilweise entknäuelt und in eine Richtung ausgerichtet sind. Solche Ausrichtungen treten bei allen Strömungen der plastischen Kunststoffe auf. Je größer die Strömungsgeschwindigkeit ist, um so größer wird die Ausrichtung der Molekülketten und um so geringer die Viskosität.

Diese Abhängigkeit der Viskosität von der Geschwindigkeit ist in Bild 3.2 für Polyethylen niedriger Dichte mit drei verschiedenen mittleren Molekulargewichten gezeigt. Die Auswirkungen der Strukturviskosität werden häufig unterschätzt, weil sie nicht durch Alltags-Erfahrungen bekannt sind. Bei einem mittleren Molekulargewicht des Polyethylens von 80 000 vermindert sich in Bild 3.2 die Viskosität um das 150fache, bei dem von 20 000 allerdings nur um das etwa 12fache. Nach dem oben besprochenen ist dies verständlich. Längere Makromoleküle weisen ein entsprechend größeres strukturviskoses Verhalten auf.

3.3.5 Folgerungen aus dem strukturviskosen Verhalten

Dieses strukturviskose Verhalten äußert sich in verschiedenen Eigenschaften der Kunststoffe und hat weitreichende Folgen für ihre Verarbeitung. Bei einer sehr hohen mechanischen Beanspruchung kann nämlich ein fest erscheinender plastomerer Kunststoff plastisch werden, d. h. er kann *fließen oder,* wie in der Festigkeitslehre gesagt wird, *kriechen.* Das gleiche erfolgt bei niedrigerer Beanspruchung über längere Zeiten. Der plastische Kunststoff wird außerdem bei einer schnellen Verarbeitung, die mit einer hohen Fließgeschwindigkeit verbunden ist, flüssiger als bei einer langsamen Verarbeitungsgeschwindigkeit und läßt sich dann entsprechend leichter formen.

Die Strukturviskosität hat ferner zur Folge, daß ein plastischer Kunststoff, der in einem Gefäß rotiert, nicht wie eine Flüssigkeit immer höher an der Gefäßwand hinaufsteigt, sondern sich in der Mitte erhebt und an der Gefäßwand absinkt *(Weissenberg-Effekt).* Dies beruht natürlich auch darauf, daß sich die Makromoleküle bei größerer Geschwindigkeit in den äußeren Bereichen stärker ausrichten und damit auch viskoser werden. Ihr Bestreben ist es aber, sich dieser Ausrichtung zu widersetzen. Aus diesem Grunde bildet sich an dem Ort der geringsten Geschwindigkeit eine Massenanhäufung.

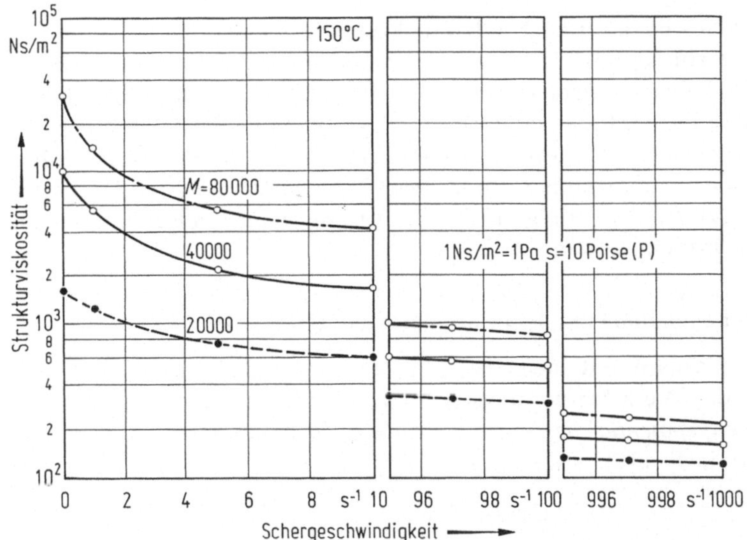

Bild 3.2 Strukturviskoses Verhalten. Strukturviskosität bei 150 °C bei Hochdruck-Polyethylen (PE-LD) in Abhängigkeit von der Schergeschwindigkeit für verschiedene mittlere Molekulargewichte für drei Meßbereiche.

3.4 Übergänge zwischen plastischen und festen Zuständen

Der flüssige Zustand wird durch die erhöhte Wärmebewegung der Atome bzw. Moleküle dadurch erreicht, daß diese größere Kräfte hervorruft als die Zusammenhaltskräfte, die den festen Zustand bewirken. Die Wärmebewegung wird um so größer, je höher die Temperatur ist. Aus diesem Grunde folgt ja auch der flüssige Zustand bei höheren Temperaturen auf den festen Zustand. Bei den Metallen ist dies einfach zu verstehen: wenn geringere Temperaturbewegung vorliegt, bringen die Anziehungskräfte die einzelnen Atome so nahe zusammen, bis sie in einem Gleichgewichtsabstand einrasten, der dadurch gegeben ist, daß Abstoßung und Anziehung gleich groß sind. Dieser Gleichgewichtszustand ist naturgemäß für gleiche Atome identisch, was bedeutet, daß eine jeweils gleichmäßige Struktur, die des Kristalls, entsteht.

Temperaturerhöhungen bewirken stärkere Wärmeschwingungen. Diese lassen die einzelnen Atome des Kristallgitters gegeneinander schwingen, bewirken jedoch noch nicht den Zusammenbruch des Kristalls. Erst ab einer bestimmten Temperatur wird die Wärmebewegung so stark, daß die Kristallbausteine nicht mehr in die Ausgangslage zurückkommen, der Kristall schmilzt. Erst wenn die Wärmebewegung der Moleküle wieder geringer wird, kann wieder ein Kristall entstehen. Die Schmelztemperatur, bei der der Kristall in Schmelze übergeht (T_{KS}), ist für jeden Stoff, auch für die kristallinen Bereiche der Kunststoffe, bestimmbar.

3.4.1 Kristallisieren und Einfrieren der plastischen Phase

Kunststoffe können zwar kristalline Bereiche bilden, sie werden aber auch fest, ohne daß sich kristalline Bereiche bilden müssen und können nicht durchgehend kristallisieren. Letzteres ist darin begründet, daß durch die beschränkte Kettenbeweglichkeit und die Hinderung dieser Beweglichkeit durch Seitengruppen sowie durch Unregelmäßigkeiten im Molekülaufbau (z. B. ataktische Anordnung) keine so nahe und gleichmäßige Ordnung möglich ist, die vollständige Kristallinität erlauben würde. Der Übergang in den festen Zustand bringt daher nur bei Kunststoffen mit *kristallinen Anteilen* gleichzeitig einen *teilweise höheren Ordnungsgrad* mit sich. Bei rein *amorphen Kunststoffen* erfolgt nur ein *Einfrieren der plastischen Phase* ohne eine Änderung des Ordnungszustandes.

3.4.2 Theoretische Behandlung mit dem Enthalpiesatz

Da der Übergang plastisch/fest meist bei konstantem Druck, z. B. dem Atmosphärendruck oder dem Verarbeitungsdruck, vor sich geht, kann er durch das thermodynamische *Energiepotential der freien Enthalpie* (G) beschrieben werden. Für dieses gilt die bereits in Tafel 2.3 angegebene Gleichung:

$$G = H - T\,S \qquad\qquad (3.2)$$

wobei H = Enthalpie (Maß für die Zusammenhaltsenergie)
$\quad\ \ \ S$ = Entropie (Maß für die Unordnung, also auch den Verknäuelungsgrad)
$\quad\ \ \ T$ = Temperatur

Vereinfacht betrachtet kann der Term $T \cdot S$ als Energiepotential der Wärmebewegung bezeichnet werden, der dem des Zusammenhalts durch die Bindung (H) gegenübersteht. Ist die Energie des Zusammenhalts größer oder gleich der Energie der Wärmebewegung, so behält der Kunststoff seine Form, er erscheint *fest*, d. h.:

$$H \geqq T \cdot S, \quad G \geqq 0. \qquad\qquad (3.2\text{ a})$$

Überwiegt die Energie der Wärmebewegung, so ist Instabilität vorhanden. Der Kunststoff ist *plastisch,* d. h.:

$$H < T \cdot S \ \text{ und } \ G < 0. \qquad\qquad (3.2\text{ b})$$

Dieses Enthalpie-Gesetz gilt für alle Stoffe. Ein Übergang in einen anderen Ordnungszustand macht sich in einer sprunghaften Änderung der Enthalpie bemerkbar. In Bild 3.3 ist, um dies zu veranschaulichen, die *Temperaturabhängigkeit der Enthalpie* eines monomeren Stoffes der plastomerer Stoffe gegenübergestellt. Bei dem monomeren Stoff ist der Übergang in den jeweiligen anderen Ordnungszustand durch die Schmelzenthalpie beim Übergang fest/flüssig und die Verdampfungsenthalpie beim Übergang flüssig/gasförmig gekennzeichnet. Dagegen ist das Einfrieren des plastischen Kunststoffes zum amorphen festen Plastomeren durch keine sprunghafte Erhöhung der Enthalpie gekennzeichnet, die Enthalpiekurve ändert nur ihre Steigung. Bei den teilkristallinen Plastomeren findet eine Überlagerung der Enthalpiefunktion der amorphen Plastomere für die amorphen Anteile mit der Enthalpiekurve eines kristallinen Stoffes für die kristallinen Anteile statt. Der „Knick" des Einfrierens bei den Kurven für die teilkristallinen Polymere weist daher zusätzlich einen steileren Anstieg der Enthalpie in einem kleineren Bereich auf, der das Kristallisieren der kristallinen Anteile bei T_{KS} kennzeichnet.

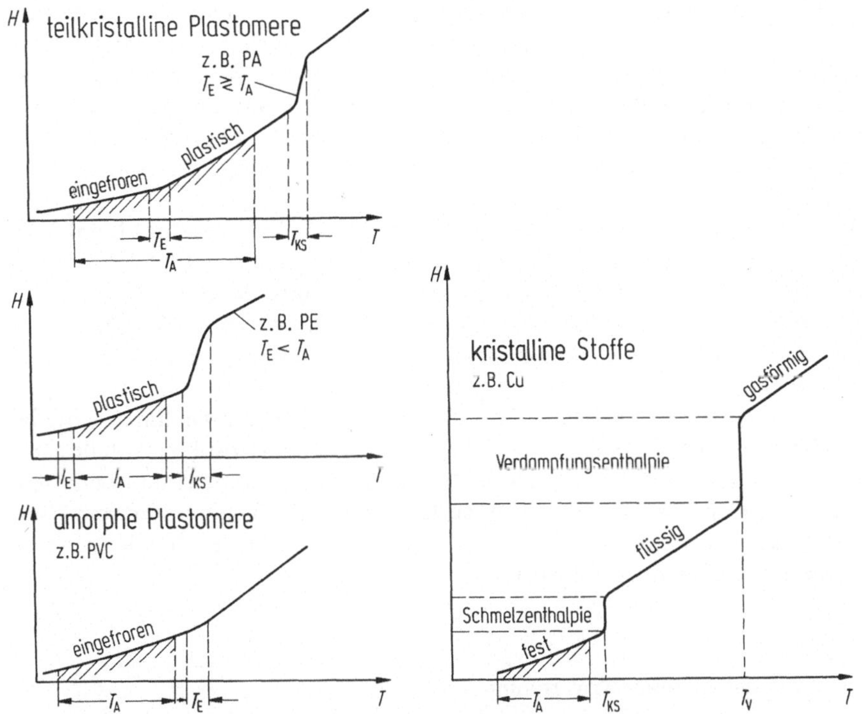

Bild 3.3 Temperaturabhängigkeit der Stoffzustände. Schematische Enthalpieverläufe und Anwendungsbereiche für (**a**) amorphe und (**b, c**) teilkristalline Plastomere, sowie (**d**) für einen kristallinen Werkstoff (Metall).

T_E	Einfriertemperaturbereich	T_V	Verdampfungstemperatur
T_{KS}	Kristallitschmelztemperaturbereich	T_A	Anwendungstemperaturbereich

3.4.3 Erklärung der Überlagerung von Kristallisation und Einfrieren

Der Zusammenhang zwischen plastischem und eingefrorenem Zustand in *Abhängigkeit von Temperatur und Makromolekülgröße* ist in der Tafel 2.3 veranschaulicht. Die Verhältnisse bei Kunststoffen mit mehreren Zusammenhaltsmechanismen sind nur zu verstehen, wenn bedacht wird, daß jeder von ihnen von anderen Merkmalen des Aufbaus des entsprechenden Kunststoffes abhängt. Vernachlässigt man die relativ schwachen van-der-Waalsschen Anziehungskräfte, so können, wie bereits beschrieben, nur die chemischen und elektrischen Bindungskräfte betrachtet werden. Die Energie der chemischen Bindungen ist von ihrer Einzelstärke, Anzahl und Richtung abhängig. Die Energie der elektrischen Bindung ist von der Anzahl, Lage und Beweglichkeit der sie hervorrufenden Ladungen und damit von der Stärke der elektrischen Anziehungskräfte bestimmt.

Führen die elektrischen Anziehungskräfte zur *Bildung teilkristalliner Bereiche*, so gilt für diesen Vorgang eine eigene Enthalpiegleichung mit einer Kristallisationsbzw. Schmelz-Enthalpie wie beim normalen festen Körper, dem ein Kristallitschmelztemperaturbereich (T_{KS}) zuzuordnen ist. Das auf den chemischen Bindungen beruhende Einfrieren im Einfriertemperaturbereich (T_E) und das Kristallitschmelzen im Temperaturbereich (T_{KS}) können sich nun je nach Aufbau ganz unterschiedlich überlagern. So liegt beim Polyamid (PA) mit seinen starken Dipolen, die zu den Wasserstoffbrücken führen, der (T_{KS}) unter dem (T_E), während bei dem Polyethylen mit den geringeren elektrischen Anziehungskräften der (T_E) weit unter dem (T_{KS}) liegt. Auch bei Elastomeren, welche bei Dehnung kristalline Bereiche bilden, liegt T_E weit unter T_{KS}.

Veranschaulicht sind diese beiden Fälle am Beispiel des PA und des PE anhand des Verlaufs der Enthalpiekurven für teilkristalline Plastomere in Bild 3.3. Damit wird aber auch verständlich, daß sich hier zwei Phasen in ihrer Wirkung überlagern, die dadurch zusammenwirken, daß sie aus Kettenteilen der gleichen Makromoleküle bestehen: die *kristallinen Anteile mit einem höheren Ordnungsgrad* und die *amorphen Anteile mit einem niedrigeren Ordnungsgrad.*

Noch ein wesentlicher Unterschied ergibt sich daraus. Die kristallinen Anteile befinden sich von ihrer Festigkeit her im Gleichgewicht. Die amorphen Anteile sind dagegen nur beim Einfriertemperaturbereich (T_E) im Gleichgewicht und befinden sich im plastischen und im eingefrorenen Zustand, wenn die Temperatur vom Einfriertemperaturbereich entfernt ist, nicht im Gleichgewicht. Daher ihre Kriechtendenz auch im festen eingefrorenen Zustand.

3.4.4 Zersetzung bei zu hoher Erwärmung

Die Kräfte der chemischen Bindung liefern die Hauptenergie des nicht teilkristallinen Kunststoffzusammenhalts. Bei zu starker Wärmebewegung können sie so stark beansprucht werden, daß sie aufbrechen. Der Kunststoff beginnt sich zu zersetzen, er wird partiell abgebaut und zerstört. Viele Kunststoffe, insbesondere solche mit hohem Polymerisationsgrad oder mit stärkerer Vernetzung, zeigen daher bereits bei zu starker Erwärmung vor dem Auftreten des plastischen Zustands *Zersetzungserscheinungen.* Ein flüssigkeitsähnlicher plastischer Zustand ist bei ihnen nicht erreichbar, denn bevor dieser erreicht wird, sprengen die chemischen Bindungen auf, und ein Kunststoffanteil hat sich in niedermolekulare Kohlenstoffverbindungen umgewandelt, das heißt, er hat sich zersetzt. Plastomere mit nicht zu hohem Polymerisationsgrad können dagegen durch Wärmezufuhr in einen mehr oder weniger flüssigkeitsähnlichen Zustand gebracht werden, der aber in Wirklichkeit ein sehr weicher plastischer ist. Bei weiterer Wärmezufuhr gehen sie jedoch nicht in den gasförmigen Zustand über, sondern zersetzen sich ebenfalls. Kunststoffe gibt es also *nicht im gasförmigen Zustand.*

Irrtümlicherweise wird oft angenommen, daß die Zersetzungserscheinungen auf eine mangelhafte Herstellung des Kunststoffs zurückzuführen seien. Sie sind in Wirklichkeit, von Ausnahmen abgesehen, energiebedingt, wegen des Mechanismus der chemischen Bindung, und ihr Ausmaß hängt nur von der Intensität und der Zeitdauer der Wärmeeinwirkung ab. In vielen Fällen ist es daher bei der Verarbeitung oder Anwendung, bei der eine Erwärmung des Kunststoffes nötig ist, wichtig, zu berücksichtigen, daß entweder ein gewisser Abbau bewußt vorgesehen werden muß, oder daß die Erwärmungstemperaturen möglichst niedrig gehalten werden und nur möglichst kurzzeitig einwirken sollen.

3.5 Entropieelastizität der Kunststoffe

Durch die anderen Zusammenhaltsmechanismen bei den Kunststoffen gibt es in ihrem mechanischen Verhalten grundsätzliche Unterschiede zu dem anderer Stoffe, z. B. der Metalle. Es ist allerdings schwierig, dies für alle Fälle exakt zu erklären, weil das mechanische Verhalten der Kunststoffe von dem chemischen Aufbau, der Kunststoffgruppe, dem Makroaufbau und der Art der mechanischen Belastung abhängt und daher sehr stark variieren kann.

Wie bei der Besprechung der Kunststoffgruppen jedoch allgemein gesagt werden konnte, daß durch Stabilisierung partiell oder scheinbar plastische Phasen eingebaut werden, so kann für das mechanische Verhalten allgemein ausgesagt werden, daß durch diesen *Einbau plastischer Phasen* immer ein *entropieelastisches* Verhalten entsteht.

Elastizität kommt zur Wirkung, wenn der feste Körper beansprucht wird und dabei mit einem Verformungs- bzw. Dehnungsverhalten reagiert. Bekanntlich ist bei allen klassischen Werkstoffen dieses Dehnungsverhalten immer energieelastisch. Auch bei festen Kunststoffen ist *energieelastisches* Verhalten meistens *dominierend* vorhanden zu dem entropieelastischen. Reines entropieelastisches Verhalten existiert nur in Ausnahmefällen, allerdings ist es im plastischen Zustand allein für die noch vorhandene Rückstellfähigkeit verantwortlich.

3.5.1 Vergleich von Energie- und Entropieelastizität

Durch die unterschiedliche Kombination von energie- und entropieelastischem Verhalten erscheint das mechanische Verhalten der Kunststoffe als Komplex. Es ist daher zweckmäßig, energieelastisches und entropieelastisches Verhalten zunächst getrennt zu betrachten. Dies geschieht in Tabelle 3.4, in der diese beiden Verhaltensweisen an einem Beispiel in ihren Auswirkungen gegenübergestellt sind.

Bei der reinen Entropieelastizität werden z. B. Dehnungen durch Beanspruchung nur durch Änderung der Verknäuelung der Molekülketten, also durch Verringerung der Entropie, aufgefangen. Die Zusammenhaltsenergie ändert sich nicht. Dies hat zur Folge, daß *große reversible Dehnungen* möglich sind, die mit relativ geringen Kräften erreicht werden, d. h. die Elastizitätsmoduln haben kleine Werte. Ein entropieelastisches gedehntes Teil will daher auch bei einer Temperaturerhöhung wieder in einen größeren „Unordnungszustand" zurückkehren, d. h. schrumpfen bzw. die Dehnung rückgängig machen. Da die Schaffung einer höheren Ordnung bei Dehnung Zeit beansprucht, ist das Ausmaß der Dehnung bei Entropieelastizität zeitlich abhängig von der Belastungsdauer. Es gilt allgemein

$$E_{\text{entr}} = f(\sigma, t, T).\qquad\qquad(3.3\ \text{a})$$

Energieelastisches Verhalten ist dagegen praktisch zeitunabhängig. Energieelastische Körper weisen große Elastizitätsmoduln und entsprechend kleinere reversible Dehnungen auf und zeigen auch bei Temperaturerhöhungen unter mechanischer Belastung eine erhöhte Dehnung. Die Entropie eines energieelastischen Körpers ändert sich bei Dehnung nicht. Es gilt

$$E_{\text{energ}} = f(\sigma, T)\qquad\qquad(3.3\ \text{b})$$

Tabelle 3.4 Energie- und Entropieelastizität. Gegenüberstellung der Auswirkungen von Energie- und Entropieelastizität. (Schematische Darstellung)

	Energieelastizität	Entropieelastizität
Längenänderung –ohne Beanspruchung (keine) –durch Zugkraft –durch Temperatur- erhöhung –durch Zugkraft +Temperatur- erhöhung		
Bei Beanspruchung ändert sich:	Bindungsenergie	Ordnungsgrad, Entropie
Elastizitätsmodul (N/mm^2)	groß $1000 \ldots 400000$	klein $10 \ldots 100$
Beispiel (N/mm^2)	Stahl: 210000	Weichgummi 30
Zeitabhängigkeit der Verformung (Kriechen, Entspannen)	gering	stark
Beispiele	Kristalline Stoffe wie: Metalle kristalline Anteile in Kunststoff	Elastomere, amorphe Plastomere u. amorphe Anteile in Plasto- meren bei größerer Dehnung

Dehnung durch Krafteinwirkung

Dehnung bzw. Kontraktion bei Temperatureinwirkung

3.5.2 Überlagerung von Energie- und Entropieelastizität

In Wirklichkeit gibt es weder ideale energieelastische noch ideale entropieelastische feste Stoffe. Metalle und andere kristalline Substanzen zeigen jedoch in ihrem reversiblen Dehnungsbereich ein nahezu ideales energieelastisches Verhalten. Daher stellt man sich allgemein feste Stoffe immer unwillkürlich mit energieelastischem Verhalten vor.

Kunststoffe mit großen Zusammenhaltsenergien, z. B. vernetzte Duromere mit vielen chemischen Bindungen oder teilkristalline Plastomere mit den neben den chemischen Bindungen starken elektrischen Zusammenhaltsenergien, weisen auch überwiegend energieelastisches Verhalten auf. Das ist auch anschaulich vorstellbar, wenn man bedenkt, daß hier die Möglichkeit einer Makromolekülkettenausrichtung bei Beanspruchung gering ist. Anders kann dies bei amorphen Plastomeren und Elastomeren sein. Sie weisen in unterschiedlicher Stärke entropieelastisches Verhalten, insbesondere bei stärkeren Beanspruchungen, auf. Bei den als Weichgummi angewandten Elastomeren ist das entropieelastische Verhalten am stärksten ausgeprägt, obwohl es auch hier vom energieelastischen Verhalten begleitet ist.

Dies ist u. a. daran erkennbar, daß sich auch schwach gedehntes Elastomer beim Erhitzen noch ausdehnt. Das energieelastische Verhalten überwiegt hier also noch. Stärker gedehntes Elastomer zieht sich jedoch beim Erwärmen zusammen. Hier überwiegt jetzt der entropieelastische Mechanismus, der darin besteht, daß die einzelnen Kettenmoleküle versuchen, der durch die Dehnung bewirkten Ausrichtung, d. h. Ordnung, entgegenzuarbeiten und ihre Verknäuelung, d. h. ihre Entropie, wieder zu vergrößern.

3.5.3 Elastizitätsmoduln und reversible Verformbarkeit

Diese Tatsachen haben für die Anwendungstechnologie stark elastisch beanspruchter Kunststoffe eine große Bedeutung. Vor allem bei den Elastomeren, die die stärkste Entropieelastizität aufweisen können, wird dieses Verhalten bei der Anwendungstechnologie bewußt ausgenutzt. Allgemein wird elastisches Verhalten durch den *Elastizitätsmodul* (*E*) beschrieben. Er gibt den Zusammenhang der Spannung (σ) mit der Verformung (ε):

$$\sigma = \varepsilon\, E \qquad\qquad (3.4)$$

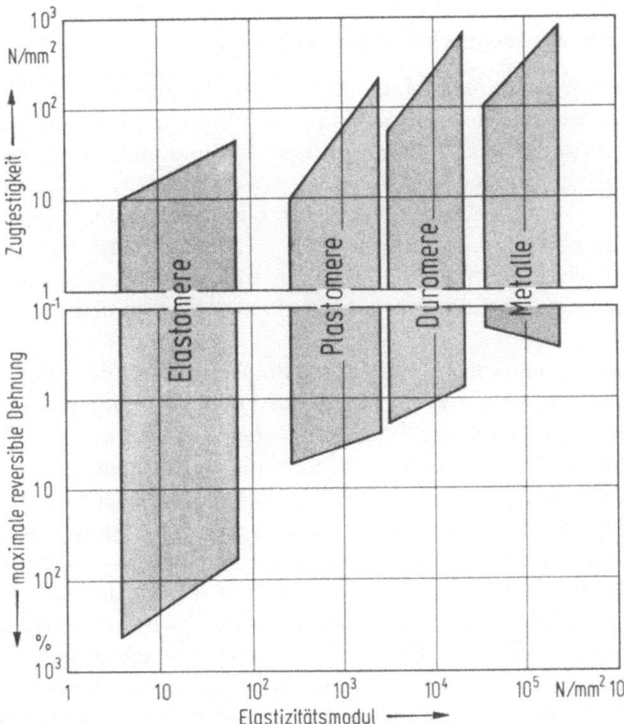

Bild 3.5 Werkstoffelastizität und -festigkeit. Bereiche der Zugfestigkeit und der reversiblen Dehnung von Kunststoffen und von Metallen in Abhängigkeit vom Elastizitätsmodul. (Schema)

Alle Stoffe sind aber nur bis zu einer gewissen Grenze *reversibel verformbar*. Kunststoffe sind nun die Werkstoffe mit dem größten Elastizitätsbereich und daher am stärksten reversibel verformbar. Da dies auf einem geringen Zusammenhalt beruht, geht dies natürlich auf Kosten der Festigkeit. In Bild 3.5 ist dies veranschaulicht durch den Zusammenhang zwischen Elastizitätsmodul, Zugfestigkeit und reversibler Verformbarkeit.

Die große reversible Verformbarkeit kann dazu dienen, Stöße aufzunehmen und die Stoßarbeit zu vernichten. Die Stoßfestigkeit kann dabei insbesondere bei den Elastomeren durch das Auftreten einer höheren Spannung bei Erwärmung durch den Entropieelastizitäts-Mechanismus erhöht werden. So z. B. beim der Reibung unterworfenen und dadurch erwärmten Autoreifen.

Allgemein gilt, daß es Kunststoffe durch ihren großen Elastizitätsbereich ermöglichen, für alle Anwendungen die optimale Elastizität mit dem geeignetsten Dehnungsverhalten einzusetzen.

3.6 Änderung der Eigenschaften und Eigenschaftskombinationen durch Änderung des Zusammenhalts

3.6.1 Variation in der chemischen Zusammensetzung

Neben den bereits bekannten Maßnahmen, den Zusammenhalt und damit die Eigenschaften zu ändern, wie z. B. die Vergrößerung der Makromoleküle, Änderung des Vernetzungsgrades u. a., gibt es spezielle Maßnahmen, die Eigenschaften über den Chemismus einzustellen.

Kunststoff in einer homogenen eingefrorenen Phase kann relativ spröd, d. h. unelastisch sein, so z. B. das amorphe Polystyrol (PS). Durch Kombination mit einem stoßfesten weichen Material, z. B. dem Elastomer Polybutadien (BR), erhält man durch geeignete partielle Verteilung einen schlag- und stoßfesten, also elastischen Kunststoff.

Dies gelingt schon dadurch, daß in das Polystyrol das Polybutadien oder ein anderes Elastomer fein verteilt wird. Das in das Polystyrol eingemischte Polybutadien liegt als elastisches Knäuel in dem harten Polystyrol und wirkt als „Stoßdämpfer".

Im Hinblick auf die chemische und mechanische Beständigkeit, die dabei mögliche Entmischung und die Witterungsstabilität des Kunststoffes ist es aber oft, so z. B. beim Polystyrol, günstiger, Elastomere einzupolymerisieren, also chemisch einzubauen. Dies geht im Rahmen einer sogenannten *Co-, Block- oder Pfropfpolymerisation* vor sich, indem z. B. bei der Copolymerisation in die Polystyrolkette in Abständen immer wieder Polybutadienkettenstücke zwischenpolymerisiert werden. Dies hat zur Folge, daß nun die Kette nur noch bereichsweise starr ist und zwischendurch elastische Abschnitte aufweist. Diese lagern sich aneinander und bilden stoßdämpfende Bereiche, durch die der Kunststoff stoß- und schlagfest wird.

Diese Möglichkeit, über den chemischen Einbau verschiedene Eigenschaften, wie hier hartspröd und elastisch zu kombinieren, wird in den verschiedensten Variationen angewandt und ist allein durch die chemischen Möglichkeiten begrenzt. Ein bekanntes Beispiel ist das Acrylnitril-Butadien-Styrol (ABS). Hier bringt das Polyacrylnitril, welches allein praktisch nur schwer zu Teilen zu verarbeiten ist, die hohe Festigkeit und Härte, das Polystyrol bringt die Verarbeitungsfähigkeit und das Polybutadien schließlich die Schlag- und Stoßfestigkeit.

3.6.2 Variation mit kristallinen Anteilen

Aber auch durch die Änderung der elektrischen Zusammenhaltsenergie und damit zusammenhängende Effekte lassen sich beachtliche Eigenschaftsänderungen erzielen. Am Beispiel der Wirkung kristalliner Anteile sei dies gezeigt.

Eine sehr wirksame Kombination harter und elastischer Bereiche liegt nämlich bei den *teilkristallinen Plastomeren* vor, d. h. auf der Ebene der Kunststoffgruppen. Plastische, also amorphe Phasen, und die kristallinen Bereiche sind in solchen Kunststoffen relativ gleichmäßig verteilt, wobei die gleichen Makromolekülketten zur Bildung der kristallinen und der amorphen Bereiche beitragen. Sind die plastischen Bereiche nicht eingefroren, d. h. werden sie über ihrem Einfriertemperaturbereich eingesetzt, so finden die harten kristallinen Bereiche eine sehr elastische, nachgiebige Phase in ihrer Nachbarschaft. Polyethylene (PE) und Polypropylene (PP) sind Beispiele hierfür. Sie sind durch diese Kombination relativ weiche, sehr schlagfeste Stoffe. Ist die amorphe Phase oberhalb ihres Einfrierbereiches eingesetzt, so wird auch dann noch nicht die Härte der kristallinen Bereiche des gleichen Materials erreicht. Auch hier wirken die dazwischenliegenden amorphen Phasen für die kristallinen Bereiche bei Beanspruchung noch als „Stoßdämpfer". Allerdings sind solche Materialien weniger weich und stoßfest, wie zum Beispiel unmodifizierte trockene Polyamide.

3.6.3 Füllung und Verstärkung

Natürlich ist es auch möglich, die weicheren Kunststoffe mit geringem Zusammenhalt und damit niedriger Festigkeit durch die Kombination mit festen und harten Stoffen in ihrem Eigenschaftsbild zu verbessern. Dies geschieht z. B. durch Einmischen und Einbauen von pulverförmigen Substanzen in Elastomere beim Umschmelzen. Eine solche pulvrige, kristalline Substanz wird von den Elastomer-Kettenmolekülen umschlungen. Da die einzelnen kristallinen Teilchen, es kann sich z. B. um Schwerspat handeln, starr und spröde sind, wird die Nachgiebigkeit des Elastomers vermindert. Wenn die beigemischten spröden Teilchen eine hohe Zugfestigkeit haben, wie etwa kurze Asbest- oder Glasfasern, so wird auch die relativ geringe Festigkeit des Elastomers erhöht. Es handelt sich im letzteren Fall um eine *Verstärkung*, im ersteren Fall um eine *Füllung*, die sich beide auf der Ebene des Makroaufbaus abspielen.

Die Änderung von Eigenschaften und Eigenschaftskombinationen ist also durch Maßnahmen, die den Zusammenhalt ändern, auf drei prinzipiell verschiedenen Ebenen möglich, im Rahmen der primären Struktur des chemischen Aufbaus, in dem der Kunststoffgruppen und in der des Makroaufbaus. In Tafel 3.6 sind die dabei erreichbaren *verschiedenen Kopplungen von harten und weichen Elementen* im Werkstoff beispielhaft zusammengestellt und veranschaulicht. Im Foto von Tafel

3.6 ist eine Vergrößerung eines pfropfpolymerisierten Elastomers gezeigt. Es wird dabei auch sichtbar, daß die Kombinationsmöglichkeiten beim chemischen Aufbau und bei den Kunststoffgruppen begrenzt sind auf den Grundbaustein des eigentlichen Kunststoffes oder chemisch miteinander verknüpfbare andere Bausteine. Die Kombination im Makroaufbau gestattet die Hereinnahme nahezu beliebiger Stoffe in verschiedenen Teilchengrößen. Sie ist daher die variabelste Methode, und im folgenden wird noch mehrmals auf ihre Möglichkeiten eingegangen.

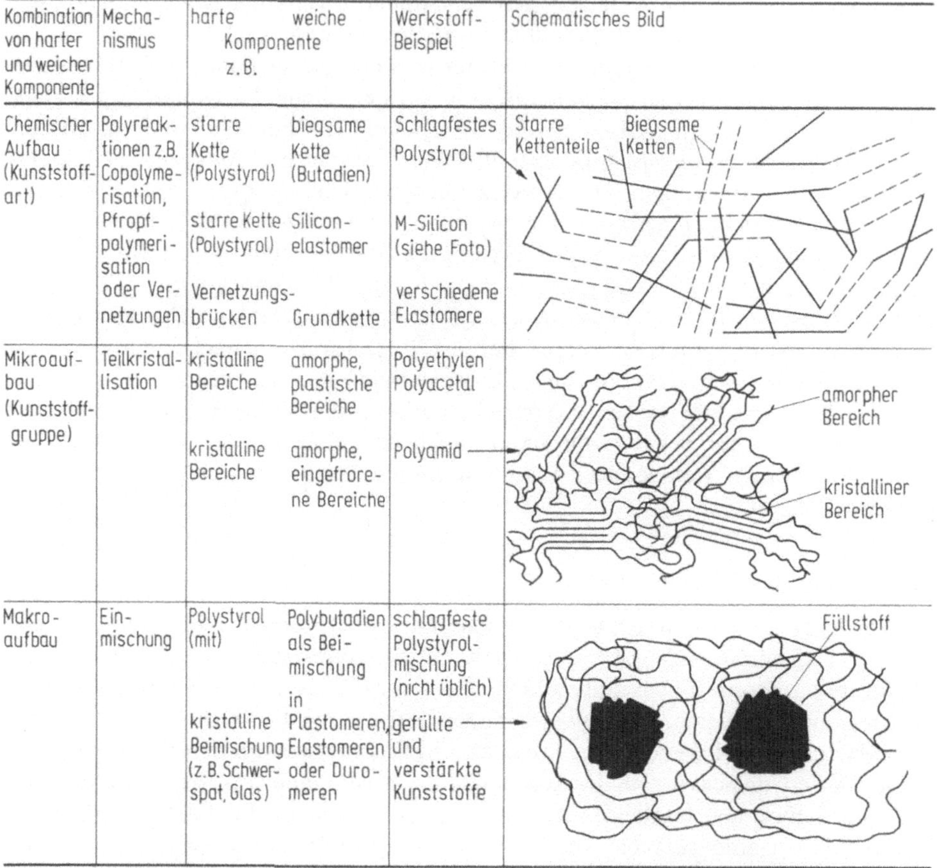

Kombination von harter und weicher Komponente	Mecha-nismus	harte weiche Komponente z.B.		Werkstoff-Beispiel	Schematisches Bild
Chemischer Aufbau (Kunststoff-art)	Polyreak-tionen z.B. Copolyme-risation, Pfropf-polymeri-sation oder Ver-netzungen	starre Kette (Polystyrol) starre Kette (Polystyrol) Vernetzungs-brücken	biegsame Kette (Butadien) Silicon-elastomer Grundkette	Schlagfestes Polystyrol M-Silicon (siehe Foto) verschiedene Elastomere	
Mikroauf-bau (Kunststoff-gruppe)	Teilkristal-lisation	kristalline Bereiche kristalline Bereiche	amorphe, plastische Bereiche amorphe, eingefrore-ne Bereiche	Polyethylen Polyacetal Polyamid	
Makro-aufbau	Ein-mischung	Polystyrol (mit) kristalline Beimischung (z.B.Schwer-spat,Glas)	Polybutadien als Bei-mischung in Plastomeren, Elastomeren oder Duro-meren	schlagfeste Polystyrol-mischung (nicht üblich) gefüllte und verstärkte Kunststoffe	

Tafel 3.6 Kombinationsmöglichkeiten harter und weicher Werkstoffanteile im Kunststoff. Kunststoffe ermöglichen in verschiedener Weise die abgestimmte Kombination von harten und weichen Anteilen im Werkstoff.

3.6.4 Reckung und Verstreckung

Bei sehr starker Dehnung erfolgt nicht nur bei den Elastomeren, sondern auch bei den Plastomeren eine Ausrichtung der ursprünglich geknäuelten Kettenmoleküle in Dehnungsrichtung. Fällt die entsprechende Kraft weg, so wirken bei den Elastomeren die Rückstellkräfte der Vernetzung oder der Anziehung bestimmter Gruppen und machen die Ausrichtung wieder rückgängig. Bei den Plastomeren sind jedoch diese Rückstellkräfte geringer, die Ausrichtung bleibt teilweise erhalten, das Material bleibt *gereckt* (Ausdruck vorzugsweise bei Kunststoffteilen angewendet) oder *verstreckt* (Ausdruck hauptsächlich bei Fasern benutzt); es ist, um mechanisch zu sprechen, gekrochen. Dies hat eine bleibende *Makromolekülorientierung* bewirkt.

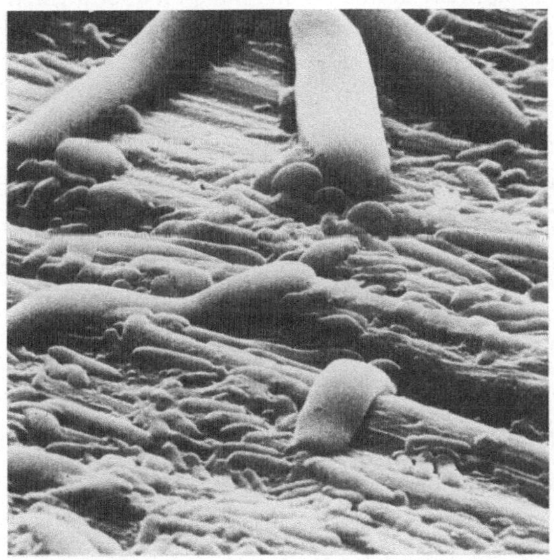

Zu Tafel 3.6 Pfropfpolymerisation. Kunststoff–Kunststoff-Verbund. Stäbchenförmige Plastomerteilchen sind in eine Elastomermatrix einpolymerisiert durch Aufpfropfen. Die Stäbchen sind nach dem Abtrennen des Matrixmaterials auf der ca. 1800fach vergrößerten Schnittfläche gut erkennbar. Matrix ist Silicon-Elastomer (Firmenbezeichnung M-Polymer).
(Foto: Wacker Chemie GmbH München)

Interessanterweise kann eine solche Verstreckung bei teilkristallinen Plastomeren im wesentlichen nur die Kettenteile in den amorphen Bereichen ausrichten. Erst wenn die Verstreckung beim oder über dem Schmelzbereich der kristallinen Anteile geschieht, werden sämtliche Kettenmoleküle des Kunststoffes ausgerichtet. Beim nachträglichen Abkühlen bilden sich nun neue kristalline Bereiche, allerdings jetzt im Rahmen der ausgerichteten Kettenstrukturen. Dies hat in Richtung der Verstreckung eine erhebliche Festigkeitserhöhung zur Folge. Bei *Fasern und Folien* wird diese Ausrichtung durch Verstreckung bei meist höheren Temperaturen gezielt angewandt, wobei *Verstreckungsverhältnisse* von 1 zu 5 bis über 1 zu 10 üblich sind und durch die extreme Parallelausrichtung der Kettenmoleküle *Festigkeitserhöhungen* in die Verstreckungsrichtung bis über den Faktor 10 erreicht werden können. Dies macht die Anwendung von vielen Kunststoff-Folien und -Fasern in der Praxis oft erst möglich, die ohne Verstreckung zu geringe Festigkeiten hätten. Beispiele von Festigkeitswerten verstreckter Fasern und der Grundstoffe sind in Tafel 3.7 gegeben.

Auch bei der praktischen Anwendung unverstreckter plastomerer Teile können Belastungen auftreten, die ein Aneinandergleiten der Kettenmoleküle und ihre Ausrichtung zur Folge haben. Natürlich sind die Verstreckungsverhältnisse hierbei sehr viel geringer. Die Verstreckung macht sich auch hier in einer zum Teil bleibenden Verformung bemerkbar. Zwar vermindert sich z. B. der Querschnitt eines gedehnten Teils durch die Dehnung mit ihrer Ausrichtung der Kettenmoleküle, es erhöht sich aber durch die Ausrichtung der Ketten die Festigkeit in Richtung der Kraftwirkung. Kunststoffteile können daher, müssen aber nicht, auch nach größerer bleibender Verformung immer noch solche Festigkeiten aufweisen, daß sie ihre

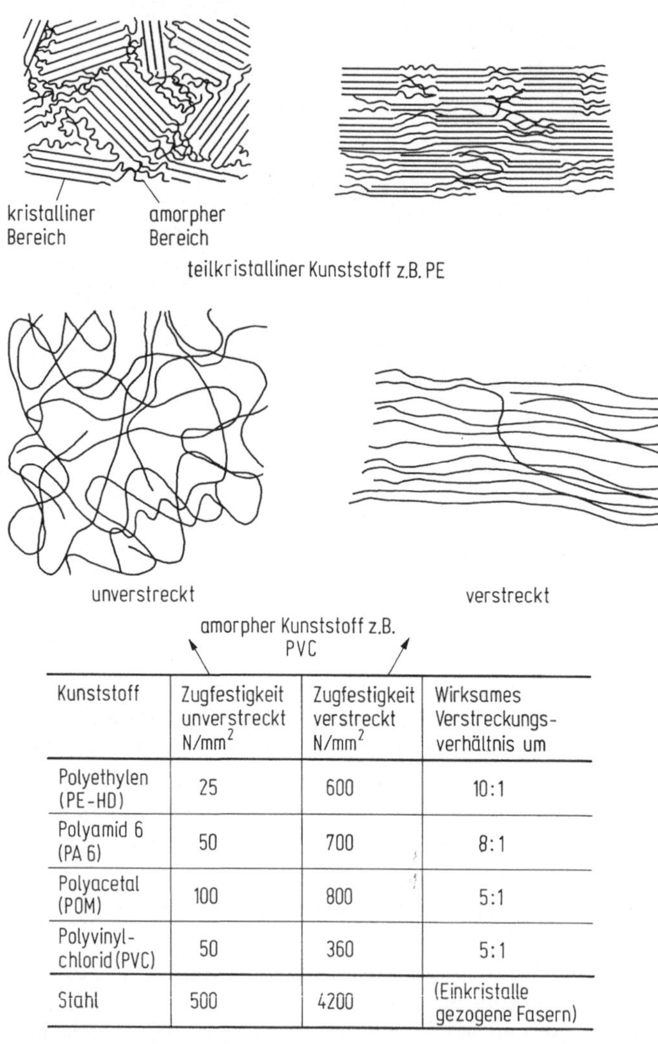

Kunststoff	Zugfestigkeit unverstreckt N/mm^2	Zugfestigkeit verstreckt N/mm^2	Wirksames Verstreckungs-verhältnis um
Polyethylen (PE-HD)	25	600	10:1
Polyamid 6 (PA 6)	50	700	8:1
Polyacetal (POM)	100	800	5:1
Polyvinyl-chlorid (PVC)	50	360	5:1
Stahl	500	4200	(Einkristalle gezogene Fasern)

Tafel 3.7 Verstreckung und erreichbare Festigkeitssteigerungen. Festigkeitssteigerung aufgrund von Ausrichtung und Orientierung der Makromoleküle bei Verstreckung, insbesondere von Folien und Fasern. Schematische Darstellung der Ausrichtungswirkung beim Verstrecken.

Funktion erfüllen. Die bleibende Verformung wird in solchen Fällen als Kriechen bzw. Kriechverhalten der Kunststoffe bezeichnet, weil die Dehnung im Gegensatz zur Verstreckung von Fasern und Folien langsam vor sich geht.

3.6.5 Zusammenhang mit den verschiedenen Makroaufbauarten

Es sei hier nochmals betont, daß alle hier besprochenen Möglichkeiten zur Beeinflussung der Eigenschaften eines Kunststoffes durch *Änderungen seines Zusammenhaltes auf Änderungen in seinem Aufbau* zurückzuführen sind. Hier wurden nur einige wichtige Beispiele der Erzielung von Eigenschaftskombinationen gezeigt; und es gibt davon unzählig viele. Die Anwendung von chemischen Maßnahmen, wie Vernetzung und Copolymerisation, führt vom Standpunkt des Makroaufbaus immer zu *homogenen Kunststoffen*. Elemente, bei denen durch Reckung bzw. Verstreckung eine Ausrichtung der Makromoleküle von Plastomeren erreicht wird, die zu der erheblichen Erhöhung der Festigkeit in der Reckrichtung führt, bleiben ebenfalls homogene Kunststoffe und werden als *flächenhafte und linienhafte Gebilde* bezeichnet. Dies deswegen, weil die relativen Abmessungen in einer oder zwei Dimensionen immer klein sein müssen, damit eine wirksame Reckung bzw. Streckung durchgeführt werden kann.

Das Beimischen des Elastomers Polybutadien zu Polystyrol und eines kristallinen Pulvers in Elastomere führt in beiden Fällen zu der Makroaufbauart des *umhüllenden Verbunds*. Die durch den Einbau erreichbaren Effekte können durchaus gegensätzlich sein. Das harte Polystyrol wird durch die Zumischung von Polybutadien weicher und stoßfester, während ein weiches Elastomer durch die Zumischung eines harten kristallinen Pulvers härter und fester wird. Fällt die erreichbare Festigkeitssteigerung dabei wesentlich ins Gewicht, dann wird nicht mehr von einem *gefüllten* sondern von einem *verstärkten Kunststoff* gesprochen.

3.7 Quellung, Lösung, Dispergierung und Weichmachung

In den Abschnitten 3.2 bis 3.4 wurde nach der Betrachtung des Zusammenhaltsmechanismus das plastische Verhalten der Kunststoffe und ihr Übergang von der plastischen in die feste Phase behandelt. Im vorangegangenen wurde bei der Betrachtung der Möglichkeiten der Eigenschaftsänderungen auch der Einfluß fester Beimischungen im Kunststoff betrachtet, und im folgenden soll nun auf die möglichen *Wechselwirkungen mit Flüssigkeiten* eingegangen werden.

3.7.1 Quellung und Lösung

Es ist für jeden Kunststoff prinzipiell zwischen zwei Arten von Flüssigkeiten zu unterscheiden, jenen, in denen er *löslich,* und jenen, in denen er *unlöslich* ist. Ob ein Lösungsmittel in die erste oder zweite Kategorie einzuordnen ist, hängt von der Anziehung zwischen Lösungsmittel- und Kunststoffmolekülen ab. Ist diese größer als die Zusammenhaltskräfte der Makromoleküle, so daß die Lösungsmittelmoleküle fähig sind, sich an das Makromolekül des Kunststoffes so anzulagern, daß es aus dem Kunststoffverband herausgetrennt wird, dann entsteht eine Zerteilung bis zu den einzelnen Makromolekülen, die sogenannte *Lösung.* Lösung ist nur möglich, wenn die Makromoleküle nicht vernetzt sind, also bei Plastomeren.

Der Beginn der Lösung eines Kunststoffes ist die *Quellung*. Das Lösungsmittel dringt in den Kunststoff ein, und dessen Volumen vergrößert sich dabei. Der Gesamtverband wird noch nicht gelöst, weil weiterhin die Zusammenhaltskräfte der Gesamtmoleküle wirken. Bei einem vernetzten Kunststoff stellt sich, je nach der Stärke der Vernetzung, nach mehr oder weniger starker Volumenzunahme ein Quellungsgleichgewicht ein. Unvernetzte Kunststoffe beginnen sich nach weiterer Lösungsmitteleinwirkung in zunehmendem Maße in der Flüssigkeit aufzulösen. Die Lösungen sind meist farblos, wenn Lösungsmittel und Kunststoff keinen Farbstoff enthalten.

Die Verwendung von Lösungsmitteln hat für die Kunststoffanwendung große Bedeutung, weil sie zwei Effekte ermöglicht, die Filmbildung und die Weichmachung.

3.7.2 Filmbildung und Weichmachung

Die Filmbildung beruht auf der unterschiedlichen Größe von Lösungsmittelmolekülen und Kunststoffmakromolekülen. Wird eine dünne Schicht einer Kunststofflösung auf einer Oberfläche erzeugt, so treten die kleineren und daher wesentlich beweglicheren Lösungsmittelmoleküle in die Atmosphäre aus, während der Kunststoff als Schicht zurückbleibt. Die Makromoleküle des Kunststoffes führen jedoch dabei auch eine Wärmebewegung aus, die zu einer zunehmenden Verknäuelung führt und damit einen glatten homogenen Kunststoffkörper entstehen läßt, eben den Kunststoff-Film.

Je geringer das Molekulargewicht und damit je größer die Flüchtigkeit des Lösungsmittels ist, um so schneller kann die Filmbildung vor sich gehen. Lacke und Klebstoffe sind deshalb oft Kunststofflösungen mit leicht flüchtigen Lösungsmitteln, bei deren Anwendung dieser Filmbildungseffekt benützt wird. Das andere Extrem stellen Lösungsmittel dar, die ein so großes Molekulargewicht aufweisen und so schwer verdunstbar sind, daß sie auch bei höheren Temperaturen sich nicht mehr vom Kunststoff trennen. Solche werden zur Weichmachung mancher Kunststoffe benützt. Sie quellen zwar den Kunststoff auf und vermindern seine Festigkeit, machen ihn aber elastischer und weicher. Besonders bei dem als amorphes, eingefrorenes Plastomer vorliegenden Polyvinylchlorid wird diese sogenannte *„äußere Weichmachung"* bei vielen Produkten angewendet.

Im Gegensatz dazu steht die *„innere Weichmachung"*, die z. B. beim Polystyrol durch Zusatz einer anderen makromolekularen Komponente, dem Polybutadien, erzielt wird, wie dies im Abschnitt 3.6.1 erklärt wurde.

Das Zusammenwirken der Art des Lösungsmittels, des Lösungsmittelgehalts und der Anwendungsweise der Lösungen ist komplex. In dem Bild 3.8 wird versucht, einen allgemeinen Überblick von der Wirkung der verschiedenen Einflüsse zu vermitteln. Es ist daraus zu ersehen, daß Menge und Flüchtigkeit des Lösungsmittels neben der Art der verwendeten Partner das Anwendungsgebiet der Lösung für den gewünschten Zweck bestimmen.

Nur bei den weichgemachten Kunststoffen soll eine Trennung des Lösungsmittels vom Kunststoff auch unter den normalen Anwendungsbedingungen nicht stattfinden. Bei den leicht verdunstenden Lösungsmitteln sind die Lösungen, die als Lacke und Klebstoffe zur Anwendung kommen sollen, vor Gebrauch so in geschlossenen Behältnissen aufzubewahren, daß das Lösungsmittel nicht verdunsten

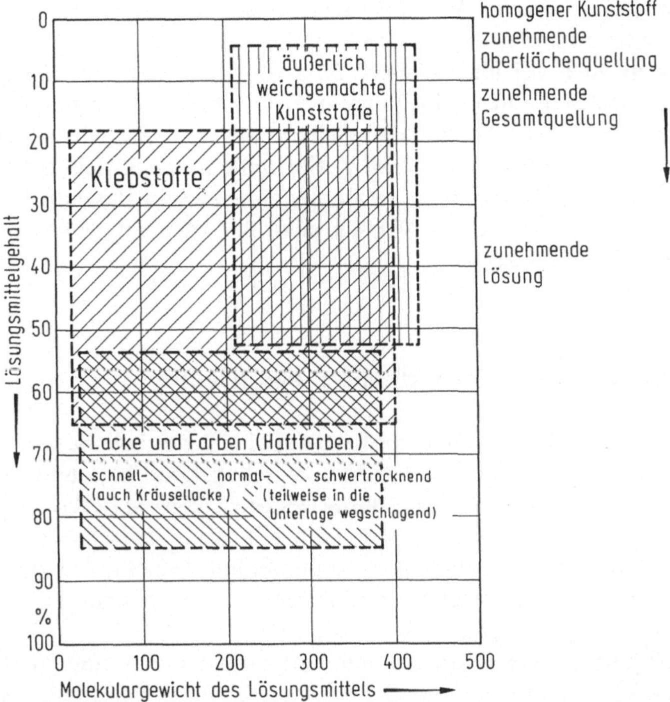

Bild 3.8 Anwendungsbereiche von Lösungen. Durch die Lösungsfähigkeit vieler Kunststoffe können Lacke und Klebstoffe hergestellt werden; aber auch viele weichgemachte Kunststoffe sind einfach Kunststofflösungen. (Nur schematische Andeutung der Verhältnisse!)

kann, damit Kleber oder Lack nicht „austrocknen" und zum Anwendungszeitpunkt noch gebrauchsfertig vorliegen. Der große Vorteil von Lack- und Klebstofflösungen liegt dann darin, daß die Lösungsmittel dazu verhelfen, hochpolymere Kunststoffe bei normalen Temperaturen als handhabbare, nicht zu hochviskose und leicht verteilbare Flüssigkeiten zur Verfügung zu stellen.

3.7.3 Dispersion

Ist ein Kunststoff in einer Flüssigkeit unlöslich, und das trifft z. B. für die meisten Kunststoffe bei Wasser zu, so besteht die Möglichkeit, den Kunststoff in kleinste Teilchen in dieser zu verteilen, zu dispergieren. Dies ergibt *Dispersionen,* bei denen der Kunststoff in Form von kleinsten kugelförmigen plastischen Tröpfchen in der Emulsion oder als kleine feste Teilchen in der Suspension enthalten ist. Möglich wird diese rein physikalische Verteilung durch die ähnlichen spezifischen Gewichte von Flüssigkeiten und Kunststoffen und den Einsatz spezieller oberflächenaktiver Stoffe als Emulgatoren, die solche Dispersionen stabilisieren können.

Kunststoffdispersionen sind meist, auch wenn sie keine Farbstoffe enthalten, nicht durchsichtig, sondern weiß. Ein einziges Dispersionsteilchen enthält noch viele Kunststoffmoleküle, so daß ein sehr großer Unterschied zu den Lösungen besteht, bei denen das einzelne Makromolekül in der Lösung getrennt vorliegt. Die Bedeutung der Kunststoff-Dispersionen liegt darin, daß trotz der Größe der dispergierten Teilchen auch bei ihnen *Filmbildung* eintritt. Das heißt, daß nach Erzeugung einer Oberflächenschicht die Flüssigkeit in einer solchen Dispersionsschicht sich durch Verdunsten entfernt und daß gleichzeitig durch die Wärmebewegung der Makromoleküle eine Verbindung durch Verknäuelung von Molekülketten verschiedener Dispersionsteilchen zu einem zusammenhängenden Film eintritt. Daher werden Dispersionen, insbesondere in Wasser, in großen Mengen als Anstrich- und Beschichtungsmittel eingesetzt.

3.8 Zusammenhalt an Grenzflächen, das Kleben

Filmbildung beim Lack- und Kleberauftrag auf eine Unterlage nützen nichts, wenn nicht gleichzeitig ein fester Zusammenhalt zwischen Unterlage und filmbildender Substanz entsteht. Auch die Verstärkungswirkung von Materialien, die in den Kunststoff eingemischt wurden, ist nur dann gut, wenn zwischen dem Kunststoff und dem Verstärkungsmittel ein guter Zusammenhalt besteht. Aus diesem Grunde ist die Frage von großer Bedeutung, wodurch ein Zusammenhalt an den Grenzflächen mit Kunststoffen entsteht.

Prinzipiell gibt es zwei Möglichkeiten, einen solchen Zusammenhalt an Grenzflächen zu erreichen, nämlich durch die physikalischen Anziehungskräfte, also elektrischen und van-der-Waalsschen zwischen den Makromolekülen und der Grenzfläche, die sogenannte *Haftverbindung* und den durch die *chemische Bindung erreichten Zusammenhalt*. Beide können bei Kunststoffen in den verschiedensten Variationen mit vielen Partnern mit großer Zusammenhaltsfestigkeit erreicht werden, so daß heute die Kunststoffe die vielseitigsten und dominierenden Klebstoffe der Technik sind.

3.8.1 Haftverbindung

Eine Haftverbindung ist um so wirksamer, je näher die Makromoleküle an die Grenzfläche gebracht werden können. Da bei der Filmbildung, genauso wie beim Aufbringen einer thermoplastischen Schmelze auf eine feste Oberfläche, die Makromolekülabschnitte eine Wärmebewegung ausführen, die zu einer vollständigen Anschmiegung an die Form der Oberfläche führt, werden mit Kunststoffen Haftverbindungen von hoher Festigkeit erreicht.

Besonders wirksam ist der Verbund, wenn die Oberfläche rauh ist, so daß sich Makromolekülabschnitte in den Vertiefungen der Fläche direkt verankern können. Solche Oberflächen sind bei vielen kristallinen Pulvern, die als Füllstoffe in Kunststoffen verwendet werden, vorhanden. Allerdings sind andere Füllstoffe und Verstärkungsmaterialien, wie z. B. die Glasfaseroberflächen, sehr glatt und erreichen daher mit Kunststoffen keinen besonders guten Zusammenhalt. Eine Verklebungswirkung bei einer Haftverbindung durch die Filmbildung einer Dispersion zwischen einer Betonoberfläche und der eines Nadelfilz-Bodenbelags ist in dem vergrößerten Schnitt einer sich bildenden Dispersionsklebung in Bild 3.9 gezeigt. Der am

Rand wieder abgezogene Bodenbelag zeigt das Fasernziehen des Kunststoffes, das ebenfalls auf seinem Filmbildungsvermögen beruht.

Bild 3.9 Filmbildungsvermögen. Dispersion als Klebstoff zwischen Kunststoffvlies-Bodenbelag und Beton (Schnitt, vergrößert). Die Filmbildungsfähigkeit wird durch Abziehen auf der linken Seite durch Fadenbildung sichtbar.
(Foto: BASF AG, Ludwigshafen)

3.8.2 Chemische Grenzflächenverbindung

Kunststoffe sind nicht nur mit sich selbst vernetzbar, sondern auch untereinander, wenn sie die geeigneten Gruppen enthalten. Aus diesem Grunde ist es möglich, über die Herstellung einer Vernetzung eine *chemische Verbindung von Materialien* zu erreichen. Sie ist nicht nur zwischen Kunststoffen möglich, sondern auch zwischen anderen organischen Stoffen und wahrscheinlich auch zwischen Metallen und Kunststoffen. Da Kunststoffe organische Stoffe sind, ist es verständlich, daß mit anderen organischen Stoffen, die reaktionsfähige Gruppen enthalten, chemische Bindungen stattfinden können. Solche Stoffe dienen z. B. als Präparierungsmittel für Oberflächen, die mit Kunststoffen verbunden werden sollen, so z. B. von Glasfasern.

Die Verbindung von *Metalloberflächen und Kunststoffen* ist in ihrer Wirkungsweise noch nicht voll geklärt. Vermutlich sind aber Ionen in der Metalloberfläche die Endpunkte von chemischen Bindungen des Kunststoffes zum Metall. Da bei der chemischen Bindung immer eine chemische Reaktion nötig ist, muß durch Beschleuniger, Aktivatoren oder Wärmeeinwirkung diese Reaktion in Gang gesetzt werden. Die damit erreichbaren Festigkeiten sind so groß, daß es möglich ist, z. B. ganze Tragflächen am Flugzeugrumpf ausschließlich mit chemisch reagierendem Epoxidharzkleber anzukleben.

3.9 Grenzen des Zusammenhalts, das Versagen

Beim Betrachten des Zusammenhalts eines Werkstoffs steht im Hintergrund immer die Frage, wieweit der Werkstoff aufgrund seines Zusammenhalts einsetzbar ist, oder anders gestellt: wann versagt der Werkstoffzusammenhalt? Quantitative Aussagen darüber machen die Bruchwerte für Kunststoffe in den Tabellen leider nur bedingt. Da bei den Kunststoffen aufgrund unterschiedlicher Beanspruchungswirkung die Versagensursachen und Bruchwerte sehr unterschiedlich sein und sich auch verschiedene Ursachen überlagern können, sollen hier die *Auswirkungen der Versagensursachen* am Beispiel eines belasteten Kunststoffteils überblicksmäßig betrachtet und allgemeine Folgerungen gezogen werden.

3.9.1 Abhängigkeit von der Belastungszeit, Sprödbruch und Spaltbruch

Um überschaubare Voraussetzungen zu haben, werden im folgenden nur homogene Plastomere, die im eingefrorenen, amorphen Zustand angewendet werden, z. B. PVC und PS, betrachtet, wenn nicht anderes vermerkt ist.

Wird ein Kunststoffteil einer zeitlich sehr kurzen Belastung, einer sogenannten Stoßbelastung, ausgesetzt, so wird das Bruchverhalten hauptsächlich von der sogenannten Sprödigkeit oder dem Schlagbeanspruchungsverhalten abhängen. Spröder Kunststoff bricht bereits bei geringeren Belastungen, weicher Kunststoff erst bei höheren. Wenn diese Stoßbeanspruchung zum Bruch führt, entsteht in allen Fällen ein sogenannter *Sprödbruch,* der auch bei weichen Kunststoffen erkennen läßt, daß die Krafteinwirkung zu schnell war, um ein Ausweichen der Kettenmoleküle durch Platzwechselvorgänge zu bewirken. Es entstehen typische gezackte Sprödbruchbilder. Die Bruchfestigkeiten liegen bei Stoßbelastungen wesentlich höher als bei lang-

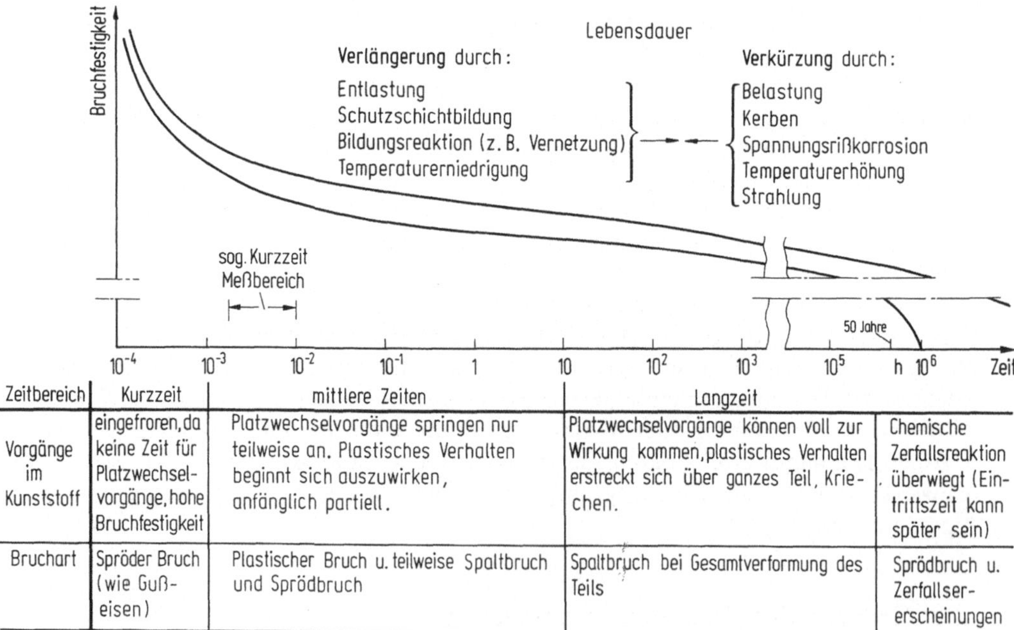

Zeitbereich	Kurzzeit	mittlere Zeiten		Langzeit	
Vorgänge im Kunststoff	eingefroren, da keine Zeit für Platzwechselvorgänge, hohe Bruchfestigkeit	Platzwechselvorgänge springen nur teilweise an. Plastisches Verhalten beginnt sich auszuwirken, anfänglich partiell.		Platzwechselvorgänge können voll zur Wirkung kommen, plastisches Verhalten erstreckt sich über ganzes Teil, Kriechen.	Chemische Zerfallsreaktion überwiegt (Eintrittszeit kann später sein)
Bruchart	Spröder Bruch (wie Gußeisen)	Plastischer Bruch u. teilweise Spaltbruch und Sprödbruch		Spaltbruch bei Gesamtverformung des Teils	Sprödbruch u. Zerfallsererscheinungen

Tafel 3.10 Zeitbereiche der mechanischen Belastung und Auswirkungen. Vorgänge im Kunststoff und das Bruchverhalten sind nicht nur von der Belastungshöhe, sondern auch der Belastungsdauer abhängig, was durch Aufteilung in vier Zeitbereiche veranschaulicht ist. (Schematische Darstellung! Zeitbereiche können bei verschiedenen Kunststoffen und ihren Variationen unterschiedlich sein.)

zeitigen Beanspruchungen, was mit dem Beispiel vom Wasser gut veranschaulicht werden kann. Bei einem Schlag wirkt es hart, bei einem langsamen Druck weicht es weich aus. Hierbei ist auch der *Einfluß von Kerben,* Spitzen und Kanten im Bruchbereich ganz offensichtlich. Sie erniedrigen die zum Bruch nötige Belastung erheblich und der Bruch beginnt bei ihnen. Auch dies ist verständlich, wenn man bedenkt, daß die Kerbe bereits eine Verletzung der Oberfläche darstellt, durch die eine Erniedrigung der Oberflächenspannung vorliegt, da amorphes Plastomer als Pseudoflüssigkeit betrachtet werden kann. Auch angeritztes Glas oder Eis, beides eingefrorene Flüssigkeiten, lassen sich viel leichter brechen als mit unverletzter Oberfläche.

Zusätzlich zum Sprödbruch werden bei Kerbeffekten oft Spaltbrüche, also solche mit glatter Bruchfläche, beobachtet.

Je länger die Beanspruchungsdauer von Kunststoffen ist, mit um so geringerer Beanspruchungsstärke wird nicht nur eine reversible sondern sogar eine bleibende Verformung (z. B. Dehnung) eintreten. Die Makromolekülkettenabschnitte finden jetzt die Zeit, unter der Belastung Platzwechselvorgänge durchzuführen und evtl. aneinander zu gleiten. Dies kann über eine Ausrichtung der Kettenmoleküle zu einer gewissen Verfestigung, aber auch durch Verminderung des wirksamen Querschnitts des Teils, zur Verringerung der Festigkeit führen. Brüche, die während derartiger Verformungen auftreten, sind *Spaltbrüche oder plastische Brüche* und treten häufig an der geometrisch schwächsten Stelle ein.

Dieser Spaltbruch ist in seiner Entstehung am besten zu verstehen bei solchen Kunststoffen, bei denen die Kettenmoleküle extrem in eine Richtung ausgerichtet sind, wie dies bei den verstreckten Kunststoffen in Tafel 3.7 gezeigt ist. Eine Beanspruchung senkrecht zur Ausrichtung der Moleküle, z. B. ein Knicken, führt hier leicht zu einem Spleißen, d. i. ein Spalten an vielen Stellen zwischen den parallel laufenden Kettenmolekülen. Diese Mikrorisse (Crazes) sind nun bei weiterer geringer Beanspruchung die Ausgangspunkte für die Spaltbrüche. Ähnliches gilt für Kerben, an denen auch eine Ausrichtung der Makromolekülketten vorhanden ist. Auch hier entstehen bei Beanspruchung die Mikrorisse zwischen den parallel laufenden Ketten, die das Entstehen der weiteren Bruchvorgänge fördern.

Die Belastungsdauer, ab der ein Sprödbruch und jene, ab der ein mehr plastischer oder Spaltbruch eintritt, ist je nach Aufbau des Kunststoffes, der Verteilung seiner harten Bereiche sowie Art und Stärke deren Abfederung sehr unterschiedlich. Es kann jedoch allgemein gesagt werden, daß der Sprödbruch immer unterhalb und im Sekundenbereich, also im „echten Kurzzeitbereich", auftritt. Der plastische Bruch wird bereits im Minutenbereich, aber natürlich auch darüber beobachtet. In Tafel 3.10 sind die einzelnen *Belastungszeitbereiche eines Kunststoffteils* aufgetragen und die auftretenden Brucharten qualitativ schematisch angegeben. In Tafel 3.11 ist die mikroskopische Vergrößerung eines reinen Sprödbruchs von Polystyrol, die eines Bruchs im Mischbereich, bei dem bereits plastischer Bruch neben Sprödbruch auftritt und die eines elastischen oder Spaltbruchs gezeigt. Gerade diese Bilder der Bruchfläche, die allein den Bruch amorpher eingefrorener Plastomeren zeigen, veranschaulichen deutlich die unterschiedliche Reaktion des Werkstoffes auf unterschiedliche zeitliche mechanische Beanspruchungen.

Der in Tafel 3.10 gegebene *Übergangsbereich* wird bestimmt von der Überlagerung des spröden und plastischen Bruchverhaltens. Dabei reagieren einzelne Be-

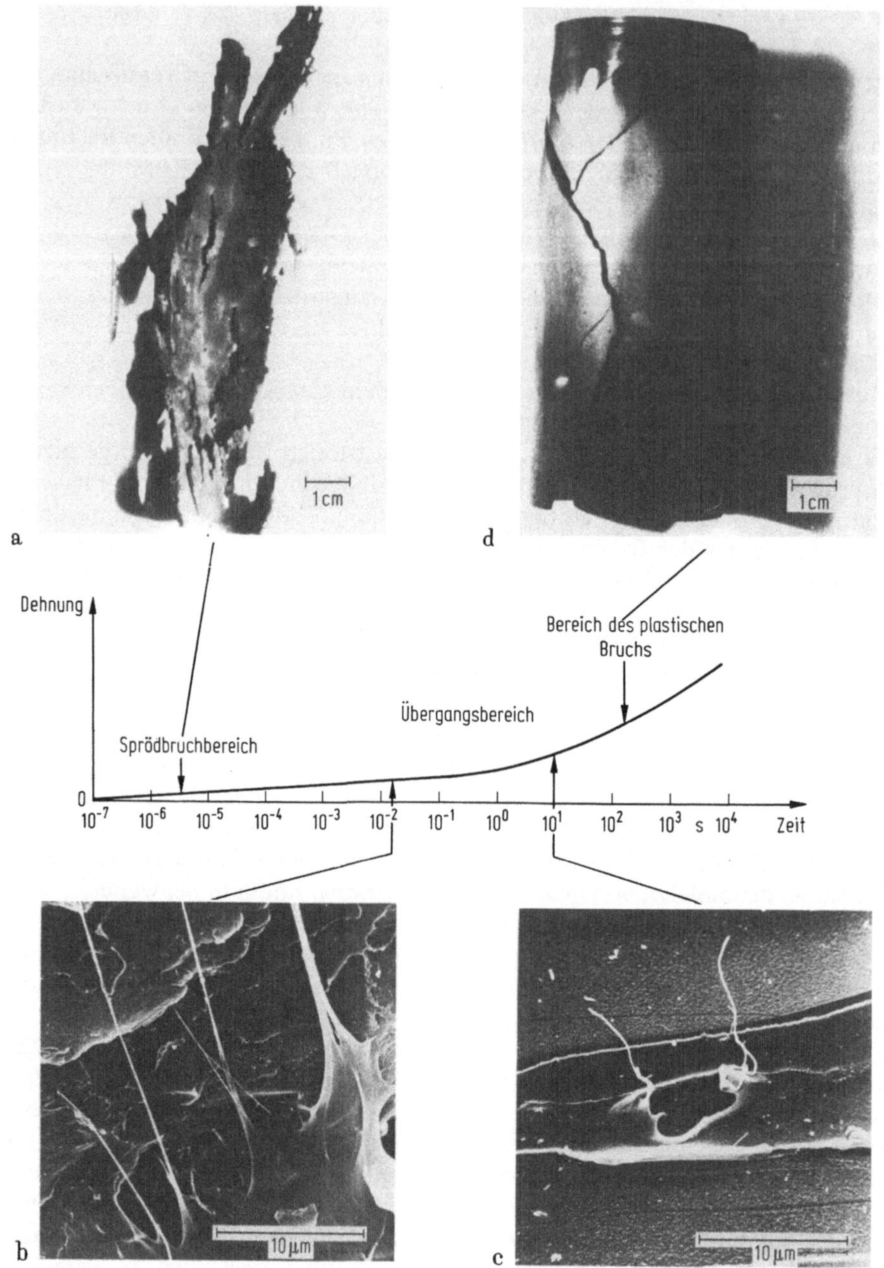

Tafel 3.11 Brucharten amorpher Kunststoffe. Sprödbruch, Zwischenstadium und plastischer Bruch bei amorphen, eingefrorenen Plastomeren.

(a) Polyvinylchlorid(PVC)-Rohr. Bruch durch Sprengstoffdetonation. Sprödbruch mit sehr geringer Dehnung.

(b) Polystyrol(PS)-Winkel, vergrößerter Ausschnitt aus Bruchfläche bei Schlagbruch. Sprödbruch mit beginnender plastischer Fadenbildung.

(c) PS-Winkel, vergrößerter Ausschnitt aus Bruchfläche bei Normalbruch. Plastischer Bruchanteil verstärkt.

(d) PVC-Rohr. Bruch durch Abdrücken mit Wasser. Plastischer Bruch.

(Fotos: PVC-Rohrbilder Verfasser; PS-Vergrößerungen aus: H. F. Schmidt, Dissertation TÚ Berlin, 1975) reiche noch spröd, andere schon plastisch. Die Folge sind die bekannten Einschnürungseffekte, Ausbuchtungen u. a. Auch im Mikrobereich kann plastisches und sprödes Bruchverhalten nebeneinander stattfinden, wie es die Vergrößerungen der Bruchflächen in Tafel 3.11 zeigen. Dies beruht natürlich auf Inhomogenitäten im Aufbau des Polystyrols. Diese sind bei Spritzgießteilen, bei denen eine schnelle Abkühlung erfolgt, meistens größer als bei anders hergestellten Teilen. Die in den Bildern gezeigten Bruchflächen von Polystyrol stammen von solchen Spritzgießteilen. Inhomogenität bedeutet, daß bei einer einheitlichen Phase, nämlich eingefroren amorph, die Verknäuelung und die Art der gegenseitigen Molekülanordnung von Ort zu Ort unterschiedlich ist. An Stellen, an denen die Verknäuelung schwächer ist, kann dabei das Polystyrol bereits plastisch reagieren, an anderen reagiert es noch spröd, weil dort durch eine stärkere Verknäuelung der Zusammenhalt stärker ist.

Ein noch stärkeres *inhomogenes Verhalten* liegt dann vor, wenn der Stoff aus *zwei Phasen* besteht, wie sie in den Beispielen der Tafel 3.6 beschrieben sind. Das in Bild 3.12 gegebene Bruchbild des Zweiphasensystems Siliconelastomer-Polystyrolstäbchen zeigt deutlich das unterschiedliche Verhalten dieser beiden Phasen. Das harte Polystyrol ist darin spröd gebrochen, während bei der weichen Silicon-Matrix der elastische Spaltbruch überwiegt. Das unterschiedliche Dehnungsverhalten der beiden Phasen führt zu partiellen Trennungen an der Bruchstelle, was in den herausstehenden Polystyrol-Fädchen und den Löchern im Silicon zum Ausdruck kommt.

Die Zeit, nach der ein mehr oder weniger plastischer oder ein Spaltbruch des Kunststoffes und damit das Versagen auftritt, kann bei konstanter, aber auch Wechselbelastung, sehr lang sein, d. h. viele Jahrzehnte betragen. Bei Rohren aus Niederdruck-Polyethylen (hoher kristalliner Anteil) mit geeigneter Zusammensetzung ist heute bekannt, daß sie bei mittlerer konstanter Belastung weit über 60 Jahre halten, ohne daß Bruch auftritt. Ähnliches ist für PVC-Rohre berechnet worden, obwohl

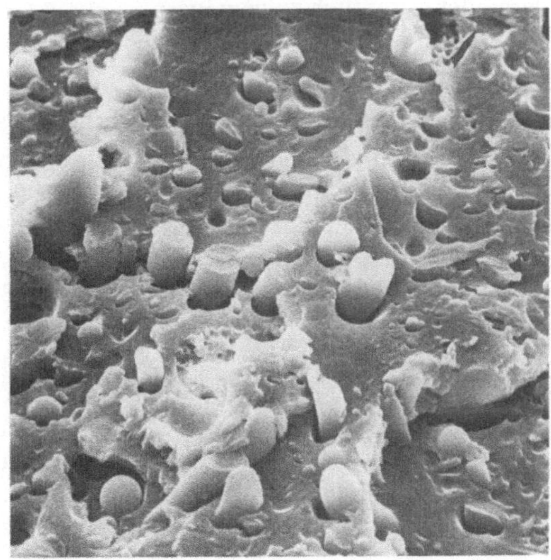

Bild 3.12 Bruchbild eines Zweiphasensystems. Im Vergleich zu den Bildern der Einphasensysteme Polystyrol (PS) und Polyvinylchlorid (PVC) in Tafel 3.11 ein ca. 1100fach vergrößertes Bruchbild eines Zweiphasensystems von harten Polystyrol-Stäbchen, welche in eine weiche Silicon-Elastomer-Matrix einpolymerisiert sind. Unterschiedliches Dehnungsverhalten führt hier zur Trennung. Aufbau siehe Foto zu Tafel 3.6. (Foto: Wacker Chemie GmbH, München)

die am längsten eingesetzten PVC-Rohre erst seit 40 Jahren im Einsatz sind. Es gibt allerdings verschiedene Einwirkungen, die die Lebensdauer erheblich vermindern können, so z. B. die Spannungskorrosion und die Strahlungseinwirkung.

3.9.2 Einwirkungen, welche den Zusammenhalt vermindern

Bei der *Spannungskorrosion* handelt es sich um eine Schwächung des Zusammenhalts, der auf die Einwirkung von Flüssigkeiten mit ungünstigen oberflächenaktiven Eigenschaften oder von Lösungen oberflächenaktiver Substanzen auf die unter Spannung stehende Kunststoffoberfläche zurückzuführen ist. Es entstehen dabei kleine Spannungsrisse, die bei weiterer Belastung zur Zerstörung des Teils führen. Auch hier spielt, ähnlich wie bei den Kerben, eine Verwundung der Oberflächenspannung des Kunststoffes durch Entspannung durch die Flüssigkeit eine Rolle.

Einfacher zu verstehen ist der Einfluß *energiereicher Strahlung* auf den Kunststoff. Diese vermag die chemischen Verbindungen, aus denen die Kettenmoleküle bestehen, örtlich zu spalten und damit partielle chemische Zersetzungen des Kunststoffes zu bewirken. Durch entsprechende Einfärbungen, die das Eindringen der Strahlen verhindern, oder durch Beigabe besonderer Substanzen, die die Energie der eintretenden Strahlen aufnehmen, kann der Abbau durch die Einwirkung energiereicher Strahlen weitgehend verhindert werden.

Wie ebenfalls aus Tafel 3.10 ersichtlich, tritt nach sehr langer Zeit ein wesentlich stärkerer Abfall der Bruchfestigkeit ein. Er ist für alle Kunststoffe charakteristisch und beruht auf ihrem chemischen Aufbau. Dieser befindet sich in einem Gleichgewicht zugunsten des Makromoleküls. Ganz allmählich verschiebt sich unter Belastung dieses Gleichgewicht zugunsten des monomeren Bausteins. Dann beginnt ein *chemischer Abbau des Kunststoffes,* der wiederum ähnlich wie ein spröder Bruch aussieht, aber eher als ein *Zerfallen* bezeichnet werden kann. Natürlich hängt auch diese letzte Phase des Kunststoffversagens sehr von der Art des Kunststoffes, von seinem Aufbau und von den Umwelteinflüssen ab. Es ist eine der Hauptaufgaben der Werkstoffwissenschaftler und Chemiker, insbesondere diesen chemischen Abbau bei Beanspruchung zu erforschen und geeignete Mittel zu finden, ihn zu verhindern oder wesentlich zu verzögern.

3.9.3 Temperaturabhängigkeit

Bei der Betrachtung des Zusammenhalts mit Hilfe des Enthalpiesatzes (3.4.2) wurde bereits deutlich, daß der Zusammenhalt um so größer ist je niedriger die Temperatur ist. Entsprechendes gilt daher natürlich für die Bruchfestigkeit. Fester Zustand oder besser stabiler Zustand ist allerdings nur bis zu einer bestimmten Temperatur vorhanden und verschwindet bei höheren Temperaturen. Aus diesen Gründen ist die Temperaturabhängigkeit der zulässigen Belastungen beim Kunststoffversagen ein ganz wesentlicher Punkt.

Bei tiefen Temperaturen kann der Kunststoff so eingefroren sein, daß er zu spröde ist, und dadurch bei Schlagbeanspruchungen, die oft nicht zu vermeiden sind, bricht. Bei höheren Temperaturen hält er jedoch nur geringere Belastungen aus, er kriecht stärker und erreicht auch schneller den Bereich seines chemischen Abbaus. Daher ist Höhe und Zeitdauer von Temperatureinwirkungen bei jeder Belastungsabschätzung von Kunststoffen genau zu beachten. Alle Aussagen in diesem

Kapitel sind unter der Annahme einer konstanten Belastungstemperatur bei Raumklima gemacht. Leider ist eine solche Annahme bereits bei gewöhnlichen Anwendungen meist nicht voll gerechtfertigt, durch Sonneneinstrahlung oder Erwärmung durch Heizkörper können leicht Temperaturen erreicht werden, die mehrere zehn Grade über der angenommenen Durchschnittstemperatur liegen. Diese Temperaturabweichungen sind vor allem dann zu berücksichtigen, wenn höhere Temperaturen in Grenzbereiche des Verhaltens führen, in dem der Kunststoff schon anders reagiert.

3.9.4 Versagensmechanismen in Abhängigkeit vom Aufbau

Die hier beschriebenen Versagensmechanismen sind die der amorphen plastischen Phase, insbesondere im eingefrorenen Zustand. Da jeder Plastomer plastische Phasen enthält, gilt das Verhalten für jeden Plastomer, wenn auch oft abgewandelt, je nachdem, wie er die amorphe Phase enthält und welche anderen Phasen und in welchem Umfang sie diese überlagern. Enthält der Kunststoff kristalline Bereiche, so gelten für diese kristallinen Bereiche die Versagenskriterien der kristallinen Feststoffe, obwohl die kristallinen Bereiche auch aus Teilen der Kunststoffketten bestehen. Diese erstaunliche Tatsache führt dazu, daß bei den teilkristallinen Plastomeren die Schädigungen beim Versagen, sei es nun durch Außenbewitterung oder energiereiche Strahlung oder durch Spannungskorrosion, immer in den amorphen Bereichen stattfindet, in denen die Makromolekülabschnitte in amorpher Phase, evtl. eingefroren, vorliegen.

Danach ist verständlich, daß beim Einbau anderer Materialien, bei Verstärkung und Füllung das Versagen meistens vom Kunststoffanteil ausgeht. Es sei aber erwähnt, daß auch die Feuchtigkeitsunbeständigkeit der beigemischten Stoffe oder die zu geringe Korrosionsfestigkeit von Gläsern und Metallen ein Versagen auslösen können.

3.10 Ausblick

Ein wesentliches Kriterium für den Einsatz von Werkstoffen ist ihre Festigkeit. Auf ihr basiert die Dimensionierung der Erzeugnisse. Ein Werkstoff kann aber keine größere Festigkeit aufweisen, als was er an innerem Zusammenhalt beinhaltet. Aus diesem Grunde war es wichtig, den Zusammenhalt der Kunststoffe und seine Auswirkung auf ihr Verhalten zu betrachten.

Wenn sich zeigt, daß die Bindungskräfte eines Kunststoffes geringer sind und nur in jeweils eine Richtung wirken, während die der kristallinen Metalle größer sind und in allen Richtungen wirken, so folgt daraus, daß dieser Kunststoff geringere Festigkeit haben muß als Metalle.

Andererseits weisen Kunststoffe durch ihren anderen Zusammenhalt auch ein anderes Verhalten im flüssigen und plastischen Zustand und ein anderes elastisches Verhalten im festen Zustand auf. Kunststoffe besitzen einen entropieelastischen

Verhaltensanteil, der auf einer Änderung des Zusammenhalts bei der Beanspruchung beruht. Dies ermöglicht es, Werkstoffe mit viel größeren Elastizitäten und reversiblen Verformbarkeiten einzusetzen. Auf diesem Gebiet kann kein anderes Material mit dem Kunststoff konkurrieren.

Diese besondere Elastizität des Kunststoffes kann nun dosiert in einem Gesamtwerkstoff eingebaut werden. Dies führt zu stoß- und schlagfesten Werkstofftypen mit besonderen Eigenschaftskombinationen, die es früher ebenfalls nicht gegeben hat. Ihre Variation kann je nach Anwendungszweck sehr unterschiedlich sein, und es erschließt sich durch die entsprechenden Kombinationsmöglichkeiten im Kunststoff oder, infolge ihrer Zusammenhaltsfähigkeit, mit anderen Stoffen eine große Zahl von neuen Werkstoffausführungen, deren Möglichkeiten heute noch gar nicht abzusehen sind. Nicht nur die gefüllten Kunststoffe aller Art sondern auch die verstärkten Kunststoffe legen davon Zeugnis ab. Durch diese Stoffkombinationen wird die Breite der möglichen Eigenschaftskombinationen erheblich erweitert. So liefern kohlefaserverstärkte Kunststoffe hochfeste Konstruktionsmaterialien, die die Festigkeit der Metalle überschreiten. Hochgefüllte Kunststoffe liefern Materialien mit geringen Festigkeiten aber anderen hochgezüchteten Eigenschaften wie hohe Dichte, elektrische Leitfähigkeit oder Isolierung. Bei der Betrachtung der verschiedensten Eigenschaften in den Kapiteln 5 bis 9 müssen daher immer auch die besonderen Eigenschaftsbereiche solcher komplexen Verbundstoffe im Auge behalten werden.

In vielen Fällen wird vom eingesetzten Kunststoffteil eine Eigenschaft, insbesondere die Festigkeit, nur in einer bestimmten räumlichen Richtung gefordert. Dieser Tatsache kann man auf zwei Arten Rechnung tragen. Die Kettenmoleküle der Kunststoffe können gezielt verstreckt werden, um richtungsabhängige Zusammenhaltskräfte und damit Eigenschaften zu erhalten. Die damit erreichbaren Festigkeiten liegen wesentlich höher als die normaler Kunststoffe, weil dann alle chemischen Bindungen in eine Richtung weisen. Dies ist die Grundlage der Anwendung von Kunststoff-Fasern und -Folien, die in den meisten Fällen nur aufgrund dieser erhöhten Festigkeiten möglich ist. Zum anderen können aber auch die zugemischten Stoffe im Kunststoff ausgerichtet werden, falls sie eine gestreckte Form haben. Eine solche gerichtete Verstärkung erhält man z. B. bei einem Behälter durch eine Faserverstärkung, welche ausschließlich in den Richtungen verläuft, in denen der Behälter bei Beanspruchung Kräfte aufnehmen muß. Diese verbesserte Materialausnützung führt zu kostensparenden Leichtbauweisen, deren Entwicklung noch in vollem Fluß ist.

Die sehr unterschiedlichen Aufbaumöglichkeiten des Kunststoffes einerseits und die vielseitigen Mischungs- und Kombinationsmöglichkeiten der Kunststoffe untereinander und mit anderen Stoffen andererseits geben ein sehr vielseitiges Erscheinungsbild der Kunststoffe in der Praxis. In vielen Fällen ist selbst der Fachmann nicht in der Lage, auf Anhieb zu erkennen, welcher Kunststoff oder welche Kunststoffkombination jeweils vorliegen. Aber nur bei der Kenntnis des verwendeten Werkstoffs ist es möglich, Aussagen über die Wirkungsweise eines vorliegenden Teiles aus Kunststoff zu machen. Daher ist es bei den Kunststoffen wichtiger als bei anderen Werkstoffen, schnell erkennen zu können, welcher Kunststoff in welcher Form vorliegt. Aus diesem Grunde wird im folgenden Kapitel eine einfache Kunststoffbestimmung beschrieben.

4. Kunststoffbestimmung mit einfachen Mitteln

Die Kenntnis des Kunststoffes und seines Aufbaus ist Voraussetzung für die Beurteilung seines Verhaltens und seiner Einsatzmöglichkeiten.

4.1 Einleitung

Die meisten Menschen erkennen die wichtigsten klassischen Werkstoffe, wie verschiedene Metalle, Beton und Holzarten sofort und sind mit ihren Anwendungsmöglichkeiten vertraut. Bei den Kunststoffen ist das nicht der Fall. Obwohl sie zum Teil schon seit Jahrzehnten in Gebrauch sind, ist eine entsprechende Vertrautheit, wie sie auf einer langen Werkstofftradition gründet, noch nicht vorhanden. Nur manche Anwendungsfälle sind so bekannt, daß auch der Laie weiß, ob es sich um einen Plastomer oder um ein Elastomer handelt. Bei vielen Anwendungen kann auch der Techniker nicht einmal dies sagen, noch weniger, um welchen speziellen Kunststoff und um welchen Kunststoffaufbau es sich handelt.

In den vorhergehenden Kapiteln ist der Aufbau der Kunststoffe besprochen worden. Es ist auch zum Ausdruck gekommen, daß Kunststoffe sehr verbindungsfreudig sind und sich daher mit anderen Werkstoffen in weiten Bereichen unterschiedlich kombinieren lassen. Die Folgerungen aus diesem Tatbestand sind jedoch noch nicht vollständig dargelegt worden. Sie wirken sich ganz entscheidend auf das Aussehen der Kunststofferzeugnisse aus. Kunststoffe können in der Anwendung nämlich nicht nur farblos oder farbig durchsichtig bis undurchsichtig , sondern auch in der Masse gleichmäßig oder ungleichmäßig in allen Farben gefärbt sein. Fast alle anderen Stoffe können in verschiedenen Feinheitsgraden beigemischt sein, so daß es Kunststoffe gibt, die durch solche Beimischungen wie andere Werkstoffe aussehen, z. B. mit Holzpulver gefüllter Kunststoff wie Holz oder mit Steinpulver gefüllter Kunststoff wie Naturstein. Es gehört einige Übung dazu, überhaupt zu erkennen, daß es sich hier um Kunststoffe handelt.

Im folgenden werden die wichtigsten Gesichtspunkte, die zum schnellen Erkennen und Bestimmen der Kunststoffe in Kunststoff- und Verbundteilen beachtet werden müssen, behandelt. Dabei darf aber nicht vergessen werden, daß die exakte Kunststoffbestimmung eine oft schwierige Aufgabe des Chemikers ist. Das näherungsweise Erkennen von Kunststoffen kann dagegen auch ohne spezielle chemische Kenntnisse erfolgreich durchgeführt werden und ist daher für den Praktiker so wichtig. Es ersetzt nicht die chemisch exakte Bestimmung durch den Fachmann, geht dieser jedoch oft voraus und genügt in vielen Fällen, um sich über die Situation ein Bild zu machen.

4.2 Allgemeine Vorgehensweise

Vorausgeschickt sei, daß insgesamt *fünf Erkennungsverfahren* behandelt werden. Bei drei von diesen wird jeweils eine kleine *Kunststoffprobe* benötigt, die bei der Untersuchung zerstört wird. Die benötigten Probemengen sind jedoch so klein, daß es oft möglich ist, sie den Erzeugnissen so zu entnehmen, daß deren Gebrauchswert durch die Materialentnahme nicht oder nur unwesentlich vermindert wird.

Gelegentlich genügt bereits eine einzige der im folgenden dargestellten fünf Erkennungsverfahren, um den Kunststoffaufbau und die Art des Einzelkunststoffes ausreichend genau zu ermitteln. Dies sind jedoch Sonderfälle. Meistens müssen mehrere Erkennungsverfahren durchgeführt werden, und erst deren Kombination führt dann zu einem Ergebnis.

4.3 Verarbeitungsmerkale und Hinweise auf die Art des Teils

Tabelle 4.1 Verarbeitungsmerkmale.

Folgerungen aus den Verarbeitungsmerkmalen auf Teile- und Kunststoffart.

Verarbeitungsmerkmale	Verarbeitungsverfahren	Teileart	angewendete Kunststoffe
mittl. bis große Wanddikken, evtl. Strömungserscheinungen, Schrumpferscheinungen, Einfallstellen an der Oberfläche u. evtl. gefüllt u. bzw. verstärkt	Direktverarbeitung mit Polyreaktion	Gießteile	alle Duromere, seltener: Polyacrylat, Polyamide, Polystyrol, Vinylcarbazol, wenn elastisch; Polyurethane vernetzt (auch Schaumstoff, Polysulfid, Silikone)
kleine Wanddicken, Strömungserscheinungen, offene Oberfläche ungleichmäßig, evtl. Schrumpferscheinung, evtl. gefüllt	Direktverarbeitung mit Polyreaktion	Überzüge, Imprägnierungen, Spachtelungen, Verklebungen	alle Duromere, wenn weich bis elastisch: Polyurethane oben genannte Plastomeren aber seltener
sehr geringe Wanddicken, evtl. Verlauf- u. Verdunstungsschlieren, oft ideal glatte Oberfläche	Verarbeitung aus Lösungen und Dispersionen	Lack-, Schutz-, Imprägnier- u. Klebeschichten	hauptsächlich Cellulosen, Polyacrylate, Polystyrole, Polyvinylacetat und Polyvinylchlorid wenn Plastomere, alle Duromere, selten Elastomere
sehr geringe Wanddicke, evtl. Verlaufs- u. Reckschlieren, oft sehr glatte Oberfläche	Verarbeitung aus Lösungen und Dispersionen	Folien u. Fäden	Folien: Polycarbonat, Cellulosen, Polyvinylchlorid u. a., wenn gummielastisch, dann Elastomere, wenn Fäden: Cellulosen, Polyacrylnitril, Polyvinylalkohol
kleinere Wanddicken, keine zu großen Wanddickenunterschiede, Anspritzstelle, Formtrennnaht, gemaserte Oberfläche bei Strukturschaumstoff	Urformung von thermoplastischen Schmelzen	Spritzgießteile u. Spritzpreßteile, evtl. mit Vernetzung	alle Plastomere außer Polyvinylacetat und -ether selten Polyvinylidenchlorid, wenn vernetzt Elastomere und Duromere

Tabelle 4.1 Fortsetzung

Verarbeitungsmerkmale	Verarbeitungs- verfahren	Teileart	angewendete Kunststoffe
dünne bis mittlere Wand-	Urformung von thermoplasti- schen Schmel- zen	Profile, Folien, Fäden, extru- diert	wie unter Spritzguß, zusätz- lich Polyvinylidenchlorid, wenn gummielastisch; dann Elastomere, wenn weich mit wenig Gummielastizität, dann Polyvinylchlorid, weich
	Urformung von thermoplasti- schen Schmel-	Folien und Tafeln, kalan- driert	wie unter Spritzguß, wenn weich, Polyvinylchlorid – weichgem, wenn gummi-
	Umformung	Warmform-	alle Plastomere, außer Poly-
gefärbt, oft verstärkt	zeug		viele harte Duromere, gefüllt, verstärkt, selten Plastomere
Wanddickenverminderung innerhalb des Teils, Form- trennaht, evtl. innere Ober- flächen unregelmäßig und Blasschlieren	Umformung von thermopla- stischem Halb- zeug	Blasteile, Hohl- körper	wie unter Warmformteilen außerdem noch Elastomere, jedoch selten, hauptsächlich Polyethylen und Polyvinyl- chlorid
unregelmäßige Gestaltung, Schweißnähte, evtl. partiell bearbeitete Oberflächen	Umformung von thermopla- stischem Halb- zeug	Warmform- u. Schweißteile, handwerklich	wie unter Warmformteilen, hauptsächlich Polyethylen, Polyvinylchlorid, außerdem Polyamid, Polypropylen und Polyacrylat
nicht zu geringe Wanddik- ken, Bearbeitungslinien auf der Oberfläche	Mechanische Bearbeitung	herausgearbei- tete Teile	alle nicht zu weichen Kunst- stoffeinstellungen, Hart- schaumstoffe
Verarbeitungslinien auf Teilen der Oberfläche	Mechanische Bearbeitung	partiell bear- beitete Teile	wie oben, zerschnittene, ge- sägte, abgearbeitete Flächen, Teile sind als Halbzeuge mit den anderen Verfahren her- gestellt

Wenn der Fachmann unbekannte Kunststoffteile in die Hand bekommt, sucht er zuerst nach Verarbeitungsmerkmalen. Er weiß zwar, daß ein gut verarbeitetes Teil keine auffälligen Verarbeitungsspuren zeigen soll: aber es gibt praktisch kein Teil, das nicht eine Reihe von charakteristischen Hinweisen über die Art seiner Verarbei- tung zeigt. Besonders bekannt sind die Werkzeug-Trennähte an Teilen, die unter

Druck hergestellt wurden (Spritzgießteile und Preßteile u. a.), Fließ- und Schrumpf-erscheinungen z. B. bei Gießteilen, und Anspritzstellen bei Spritzgießteilen.

Voraussetzung für diese Art der Beurteilung von Erzeugnissen in der Praxis ist das Vertrautsein mit den wichtigsten Verarbeitungsmethoden. Diese werden zwar erst später behandelt, trotzdem sei hier bereits in der Tabelle 4.1 eine Zusammen-stellung der *Merkmale* gegeben, die es gestatten, *auf das Verarbeitungsverfahren* und auf die *Art des* vorliegenden *Teils* zu schließen. Diese Merkmale gelten nur für Halb- und Fertigfabrikate, jedoch nicht für die Rohstoffe. Sie sind außerdem nur charakteristisch für die Teile, die mit den üblichen Maschinen und Verfahren herge-stellt werden und nur bedingt für Teile aus Einzelfertigungen und speziellen Ver-suchsfertigungen mit gegenüber der Massenfertigung abgewandelten Herstellungs-methoden.

Zweifellos kann das Verarbeitungsverfahren und damit die Art des Teils nicht immer eindeutig erkannt werden. Noch unbestimmter sind die Angaben über die wahrscheinlich verwendeten Kunststoffe in der vierten Spalte. Trotzdem ist dieser erste Versuch zur Erkennung eines unbekannten Kunststoffteils sinnvoll, weil er in vielen Fällen bereits Aufschlüsse gibt, die sonst durch schwierigere Untersuchungen gewonnen werden müßten.

Da bestimmte Kunststoffe, manchmal sogar mit bestimmtem Aufbau für einzel-ne Verarbeitungsverfahren, bevorzugt angewendet werden, kann bereits über den Versuch der Bestimmung der Verarbeitung unter Berücksichtigung der Art des Teils, öfter als angenommen, das gewünschte Ergebnis der Bestimmung der Kunst-stoffe erreicht werden. Daher ist dieser Bestimmungsschritt auch an den Anfang ge-stellt.

Eine solche Erkennung des Kunststoffes nur aufgrund der Verarbeitungsmerk-male ist natürlich, auch wenn sie sicher scheint, mit einer relativ großen Unsicher-heit verbunden, so daß erst die weiteren Untersuchungen die Absicherung und Konkretisierung des Ergebnisses ermöglichen.

4.4 Kunststofferkennung aufgrund des Makroaufbaus

Im Zeitalter eines hochentwickelten wissenschaftlichen Apparatewesens wird heute manchmal vergessen, daß bereits die einfache *Betrachtung mit dem freien Auge,* ein einfacher *Schwimmtest* sowie die Beurteilung des *Griffs durch Anfühlen* wesentliche Erkenntnisse mit geringerem Aufwand ergeben können. Dies gilt besonders für die Kunststoffe, bei denen ausgesprochen markante Unterschiede in ihrem Makroaus-sehen und -verhalten vorhanden sind.

Die vorangegangene Behandlung des Aufbaus ging aus vom atomaren Bereich, der durch den chemischen Aufbau bestimmt wird, dann wurde der Aufbau im Mi-krobereich, der die Art der Kunststoffgruppe bestimmt und schließlich jener im Makrobereich, der anzeigt, ob homogener oder verbundener Werkstoff vorliegt, be-trachtet. Bei der Beurteilung von Fertigteilen muß jetzt umgekehrt vorgegangen werden, denn beim Kunststoffteil fällt ja primär der Makroaufbau ins Auge.

Bei einem Werkstoffverbund aus verschiedenen Kunststoffen und evtl. anderen Werkstoffen muß zuerst einmal eine *Trennung in die Komponentenwerkstoffe* ver-sucht werden. Diese ist meist nur dann möglich, wenn es sich um flächenhaften Ver-bund, also einen Verbundwerkstoff handelt. Aber schon der, bei dem häufig mißlungenen Versuch der Trennung, vorgenommene Anschnitt läßt mit bloßem Auge erkennen, ob es sich um einen flächenhaften Verbund oder um eine Zellstruktur, also um einen Schaumkunststoff oder um einen verstärkten Kunststoff handelt. Es kann auch klar erkennbar sein, daß es sich um einen gefüllten Kunststoff handelt, wenn der Füllstoff eine gewisse Körnigkeit aufweist oder sich in der Farbe abhebt. Es gibt aber viele Fälle, in denen zwischen einem homogenen und einem gefüllten Kunststoff durch Augenschein nicht unterschieden werden kann.

Die systematische Anwendung des Kratz- und des Schwimmtests, nach dem Schema der Tabelle 4.2, dient nun hauptsächlich dazu, endgültig festzustellen, in welchem *Makroaufbau* die Kunststoffe vorliegen. Auch für die getrennten Kompenenten eines flächenhaften Verbundes muß er für beide Komponenten durchgeführt werden, denn auch diese können jeweils wieder verschiedenen Makroaufbau aufweisen.

Kunststoffe sind gegenüber den meisten anorganischen Stoffen relativ weich. Dadurch ist bei der *Kratzprobe* meistens direkt zu erkennen, ob eine Verstärkung mit Glasfasern bzw. eine Verstärkung oder Füllung mit anderen anorganischen Stoffen vorliegt.

Ungefüllte und unverstärkte homogene Kunststoffe können im Hinblick auf ihr *spezifisches Gewicht* in zwei Gruppen eingeteilt werden: jene, die im *Wasser schwimmen und schweben* bei einer Dichte von etwa 0,9 bis 1,0; zu ihnen gehören die Polyolefine, wie Polyethylene (PE) und Polypropylene (PP), und bedingt alle Polystyrole (PS, ABS, SB und SAN) u. a., jene die im *Wasser sinken* bei einer Dichte („spezifisches Gewicht") von 1,10 bis 1,4 g/cm³, zu ihnen gehören das Polyvinylchlorid (PVC-hart, 1,38 g/cm³) ungesättigter Polyester (UP, 1,2 g/cm³) und die Polyacrylate (z. B. PMMA, 1,18 g/cm³) u. a.

Die Kunststoffe, die bei der Schwimmprobe im homogenen Zustand schweben und schwimmen, werden in der Systematik der Tabelle 4.2 als solche niedriger Dichte bezeichnet, jene die sinken, als solche hoher Dichte. Da auch alle Füll- und Verstärkungsstoffe, bis auf Spezialstoffe, höhere Dichten aufweisen als die Kunststoffe, ist die Schwimmprobe ein brauchbares Mittel, um über Beimischungen Hinweise zu erhalten. Sie muß allerdings richtig durchgeführt werden. Dies bedeutet, daß der Kunststoffprobekörper nicht zu klein sein darf (etwa 0,5 cm³), an allen Stellen vom Wasser benetzt sein muß, und daß alle Hohlräume im Kunststoff so freigelegt sein müssen, daß sie sich mit Wasser füllen. Die Benetzung wird am besten durch Untertauchen erreicht.

4.5 Härte, Griff und optisches Aussehen

Kunststoffe weisen einen charakteristischen „Griff" auf. Dieser beruht auf dem Zusammenwirken ihrer Oberflächenhärte, ihrer Elastizität, ihrer geringen Wärmeleitfähigkeit und ihrem unterschiedlichen Verhalten gegenüber der Feuchtigkeit der Haut. Obwohl der Griff auf dem Zusammenspiel so vieler Eigenschaften beruht, gibt er in verschiedenen Fällen so gute Hinweise, daß er bei der Beurteilung eines Kunststoffes nie außer acht gelassen werden sollte. In der Tabelle 4.3 ist deshalb eine *Systematik des Griff-Härteeindrucks* der Kunststoffe gegeben, wobei vom weichen gummielastischen Verhalten ausgegangen wird und die Einordnung nach zunehmender Härte vorgenommen ist.

Einige der verwendeten Begriffe, wie hornähnlicher und paraffinähnlicher Griff, mögen etwas ungebräuchlich erscheinen. Wer sich jedoch damit vertraut gemacht hat, wird sie sehr geeignet finden und mit Erfolg anwenden.

Tabelle 4.2 Erkennung des Makroaufbaus durch Zurückführung auf Einzelwerkstoffe

Schnitt durch Teil zeigt	Kratzprobe	Schwimmprobe im Wasser	evtl. Trennen u. Schwimmprobe	Makroaufbau
Durchgehende Trennflächen	—	—	—	Flächenhafter Verbund, Verbundwerkstoff (Untersuchung der Einzelkomponenten nach folgendem Schema ergibt Makroaufbau der Komponenten)
Zellstruktur	—	—	—	Schaumkunststoff (mit Zellstruktur an Oberfläche), oder Strukturschaumstoff (mit glatten Oberflächen)
Homogenes Aussehen	einheitliche Härte	schwimmt oder sinkt langsam sinkt rasch	—	Homogener Kunststoff niedriger Dichte (evtl. gefärbt, auch scheckig) (siehe unten!) homogener Kunststoff hoher Dichte (siehe unten!)
Inhomogenes Aussehen	mehrere Härten (Pulver sichtbar)	schwimmt oder sinkt langsam sinkt rasch	— —	Kunststoffgemisch oder kunststoffgefüllter Kunststoff niedriger Dichte Kunststoff hoher Dichte oder anorganisch gefüllter Kunststoff
	mehrere Härten (Faser sichtbar)	schwimmt oder sinkt langsam	Matrix schwimmt Faser schwimmt Matrix schwimmt Faser sinkt	Verstärkter Kunststoff niedriger Dichte mit Kunststoff-Fasern, niedriger Dichte Verstärkter Kunststoff niedriger Dichte mit Fasern hoher Dichte, auch anorganischen
		sinkt rasch	Matrix sinkt Faser schwimmt Faser sinkt	Verstärkter Kunststoff hoher Dichte mit organischen Fasern niedriger Dichte mit hoher Dichte, auch anorganischen Fasern.

Kunststoffe schwimmen oder schweben bei Benetzung wenn:
Dichte 0,9 bis 1,1 g/cm³: Kunststoffe „niedriger Dichte", z. B. PA (1,02 – 1,14), PE (0,91 – 0,96), PP (0,9), PIB (0,92), PS (1,04 – 1,08) und Schaumstoffe
Kunststoffe sinken bei Benetzung wenn:
Dichte 1,15 bis 1,4 g/cm³: Kunststoffe „hoher Dichte" ohne Füllung, z. B. PVC (1,38), UP (1,2), PMMA (1,18) oder wenn gefüllt oder verstärkt mit anorganischen Stoffen

Anmerkung: Für Einzelkunststoffbestimmung ist Abtrennung, außer bei Farben und Ruß, nötig. Sonst ist eine einwandfreie weitere Bestimmung nicht möglich.

Eingefärbte, gefüllte und verstärkte Kunststoffe sind, wenn Füll- oder Verstärkungsstoffe nicht gerade durchsichtig oder transparent sind, in der Regel undurchsichtig. Durchsichtigkeit, Opakizität und Transparenz werden im allgemeinen nur bei homogenen Kunststoffen, bezogen auf den Makroaufbau, beobachtet, wobei Opakizität und Transparenz auf Kunststoffe mit kristallinen Bereichen schließen läßt und die Durchsichtigkeit nur bei rein amorphen Kunststoffen vorkommt. Diese Verhältnisse sind in der zweiten Spalte über die *möglichen optischen Eigenschaften* der Kunststoffteile in der Tabelle 4.3 berücksichtigt.

Nach richtiger Durchführung der bis hierher beschriebenen Untersuchungen muß der Makroaufbau eines Kunststoffteils eindeutig festgestellt sein. Auch die Aussagen über die Gruppenzugehörigkeit der Kunststoffe können bereits eine rela-

Tabelle 4.3 Kunststofferkennung nach Härte, Griff und Aussehen.
Durchsichtigkeit oder Durchscheinen sind nur dann typisch ausgeprägt, wenn der Kunststoff nicht eingefärbt, gefüllt oder verstärkt ist

Härte und Griff	Aussehen	Kunststoffe
sehr weich bis geringe Weichheit, gummielastisch (schnelle Rückbildung)	undurchsichtig durchscheinend selten	alle Elastomere, auch gefüllt u. verstärkt, spezielle Elastomere ungefüllt
weich, elastisch (langsame Rückbildung)	durchsichtig durchscheinend undurchsichtig	Polyvinylchlorid, weichgemacht Hochdruck-Polyethylen, Polyisobutylen hochgefüllte Elastomere
mittelhart, fettiger, paraffinähnlicher Griff	durchscheinend bis undurchsichtig	Polyethylen – hohe Dichte, Polypropylen und ihre Mischpolymerisate ungefüllt
mittelhart, nur schwach elastisch, besonders, wenn dünnwandig	durchsichtig durchscheinend und undurchsichtig	Polyvinylchlorid, Cellulosen, (Polyvinylacetat, Polyvinylalkohol) Polystyrol – schlagfest, Polyacrylnitril, Polyamid, Polyurethan, Polyvinylcarbazol
hart, fast unelastisch (ähnlich Hartleder)	durchsichtig durchscheinend undurchsichtig	Polyvinylchlorid – schwach weichgemacht, Polyvinylidenchlorid, Cellulosen, Epoxidharz weichgestellt Polyacrylnitril, Polyamid, Polyurethan, Polyfluorcarbone Elastomere bei harter Einstellung (Hartgummi)
hart, unelastisch, hornähnlich	durchsichtig durchscheinend undurchsichtig	Polyvinylchlorid, Cellulosen, Epoxidharz, Polyesterharze, Alkydharze Polyamid, Polyacetal, Polyurethan Elastomere bei härtester Einstellung
hart, spröde, glasähnlich	durchsichtig durchscheinend undurchsichtig	Polystyrol, Polyacrylat, Polycarbonat, Alkydharze alle ungefüllt Harnstoffharze, Melaminharze, Polyesterharze, Phenolharze (meist mit Farbstich) gefüllte Plastomere, Phenol-Kresolharze
sehr hart, spröde, keramikähnlich	undurchsichtig, selten transparent (Glasfüllung)	alle stark vernetzten Duromere mit harter Füllung oder Verstärkung

tiv große Sicherheit haben. In manchen Fällen kann bereits klar sein, um welchen Einzelkunststoff es sich handelt. Es gibt aber zahlreiche Fälle, bei denen eine Feststellung des Einzelkunststoffes noch nicht möglich war. Für diese ist es nötig, darauf zu achten, daß der Einzelkunststoff möglichst isoliert in seiner homogenen Form in einer kleineren Menge als Pulver oder festes Teil zur Verfügung steht. Mit diesem Probenmaterial werden dann die im folgenden beschriebenen Tests mit Wärme- und Flammbeanspruchung durchgeführt.

4.6 Verbrennungs- und Erwärmungstest

Chemiker und Physiker wissen, wie Erwärmungs- und Verbrennungstests durchgeführt werden und haben darin auch praktische Erfahrungen. Der Ingenieur hat in der Regel diese Kenntnisse und die praktische Erfahrung nicht erworben. Daher sind der Tabelle 4.4, in der der *Verbrennungstest* und der Tabelle 4.6, in der der *Erwärmungstest* angegeben ist, auch Skizzen über die *Anordnung bei der Durchführung* der Tests in den Bildern 4.5 bzw. 4.7 beigegeben.

Zur Durchführung und Auswertung dieser Tests seien ergänzend einige Hinweise gegeben.

Unter einer kleinen Probe wird bei diesen Prüfungen eine Menge verstanden, die höchstens so groß wie ein oder zwei Getreidekörner ist, z. B. auch in Form eines sehr kleinen Spanes.

Beim Hantieren mit der Flamme muß darauf geachtet werden, daß nicht durch den Test selbst oder durch Überraschungsreaktionen Schädigungen der Versuchsperson oder der Umgebung eintreten. Deshalb ist immer eine feuersichere Unterlage zu wählen, so daß durch eventuell herabtropfenden Kunststoff, der auch brennen kann, kein Schaden verursacht wird. Am besten haben sich dafür Blech- oder Glasplatten bewährt.

Außerdem ist es wichtig, die Wärmequelle und die Flamme beim Verbrennungstest so zu halten, daß durch ein Hineintropfen in die Flamme keine Schäden durch eine Vergrößerung der Flamme oder das Auftreten einer Stichflamme entstehen können. Das Streichholz, die Kerze oder das Feuerzeug sollen daher möglichst fest und sicher aufgestellt, die Flamme möglichst klein gewählt werden. Die geruchsmäßige Beurteilung der Schwaden soll nie direkt über der Probe geschehen, sondern etwas seitlich. Die Halterung der Probe bei der Verbrennung, bzw. des Röhrchens, Blechs oder Behälters beim Erwärmungstest, in dem sich die Probe befindet, soll mittels einer Zange oder einem anderen Halter so sicher sein, daß ein Entgleiten der Probe während des Versuchs unmöglich ist.

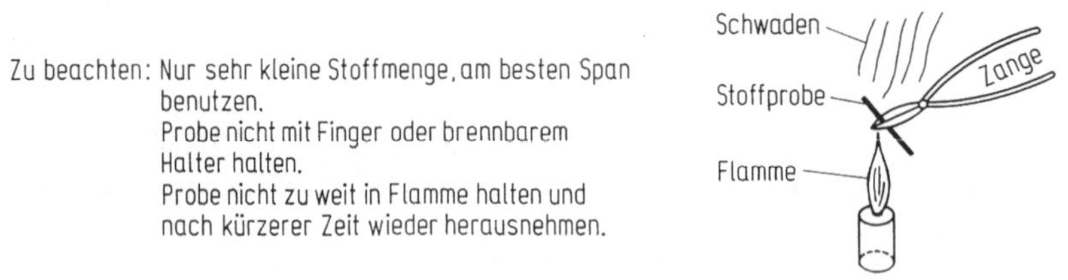

Bild 4.5 Mögliche Anordnung bei der Verbrennungsprobe.

Tabelle 4.4 Verbrennungstest
(Die wichtigsten Kunststoffe sind halbfett gedruckt)

Verhalten der Probe in der Flamme	nach Herausnehmen aus der Flamme	Farbe und Art der Flamme	Kunststoffe
Brennt nicht, verkohlt nicht			Polyfluorcarbone u. Spezialkunststoffe
Schwer brennbar, nur bei starker Flamme	nach Reaktion weißes Pulver glüht auf	weißer Rauch, Braunfärbung	Silikone Polyimide
	Zersetzung, Verkohlung	keine	Phenolharze
	teilweise Verkohlung	schwach gelb	Harnstoffharze Melaminharze
Brennt mäßig	erlischt mit verkohlten Rändern	grün gesäumt	**Polyvinylchlorid** u. Polyvinylchlorid, wenig weich gemacht
	erlischt	sprüht, grün gesäumt	Polyvinylidenchlorid
	erlischt und rußt	grün gesäumt	Polychlorbutadien
Brennt gut	brennt gut weiter u. tropft ab	leuchtend mit blauem Kern	**Polyethylene** u. Polymethylpenten, **Polypropylene** u. Mischpol.
	tropft, bildet Blasen	bläulich durchsichtig, Rand gelb	Polyamide
	tropft ab	schwach bläulich	Polyacetale
	tropft, bröckelt zu Asche	gelb-dunkelgrün	Cellulosen
	knistert, rußt	leuchtend gelblich	**Polyalkylen-Terephthalate**
	knistert, rußt	gelb leuchtend	Polyacrylate
	rußt	dunkelgelb	Polycarbonat
	vergast rußend	gelb leuchtend	**Polystyrole**
	wie Siegellack	gelb leuchtend	Polyurethane, auch schwach vernetzt
	vergast rußend	gelb, hell leuchtend	Polyaryle (z. B. PPO)
	tropft ab, rußt	blau, gelbe Spitze	Polyvinylacetat
	vergast	gelb leuchtend	Polyvinylalkohol
	vergast	blau gesäumt	Polyvinyläther
	bildet Schwaden	gelb leuchtend	Alkydharze
	braunschwarzer Rück.	gelb leuchtend	Epoxidharze
	verkohlt knackend	gelb rußend	**Polyesterharze, ungesättigt**
	verkohlt, rußt	gelb leuchtend	Polyurethane vernetzt
	rußt, schwarzer Rückstand	dunkelbraun	**Polybutadiene, Polyisopren, Naturkautschuk**
	rußt, schwarzer Rückstand	gelb, dunkel	Polybutadien-Styrol
	rußt, schwarzer Rückstand	gelb, bräunlich	Polybutadien-Acrylnitril
	Erweichung, Zersetzung	gelb mit Ruß	Polyisobutylene und Polyisobutylen-Isopren
	sprüht, blasig	grüngelblich	**Polyvinylchlorid-weich**
Brennt sehr gut	mit Stichflamme weiter	gelb-weiß	Nitrierte Cellulose, Celluloid

Nur gültig, wenn kein Flammschutzmittel (schwerentflammbare Einstellung) enthalten.
Anordnung nach zunehmender Brennbarkeit.

Als Behälter für die Probe beim Erwärmungstest werden in Laboratorien sogenannte Glühröhrchen, reagenzglasähnliche Gläser aus feuerfestem Glas, angewandt. Für einen Handversuch genügen aber auch fingerhutähnliche Metallbehäl-
ter, welche aus nicht zu dünnem Blech gebogen werden können, oder kleine Metall-
dosen. Es muß nur darauf geachtet werden, daß die Probe während der Erwärmung
gut zu beobachten ist. Bei undurchsichtigen Behältermaterialien darf daher der Behälter nicht zu hoch sein. Außerdem muß auf größte Sauberkeit des Behälters geachtet werden. Befinden sich außer der Probe Verunreinigungen am oder gar im
Behälter, so können diese bei der Erwärmung riechen, schmelzen oder gar verbren-
nen und damit die Wirkung der zu untersuchenden Probe überdecken.

Tabelle 4.6 Erwärmungstest

Neben der Reihenfolge des Schmelzens oder Zersetzens werden die Abbauprodukte (Gase,
Dämpfe und Rückstände) sowie der auftretende Geruch zur Erkennung herangezogen. Die
Kunststoffe sind nach abnehmender Schmelzbarkeit angeordnet.

Verhalten bei der Erwärmung	Abbauprodukte	Geruch der Schwaden	Kunststoffe
Leichtes Schmelzen	Gasförmig, farblos – weiß	Paraffinähnlich	**Polyethylene,** Polymethyl-penten, **Polypropylene** und Mischpolymerisate
Schmelzen und Vergasung, kaum feste Rückstände	Gasförmig, farblos-weiß	Nach Leuchtgas, süßlich	**Polystyrole**
	Gelb-braun	Nach Leuchtgas mit Beigeruch, zimtartig	Polystyrolbutadien, ABS
	Farblos	Fruchtartig	Polyacrylate (-methacryl.)
	Farblos-weiß	Harzartig	Polyisobutylen, unvernetzt
	Braun	Essigähnlich	Polyvinylacetat
	Farblos	Phenolisch	Polycarbonate
	Farblos	Stechend, Formaldehyd	Polyacetale
	Gelblich	Unangenehm, widerlich	Polysulfide, Polysulfone
	Gelb-braun	bittere Mandeln	Polyacrylnitril
	Braun-schwarz	Phenolisch	Polyaryle (z. B. PPO)
Schmelzen und anschließendes Zersetzen	Harzartig, flüssig-braun	Kratzend	Polyvinylalkohol
	Harzartig, braun	Salzsäure	**Polyvinylchlorid,** auch weichgemacht
	Dunkelbraun, weißer Beschlag	Süßlich kratzend	**Polyalkylen-Terephthalate**
	Harzartig, dunkelbraun	Salzsäure	Polyvinylidenchlorid
	Wachsartig, verkohlt	Widerlicher typischer Gummigeruch	Polybutadiene, auch seine Mischpolymerisate, schwach vernetzt
	Verkohlt	Harzartig, Beigeruch Gummi	Polyisobutylen-Isopren, vernetzt
	Verkohlt	Verbranntes Horn	Polyamide
	Verkohlt	Unangenehm, stechend	Polyurethane, auch vernetzt
	Verkohlt	Papierverbrennung und Essig und Butter	Cellulosen Celluloseacetat Celluloseacetobutyrat

Tabelle 4.6 Fortsetzung

Verhalten bei der Erwärmung	Abbauprodukte	Geruch der Schwaden	Kunststoffe
Zersetzung ohne vorheriges Schmelzen, evtl. vorheriges Springen	Verkohlt	Kratzend, stechend	Alkydharze
	Verkohlt	Verbranntes Horn, dann phenolisch	Epoxidharze
	Verkohlt, weiße Kanten	Ammoniak	Harnstoffharze
		Ammoniak und stechend	Melaminharze
	Verkohlt	Phenolisch, Formaldehyd	Phenolharze, Kresol-Phenolharze
	Verkohlt	Nach Leuchtgas	**Polyesterharze, unges.**
	Verkohlt	Widerlicher Gummigeruch, evtl. süßlich	Polybutadien, auch Mischpolymerisate, vernetzt
	Verkohlt	Gummigeruch, Beigeruch Salzsäure	Polychlorbutadien
	Verkohlt	Gummigeruch	**Polyisopren, Naturkautschuk**
Nur Umsetzung bei starker Erwärmung, kein Schmelzen u. kaum Zersetzung	Braunfärbung	Phenolgeruch	Polyimide
	Bei Rotglut Gas	Stechend nach Säure	Polyfluorcarbone
	Weißes Pulver	Keine	Silikone

Nur gültig, wenn kein Flammschutzmittel und keine Füll- und Verstärkungsstoffe enthalten sind, die sich bei dem Test auch zersetzen.
Anordnung nach zunehmender Unschmelzbarkeit.

Anfangs erscheinen vielleicht manche Angaben der Bestimmungstabellen recht schwer erkennbar. Dies ist vor allem bei unbekannten Begriffen der Fall, wie z. B. phenolischer oder paraffinähnlicher Geruch. Am besten ist es, durch Versuche mit bekannten Proben diese Eindrücke kennenzulernen. In den meisten Fällen sind die Erkennungszeichen so markant, daß sie nach einmaligem Erleben immer richtig wiedererkannt werden.

Die Angaben treffen nicht mehr voll zu, wenn der Kunststoff *Zusätze* enthält, welche bei einer *Zersetzung anders reagieren*. Dies können Stabilisatoren, Gleit- und Schmiermittel und vor allem solche sein, die die Brennbarkeit vermindern sollen. Letztere werden Kunststoffen, welche leicht brennbar sind, zugesetzt, um sie schwer brennbar einzustellen. Bei der Verbrennung zersetzen sie sich in Substanzen, die die Flamme des eigentlichen Kunststoffes ersticken. Es ist verständlich, daß

Zu beachten: Nur sehr kleine Stoffmenge benützen.
Langsam erhitzen.

Bild 4.7 Mögliche Anordnung bei der Erwärmungsprobe.

dann beim Verbrennungs- und Erwärmungstest der eigentliche Kunststoff nicht ohne weiteres erkennbar bleibt, weil die Effekte dieser beigegebenen Mittel die des Kunststoffes überlagern.

4.7 Weitere Bestimmungsmethoden

Ein zu bestimmendes Teil kann auch aus zwei verschiedenen Kunststoffen bestehen. Diese können mechanisch vermischt, aber auch chemisch z. B. copolymerisiert sein. Bei der Prüfung treten nun die Effekte beider Kunststoffe auf. Hier und in ähnlichen Fällen ist daher eine Bestimmung kaum möglich. Es muß dann *die chemische Analyse* angewendet werden. Sie wird meist von Speziallabors durchgeführt und kann mit Hilfe verschiedener Analysemethoden den Kunststoff und seine Beimischungen in ihrer chemischen Zusammensetzung bestimmen.

Entsprechendes gilt für die *physikalisch-chemische* und *physikalische Untersuchung* hinsichtlich des genauen Kunststoffaufbaus, also hinsichtlich der Struktur, in der er eingesetzt ist. Die beschriebenen Untersuchungsmethoden ergeben nur pauschale Aussagen über den Aufbau. Die physikalischen Meßmethoden erlauben jedoch genauere Aussagen über die Größe der Makromoleküle, deren Größenverteilung, über die Lage der Einfrier- und Schmelztemperaturbereiche, über den kristallinen Anteil sowie dessen internen Aufbau.

Weitere *Prüfungen* zur Bestimmung der Kunststoffe basieren auf verschiedenen *speziellen Eigenschaften*. Die unterschiedliche Dichte der einzelnen Kunststoffe im homogenen Zustand wurde bereits erwähnt. Es gibt noch weitere physikalische Eigenschaften, wie das Bruchverhalten, die Fähigkeit zur partiellen Kristallisation, das Reibungsverhalten der Oberflächen und andere, die herangezogen werden können. Von den später beschriebenen physikalisch-chemischen Eigenschaften sind für solche Untersuchungen insbesondere die Lösungsfähigkeit und das Löslichkeitsverhalten sowie das Verhalten gegen Feuchtigkeitseinwirkungen zu erwähnen.

Diese kurze, unvollständige Aufzählung zeigt, daß der Vielfältigkeit der Art der Kunststoffe in ihrem Aufbau bei den Fertigteilen und ihren damit möglichen unzähligen Eigenschaftsvariationen eine entsprechende Vielfältigkeit von Möglichkeiten der Prüf- und Bestimmungsmethoden gegenübersteht, deren Ergebnisse, wie Mosaiksteine zusammengesetzt, immer zu einer klaren Aussage über den verwendeten Kunststoff und seinen Aufbau führen. Es ginge weit über den Rahmen dieses Kapitels hinaus, alle Untersuchungsverfahren ausführlich darzustellen. Ziel dieser Darstellungen ist es, mit möglichst wenigen und einfachen Prüfungen Möglichkeiten aufzuzeigen, schnelle erste Aussagen über Kunststoffe und ihren Aufbau zu machen.

4.8 Ausblick

Für das praktische Arbeiten ist es außerordentlich wichtig, die Kunststoffe und ihren Aufbau schnell zu erkennen, weil sie in verschiedenster Weise als Endprodukt verwendet werden. Die Kunststofferkennung erleichtert den Einsatz und die Beurteilung fremder Kunststoffteile, die Weiterbearbeitung vorhandener Teile und die

Beurteilung von Verschleiß- und Schadensfällen in der Praxis. Daher ist die Beschreibung der Kunststoffe in den vorhergehenden Kapiteln mit dieser Einführung in einfache Erkennungsmethoden für Kunststoffe abgerundet worden.

Ein weiterer Aspekt scheint ebenfalls von Bedeutung. Das Arbeiten mit Kunststoffen setzt besonders in den Grenz- und Entwicklungsgebieten ein sehr weitgehendes „Fingerspitzengefühl" für die Verarbeitungs- und Einsatzmöglichkeiten voraus. Dieses wird durch die Beobachtung des Verhaltens der Kunststoffe bei ihrer Verarbeitung und vor allem in ihrer Anwendung erworben. Um diese Beobachtungen sinnvoll auswerten zu können, muß man wissen, an welchen Kunststoffen mit welchem Aufbau sie gemacht sind. Dabei hilft die dargestellte Erkennungsmethodik.

Die sehr vielfältigen und unterschiedlichen Eigenschaften der Kunststoffe, welche die Grundlage der Teilekonstruktion und Anwendung sind, werden im folgenden behandelt. Sie sind nur zu verstehen, wenn der Bezug zum Kunststoffaufbau hergestellt werden kann, d. h. wenn die bisher dargestellten Tatsachen über die Kunststoffe und ihre Anwendungsstrukturen bekannt sind.

5. Mechanische Eigenschaften

Das Festigkeitsverhalten ist bei allen Anwendungen der Kunststoffe mitbestimmend.

5.1 Einleitung

In jedem Tabellenwerk über Werkstoffe sind heute auch Eigenschaftswerte von Kunststoffen zu finden. Dadurch kann der Eindruck entstehen, daß die Eigenschaften der Kunststoffe entsprechend den Eigenschaften der anderen Werkstoffe in diesen Eigenschaftswerten festgelegt seien. Wenn aber mit diesen Werten gearbeitet wird, zeigt sich sehr oft ein Mißerfolg, weil die Kunststoffeigenschaftswerte nicht den Aussagewert haben, wie jene der klassischen Werkstoffe. Dies ist selbst in Ingenieurkreisen manchmal unbekannt und führt zu zahlreichen falschen und nicht kunststoffgerechten Anwendungen der Kunststoffe. Viele unerwartete Versagensfälle und dadurch bedingte negative Einschätzungen der Kunststoffe im allgemeinen sind die Folge davon.

Die geringere Aussagekraft eines Eigenschaftswertes für Kunststoffe beruht darauf, daß die wenigsten Eigenschaften konstant sind und daß ihre Größe und ihre Änderung von mehreren verschiedenen Faktoren abhängig ist, die sich auf manchen Gebieten jeweils allein auswirken, sich aber auch in ihrer Wirkung in verschiedener Art und Weise überlappen können.

Es gibt viele nichtmechanische Anwendungen der Kunststoffe, jedoch auch bei diesen basiert der Kunststoffeinsatz meistens darauf, daß er in der Lage ist, eine feste Form zu halten und mechanischen Beanspruchungen standzuhalten. Bei vielen klassischen Werkstoffen ist dies bei zahlreichen Anwendungen ohne weiteres gesichert. Bei den Kunststoffen mit ihren oft geringeren Festigkeiten und größerer Elastizität und gegebenenfalls Plastizität muß bei jeder Anwendung immer gesichert sein, daß die erwartete mechanische Festigkeit und damit Stabilität gegeben ist. Daher ist die richtige Beurteilung der mechanischen Eigenschaften ein wichtiger Schlüssel zur optimalen Anwendungstechnologie der Kunststoffe.

Es wurde bereits aus dem Vorhergehenden klar, daß Kunststoffe differenziertere mechanische Eigenschaften aufweisen als z. B. Metalle. Für den Wissenschaftler ist diese Vielschichtigkeit der mechanischen Eigenschaften eine Quelle neuer Erkenntnisse über den Aufbau und seine Auswirkungen auf das Verhalten der Kunststoffe. Für den Kunststoffanwender ist dies dagegen ein Nachteil, weil er Gefahr läuft, falsche Folgerungen zu ziehen. Erst bei genauerer Kenntnis der Zusammenhänge wird er bemerken, daß durch die vielen Eigenschaftskombinationen auch viele verschiedene Anwendungen befriedigend gelöst werden können. Es sei hier aber davor gewarnt, eine der nächsten Tabellen aus dem Zusammenhang zu reißen und dadurch zu weitgehende Schlüsse zu ziehen. Erst die Würdigung aller Daten sowie die Beachtung des im Vorhergehenden gesagten, insbesondere in den Kapiteln 2 und 3, ermöglichen es, richtige Folgerungen hinsichtlich der mechanischen Eigenschaften bei der Anwendung zu erarbeiten.

5.2 Abhängigkeit der Eigenschaften vom Kunststoffaufbau am Beispiel der Dichte

Es ist eigentlich selbstverständlich, daß die Eigenschaften auch vom Aufbau des jeweiligen Werkstoffes abhängig sind. Bei den klassischen Werkstoffen wird oft ein Werkstoff nur in einem Aufbau angewandt. Daher ist es klar, daß die Eigenschaftswerte, die für ihn angegeben werden, sich auf diesen einen Aufbau beziehen. Kunststoffe sind die *Werkstoffe mit den größten Variationsmöglichkeiten* hinsichtlich ihres Aufbaus. Dieser Tatsache wird in den meisten Tabellenwerken nicht Rechnung getragen, in denen in vielen Fällen Werte gegeben sind, bei denen keine Aussage darüber zu finden ist, um welche Aufbauart es sich handelt.

Meistens wird stillschweigend vorausgesetzt, daß Werte des homogenen Kunststoffes, der einfachsten Art des Makroaufbaus bei Raumtemperatur, vorliegen.

Schwieriger ist es, Werte der anderen Arten des Makroaufbaus zu geben. Hier hängen nämlich die Werte nicht nur von der Art des Makroaufbaus, sondern auch von seinem speziellen Aufbau ab. Die Festigkeitswerte eines verstärkten Kunststoffes werden z. B. bei einer schwachen Verstärkung ganz anders sein, als die bei einer extrem starken Verstärkung. In solchen Fällen ist es nur sinnvoll, Bereiche der Verstärkungsmöglichkeiten anzugeben, weil die Eigenschaften kontinuierlich, z. B. durch Verhältnis und Art der Kombination Verstärkung – Kunststoff, variiert werden können.

Am Beispiel der Dichte, die angibt, wieviel Gramm 1 cm³ eines Stoffes wiegt, sei dies für Kunststoffe veranschaulicht. Dabei seien auch andere wichtige Werkstoffe zum Vergleich mit betrachtet.

Die homogenen Kunststoffe gehören, wie aus Tabelle 5.1 ersichtlich, zu den *leichten Werkstoffen.* Selbst die sogenannten Leichtmetalle Aluminium und Magnesium sind erheblich schwerer. Nur Hölzer, Kork und Gewebe sind leichter als die Kunststoffe. Allerdings ist der größte Teil der homogenen Kunststoffe etwas schwerer als Wasser und schwimmt deshalb nicht. Werden Kunststoffe nun gefüllt oder verstärkt, dann können sie in die „Gewichtsklasse" der Gläser oder Leichtmetalle fallen. Werden sie als Schaumkunststoffe angewendet, dann können sie in die Gewichtsklasse des Holzes eingeordnet werden oder auch wesentlich leichter sein.

Kunststoffe überstreichen daher einen *großen Dichtenbereich,* und die Aussage, daß es sich bei Kunststoffen um leichte Werkstoffe handelt, gilt wieder nur, wenn der gesamte Dichtenbereich der klassischen Werkstoffe betrachtet wird. Im Einzelfall gibt es durchaus klassische Werkstoffe, die leichter sind als ein Kunststoff in seinem speziellen Anwendungsfall.

Das *geringe Gewicht* von Kunststoffgegenständen ist nur selten ein Nachteil, z. B. wenn es sich um die Standfestigkeit oder Stabilität handelt. Die Vorteile des leichteren Gewichts überwiegen beim größten Teil der Anwendungen, so daß hinsichtlich des Gewichts von Kunststoffgegenständen gesagt werden kann, daß sie günstiger liegen als solche aus vielen anderen Werkstoffen.

Tabelle 5.1 Werkstoffdichten. Einteilung der Werkstoffe nach ihrer Dichte. Kunststoffe gehören zu den leichten Werkstoffen. (Nur grobe Gruppeneinteilung)

Dichte in g/cm³, d.h ein Kubikzentimeter wiegt in Gramm um	Veranschaulicht bedeutet das: Ein Gramm entspricht einem Würfel mit einer Kantenlänge von	Werkstoffgruppen
8,0	5mm	Schwermetalle, z.B. Eisen, Kupfer usw.
2,5	7,4mm	Kunststoffe (hoch gefüllt und verstärkt). Glas, Steine, Beton, Leichtmetalle, z.B. Aluminium und seine Legierungen
1,0 (Dichte des Wassers)	10mm	Kunststoffe (homogen, linien- u. flächenhafte Gebilde, wenig oder leicht gefüllte und verstärkte)
0,45	13,1mm	Holz, trocken, Kork, Gewebe, Vliese
bis 0,005	36,8mm	Kunststoffschaumstoff

Selbst bei Betrachtung eines Kunststoffes einer bestimmten Kunststoffgruppe, der in einer Makroaufbauart vorliegt, z. B. als homogener Kunststoff, ist keine Angabe eines bestimmten einzelnen Dichtewertes möglich. Je nach der chemischen Zusammensetzung ändert sich die Dichte noch, die etwa bei 1 g/cm³ liegt, in den Stellen hinter dem Komma.

Diese Überlegung über die Dichte der Kunststoffe sollte zeigen, daß bei der Benutzung von Tabellenwerten deren richtiger Einsatz nur möglich ist, wenn nicht nur Klarheit darüber besteht, um welchen Kunststoff, sondern auch um welche Kunststoffgruppe und welchen Makroaufbau mit welcher speziellen Zusammensetzung es sich handelt.

5.3 Einachsige mechanische Beanspruchungen

5.3.1 Zugfestigkeiten

Zugbeanspruchung tritt nicht nur als einachsige Beanspruchung bei einer *reinen Zugkraft,* sondern auch bei *Biegebeanspruchungen* in der auf Zug beanspruchten

Seite des gebogenen Körpers auf. Sie führt zu einer Verformung des beanspruchten Körpers, deren Art und Größe vom Werkstoff, seinem Aufbau und seinem Zustand abhängig ist.

Die Zugfestigkeit kann als jene Kraft angegeben werden, die nötig ist, um einen Stab mit 1 mm² Querschnitt zu zerreißen. Diese Kraft ist in Bild 5.2 aufgetragen. Auf der einen Seite sind die *Zugfestigkeitsbereiche* der *klassischen Werkstoffe,* auf der anderen die der *Kunststoffe* aufgetragen. Der Bereich der ungefüllten Kunststoffe, auch der Duromere, endet unter 100 N/mm², wenn sie unverstreckt sind, während die Metalle teilweise viele 100 bis 1000 N/mm² Zugspannung aushalten, bevor sie zerstört werden.

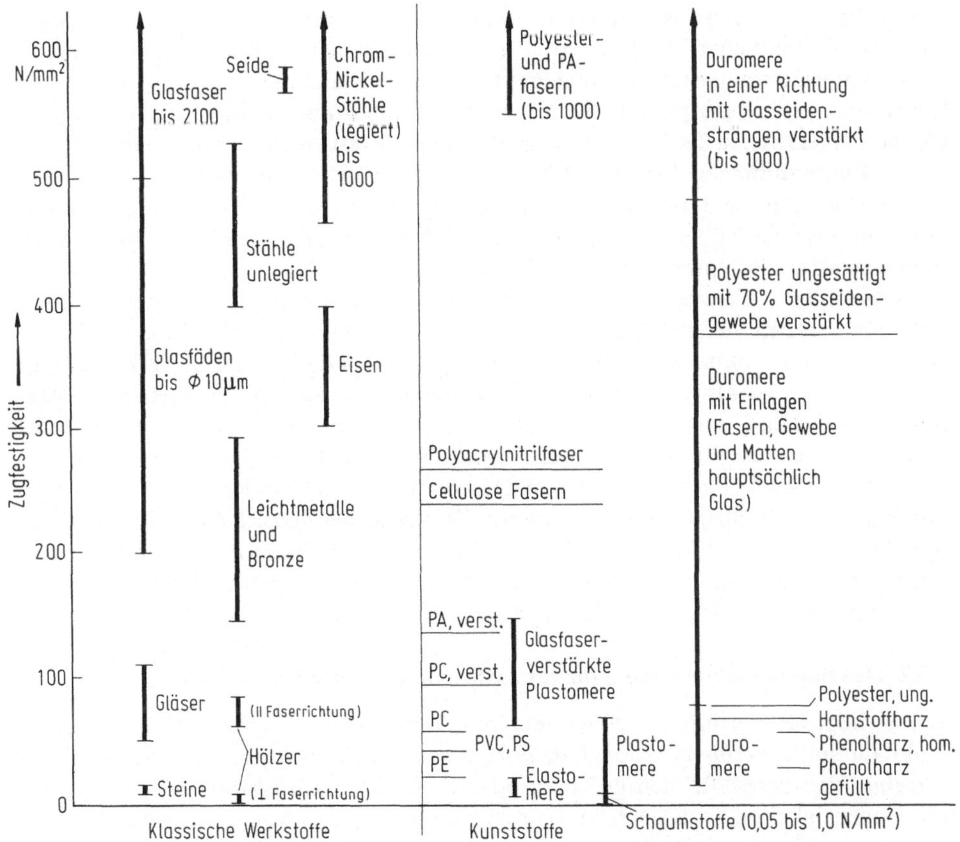

Bild 5.2 Zugfestigkeiten. Vergleich der Zugfestigkeitsbereiche wichtiger Werkstoffgruppen.

Verständlicherweise liegen die sehr leichten Schaumkunststoffe im untersten Zugfestigkeitsbereich. Dabei zeigen die elastischen oder weichen Leichtschaumkunststoffe die geringsten Zugfestigkeiten.

Harte Schaumkunststoffe weisen höhere Zugfestigkeiten auf, die abhängig von ihrer Dichte bei Leichtschaumstoffen bis zu 2 N/mm², bei schwereren mit einer Dichte von 0,6 g/cm³ bis über 10 N/mm² betragen können.

Elastomere können bis etwa maximal 30 N/mm² Zugspannung aushalten und liegen damit bereits im Gebiet der weicheren Plastomere. Die härteren Plastomere können Zugspannungen bis 90 N/mm² erreichen. *Duromere* reichen, wenn sie unverstärkt sind, nicht viel höher. Erst mit der *Verstärkung* der Kunststoffe, oder bei Fasern und Folien mit der *Verstreckung*, wird die Zugfestigkeitsbarriere von 100 N/mm² durchbrochen und damit auch den Kunststoffen das Gebiet der hohen Zugfestigkeitsbereiche der Metalle eröffnet.

Die mechanische *Verstärkung der Kunststoffe* kann in weiten Bereichen variiert werden. Einmal durch Änderung des Verstärkungsmaterials, und das andere Mal durch die Art der Konfektion dieses Materials. Die sich immer mehr einbürgernde Verstärkung der *Plastomere* muß meistens zwangsläufig mit sehr kurzen und kleinen Fäden oder Fasern vorgenommen werden, weil sonst eine endgültige Formgebung mit den üblichen Weiterverarbeitungsmethoden nicht mehr möglich ist. Die Verstärkungsfasern bestehen dabei heute noch meistens aus Glas und sind vom Rohstoffhersteller bereits in die einzelnen Granulatkörner in einer entsprechenden Menge eingearbeitet. Es ist beachtlich, daß bereits mit solchen verstärkten Plastomeren Zugspannungen bis über 150 N/mm² erreicht werden können, wobei bei den Plastomeren die dabei ebenfalls erreichte größere Härte, Steifigkeit und Standfestigkeit auch bei höheren Temperaturen die Haupteffekte darstellen. (Siehe auch Foto verstärktes Polypropylen in Tafel 2.10).

Wesentlich wirksamere Verstärkungen sind bei den *Duromeren* möglich. Zwar wird auch hier in vielen Fällen kurzfaseriges Verstärkungsmaterial angewandt, jedoch ist es auch ohne wesentliche Schwierigkeiten möglich, ganze Gewebe oder Glasseidenstränge als Verstärkungen einzubauen. Gerade die letztgenannte Verstärkung führt zu Festigkeiten bis über 1000 N/mm², also zu jener der besten Stähle. Entsprechendes gilt auch bei den *Elastomeren,* bei denen die Technik des Einbaus von Verstärkungen auf vielen Anwendungsgebieten üblich ist. Es seien hier nur Reifen und Transportbänder genannt. Während bei den Reifen Cellulosegarne und Metallfäden verwendet werden, ist bei Transportbändern und anderen mit technischen Geweben verstärkten Erzeugnissen immer mehr die Anwendung von solchen aus Kunststoffgarnen wie Polyester, Polyamiden u. a. zu beobachten.

5.3.2 Das Superpositionsgesetz für verstärkte und gefüllte Kunststoffe

Ein wichtiges Kriterium, um eine effektvolle Verstärkung zu erreichen, ist eine feste und dauerhafte *Verbindung von Verstärkungsmaterial* und *Kunststoff.* Dann gilt das *Superpositionsgesetz* für den gefüllten oder verstärkten Kunststoff, das besagt, daß die Zugfestigkeiten (wie auch andere Eigenschaftswerte) von Füll- oder Verstärkungsmaterial und umhüllendem Kunststoff entsprechend ihrer Volumenanteile unter Berücksichtigung der Orientierung addiert werden können. Damit gilt folgender Zusammenhang:

$$\sigma_{\text{ges}} = o \cdot \sigma_{\text{ver}} \cdot \frac{v_{\text{ver}}}{v_{\text{ges}}} + \sigma_{\text{Ku}} \left(1 - \frac{v_{\text{ver}}}{v_{\text{ges}}} \right) \tag{5.1}$$

wobei σ_{ges} = Zugfestigkeit des verstärkten oder gefüllten Kunststoffes

σ_{ver} = Zugfestigkeit der Verstärkung oder Füllung

σ_{Ku} = Zugfestigkeit des homogenen Kunststoffes

v_{ver} = Volumen der Füllung oder Verstärkung

v_{ges} = Gesamtvolumen des gefüllten oder verstärkten Kunststoffes
o = Orientierungsfaktor

Der Orientierungsfaktor (o) hängt von den Orientierungseffekten der Füllung oder Verstärkung im Kunststoff ab. Wenn keine Orientierung, also statische Verteilung, vorliegt, ist $o = 1/6$. Bei einachsiger Orientierung, d. h. wenn z. B. nur Fasern in Zugrichtung vorliegen, ist $o = 1$, und bei zweiachsiger Orientierung, z. B. bei einer Verstärkung mit im rechten Winkel gekreuzten Fasern, gilt $o = 1/2$, und bei einer unorientierten Verstärkung in einer Fläche gilt $o = 1/3$.

Diese Möglichkeit der additiven Zusammensetzung einer Eigenschaft aus den Eigenschaften zweier oder mehrerer Stoffe, die auf der Verbindungsfähigkeit der Kunststoffe beruht, erlaubt es praktisch, unzählige Eigenschaftswerte mit verschiedenen Kunststoffen und anderen Werkstoffen einzustellen, die gerichtet auf die jeweilige Anwendung abgestimmt werden können.

Diese hier beschriebene, für Kunststoffe gültige Superposition ermöglicht es, auch die *mehrachsigen Belastungen* erst getrennt als einachsige Belastungen zu behandeln, wobei allerdings gegenseitige Beeinflussungen berücksichtigt werden müssen.

5.3.3 Druckfestigkeit

Druckbeanspruchung als Gegenteil der Zugbeanspruchung kann zu zwei verschiedenen Versagensfällen führen: zu *Beschädigungen der Oberfläche* und einem *Zerdrücken des gesamten Teils.* Wie bei der Zugbeanspruchung gibt es nicht nur die reine Druckbeanspruchung, sondern auch die partielle bei Biegung. Dabei erfährt der eine Teil eines gebogenen Teils vor der sogenannten neutralen Linie eine Druckbeanspruchung.

Kennwert für die Fähigkeit, Druckbeanspruchungen standzuhalten, ist die *Druckfestigkeit.* Sie gibt z. B. Aufschluß darüber, bei welcher Beanspruchungskraft ein Würfel von 1 mm Kantenlänge zerdrückt wird. In Bild 5.3 sind die einzelnen Druckfestigkeiten aufgetragen und die Werkstoffe diesen wieder, wie in der vorhergegangenen Darstellung 5.2, zugeordnet.

Für die meisten Anwendungen ist wünschenswert, daß ein Werkstoff möglichst viel Druck aushält, also erst bei hohen Beanspruchungskräften zerdrückt wird. Dies ist bekanntermaßen bei Gußeisen, Steinen und Gläsern der Fall. Die schlechter liegenden Stähle entsprechen dabei den verstärkten Duroplasten, während die Leichtmetalle und die Hölzer mit den Plastomeren vergleichbar sind.

Obwohl die *Elastomere* eingezeichnet sind, läßt sich für sie keine definierte Druckfestigkeit messen, weil sie sich infolge ihrer großen Elastizität bei Krafteinwirkung voll verformen und nicht brechen. Die eingezeichnete Druckfestigkeit gibt daher hier nur ein Maß für die Widerstandskraft der Elastomere gegen Formänderungen.

5.3.4 Oberflächenhärte

Eine Oberfläche kann um so weniger verkratzt werden, je härter sie ist. Oberflächenhärte und Druckfestigkeit laufen bei den Kunststoffen, wenigstens grob gesehen, parallel. Aus diesem Grunde ist in Bild 5.3 eine *Härteskala* angegeben, in der die

Oberflächenhärte in drei Bereiche eingeteilt ist, den der sehr harten, den der mittleren und den der weichen Oberflächen. Selbst ein Teil der Plastomere liegt im Bereich der mittleren Oberflächenhärte. Das heißt, daß diese ohne Bedenken auch an Stellen eingesetzt werden können, wo sie kratzgefährdet sind.

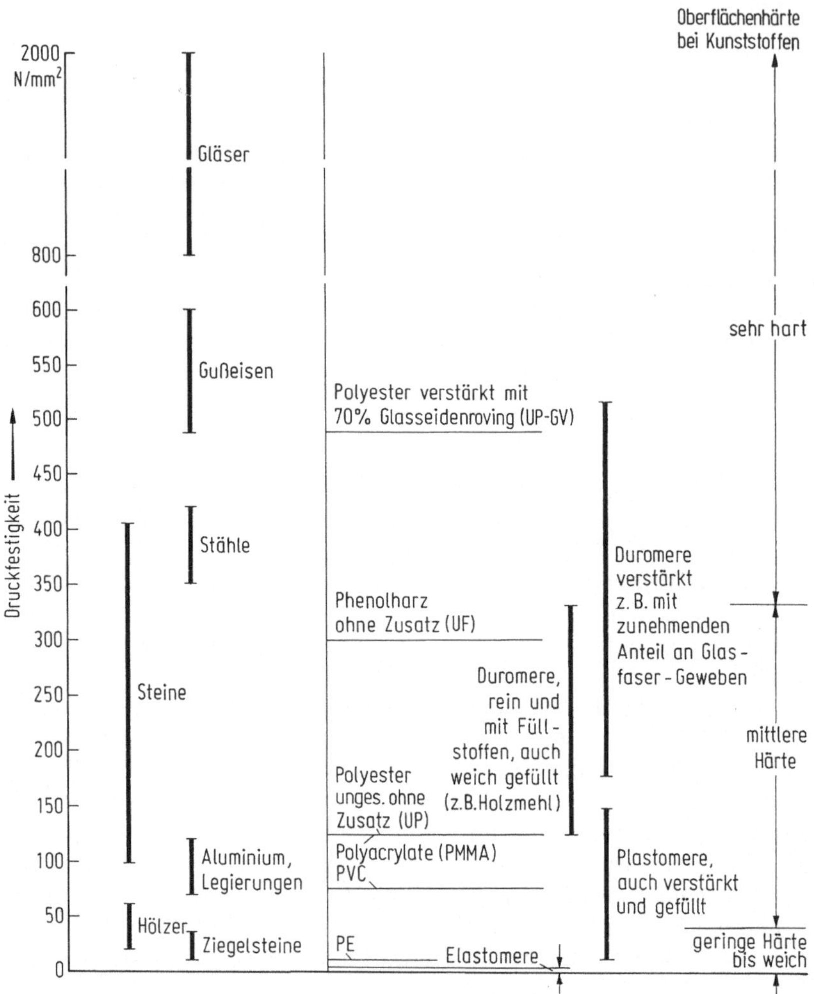

Bild 5.3 Druckfestigkeiten. Druckfestigkeits- sowie Oberflächenhärten-Bereiche wichtiger Werkstoffgruppen im Vergleich.

Eine beachtliche *Oberflächenunempfindlichkeit* gegen Verkratzen bei den *Elastomeren* hängt mit ihrer Gummielastizität zusammen und wird anders als die Oberflächenhärte der anderen Kunststoffe beurteilt. Infolge dieser großen Elastizität braucht nämlich trotz einer weichen Oberfläche keine besonders große Kratzanfälligkeit vorhanden zu sein. Dies hängt jedoch auch sehr von der jeweils verwendeten Füllung und von dem Grad der Vernetzungsdichte und Art der Vernetzung des Elastomeren ab.

5.3.5 Vergleich von Zug- und Druckfestigkeit

Die Druckfestigkeiten bei Kunststoffen sind z. T. erheblich höher als die Zugfestigkeiten. In Tabelle 5.4 sind, um dies zu zeigen, einige Zug- und Druckfestigkeiten ausgewählter Kunststoffe gegenübergestellt. Die *höheren Druckfestigkeiten* beruhen auf der geringeren Ausweichfähigkeit über Platzwechselvorgänge der Kettenmoleküle im Verband beim Zusammendrücken, während beim Auseinanderziehen (Zugbeanspruchung) Platz zum Ausweichen für die Platzwechselvorgänge durch die Dehnung frei wird. Dies zeigen die gegenübergestellten Werte für die in der eingefrorenen amorphen Phase vorliegenden plastomeren Kunststoffe Polystrol (PS) und Polyvinylchlorid (PVC) deutlich. Noch stärker ist der Unterschied bei gefüllten und verstärkten Kunststoffen, insbesondere bei hochgefüllten Duromeren. Hier ist beim Phenol (PF)- und Polyesterharz (UP) eine bis zu 7fach höhere Druckfestigkeit zu beobachten, die hier allerdings zusätzlich auf der Inkompressibilität der Füll- oder Verstärkungsmaterialien basiert.

Tabelle 5.4 Druckfestigkeiten im Vergleich zur Zugfestigkeit verschiedener Kunststoffe und Folgerungen für den Einsatz.

Werkstoff	Zugfestigkeit N/mm^2	Druckfestigkeit N/mm^2
Polystyrol (PS)	40	100
Polyvinylchlorid (PVC)	55	80
Phenolharz (PF)	≈ 25	$130 - 200$
Polyesterharz (UP), gefüllt	≈ 30	$130 - 200$
Polyesterharz (UP), verstärkt	≈ 50	$150 - 200$
Vor- und Nachteile bei Beanspruchung auf	Zug	Druck
Rißbildung unterhalb Bruchgrenze	ja	nein
Instabilität durch Knicken oder Beulen, (wegen relativ kleinem E-Modul)	nein	ja
Insgesamt höhere Beanspruchbarkeit	nein	ja

Aus der Tabelle ist zu folgern, daß Beanspruchungen möglichst in Druckbeanspruchungen umzuwandeln sind (Ausnahme: Hochelastische und gummielastische Kunststoffe).

In der Tabelle 5.4 werden außerdem die *Vor- und Nachteile* dieses Tatbestandes aufgeführt. So tritt bei Zugbeanspruchung schon unterhalb der Bruchgrenze *Rißbildung* auf, die die Festigkeit beeinträchtigt. Bei der Druckbeanspruchung ist dies in der Regel nicht der Fall. Andererseits kann Druckbeanspruchung bei den Kunststoffen mit ihrer größeren Elastizität leicht zu einem *instabilen Verhalten* des Bauteils, nämlich Knicken und Beulen, führen. Dies ändert jedoch nichts an der Tatsache, daß Kunststoffe mit Ausnahme der Elastomeren und der weichen und der verstreckten Plastomeren Druck wesentlich besser aufnehmen können als Zug. Daher die Forderung, mechanische Beanspruchungen möglichst als Druckbeanspruchungen zur Wirkung zu bringen.

Abschließend sei noch auf ein anderes interessantes Phänomen hingewiesen. Bei der *Durchbiegung eines Balkens* durch eine seitliche Belastung treten über der neutralen Linie Druckkräfte und darunter Zugkräfte auf. Durch die unterschiedliche Aufnahmefähigkeit dieser Belastungen wegen der höheren Druckfestigkeiten ergibt sich ein Spannungsausgleich, der eine deutliche *Verschiebung der neutralen Linie* von der Mitte zugunsten des Zugbereichs zur Folge hat. Diese Verschiebung der neutralen Linie bei Biegebeanspruchung kann bei durchsichtigen Teilen, z. B. PMMA, mittels der spannungsoptischen Betrachtung direkt beobachtet werden. Sie bedeutet eine Sicherheitsreserve bei der Beanspruchung, die in vielen Fällen so groß ist, daß sie eine geringere Bauteildimensionierung erlaubt (siehe dazu Bild 5.15).

5.4 Verformungsverhalten

Alle Werkstoffe erleiden bei mechanischer Beanspruchung Verformungen, die z. T. allerdings klein sind und oft im elastischen Bereich liegen können. Im letzteren Fall bedeutet dies, daß die Verformung nach Beendigung der mechanischen Beanspruchung wieder ganz zurückgeht. Geht sie nicht völlig zurück, so liegt ein Teil der Verformung im plastischen Bereich. Kunststoffe weisen relativ große Verformbarkeit auf, weil sie, wie bereits erläutert, einen schwächeren inneren Zusammenhalt als andere feste Werkstoffe besitzen. Daher ist es nötig, sich bei jedem mechanisch beanspruchten Kunststoffteil mit den auftretenden Verformungen zu befassen.

5.4.1 Verformungen im elastischen Bereich

Verformungen, welche durch Zugspannungen entstehen, werden als (positive) *Dehnung* bezeichnet und treten als mehr oder weniger große Verlängerung des beanspruchten Teils in Erscheinung. Obwohl elastische Verformungen bereits in Bild 3.5 mit den Elastizitätsmoduln überblickmäßig gegeben wurden, sei hier wegen ihrer teilweise beachtlichen Größe bei Kunststoffen ein Vergleich untereinander und mit anderen Werkstoffen gegeben. Zu Bild 5.5 sind dazu die Dehnungen für verschiedene Werkstoffe eines 1 m langen Stabes mit 1 cm² Querschnitt, wenn er mit einer Kraft von 1 kN gedehnt wird, gegenübergestellt. Dazu ist die Dehnung jedesmal kurz nach dem Aufbringen der Zugbelastung gemessen worden.

Eines wird hier, wie erwartet, deutlich: alle Kunststoffe, selbst die mit größter Verstärkung, weisen eine wesentlich größere Dehnung bei Beanspruchung auf als die Metalle. Daß diese Dehnung bei den Plastomeren wesentlich größer sein kann als bei den Duromeren, ist aufgrund des Aufbaus klar. Erstaunlich ist aber, daß es Plastomeren gibt, deren Dehnung kleiner ist als jene von unverstärkten Duromeren, wie die verstärkten Polycarbonate, Polyamide und Polystyrole.

Bei den Elastomeren kann, harte Einstellungen ausgenommen, die elastische Dehnung am größten sein, was aufgrund ihres Aufbaus bewußt gewünscht und in Abschnitt 3.5 erklärt wurde. Das Besondere der Dehnung dieser Gruppe ist die Reversibilität selbst bei Dehnungen über 100%. Am Beispiel einer Polyurethan-Elastomer-Folie ist in Bild 5.6 diese besondere Dehnungsfähigkeit anschaulich gezeigt. Hier liegt, neben dem immer vorhandenen energieelastischen, entropieelastisches Verhalten vor.

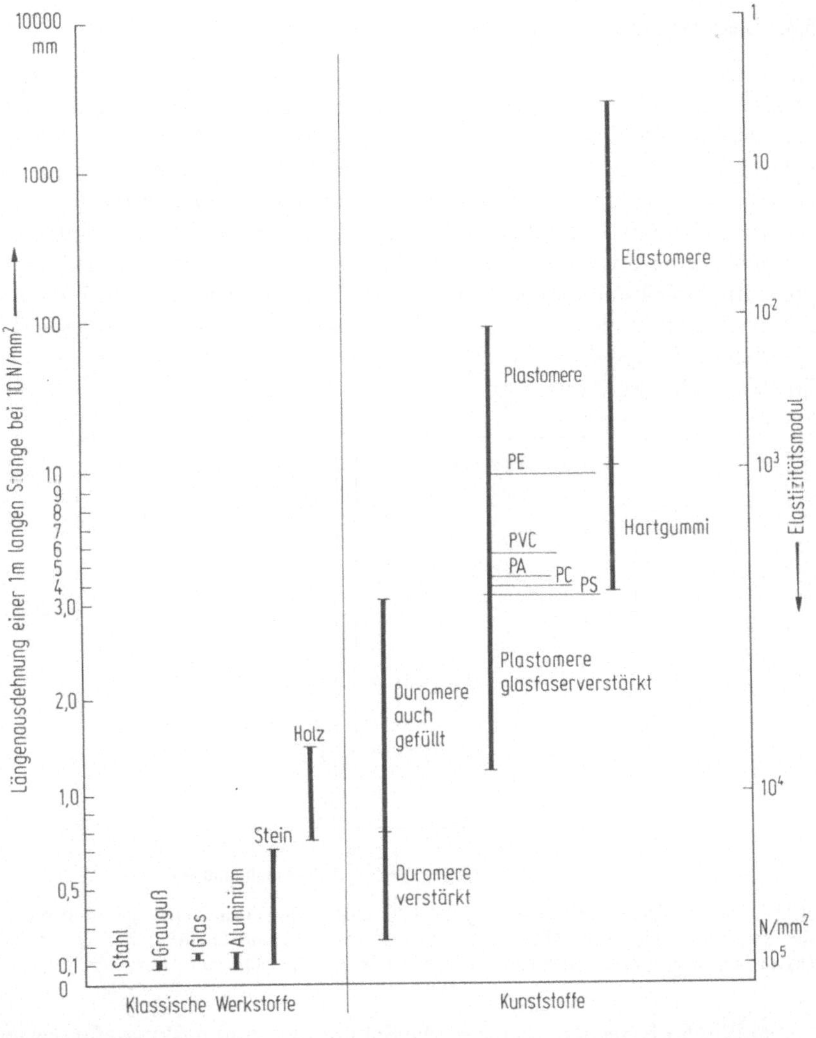

Bild 5.5
Dehnung bei mechanischer Belastung.
Längenausdehungsbereiche bei
mechanischer Belastung wichtiger
Werkstoffe im Vergleich. Ein 1 m
langer Stab mit einem Querschnitt
von 1 cm² würde bei einer
Beanspruchung mit 1000 N = 1 kN
um die angezeigte Anzahl
Millimeter gedehnt werden.

Bild 5.6
Gummielastische Dehnung. Über
100%ige Dehnung einer
Elastomerfolie aus Polyurethan
beim Überziehen über einen
Nagel. Die Folie wird als
Dichtfolie eingesetzt.
(Foto: Plate GmbH, Bonn)

5.4.2 Spannungsdehnungskurven

Kunststoffe weisen bereits bei Anfangsbelastungen größere Dehnungen auf. Sie können sich bei weiterer zunehmender Belastung noch stärker dehnen, während z. B. die Metalle in einem größeren Bereich konstante Dehnung aufweisen. Die Angabe eines einzigen Dehnungswertes für das Dehnungsverhalten eines Kunststoffes ist daher ungenügend, nötig ist die Kenntnis des *Dehnungsverlaufs in Abhängigkeit von der Belastung.* Dazu dienen die sogenannten Spannungs-Dehnungsdiagramme, bei denen eine Spannungsbeanspruchung, z. B. die Zugbeanspruchung, gegen die prozentuale Dehnung aufgetragen wird. Die Beanspruchung wird dabei immer auf den *Anfangsquerschnitt* und nicht auf den sich durch die Dehnung verkleinernden Querschnitt *bezogen,* was die experimentelle Aufnahme solcher Kurven vereinfacht, ihr Verständnis aber erschwert.

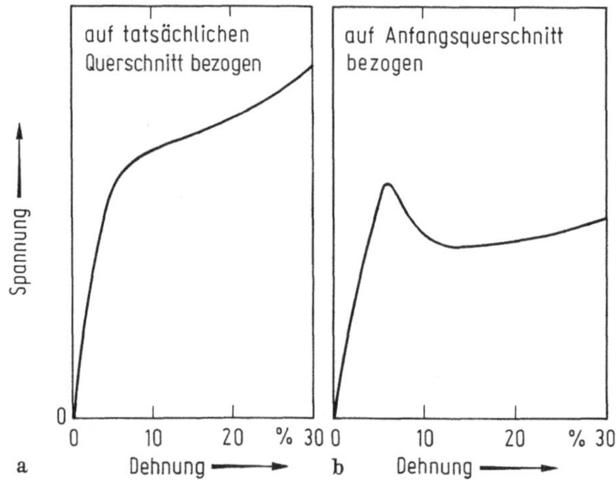

Bild 5.7 Darstellungsweisen des Spannungs-Dehnungs-Verhaltens. Schematische Darstellung der Spannungs-Dehnungs-Kurve für ein Polyamid; **(a)** auf tatsächlichen Querschnitt bezogen, **(b)** auf Anfangsquerschnitt bezogen, wie es der üblichen Darstellungsweise entspricht.

In Bild 5.7 b (rechts) ist eine solche Spannungsdehnungskurve für das teilkristalline Plastomer Polyamid gegeben. Sie zeigt einen Zugfestigkeitsabfall nach einem Maximum. Dieser Abfall existiert nur scheinbar, weil in Wirklichkeit die Zugfestigkeit stärker ansteigt als es die Kurve aussagt. Die *tatsächlich* wirkende *Zugfestigkeit* wird nämlich erhalten, wenn die Kraft auf den *jeweiligen Querschnitt* bezogen wird und nicht auf den Anfangsquerschnitt. Eine solche Kurve für Polyamid ist in Bild 5.7 a (links) gezeigt. Diese auf den wirklichen Querschnitt bezogene Zugspannungs-Dehnungskurve weist kein Maximum mehr auf, sondern lediglich den Übergang von einem Bereich geringer Dehnung in einen Bereich stärkerer Dehnung. Dies ist vom Blickpunkt des Kunststoffaufbaus leichter zu verstehen, trotzdem wird allgemein die Belastung auf den Anfangsquerschnitt bezogen.

Die amorphen Bereiche der plastomeren Kunststoffe werden bei Zugbelastung, wie schon beim Recken oder Verstrecken besprochen, entknäuelt, d. h. die verknäuelten Kettenmoleküle werden ausgerichtet. Ist die Kraft größer, z. B. bei gleicher Belastung durch einen kleiner gewordenen wirkenden Querschnitt, dann geht die

Verstreckung oder Ausrichtung intensiver vor sich, die Molekülketten beginnen aneinander zu gleiten. Die Dehnung wird dadurch wesentlich größer. In diesem Bereich größerer Dehnung überwiegt nun der plastische Anteil, während der Bereich geringerer Dehnung überwiegend elastisch ist. Ein so ausgeprägter *plastischer Bereich großer Dehnung* existiert nicht oder kaum bei stark gefüllten und verstärkten Kunststoffen und bei den starr vernetzten Duromeren. Bei ihnen beginnt nach geringerer Dehnung direkt der Bruch. Bei den Elastomeren wird dieser Bereich großer Dehnung elastisch, weil die elastischen Vernetzungen für eine Rückstellung sorgen.

5.5. Abhängigkeit von der Beanspruchungszeit. Zeitstandverhalten

Der Kunststoff stellt in den stets vorhandenen Bereichen amorpher Phase ein mehr oder weniger ungeordnetes Knäuel von Makromolekülketten dar, das auf Beanspruchung mit einer Änderung der Ordnung durch Platzwechselvorgänge reagiert. Diese können um so besser und zahlreicher stattfinden, je länger die Beanspruchungszeit ist. Daher sind die Festigkeitswerte der Kunststoffe von der Beanspruchungszeit abhängig.

5.5.1 Zugfestigkeit in Abhängigkeit von der Belastungszeit

Wenn als Beispiel für dieses zeitabhängige Verhalten wieder die *Änderung der Zugfestigkeit* gewählt wird, dann zeigt sich, daß mit zunehmender Beanspruchungszeit die Zugfestigkeit des Kunststoffes sogar stark vermindert wird. Im Bild 5.8 ist dies für verschiedene Kunststoffe gezeigt, wobei wieder sichtbar wird, daß das amorphe Polyvinylchlorid (PVC) den stärksten Abfall hat, während der stark vernetzte ungesättigte Polyester (UP) als Duromer den geringsten Abfall aufweist. Allerdings weist letzterer wegen seiner Sprödigkeit im Bereich kürzester Zeiten einen der schlechteren Festigkeitswerte auf.

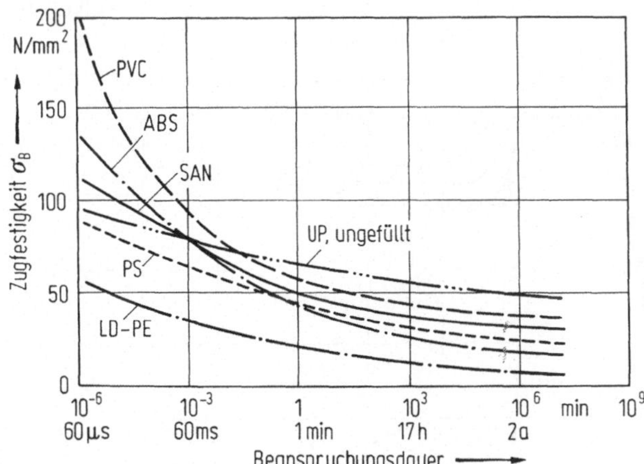

Bild 5.8 Zugfestigkeit in Abhängigkeit von der Beanspruchungsdauer. Die dargestellten Kunststoffe sind kennzeichnend für die allgemeine Tendenz. Die angegebenen Werte sind Durchschnittswerte und gelten, wenn nicht anders vermerkt, für Standardeinstellungen und -bedingungen.

Es gibt keinen Kunststoff, der überhaupt keine Zeitabhängigkeit der Festigkeitseigenschaften zeigt. Durch Füllung und bzw. oder Verstärkung wird diese Zeitabhängigkeit vermindert bis, bei Duromeren, fast ganz beseitigt. Es ist daher verwunderlich, daß viele Teile, die Dauerbelastungen ausgesetzt sind, nicht aus gefüllten oder verstärkten, sondern aus homogenen Kunststoffen geplant werden, bei denen die geringere Belastungsfähigkeit bei längeren Beanspruchungszeiten größere Abmessungen von Bauteilen nötig macht.

5.5.2 Spannungsdehnungskurven in Abhängigkeit von der Belastungszeit

Nicht nur die Zugfestigkeit, sondern auch die damit zusammenhängende Dehnung ist in ihrer Größe von der Belastungszeit abhängig. Spannungsdehnungskurven, die mit verschiedener Geschwindigkeit aufgenommen wurden, zeigen dies.

Für einen amorphen, eingefrorenen Plastomer, das Polystyrol, und einen teilkristallinen mit amorpher eingefrorener Phase, das Polyamid, sind in Bild 5.9 solche *Zugspannungs-Dehnungskurven* gegeben, bei denen die Zugspannung mit *verschiedenen Geschwindigkeiten* aufgebracht wurde. Die bereits besprochene Zeitabhängigkeit der Eigenschaften von Kunststoffen zeigt sich hier in einer Zeitabhängigkeit der Dehnung, die dazu führt, daß bei kürzeren Belastungszeiten, also bei größeren *Be-*

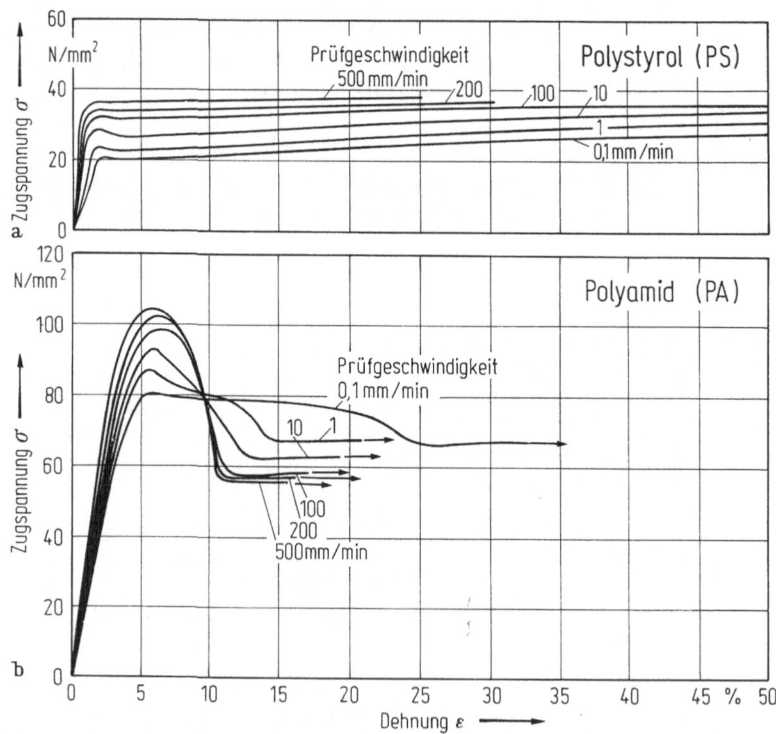

Bild 5.9 Festigkeitsverhalten in Abhängigkeit von der Belastungsgeschwindigkeit. Zugspannungs-Dehnungskurven bei verschiedenen Beanspruchungsgeschwindigkeiten; (**a**) für einen amorphen eingefrorenen Plastomer (PS); (**b**) für einen teilkristallinen Plastomer mit amorpher eingefrorener Phase (PA 6).

anspruchsgeschwindigkeiten, kleinere Dehnungen auftreten als bei größeren. Die einzelnen Kettenmoleküle haben im ersten Fall weniger Zeit, ihre gegenseitige Lage durch Platzwechselvorgänge zu verändern. Die Dehnung und letzlich auch ein damit zusammenhängendes Kriechen finden nicht in so großem Maße statt.

Bei den teilkristallinen Plastomeren wird als Zugspannungswert oft nicht die Bruch- oder Reißspannung, sondern die sogenannte *Streckspannung* angegeben. Sie ist durch das Maximum der Zugspannungs-Dehnungskurve gegeben. In Bild 5.9 sind diese Zugspannungs-Maxima bei den Kurven für Polyamid insbesondere bei hohen Prüfgeschwindigkeiten sehr ausgeprägt. Außerdem liegen die Polyamidkurven durch die Wirkung des kristallinen Anteils allgemein höher, als jene des rein amorphen Polystyrols.

Diese Zugspannungs-Dehnungskurven für verschiedene Beanspruchungsgeschwindigkeiten zeigen den sogenannten Teleskop-Effekt, d. h. eine immer höhere Lage der Kurve des gleichen Materials bei größerer Beanspruchungsgeschwindigkeit.Daher ist die Beanspruchungsgeschwindigkeit für die Messung und Angabe der in den Tabellen gegebenen Kurzzeit-Zugfestigkeits-Kennwerte festgelegt. Für Dimensionierungen geben solche Zugfestigkeiten allerdings im allgemeinen nur Hinweise und nur für den Sonderfall der Kurzzeit-Beanspruchung eine exakte Grundlage für die Konstruktion und die Dimensionierung von Bauteilen.

5.5.3 Zeitstandfestigkeit, Kriech- und Entspannungskurven

Welche Fertigkeitswerte werden für eine Dimensionierung von Langzeit- und dauernd beanspruchten Teilen zugrundegelegt? Sie stammen, soweit überhaupt vorhanden, aus den sogenannten *Zeitstandversuchen,* bei denen bei konstanter Belastung oder Verformung die jeweils andere Größe in Abhängigkeit von der Zeit gemessen wird. Außerdem wird beobachtet, wann dabei der Bruch eintritt. Wenn nun bekannt ist, daß z. B. bei einer gewissen Belastung nach einer bestimmten Zeit der Bruch erfolgt, so kann durch entsprechende Dimensionierung diese Zeit auch als die Anwendungszeit des geplanten Teils erreicht werden. Dabei wird man natürlich eine gewisse Sicherheit einbauen. Oft wird die Dimensionierung jedoch nicht auf Bruch vorgenommen, sondern auf eine bestimmte Verformung, die nicht überschritten werden darf.

Bei dieser in der Praxis bewährten Methode spricht man bei konstanter vorgegebener Belastung vom *Kriech- oder Retardationsfall* (DIN 53 444), bei konstanter Verformung vom *Entspannungs- oder Relaxationsfall* (DIN 53 441). Diese Bezeichnungen beruhen darauf, daß bei konstanter Belastung Kunststoffe auf die Dauer mehr oder weniger kriechen, d. h. ihre Verformung zunimmt. Bei der Vorgabe einer konstanten Dehnung oder, allgemeiner gesagt, Verformung, bildet sich im Kunststoff eine Spannung aus, die gegen die aufgezwungene Verformung arbeitet. Durch die Platzwechsel- und Ausrichtungsvorgänge im Kunststoff nimmt diese Spannung mit der Zeit ab. Der Kunststoff entspannt sich.

In Bild 5.10 sind diese beiden *Zeitstandfestigkeitsabläufe* schematisch dargestellt, wobei zuerst immer eine relativ kurze, sogenannte „Spannzeit" eingetragen ist, in der die konstante Belastung bzw. konstante Verformung aufgebracht wird.

Besondere Kurven der Verformung, sogenannte Kriechkurven, bei konstanter Belastung werden im sogenannten Zeitstandversuch gewonnen und sind die Grund-

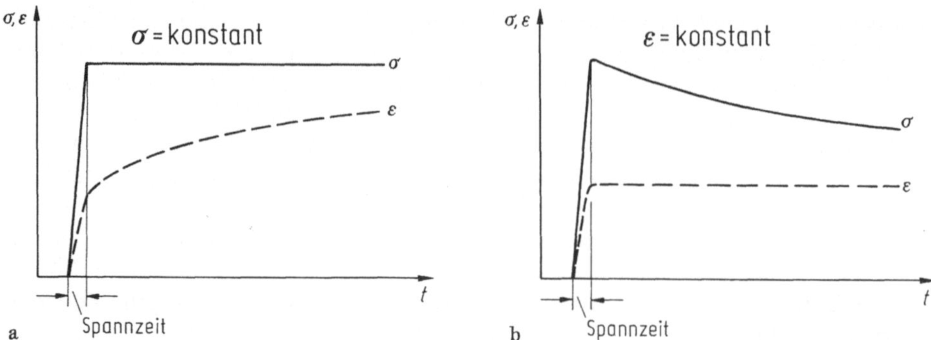

Bild 5.10 Kriech- und Entspannungsverhalten. Belastung (σ) und Dehnung (ε) bei statischen Langzeit- bzw. Zeitstandversuchen in Abhängigkeit von der Beanspruchungszeit; (**a**) bei konstanter Belastung: Kriech- oder Retardationsversuch; (**b**) bei konstanter Verformung: Entspannungs- oder Relaxationsversuch.

lage für viele Anwendungen, bei denen eine mehr oder weniger konstante Belastung auf den Kunststoff wirkt.

In Kunststofftabellen sind meistens in einem Diagramm mehrere Kriechkurven bzw. Entspannungskurven gegeben, wobei der Wert des konstant gehaltenen Parameters an der jeweiligen Kurve vermerkt ist. In Bild 5.11 sind für ein copolymerisiertes Polystyrol solche Kriechkurven (5.11 a) den Entspannungskurven (5.11 b) gegenübergestellt. Sie werden begrenzt durch die Werte, die zum Bruch führen, welche in den Zeitbruchlinien in den beiden Diagrammen zum Ausdruck kommen. Die bereits in der schematischen Darstellung in Bild 5.10 auffallende entgegengesetzte Tendenz der beiden Arten von Zeitstandskurven wird durch diese Gegenüberstellung in Bild 5.11 noch besser sichtbar.

Solche für die Anwendung sehr wichtigen Kurven liegen leider von manchen Kunststoffen und Kunststoffstrukturen nicht vor, und wenn, dann oft nur für relativ kurze Anwendungszeiträume von 1 oder 5 Jahren. Ihre Extrapolation ist dann nur mit Vorsicht möglich. Nur von wenigen homogenen Kunststoffen liegen sie bis über 20 Jahren vor.

5.5.4 Anwendung der Zeitstandfestigkeit

Soll ein Teil eine bestimmte Zeit im Einsatz sein, z. B. 5 oder 25 Jahre, so kann aus einer solchen Zeitstandfestigkeitskurve die am Schluß der Einsatzzeit auftretende Verformung oder Spannung entnommen werden. Handelt es sich um ein Teil mit konstanter Zugbelastung, so muß das Teil so dimensioniert werden, daß diese Verformung nicht so groß wird, daß die *Funktionsfähigkeit des Teils* vermindert wird. Dies könnte einmal dadurch geschehen, daß das Teil zu dünn wird und knickt oder beult, oder daß es keinen Platz mehr für die entsprechende Verformung hat.

Obwohl die Zeitstandfestigkeiten bei konstanter Belastung für die Kunststoffanwendung die wichtigsten Unterlagen hinsichtlich der mechanischen Eigenschaften sind, weil die meisten Anwendungen solche mit konstanter oder auf mehrere solche zurückführbare Belastungen sind, so spielen auch die auf den *Anwendungen mit konstanter Verformung* beruhenden *Entspannungs- oder Relaxationskurven* eine wichtige Rolle. Alle Dichtungs-, Spann- und Klemmanwendungen, Luftkissenanwendungen und viele andere setzen die Kenntnis der Entspannungskurven voraus. Wenn z. B. eine Fugendichtung 25 Jahre halten muß, dann muß die Zusammendrückung in der Fuge so gewählt werden, daß nach den 25 Jahren noch ein genügend hoher Spannungswert vorhanden ist, so daß der Kunststoff auch nach dieser Zeit noch seine Abdichtfunktion erfüllt.

Bei den reinen Kriechfällen ist die *Verformung des Kunststoffes,* wenn sie nicht in Ausnahmefällen zum Ausweichen benutzt wird, eine negative Erscheinung, die lediglich berücksichtigt werden muß, damit das Teil funktionsfähig bleibt. Aus diesem Grund hat auch die Bezeichnung Kriechkurven einen negativen Klang. Für die vielen Einsatzfälle mit vorgegebener konstanter Verformung, wie bei Dichtungen u. a., ist jedoch das Verformungsverhalten des Kunststoffes die Eigenschaft, die erst den Einsatz für solche Anwendungen möglich macht. Das früher als allgemein schlecht qualifizierte Verformungsverhalten der technischen Kunststoffe hat daher eine Umwertung erfahren. Heute ist klar, daß bei richtigem Einsatz der Verformung Anwendungen erschlossen werden können, die neue und vereinfachte

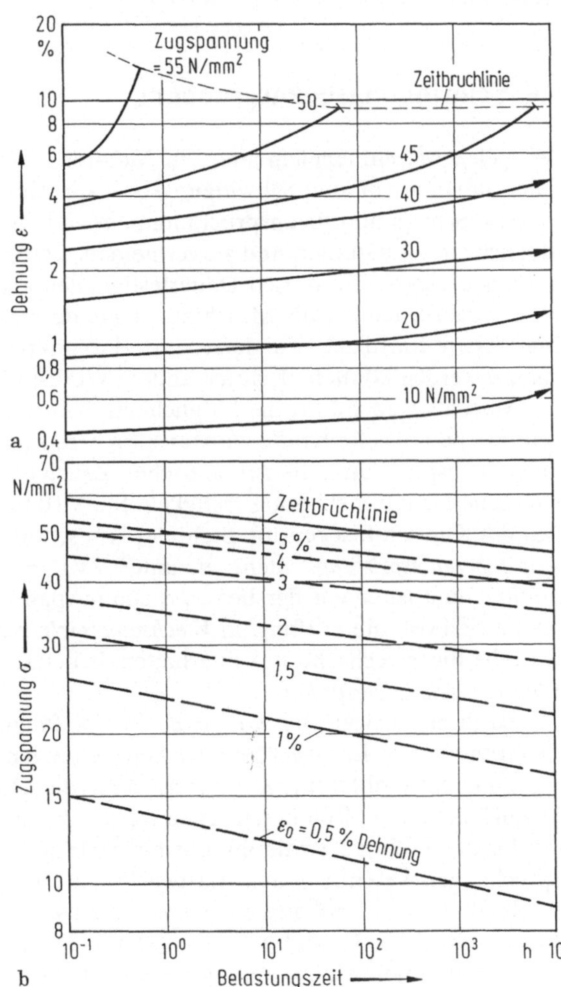

Bild 5.11 Vergleich von Kriech- und Entspannungsverhalten. Gegenüberstellung von Kriech- und Entspannungskurven von Polyacrilnitrilbutadienstyrol (ABS), einem Kunststoff aus der Polystyrolfamilie. (a) Kriechkurven bei verschiedenen konstanten Belastungen, (b) Entspannungskurven bei verschieden konstanten Verformungen bzw. Dehnungen.

technische Lösungen bringen. Erwähnt seien in diesem Zusammenhang der Ersatz von Metallfedern durch federnde Kunststoffbauelemente, die Schnappverbindungen und das Gebiet der aufblasbaren oder mit Luftkissen versehenen Elemente, wie z. B. die Luftkissenfolie für Verpackungszwecke und Schallisolation.

Das Kriechen und Entspannen der Kunststoffe ist die Folge des immer vorhandenen Entropieverhaltens, das bereits unter 3.5 beschrieben ist. Es schränkt die Gültigkeit der Elastizitätsmoduln, die nur für den linearen Zusammenhang nach Gleichung (3.4), den Hookeschen Bereich, gültig sind, stark ein. Nur bei geringen Belastungen im Kurzzeitbereich sind für die Kunststoffe die Elastizitätsmoduln voll gültig, da hier durch ihre Ermittlungsart die Zeitabhängigkeit richtig berücksichtigt ist. Es ist daher wichtig zu wissen, daß für Kunststoffe die Elastizitäts-Moduln im allgemeinen nur Näherungswerte sind. Ein Zusammenhang von Zugfestigkeit und Elastizitätsmodul ist bereits im Kapitel 3 in dem Bild 3.5 gegeben. Bei der Abschätzung für die Dimensionierung von Kunststoffteilen werden trotzdem die Elastizitätsmoduln, die aus den Zug-, Druck- oder Biegeversuchen gewonnen werden, oft benützt.

5.6 Schwingungsbeanspruchung

Bei vielen Maschinenelementen, in Motoren, Getrieben und im Vorrichtungsbau unter anderen tritt eine Schwingungsbeanspruchung der Teile auf. In vielen Fällen ist diese Schwingungsbeanspruchung unerwünscht. Es wird dann versucht, sie nach Möglichkeit zu dämpfen und zu vermeiden. Bestimmte Kunststoffe sind hierfür besonders geeignet. Sie weisen Dauerfestigkeiten auf, die ihren Einsatz auch bei größerer Beanspruchung als Maschinenelemente rechtfertigen und bieten gleichzeitig eine höhere Elastizität, die dazu führt, daß unerwünschte Schwingungen besser gedämpft werden können als durch andere Werkstoffe mit geringerer Elastizität.

Ausschlaggebend für die Möglichkeit, Kunststoffe auf Dauer durch Schwingungen und periodische Kräfte zu beanspruchen, sind nicht die Aussagen einer einmaligen Beanspruchung, die zur statischen Zeitstandfestigkeit führen, sondern die dynamische Dauerschwingungsfestigkeit. Sie wird in verschiedenen Spannungszuständen des Kunststoffes geprüft. Steht der Kunststoff unter Druck, so ist es eine *Druckschwellbereichsprüfung.* Steht er unter Zug, so ist es eine *Zugschwellbereichsprüfung,* und ist er vor der Beanspruchung spannungsfrei, so liegt der meist untersuchte Fall vor, die Prüfung im *Wechselbereich.* Bei einer Biegung mit Lastwechseln wird die Biegewechselfestigkeit erhalten, bei einer mit Drehbeanspruchung die *Torsionswechselbiegefestigkeit.*

Zu ihrer Auswertung wird z. B. die die Biegung bewirkende Kraft gegen den Logarithmus der Lastwechsel oder Umdrehungen aufgetragen und ergibt dann die sogenannten Wöhlerkurven, mittels derer die Dauerschwingungsfestigkeit in Abhängigkeit von der Zeit beschrieben werden kann. Meistens wird versucht, sie bis zu 10^7 Lastwechseln zu ermitteln, obwohl viele Kunststoffe bei nicht zu hohen Beanspruchungen wesentlich mehr Lastwechsel aushalten.

In Bild 5.12 ist anhand einer *theoretischen Wöhlerkurve* mit den dazugehörigen Meßpunkten ihre Entstehung veranschaulicht. Jeder Meßpunkt zeigt den Bruch bei einer bestimmten Meßspannung nach einer bestimmten Lastwechselzahl an. Viele solcher Meßpunkte sind notwendig, um schließlich die untere Grenzkurve, die Wöhlerkurve, ziehen zu können. Die Kurve geht dann in eine Horizontale bei der Grenzlastspielzahl über. Diese Grenzlast verträgt der Kunststoff auf Dauer. Dies darf aber nicht darüber hinwegtäuschen, daß es Kunststoffe und Kunststoffeinstellungen gibt, bei denen die Grenzlast sehr niedrig bis bei Null liegt. Es sind dies die spröden, harten Kunststoffe. Es sei noch erwähnt, daß Voraussetzung bei der Aufnahme der Wöhlerkurve ist, daß die entstehende Erwärmung gering ist.

Für einige ausgewählte Kunststoffe ist die *Dauerwechselbiegefestigkeit in Wöhlerkurven* in Bild 5.12 gegeben. Es zeigt sich dabei, wie zu erwarten, daß Kunststoffe, die aus einer harten und einer weichen Phase bestehen, also teilkristalline Plastomere, sowie copolymerisierte Polystyrole, eine gute Schwingungsbeanspruchbarkeit über lange Zeiten haben. Harte Stoffe, wie z. B. Polycarbonat, fallen dagegen nach relativ kurzzeitiger Wechselbeanspruchung aus.

Das heißt, daß bei allen Kunststoffanwendungen immer zu prüfen ist, ob Wechselbeanspruchungen auftreten. Wenn dies der Fall ist, sind entsprechend weniger geeignete Kunststoffe oder Kunststoffaufbauarten zu meiden. Wenn letzteres nicht möglich ist, wird versucht, eine entsprechende elastische Einbettung anzubringen, damit sie von den Schwingungen nicht beansprucht werden.

Die Anwendung von Maschinenelementen aus *schwingungsfesten Kunststoffen* wie Zahnrädern oder Rollen führt wegen der besseren Schwingungsdämpfung zu einem leiseren und ruhigeren Lauf der Maschinen. Stärkste *Dämpfungswirkungen*

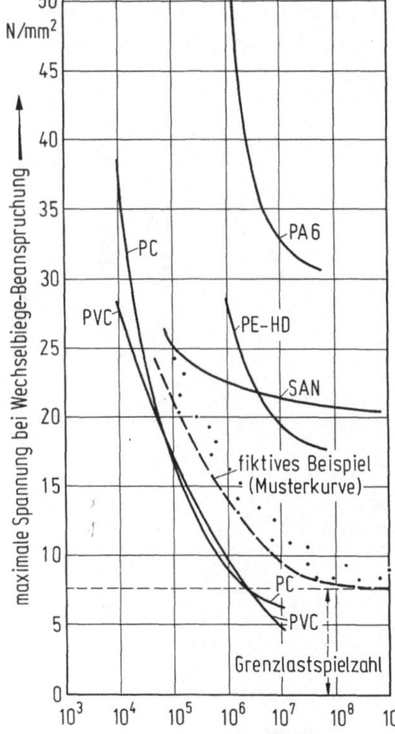

Bild 5.12 Wechseldauerbeanspruchung. Wöhlerkurven der Wechselbiegebeanspruchung für ausgewählte Kunststoffe. Die amorphen Plastomere PC und PVC zeigen ungünstigeres Verhalten als die teilkristallinen und mehrphasigen Plastomere.
Die gestrichelte Kurve und die zugehörigen Meßpunkte sind ein fiktives Beispiel zur Erläuterung der Ermittlung von Wöhlerkurven. Die Prüffrequenz muß so niedrig sein, daß die Erwärmung durch innere Reibung das Ergebnis nicht beeinflußt.

können geeignete *Elastomere* zeigen, ohne daß sie durch die Wechselbeanspruchung Schaden nehmen. Das bekannteste Beispiel sind die Fahrzeugreifen. Reifen werden in der Regel nicht durch die zehnmillionenfache Wechselbiegebeanspruchung beim Überfahren unebener Flächen unbrauchbar, sondern durch den Abrieb.

5.7 Gleitverhalten als Grundlage wartungsfreier Lager- und Gleitelemente

Da Flüssigkeitsmoleküle sich beliebig gegeneinander verschieben lassen, ist die ungestörte Oberfläche von Flüssigkeiten glatt. Aufgrund dieser Beweglichkeit der Flüssigkeitsmoleküle dienen filmbildende Flüssigkeiten als Schmiermittel in Gleitlagern. Da Plastomere auch mit kristallinem Aufbau in ihren amorphen Bereichen als Pseudoflüssigkeiten betrachtet werden können, und die kristallinen Bereiche gleichzeitig als feste Körper elastisch darin eingebaut sind, kann man folgern, daß sie auch gute Gleiteigenschaften für Lager und Gleitelemente aufweisen müßten.

Die Praxis hat gezeigt, daß dies zutrifft. Ein Nachteil besteht allerdings darin, daß die Wärmeleitfähigkeit der Kunststoffe gering, und damit die Möglichkeit der Ableitung der entstehenden Reibungswärme reduziert ist. Aus diesem Grunde werden in der Praxis meist Lagerkombinationen Kunststoff – Metall bevorzugt, bei denen das Metall die Wärmeableitung und der Kunststoff die Schmierung besorgen.

Da Gleitelemente über lange Laufzeiten mit möglichst wenig Abrieb arbeiten sollen und auch Formänderungen unerwünscht sind, sind rein amorphe Kunststoffe nur bei kleinen Flächenpressungen auf der Reibfläche anzuwenden. Beste Ergebnisse werden mit teilkristallinen Plastomeren mit hohen Festigkeiten erzielt. In Bild

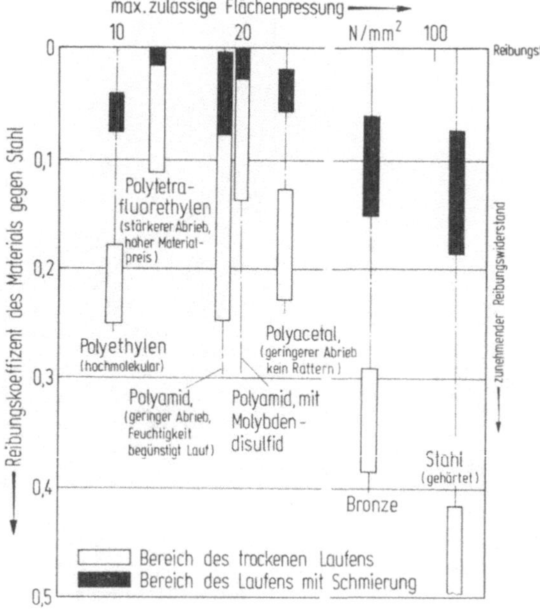

Bild 5.13 Gleitverhalten. Reibungskoeffizienten verschiedener für Lager verwendeter Werkstoffe bei Schmierung und Trockenlauf. Die angegebenen Bereiche gelten für einen Lauf gegen gehärteten Stahl unter speziellen Versuchsbedingungen. Die Beziehungen gelten daher nur relativ. Kunststoffe machen theoretisch bei geringen Belastungen wartungsfreie Trockenlauflager möglich, meistens wird in der Praxis jedoch das Lager einmal geschmiert und dann nicht mehr gewartet. Für höher beanspruchbare Lager werden spezielle Materialkombinationen verwendet, z. B. Kunststoff–Metall. (Nach: H. Käufer, Kunststoffe als Werkstoff, Würzburg 1974)

5.13 sind die *Reibungskoeffizienten* verschiedener Kunststoffe in Vergleich zu denen der Metalle in Abhängigkeit von der bei ihnen anwendbaren *Flächenpressung* gegeben. Diese Reibungskoeffizienten geben den Reibungswiderstand an, der bei Betrieb des Gleitlagers auftritt. Kunststoffe weisen von sich aus sehr kleine Reibungskoeffizienten auf und erreichen mit Schmierung, die auch durch Beigabe von Schmiermitteln als Füllstoff in den Kunststoff, z. B. bei der Verarbeitung über die Schmelze, vorgenommen werden kann, die niedrigsten Reibungswiderstände aller Werkstoffe. So hat z. B. das beste Lagermetall, die Bronze, einen fünfmal höheren Reibungswiderstand als ungeschmiertes Polytetrafluorethylen (PTFP).

Untersuchungen des *Gleitmechanismus einer Kunststoffoberfläche* auf Metall haben zwei Effekte gezeigt. Entsteht eine Unregelmäßigkeit, z. B. eine Spitze am Kunststoff, so wird diese Spitze infolge der hohen örtlichen Druckbelastung plastisch und eingeebnet, wie dies in Bild 5.14 gezeigt ist. Weist das auf dem Kunststoff

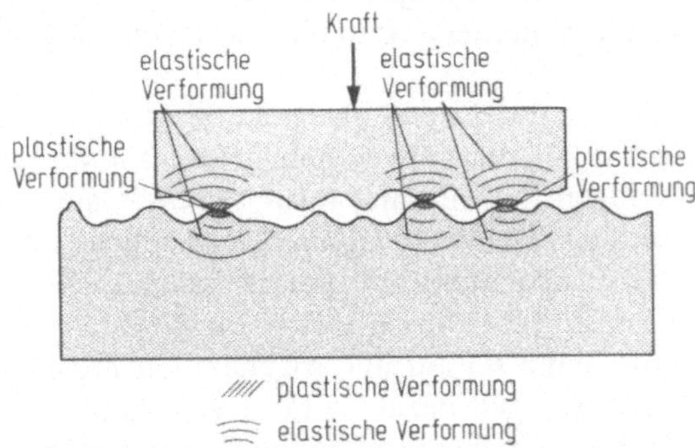

Bild 5.14 Vorgänge beim Aufeinandergleiten von Kunststoffflächen. Reibung bei Kunststoffoberflächen kann partielle plastische Verformungen und damit Anpassungen der Oberfläche bewirken. (Schematische Darstellung)

laufende Metall Riefen oder Unebenheiten auf, so wird vom Kunststoff durch partielles plastisches Eindrücken durch die Reibung eine Einebnung der Metalloberfläche erreicht, indem die Vertiefungen des Metalls mit Kunststoff ausgefüllt werden. Diese beiden Effekte führen dazu, daß die Kombination Kunststoff-Metall als gleitende Flächen bei nicht zu großer Flächenpressung die optimalste Gleitelementkombination liefert, und zwar hinsichtlich kostengünstiger Herstellung, Wartungsfreiheit und auch der Laufruhe. Der Kunststoff dämpft nämlich auch hier wieder die Laufgeräusche.

Es bleibt noch zu erwähnen, daß Verbundkombinationen Kunststoff – Metall für Gleitlagerelemente höherer Flächenpressung immer mehr Eingang finden, und daß mit hartem, körnigem Füllgut gefüllte Duromere als Reibbeläge heute bei den *Bremsbelägen* dominieren. Durch eine Füllung mit Pulvern und Körnern mit kantiger Oberflächenform wird dabei ein hoher Reibungskoeffizient erreicht, der eine schnelle Abbremsung ermöglicht.

5.8 Festigkeitsminderung durch innere Spannungen und Kerbstellen

Alle mechanischen Festigkeitskennwerte sind an Kunststoffteilen nur dann erreichbar, wenn keine Effekte wirksam werden, die die Festigkeit beeinträchtigen. Da solche Effekte eine gravierende Verschlechterung des Festigkeitsverhaltens bringen können, sei auf die beiden wichtigsten eingegangen.

5.8.1 Innere Spannungen und Memory-Effekt

Eine Besonderheit stellen bei Kunststoffteilen die inneren Spannungen dar. Sie entstehen bei falscher Formgebung und Bearbeitung des Kunststoffteils und mindern seine Gebrauchstüchtigkeit. Vor allem bei den Plastomeren kann durch innere Spannungen, welche *eingefrorene Kräfte* sind, durch die Beanspruchung des Teils während des Gebrauchs eine bleibende Deformierung entstehen, die auf einem Ausgleich der inneren Spannungen beruht. Ist eine Formänderung nicht möglich, so reduzieren diese inneren Spannungen in vielen Fällen die Festigkeitswerte der Teile. Aus diesem Grunde ist immer darauf hinzuarbeiten, möglichst *spannungsfreie Teile* herzustellen.

Dies ist unter anderem durch eine geeignete Gestaltung mit entsprechender Verarbeitung, aber auch durch die Verwendung gefüllter und verstärkter Kunststoffe möglich, die eine geringere Schwindung aufweisen und dadurch zu geringeren inneren Spannungen führen. Die *Spannungsoptik* ermöglicht es bei durchsichtigen Kunststoffen, durch die Beobachtung mit polarisiertem Licht innere Spannungen direkt zu erkennen, die in Bild 5.15 durch äußere Einwirkung hervorgerufen sind.

In diesem Zusammenhang sei auf den sogenannten *Memory-Effekt* hingewiesen, der auf inneren Spannungen beruht. Ein in verhältnismäßig zähem Zustand verformter Kunststoff bildet sich bei Erwärmung wieder zurück. Zum Beispiel geht eine eingedrückte Vertiefung in eine erwärmte Kunststoffplatte beim Wiedererwärmen ohne irgendeinen Eingriff von selbst wieder in ihre Ausgangslage zurück.

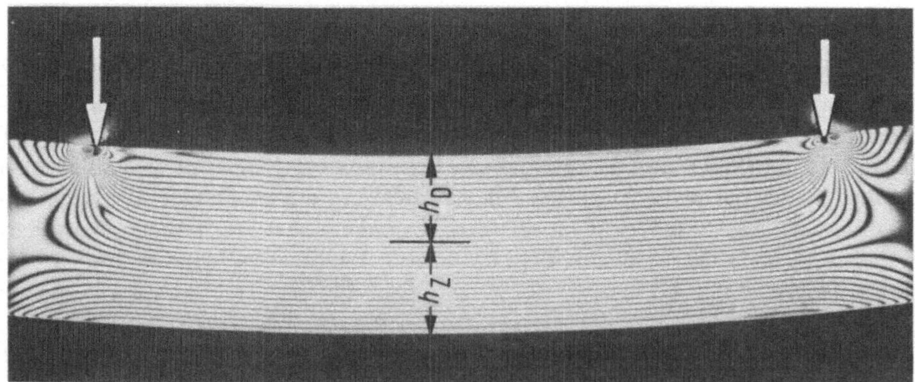

Bild 5.15 Spannungsoptische Analyse der Belastungsverteilung. Spannungsoptisches Bild eines auf Biegung belasteten Kunststoffbalkens. An den beiden oberen Ecken liegen Belastungsspitzen vor, erkennbar an der Häufung der Linien und ihrer kreisförmigen Ausbildung. Die Verschiebung der neutralen Linie bei der Biegebeanspruchung ist deutlich erkennbar.
(Foto: B. Hesselbrock, Kunststofftechnikum, TU Berlin, 1977)

5.8.2 Schlagprüfungen an gekerbten Proben, Kerbwirkung

Um die *Auswirkung von Kerben* auf die Festigkeit zu prüfen, werden an Prüfstäben, bei denen eine definierte Kerbe eingearbeitet ist, Schlag-, Biege- oder Schlagzugversuche durchgeführt. Dies geschieht mittels eines Pendelhammerschlaggerätes, das die Feststellung der zum Bruch nötigen Schlagarbeit erlaubt. Diese Untersuchungen werden auch als *Kerbschlagzähigkeitsmessungen* bezeichnet.

Bei den Elastomeren, aber auch bei vielen elastischen Plastomeren, wird bei diesen Prüfungen, wenn in der Probe keine Kerbe angebracht ist, keine Zerstörung der Probe erreicht. Zu ihnen gehören die schlagfesten Polystyrole (copolymerisiert), Polyethylene, Polypropylen und andere teilkristalline Plastomere.

Wird nun mit Kerben geprüft, so ist meistens eine Zerstörung erreichbar. Diese Versuche hinsichtlich dieser Kerbwirkung zeigen so eindrucksvolle Ergebnisse, daß auf sie hier kurz eingegangen werden soll. In Bild 5.16 ist für eine Reihe härterer Kunststoffe gegenübergestellt, welche vergleichsweise *Arbeit* nötig ist, um eine *eingekerbte Stabprobe zu zerstören,* gegenüber der ungekerbten Probe, deren Zerstörungsarbeit als 100% angesetzt ist, unabhängig davon, wie hoch die eigentliche Schlagbrucharbeit ist. Solche Versuche mit reproduzierbaren Meßergebnissen können nur an verhältnismäßig harten und steifen Kunststoffen vorgenommen werden. Daher sind nicht nur homogene Kunststoffe, sondern auch verschieden gefüllte und verstärkte Duromere in den Vergleich einbezogen.

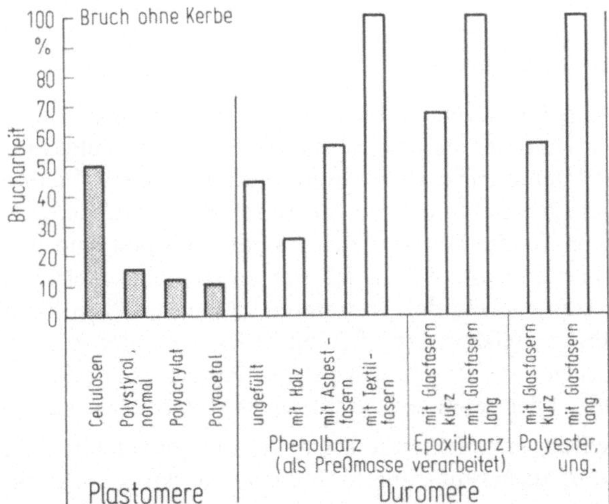

Bild 5.16 Auswirkung von Kerben. Einfluß der Kerbwirkung auf die Festigkeit verschiedener homogener Plastomere sowie Auswirkung von Füllung und Verstärkung bei Duromeren.

Wie zu erwarten, ist der *Festigkeitsverlust durch die Kerbe* bei den unvernetzten Plastomeren am größten. Bei zwei der Materialien wird die zum Bruch nötige Arbeit durch die Kerbe auf 10% reduziert. Interessanterweise ist dieses prozentuale Verhältnis bei normalem (PS) und schlagfestem Polystyrol (PBS) gleich, obwohl normales Polystyrol ohne Kerbe eine Arbeit von etwa 2 Nm und schlagfestes eine von etwa 6,5 Nm benötigt. Dadurch ist der absolute Widerstand gegen die Wirkung der Kerbe in der Probe natürlich auch entsprechend höher.

Um zu zeigen, daß das Füllen eines Kunststoffes die Kerbwirkung erhöht, das Verstärken sie dagegen verringert, ist die Reihe mit gepreßten Stäben aus Duromer Phenol (UF) in Bild 5.16 aufgezeichnet. Phenolharz ungefüllt weist mit einer Kerbe noch 50% seiner Schlagarbeit auf. Wird die gleiche Masse mit Holzmehl gefüllt, so reduziert sich diese bei Vorhandensein einer Kerbe nochmals verhältnismäßig stark, während das Verstärken mit Asbest oder Textilfasern wesentliche Verbesserungen bringt. Wie bei den Polyester- und Epoxidharzmassen mit langen Glasfasern ist bei der Textilfüllung die Kerbwirkung überhaupt nicht mehr feststellbar. Die Verstärkung überdeckt die Eigenschaften des Kunststoffes. Daß dies nicht immer der Fall zu sein braucht, ist daran zu erkennen, daß bei den kürzeren Glasfasern in beiden Materialien noch eine starke Wirkung der Kerbe zu sehen ist.

Nicht nur bei Glas, sondern auch bei einem Teil der härteren Kunststoffe ist aufgrund dieser *Kerbwirkung* das *Trennen* sehr einfach. An der gewünschten Trennstelle wird kräftig eingeritzt und dann mit schwacher Schlaganwendung gebrochen. Bei sauberer Durchführung wird der Bruch immer genau der Kerbe entlang stattfinden. Das Funktionieren dieser Technik wird durch die starke Erniedrigung der nötigen Schlagarbeit an der Kerbstelle erklärt, wie sie für einzelne Kunststoffe dargestellt wurde.

5.8.3 Kerbwirkungsmechanismus

Die Kerbwirkung ist leicht verständlich. Bei einer zwangsweise partiellen Ausrichtung der Kettenmoleküle an einer Kerbstelle mehr oder weniger in eine Richtung, wirkt der Hauptteil der chemischen Bindungskräfte in dieser Richtung, und der Zusammenhalt in der Querrichtung wird nur durch Seitengruppenanziehung und die van der Waalsschen Kräfte bewirkt. Beide Kräftegruppen sind wesentlich kleiner als die Bindungskräfte (Kapitel 3, Tafel 3.1), so daß eine mechanische Beanspruchung ein Aufplatzen entlang den Kettenmolekülen bewirken kann. Dies führt zu den in 3.9.1 erwähnten Mikrorissen, die den Bruch erheblich erleichtern. Dieser Effekt wird auch bei der Verarbeitung von hochverreckten Folien in Bändchen genutzt, dem *Spleißen*. Dies geschieht beim Laufen über eine Walze mit Spitzen.

Die geringere oder ganz fehlende Kerbwirkung bei verstärkten Kunststoffen ist dann einfach darauf zurückzuführen, daß die Verstärkungsstoffe die partielle Ausrichtung der Ketten auch an Kerben und Kanten behindern und den Zusammenhalt in Querrichtung verbessern.

Auslösend für die *Zerstörung über die Kerbwirkung* sind oft kurzzeitige Beanspruchungen, sogenannte Stoßbeanspruchungen, in den wenigsten Fällen die Dauerbeanspruchung der Teile allein. Solche kurzzeitigen Beanspruchungen, hauptsächlich als Stöße, können durch Auffallen, Resonanz, Bodenerschütterungen, Fahrerschütterungen u. a. auf das Teil einwirken. Sie können kurzzeitig sehr hohe Kräfte bewirken, die in der Kerbe Mikrorisse erzeugen und durch das Fortschreiten der Risse dann zum Bruch führen.

5.8.4 Folgerungen für die Gestaltung

Die *Vermeidung von Nachteilen durch innere Spannungen und Kerben* erfolgt beim Entwurf und der Planung des Teils durch die Wahl des geeignetsten Kunststoffes und seines Aufbaus und eine darauf abgestimmte Teilgestaltung. Letztere soll eine von inneren Spannungen und Einkerbungen freie Herstellung des Teils ermöglichen. Daher sind starke Querschnittsänderungen, scharfe Kanten und zu große Wandstärkeänderungen bei Kunststoffaufbauarten, die kerbempfindlich sind, zu vermeiden. Bei der Verarbeitung und Formgebung sind unregelmäßige Abkühlung und niedrige Schnittgeschwindigkeiten zu vermeiden, um möglichst wenig innere Spannungen zu erzeugen. Die Tendenz, bei der Wahl des Makroaufbaus der Werkstoffe immer mehr vom homogenen Kunststoff abzugehen und gefüllte sowie verstärkte Kunststoffe oder andere komplexe Werkstoffzustände bevorzugt einzusetzen, ist eine Reaktion auf die Kerb- und innere Spannungsempfindlichkeit der Kunststoffe, die am stärksten bei den homogenen Kunststoffen ausgebildet ist.

5.9 Ausblick

Für die Anwendung der Kunststoffe kann aus dem mechanischen Verhalten allgemein gefolgert werden, daß der Einsatz von Kunststoffen unter anderen Gesichtspunkten betrachtet werden muß als der anderer Werkstoffe. Es braucht hinsichtlich seiner Festigkeit nicht stark überdimensioniert werden, aber die Festigkeitsbeanspruchungen müssen genauer bekannt sein und der Kunststoff, seine Konstruktion und seine Verarbeitung darauf abgestimmt sein.

Die Beurteilung der Festigkeitsbeanspruchung setzt deshalb mehr die Kenntnis des Kunststoffaufbaus und -zusammenhalts und seiner verschiedenen Auswirkungen als bei den klassischen Werkstoffen voraus. Manche, die vom Gebiet der klassischen Werkstoffe herkommen, wollen das nicht wahrhaben. Konstruktive Fehlleistungen und Fehleinsätze der Kunststoffe sind die Folgen.

Es ist jetzt auch klar geworden, warum es unmöglich ist, alle mit Kunststoffen erreichbaren mechanischen Eigenschaftskombinationen tabellarisch zu erfassen. Sicher sind heute die verschiedenen Nachschlagwerke noch lückenhaft und weisen leider oft auch zu ungenau festgelegte Werte auf. Aber auch bei zukünftigen genaueren und umfassenderen Tabellenwerken wird es dem Anwender nicht erspart bleiben, mit Sachkenntnis zu inter- und zu extrapolieren. Dies erst erschließt ihm die vollen Möglichkeiten der Kunststoffe. Die vorliegende Überblickdarstellung der mechanischen Eigenschaften sollte deshalb vor allem das Gefühl für die Eigenschaftsbereiche zur besseren Beurteilung von Einzelwerten vermitteln. Auch sollte sie das Zusammenwirken der einzelnen mechanischen Eigenschaftswerte erklären, das in der Praxis manchmal zu wenig beachtet wird.

Alle in diesem Kapitel gebrachten Werte gelten nur für Raumtemperatur, also für ca. 20 °C. Da aber bei Kunststoffen eine außergewöhnliche Abhängigkeit der mechanischen Werte von der Temperatur besteht, ist die Beachtung der Tempratureinflüsse bei der Anwendung von entscheidender Bedeutung. Auf sie wird im nächsten Kapitel eingegangen.

6. Wärmetechnische Eigenschaften

Das Verhalten bei Wärme und Kälte beeinflußt mehr als bei anderen Werkstoffen die meisten Anwendungen und bringt wichtige neue Anwendungsgebiete.

6.1 Einleitung

Die Behandlung des Kunststoffzusammenhalts u. a. mit dem Enthalpiegesetz (3.4.2) zeigte bereits, daß sich dieser in Abhängigkeit von der Temperatur kontinuierlich ändert. Das bedeutet, daß praktisch auch alle Eigenschaften in stärkerem oder schwächerem Maße temperaturabhängig sind. Für manche Anwendungen ist dies ein Nachteil, für viele Anwendungen wird es ohne Bedeutung sein, und für andere Anwendungen ist es aber auch ein ausschlaggebender Vorteil. So wird z. B. bei Erwärmung das Elastomere von Reifen härter und fester. Dies wird durch das entropieelastische Verhalten der Elastomeren bewirkt und ermöglicht die heutigen Hochleistungsreifen.

Um einen Überblick über das temperaturabhängige Verhalten der Kunststoffe im Anwendungsbereich zu geben, wird, ausgehend von den eigentlichen wärmetechnischen Eigenschaften wie Wämeausdehnung, -kapazität und -leitfähigkeit, auch die Abhängigkeit mechanischer Eigenschaften von Temperaturänderungen besprochen. Schließlich werden am Schluß Hinweise über die Begrenzung der Anwendungstemperaturbereiche gebracht, die ein Beurteilungsschema für die oberen und unteren Temperaturgrenzen zulassen.

Beim Einsatz der klassischen Werkstoffe ist bei normalen Umweltbedingungen die übliche Wärmeeinwirkung kaum von Bedeutung. Da dies bei den Kunststoffen anders ist, verbaut die vorrangige Behandlung der Einschränkungen durch diese Temperaturabhängigkeit der Eigenschaften oft die Sicht dafür, daß sich aus der bewußten Anwendung der wärmetechnischen Eigenschaften der Kunststoffe wichtige Anwendungsmöglichkeiten ergeben. Um dies zu vermeiden, sind bewußt die eigentlichen wärmetechnischen Eigenschaften in diesem Kapitel an den Anfang gestellt und die direkten Anwendungsmöglichkeiten, die sich aus ihnen ergeben, gestreift. Dabei erkärt sich auch die anfangs erstaunlich scheinende Tatsache, daß große Mengen der Kunststoffe infolge ihrer besonderen wärmetechnischen Eigenschaften auf dem Gebiet der Wärme- und Kältetechnik eingesetzt werden.

6.2 Wärmeausdehnung

Bekanntlich ändert jeder Werkstoff sein Volumen bei Temperaturerhöhung durch die Wärmeausdehnung. Eine mechanische Beanspruchung ist dazu nicht erforderlich. Natürlich findet diese Wärmeausdehnung in dem ganzen Temperaturbereich statt, in welchem der Kunststoff angewendet werden kann. Daß sie sich je nach Lage der Temperaturerhöhung in diesem Bereich etwas ändern kann, ist ein sekundärer Effekt und braucht hier nicht näher betrachtet werden. Es genügt hier der Hinweis, daß die obere Temperaturgrenze der Anwendung die der größten Ausdehnung ist.

6.2.1 Wärmeausdehnung im Vergleich

Um einen Begriff über die unterschiedliche Wärmeausdehnung der verschiedenen Kunststoffe im Vergleich zu anderen Werkstoffen zu geben, sind in Bild 6.1 die Längenausdehnungen aufgetragen, welche eine ein Meter lange Stange bei einer Temperaturerhöhung von 10 °C ungefähr bei Zimmertemperatur erfährt. Diese Werte sind zum Vergleich anschaulicher als die in den Tabellen angegebenen linearen *Wärmeausdehnungskoeffizienten*. Bei der vergleichsweisen Betrachtung in Bild 6.1 weisen der größte Teil der Kunststoffe, auch bei unterschiedlichem Makroaufbau, eine wesentlich größere Wärmeausdehnung als klassische Werkstoffe auf. Daraus ergibt sich die bekannte *Regel*, daß insbesondere homogene Kunststoffe etwa die *10fache Wärmeausdehnung* bei gleichen Verhältnissen aufweisen wie die metallischen Werkstoffe.

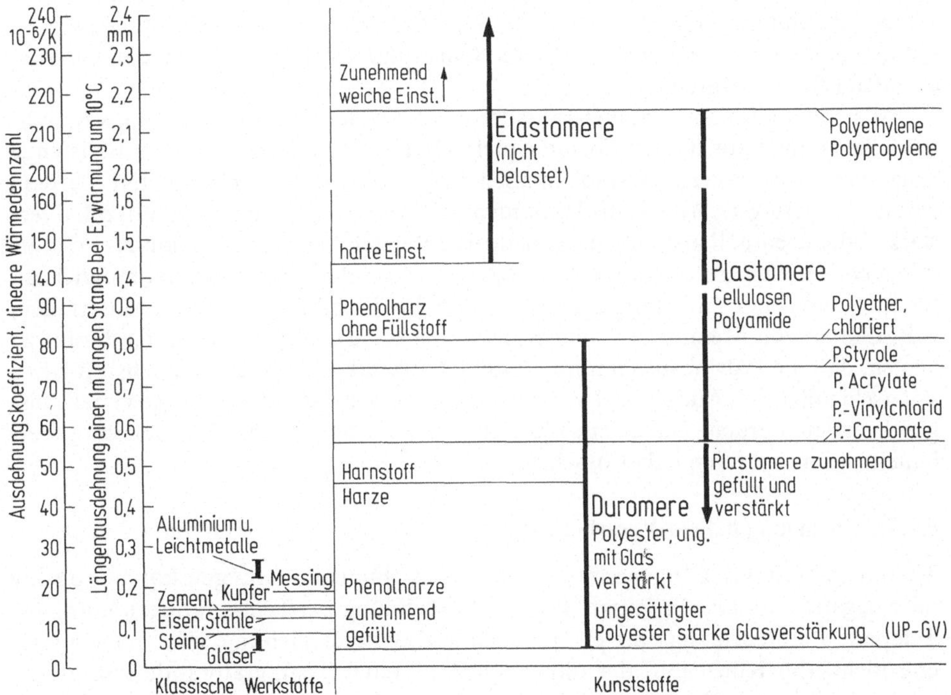

Bild 6.1 Wärmeausdehnung. Vergleich der Längenausdehnungsbereiche von Stangen aus verschiedenen Werkstoffen bei Erwärmung. Daneben sind die Ausdehnungskoeffizienten dieser Werkstoffgruppen angegeben. Kunststoffe haben eine größere Wärmedehnung als andere Werkstoffe.

Es ist ohne weiteres zu verstehen, daß die hochverstärkten und -gefüllten Duromere den Ausdehnungswerten der klassischen Werkstoffe am nächsten liegen. Die größte Ausdehnung weisen die ungefüllten und unverstärkten Elastomeren und die homogenen Plastomeren insbesondere mit weicher Einstellung auf.

Nach den früher dargestellten Überlegungen ist es nicht schwierig, das Wärmedehnungsverhalten der Kunststoffe zu verstehen. In kristallinen Stoffen, z. B. Metallen, sind alle Atome dreidimensional in einem Gitter festgelegt. Der Zusammenhalt ist sehr groß, die Ausdehnung, die durch eine bestimmte Temperaturerhöhung erreicht wird, wird daher wesentlich kleiner sein als die bei einem Kunststoff mit geringeren Zusammenhaltskräften. Kunststoffe wurden bereits früher als „Pseudoflüssigkeiten" bezeichnet. Sie liegen auch hinsichtlich ihrer Wärmeausdehnung mehr in der Nähe der Flüssigkeiten als der klassischen festen Werkstoffe. Füllung und Verstärkung mit Material, das sich weniger ausdehnt, vermindert allerdings die Gesamtausdehnung.

6.2.2 Berücksichtigung der Wärmeausdehnung bei der Anwendung

Die relativ große Wärmeausdehnung selbst bei geringen Temperaturänderungen muß bei vielen Anwendungen berücksichtigt werden, weil der Platz für diese Ausdehnungen vorhanden sein muß, da sonst durch Verhinderung der Ausdehnung innere Spannungen entstehen, die zu Funktionsausfällen und Beschädigungen des Teils führen können. Aber auch die bei Kunststoffen eine Größenordnung größere Wärmeausdehnung gegenüber anderen Werkstoffen kann beim Zusammenwirken mit ihnen, sei es im Verbund oder durch konstruktive Maßnahmen zu den entsprechenden Effekten führen.

Allgemein gilt daher: Kunststoffteile brauchen mehr Luft und Spiel als Metallteile. Sie können aus diesem Grunde auch nicht so eng toleriert werden. Falls enge Toleranzen vorgeschrieben sind, müssen jene Kunststoffe berücksichtigt werden, welche die geringste Wärmeausdehnung aufweisen, die Duromere, gefüllt oder verstärkt, oder eventuell noch die im günstigeren Bereich liegenden Plastomere. Erwärmung bei der Anwendung sollte vermieden werden oder, falls dies nicht möglich ist, für eine genügende Ableitung gesorgt werden. Bei Kombinationen von Materialien, z. B. Einbau von Metallteilen oder Kleben von Kunststoff auf Metall ist darauf zu achten, daß die Wärmeausdehnung in dem Anwendungsbereich möglichst nicht zu unterschiedlich ist. Auch hier kann wieder mit Wärmeableitung ein gewisser Ausgleich erzielt werden. Dabei muß jedoch das unterschiedliche Wärmeleitungsverhalten, das im späteren näher beschrieben ist, beachtet werden.

6.2.3 Schwindung bei der Verarbeitung

Thermisch bedingte Längenänderungen bzw. Volumenänderungen können positiv oder negativ sein. Das bedeutet, daß der Ausdehnung bei Temperaturerhöhung bei Temperaturerniedrigung eine entsprechende Zusammenziehung, eine *Schwindung*, entspricht. Ein Kunststoff, der ohne Belastung einer Temperaturänderung ausgesetzt ist, wird nach Rückgang dieser Temperaturänderung wieder seine ursprünglichen Maße aufweisen. Bedeutsam wird vor allem das Problem der Temperaturschwindung bei den bei Kunststoffen im Vordergrund stehenden Warmverarbeitungsverfahren. Eine thermoplastische Schmelze wird z. B. in einem Werkzeug ge-

formt und abgekühlt. Da das Plastomer größenordnungsmäßig die zehnfach größere Schwindung hat als der Werkzeugstahl der Form, kann durch unkontrollierte
Schwindung die Form des Teils Änderungen erfahren.

Man ist natürlich bestrebt, solche *Verarbeitungsschwindungen* aufgrund des bekannten Wärmeausdehnungsverhaltens insbesondere bei der Herstellung von Präzisionsteilen im voraus zu berechnen und zu berücksichtigen. Dies stößt jedoch auf
Schwierigkeiten, weil die Schwindung, insbesondere bei komplizierten Teilen, auch
von der räumlichen Temperaturverteilung bei der Abkühlung abhängt. Dadurch
werden einer genauen Tolerierung bei der Herstellung von Kunststoffteilen Grenzen gesetzt. Größte Maßhaltigkeit wird vom Werkstoff her bei den Kunststoffen mit
den geringsten Wärmeausdehnungskoeffizienten möglich. Bei Kunststoffen mit
starker Wärmeausdehnung, wie z. B. den verschiedenen Elastomeren, wird die notwendige definierte Erfassung der Abkühlungsschwindung erst durch Probeverarbei-
tungen mit der entsprechenden Mischung und ihren Verarbeitungsbedingungen in
dem geplanten Werkzeug erreicht.

6.3 Wärmekapazität

Die nötige Wärmemenge, um einen Werkstoff um 1 °C zu erwärmen, ist in den
meisten Tabellen als *spezifische Wärme,* das ist die Wärmemenge, die eine Ge-
wichtseinheit eines Stoffes um 1 °C erhöht, gegeben. Dies ist zum Vergleich mit
den Kunststoffen nicht anschaulich. Darum ist hier der Bezug auf die gleichen Vo-
lumina genommen, um die Zusammenhänge besser erkennen zu können. In Bild
6.2 ist daher die *vergleichbare Wärmemenge* für die *Erwärmung um 1 °C auf das
Volumen* bezogen, sowie von der Wärmemenge, welche Wasser benötigt, das hier
als Bezugsstoff gilt, ausgegangen.

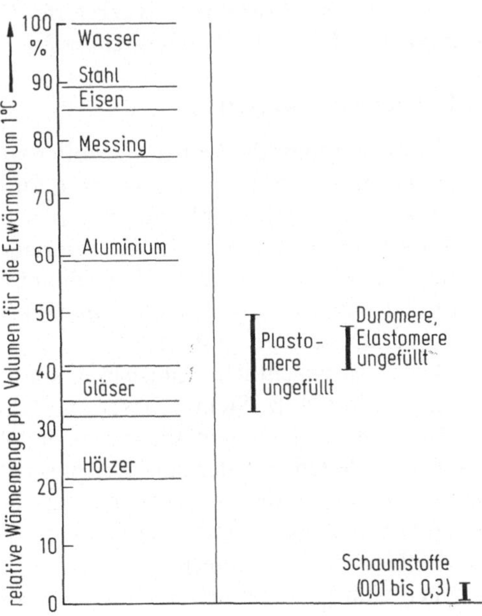

Bild 6.2 Relative volumenbezogene Wärmekapazitäten. Zur Erwärmung eines Kunststoffes wird eine kleinere Wärmemenge benötigt als zu der des gleichen Volumens von Metallen oder Wasser! Zur Erwärmung einer Volumeneinheit um 1 °C wird bei Raumtemperatur nur der angegebene Prozentsatz der für Wasser erforderlichen Wärmemenge benötigt. Durch Füllung oder Verstärkung können sich diese Werte erheblich ändern.

Es ist aufschlußreich, daß im homogenen Makroaufbau Kunststoff (ungefähr liegen die Kunststoffe alle in einer Gegend, so daß es gleichgültig ist, welcher Kunststofftyp herangezogen wird) nur die Hälfte der Wärmemenge für eine bestimmte Erwärmung benötigt als Stahl oder Eisen. Liegt der Kunststoff in Form eines Schaumkunststoffes vor, so genügt sogar nur 1/10 bis 1/30 der für Wasser oder Metalle nötigen Wärmemengen, um die gleiche Erwärmung zu erhalten. Anders ausgedrückt bedeutet dies, daß die gleiche Wärmequelle bei gleicher Wärmeleitung den Kunststoff doppelt, Schaumkunststoffe sogar 30 – 10mal so gut erwärmen könnte als die Schwermetalle.

Es sei noch der Vollständigkeit halber darauf hingewiesen, daß nicht nur die Wärmekapazität, sondern auch die Wärmeausdehnung von der jeweiligen Temperatur und dem jeweiligen Aufbau des speziellen Kunststoffes abhängig ist. Die hier gegebenen Vergleichswerte sollen nur größenordnungsmäßig richtige Vorstellungen für das wärmetechnische Verhalten der Kunststoffe vermitteln. Bei einer genaueren Berechnung oder Abschätzung ist auf jeden Fall die Heranziehung von Tabellenwerten für den speziellen Kunststoff und den interessierenden Temperaturbereich nötig.

6.4 Wärmeleitungseigenschaften

Die Temperaturerhöhung eines Kunststoffes kann die Folge einer Wärmezufuhr sein. Diese hat wiederum eine Wärmeausdehnung zur Folge. Beide Effekte hängen in starkem Maße davon ab, wie die Wärmeenergie im Kunststoff verteilt wird, d. h. wie die Wärmeleitung des Kunststoffes ist. Infolge der schwächeren Zusammenhaltsmechanismen kann man bereits aus der Vorstellung des Kunststoffaufbaus schließen, daß die Wärmeleitfähigkeit geringer ist als die der kristallinen Metalle oder anderer rein kristalliner Werkstoffe. Dies trifft zu. Kunststoffe sind schlechte Wärmeleiter, d. h. gute *Wärmeisolatoren.*

6.4.1 Wärmeleitfähigkeit

Die Wärmeleitungsfähigkeit eines Stoffes wird durch die sogenannte *Wärmeleitzahl* gekennzeichnet, die in Tabellenwerken zu finden ist. Sie gibt an, welche Wärmemenge z. B. in kJ (Kilojoule) durch einen bestimmten Querschnitt (z. B. 1 m²) des Werkstoffes bei einem bestimmten Temperaturgefälle (Dicke durch Temperaturunterschied) in einer bestimmten Zeit geleitet wird. Für eine solche Anordnung sind in Bild 6.3 die *Wärmeleitfähigkeiten für verschiedene Werkstoffe und Kunststoffe* vergleichsweise zusammengestellt.

Daraus ist ersichtlich: Kunststoffe sind schlechte Wärmeleiter, also Wärmeisolatoren, die mit Holz, Stein, Wasser und Glas vergleichbar sind. Die guten Wärmeleiter sind in der Lage, ein Vielfaches der Wärmemenge unter gleichen Bedingungen weiterzuleiten. Kupfer zum Beispiel leitet die Wärme im Mittel über fünfhundertmal besser als die homogenen Kunststoffe und über 10 000mal besser als die besten Wärmeisolatoren, die Schaumkunststoffe. Letzteres ist sehr einfach zu erklären: Luft ist ein noch schlechterer Wärmeleiter als Kunststoff, und die Schaumstoffe bestehen zum größten Teil aus fest eingeschlossener Luft und zum kleineren Teil

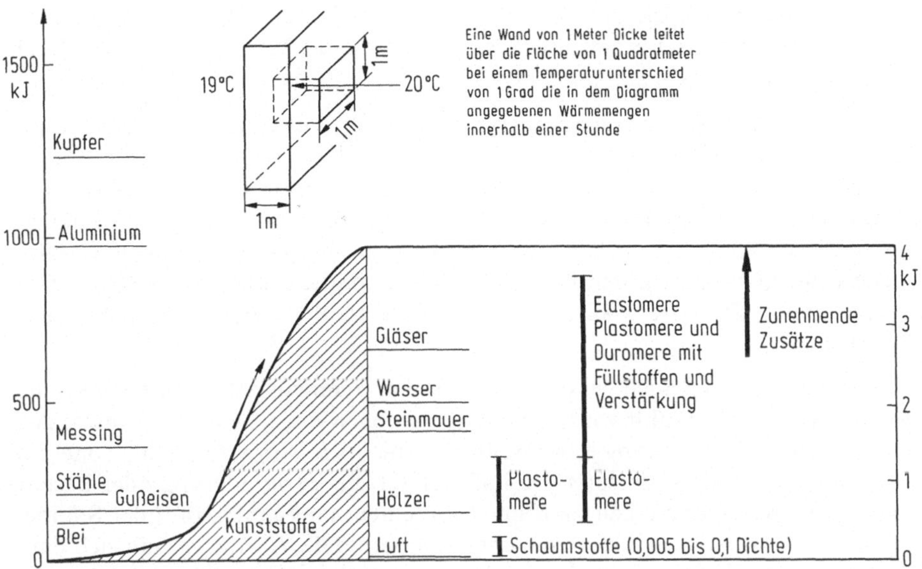

Bild 6.3 Wärmeisolationsfähigkeit. Kunststoffe sind sehr gute Wärmeisolatoren, d. h. schlechte Wärmeleiter (1 kJ = 0,239 kcal)

aus dem Kunststoffskelett. Würde die Luft nicht fest eingeschlossen sein, so wäre eine erhebliche Wärmeleitung durch bewegte Luft möglich, durch die sogenannte Wärmekonvektion, d. h. der Wärmetransport würde durch einen Materialtransport bewirkt.

Die im allgemeinen als Füll- und Verstärkungsstoffe verwendeten Materialien weisen eine größere Wärmeleitfähigkeit auf. Es ist daher erklärlich, daß gefüllte und verstärkte Kunststoffe ebenfalls eine größere Wärmeleitfähigkeit aufweisen als die entsprechenden homogenen Kunststoffe.

6.4.2 Auswirkungen beim Erwärmen und Abkühlen

Um die Auswirkungen der schlechten Wärmeleitfähigkeit beurteilen zu können, muß beachtet werden, daß die Erwärmung in der Praxis von ganz unterschiedlichen Wärmequellen ausgehen wird. Eine solche Wärmequelle, sei es nun eine Reibstelle, ein elektrisch erhitzter Draht, auffallende Strahlung oder ähnliches, wird bei Kunststoffen am Ort der Einwirkung also eine stärkere Erwärmung bewirken als bei einem Metall, das die Wärme schneller weiterleitet. Außerdem entstehen durch diese schlechte Wärmeleitfähigkeit auch größere Temperaturunterschiede in einem Teil, das lokal erwärmt wird. Am Ort der Erwärmung hat der Kunststoff das Bestreben sich auszudehnen, an den kälteren Stellen will er jedoch seine Form beibehalten, und so arbeiten an den Übergangszonen die Kräfte der Ausdehnung und des Beharrens gegeneinander. Es entsteht ein Spannungszustand, eine sogenannte innere Spannung oder Wärmespannung. Sie kann so groß werden, daß sie zu einem Riß oder Bruch im Körper führt. Gegenmittel ist die Vermeidung einer zu starken örtlichen Erwärmung oder die gute Ableitung der entstehenden Wärme durch an geeigneter Stelle angebrachte, eventuell eingebaute, gute Wärmeleiter oder durch Wärmekonvektion.

Auch bei allen Warmverarbeitungsverfahren der Kunststoffe ist die schlechte Wärmeleitung in Rechnung zu setzen. Entweder sollen möglichst kleine Stücke, z. B. Granulat, die alle der Wärmequelle genähert werden können, Verwendung finden, oder es muß eine nicht zu starke Wärmequelle oder -Erzeugung genügend lange einwirken können. Eine Erhöhung der Temperatur der Wärmequelle verkürzt in vielen Fällen kaum mehr den Plastifizierprozeß, sondern führt zum Abbau der zu stark erwärmten Bereiche, während die entfernteren Bereiche trotzdem hart und kälter bleiben.

Umgekehrt können auch bei der Verarbeitung, wenn das geformte warme Stück möglichst schnell abgekühlt wird, innere Spannungen entstehen. Die kühlere Außenschicht zieht sich zusammen, während sich die noch wärmere innere Zone dieser Zusammenziehung widersetzt. Deshalb erfolgt die Verminderung oder Beseitigung von inneren Spannungen manchmal mit einem langsamen, oft über Stunden dauernden Erwärmen und Abkühlen, dem Tempern. Die Wärme verteilt sich dann trotz der schlechten Wärmeleitung in jedem Augenblick gleichmäßig über das ganze Stück, und es sind dann im abgekühlten Körper weniger bis keinerlei innere Spannungen. Bei schneller Abkühlung oder schneller örtlicher Erwärmung und anschließender Abkühlung können dagegen die entstandenen inneren Spannungen eingefroren, und auch beim abgekühlten festen Körper vorhanden sein. Eine geringe mechanische Beanspruchung, welche sonst dem Kunststoffkörper nichts ausmachen würde, kann sich mit der inneren Spannung überlagern und dann zum Riß oder Bruch führen.

6.4.3 Anwendungen als Wärmeisolator

Diesen Schwierigkeiten, welche durch die schlechte Wärmeleitung der Kunststoffe bei ihrer Anwendung und Verarbeitung auftreten können, stehen auch Vorteile gegenüber, welche unter dem Oberbegriff *Isolierwirkung* zusammengefaßt werden können. Speisen und andere Stoffe bleiben in Kunststoffgefäßen länger warm als in Metallgefäßen. Aber auch Kühlschränke und andere Gefriergeräte sind mit Kunststoff ausgekleidet und im Innern mit Schaumstoff isoliert, damit die erzeugten tiefen Temperaturen möglichst lange erhalten bleiben. Die besten Wärme- und Kälteisoliermittel sind nämlich die Schaumkunststoffe. Um z. B. die Isolierwirkung einer 1 cm dicken Schaumkunststoffplatte niedriger Dichte zu erreichen, würden 4 cm Sperrholz, 22 cm Mauerwerk oder 55 cm Beton benötigt. Daher ist der sehr leicht handhabbare und verarbeitbare Kunststoffschaum das Isoliermittel der Zukunft, das heute u. a. in Wohnungen, für Boote und in vielen anderen Fällen Anwendung findet.

Wie Porzellan haben die Kunststoffe infolge ihrer wärmeisolierenden Wirkung einen sehr angenehmen Griff. Heiße und kalte Kunststoffteile können besser angefaßt werden als gleichwarme Metallteile.

6.5 Temperaturabhängigkeit der mechanischen Eigenschaften

Es wurde bereits bei der Besprechung des Zusammenhalts der Kunststoffe darauf hingewiesen, daß sie praktisch in ihrer amorphen Phase Pseudoflüssigkeiten darstellen, bei denen die Bindungsenergie der chemischen Bindung der Makromoleküle im wesentlichen den Zusammenhalt bewirkt. Die Energie der Wärmebewegung arbeitet gegen diesen Zusammenhalt. Sie ist um so größer, je höher die Temperatur ist, was durch die Temperatur im zweiten Glied des Enthalpiesatzes (in Gl. 3.2) zum Ausdruck kommt. Der Zusammenhalt ist danach um so geringer, je höher die Temperatur ist, was bedeutet, daß auch die *Festigkeit* der Kunststoffe wesentlich *von der Temperatur abhängt.* Höhere Temperaturen bringen geringere Festigkeiten, größere Elastizität und damit größere Schlagfestigkeit, aber geringere Härte.

Der kristalline Anteil von Kunststoffen, wie kristalline Substanzen überhaupt, hat in bezug auf die Temperaturabhängigkeit gleichmäßigere mechanische Eigenschaften, weist also eine geringere Zu- oder Abnahme bei Temperaturänderungen auf als die entsprechenden Eigenschaften des amorphen Teils. Daher ist bei amorphen, homogenen Plastomeren die Eigenschaftsänderung mit der Temperatur am stärksten, bei entsprechend gefüllten und verstärkten, sowie teilkristallinen Kunststoffen sind diese Eigenschaftsänderungen geringer.

6.5.1 Temperaturabhängigkeit der Zugfestigkeit

Am Beispiel der Zugfestigkeit verschiedener Kunststoffe ist dies in Bild 6.4 gut zu erkennen. Das amorphe Polyvinylchlorid und das Polystyrol weisen einen starken Abfall auf. Teilkristallines Polyethylen zeigt einen wesentlich geringeren Festigkeitsabfall.

Ein interessanter Nebeneffekt ist bei den Kurven der Elastomeren zu beobachten. Für den Naturkautschuk (Polyisopren) sind die Zugfestigkeitskurven des mit Ruß verstärkten und des unverstärkten vulkanisierten Kautschuks gegenübergestellt: Die Verstärkung durch den Ruß wirkt wesentlich nur in dem Bereich von Temperaturen bis etwa 80 °C. Bei höheren Temperaturen laufen die beiden Festigkeitskurven zusammen. Die Beweglichkeit der Molekülkettenteile wird dann so groß, daß die stabilisierende und festigkeitserhöhende Wirkung der großen Oberfläche der verstärkenden Rußteilchen keine Rolle mehr spielt.

Was sagen nun die üblichen Tabellen über diese Temperaturabhängigkeiten? In vielen Fällen leider nichts. In Bild 6.4 ist bei 20 °C die gestrichelte Linie eingezogen, deren Schnittpunkte mit den Zugfestigkeitskurven die jeweiligen Tabellenwerte ergeben. Es ist deutlich zu sehen, daß diese Tabellenwerte tatsächlich nur für 20 °C und die nähere Umgebung gültig sind. Anwendungen bei Temperaturen, die von der den Tabellenwerten zugrundeliegenden Raumtemperatur wesentlich abweichen, sind mit besonderer Sorgfalt zu prüfen. Im Grunde müßte der gesamte Zugfestigkeitsverlauf der jeweiligen Kunststoffeinstellung in ihrem Aufbau im Anwendungsbereich bekannt sein. Es ist jedoch schon sehr erfreulich, wenn für sie für verschiedene Temperaturpunkte entsprechende Festigkeitswerte in der Literatur gefunden werden, so daß dann interpoliert werden kann.

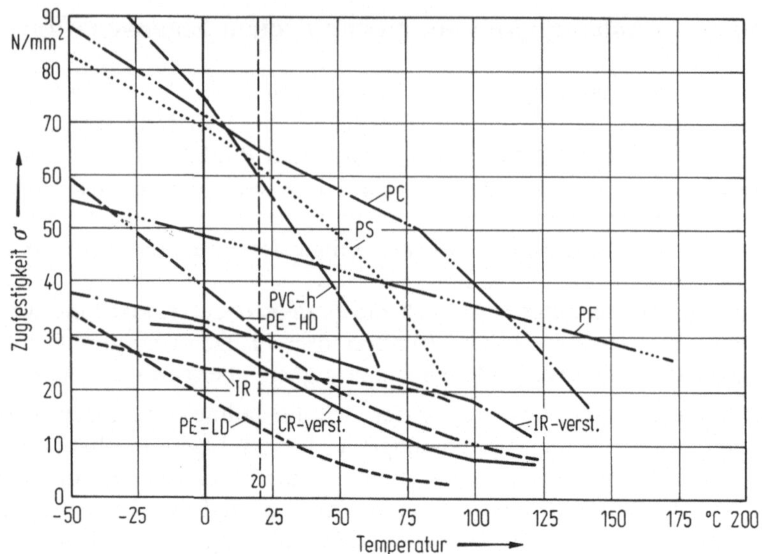

Bild 6.4 Temperaturabhängigkeit der Zugfestigkeit. Die Festigkeit ändert sich bei allen Kunststoffen in Abhängigkeit von der Temperatur, was hier für die Zugfestigkeit dargestellt ist.

Elastomere:

CR-verst	Polychlorbutadien, verstärkt mit Ruß
IR	Polyisopren mit Schwefelvernetzung, ohne Ruß
IR-verst	Polyisopren, Schwefelvernetzung, verstärkt mit Ruß

Plastomere:

PC	Polycarbonat
PE-HD	Polyethylen hart (nach Niederdruckverfahren)
PE-LD	Polyethylen weich (nach Hochdruckverfahren)
PS	Polystyrol
PVC	Polyvinylchlorid

Duromere:

UF-gef	Phenolharz, mit Holzmehl gefüllt.

6.5.2 Elastische und plastische Dehnungen

Was hier für das Beispiel der Zugfestigkeiten gesagt wurde, gilt für alle mechanischen und viele andere Eigenschaften. Anhand der elastischen und plastischen Dehnungen sei dies über einen weiten Temperaturbereich gezeigt. In diesem Kapitel wurde bereits (in 6.2) über die Wärmeausdehnung bei Temperaturerhöhung berichtet, die über den Wärmeausdehnungskoeffizienten für die einzelnen Stoffe berechnet werden kann. Bei Belastungen überlagern sich ihr Dehnungen, die auf die mechanische Beanspruchung zurückzuführen sind, welche nun besprochen werden soll.

Wie erinnerlich, ist das Dehnungsverhalten bei mechanischer Beanspruchung im vorhergehenden Kapitel, Abschnitt 5.4, insbesondere auch in den Bildern 5.5, 5.7, 5.9 und 5.10 veranschaulicht worden. In dem Bild 5.9 sind dabei Spannungs-

Dehnungskurven bei verschiedenen Beanspruchungszeiten und für konstante Raumtemperatur von 20 °C gegeben. Ändert sich die Temperatur, dann ändert sich auch das Dehnungsverhalten unter Belastung, aber unabhängig von der dann ebenfalls auftretenden Wärmeausdehnung. Um dies zu veranschaulichen, ist für die gleichen Kunststoffe wie in Bild 5.9, nämlich für einen amorphen, eingefrorenen und einen teilkristallinen Plastomeren das Spannungs-Dehnungs-Verhalten für verschiedene konstante Temperaturen in einem Temperaturbereich von –40 °C bis zur jeweiligen Anwendungsgrenztemperatur in dem Bild 6.5 gegenübergestellt. Für die gleichen Werkstoffe sind diesmal die in Bild 5.9 variierten Beanspruchungszeiten immer auf einem Wert gehalten.

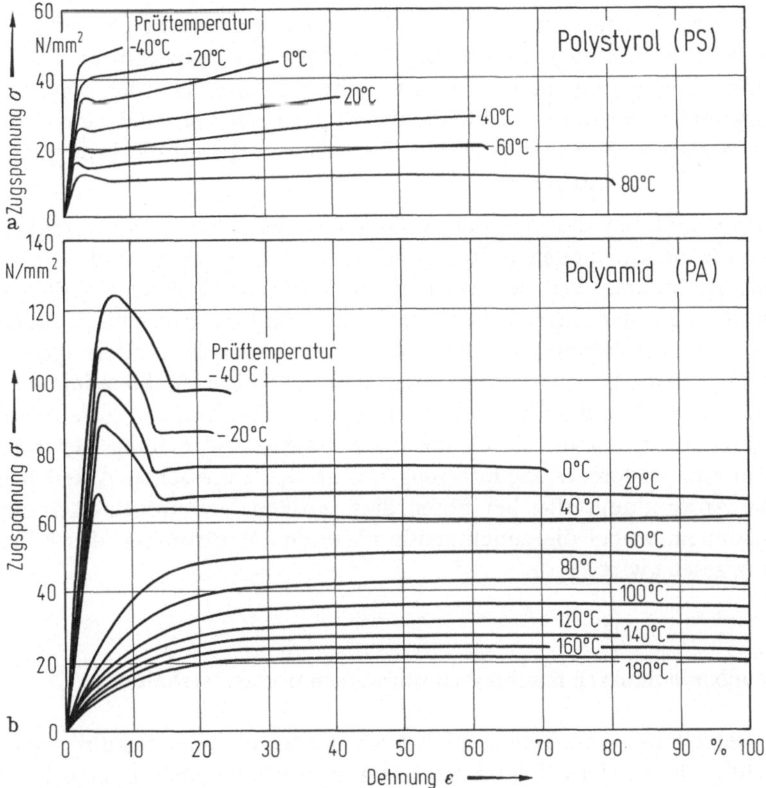

Bild 6.5 Festigkeitsverhalten in Abhängigkeit von der Temperatur. Zugspannungs-Dehnungskurven bei verschiedenen, jeweils konstanten Temperaturen: (**a**) für einen amorphen, eingefrorenen Plastomer (PS), (**b**) für einen teilkristallinen Plastomer mit amorpher, bei niedrigen Temperaturen eingefrorener Phase (PA).

Daraus kann gefolgert werden, daß die Dehnung durch mechanische Beanspruchung bei tiefen Temperaturen am geringsten ist. Je höher die Temperaturen werden, um so größer werden bei geringer werdenden aufgenommenen Spannungen die auftretenden Dehnungen. In beiden Fällen wird der Kunststoff bei höheren

Temperaturen stärker plastisch als bei niedrigeren. Zum einen hat das amorphe Polystyrol allgemein ein niedrigeres Festigkeitsniveau als das teilkristalline Polyamid, zum anderen verhalten sich auch die Kurvenverläufe unterschiedlich. Obwohl bei den Kunststoffen, wie zu erwarten, der Festigkeitsverlust mit steigender Temperatur sehr groß ist, fällt auf, daß beim Polystyrol auch bei + 80 °C, also kurz unter der Einfriertemperatur, die um 90 °C liegt, noch ein relativ kurzer, aber steiler Anfangsanstieg vorhanden ist, während bei den Kurven des teilkristallinen Polyamids mit seinem wesentlich höheren Festigkeitsniveau dieser steile Anfangsanstieg bereits ab 60 °C immer mehr abflacht. Dies beruht darauf, daß der Einfrierbereich der amorphen Phasen des Polyamids (PA 6) zwischen 50 und 70 °C liegt. Obwohl jetzt die amorphen Bereiche bei höheren Temperaturen im plastischen Zustand vorliegen, bleibt die Festigkeit dank der kristallinen Bereiche höher als die des Polystyrols unter dem Einfrierbereich. Die größten Auswirkungen zeigen jedoch die kristallinen Bereiche des Polyamids bei tiefen und Raum-Temperaturen. Die maximale Festigkeit beträgt hier beim Polyamid rund das dreifache des Polystyrols. Der beim Polyamid dabei zu beobachtende Abfall der Festigkeit nach einem Maximum ist, wie (im Kapitel 5, Bild 5.7) erklärt, nur scheinbar, weil die Festigkeit auf den Anfangsquerschnitt bezogen ist.

Solange im Gebiet dieses steilen Anfangsanstiegs gearbeitet wird, sind die durch Spannungsbeanspruchungen auftretenden Dehnungen gering und liegen im wesentlichen im unteren Teil des Anstiegs im elastischen Bereich. Sie liegen in der Größenordnung unter einem bis einigen Prozent und entsprechen, pauschal ausgedrückt, größenordnungsmäßig denen, die durch Temperaturänderungen auftreten können. Dabei ist besonders zu beachten, daß sich beide Effekte addieren können. Wird auch das Gebiet des flacheren Anstiegs oder bzw. und der auslaufenden Kurven benützt, so gehen die durch die Spannungsbeanspruchung bewirkten Dehnungen in eine andere Größenordnung mit großen plastischen Anteilen über. Es gibt viele Anwendungsfälle, bei denen diese großen Dehnungen auch zugelassen werden können, wobei die zunehmende plastische Verformung, das Kriechen, in Rechnung gesetzt wird.

6.5.3 Schubmodulkurven beschreiben wärmetechnisches Verhalten

Bei der Berechnung von Teilen spielt auch die Scher- oder Schubbeanspruchung eine wichtige Rolle. Das Spannungs-Dehnungsverhalten bei einer solchen Beanspruchung wird durch den Schubmodul *(G)* beschrieben. Obwohl dieser in Berechnungen auch bei anderen Werkstoffen oft verwendet wird, wird er dort kaum experimentell ermittelt, weil er vom Elastizitätsmodul mit Hilfe der gut bekannten *Poisson-Zahl (μ)* genau berechnet werden kann

$$G = \frac{E}{2\,(1+\mu)} \; ; \quad E = \text{Elastizitätsmodul} \qquad (6.1)$$

Auch bei Kunststoffen ist dies möglich, weil die Poissonschen Zahlen, sie liegen zwischen 0,35 und 0,5, bekannt sind. Trotzdem hat sich die *experimentelle Bestim-*

mung des Schubmoduls zu einer der wichtigsten Festigkeitsprüfungen entwickelt, weil mit ihr am besten das physikalische und Festigkeitsverhalten der Kunststoffe, in Abhängigkeit von der Temperatur, über den Anwendungsbereich hinausgehend in einer durchgehenden Meßreihe untersucht werden kann.

Eine in einer festen Einspannung hängende stabförmige Probe wird dabei am unteren freien Ende verdreht, „tordiert", und die dabei auftretenden Rückstellkräfte und Schwingungen gemessen. Wenn dieser Versuch bei verschiedenen Temperaturen durchgeführt wird, erlaubt er die Feststellung des Schubmoduls in Abhängigkeit von der Temperatur, wie er in Bild 6.6 für eine Reihe von Kunststoffen aufgezeichnet ist.

Umgekehrt wie bei den klassischen Werkstoffen können nun über die Poissonsche Zahl mit den Schubmoduln der Kunststoffe Elastizitätsmoduln ermittelt werden. Da die ersteren aus Torsionsschwingungsmessungen gewonnen werden, handelt es sich bei den berechneten Elastizitätsmoduln nicht um die aus den üblichen Messungen stammenden statischen, sondern um die direkt schwer meßbaren *dynamischen Elastizitätsmoduln*. Das ist die zweite wichtige Bedeutung der Schubmodulmessung bei Kunststoffen.

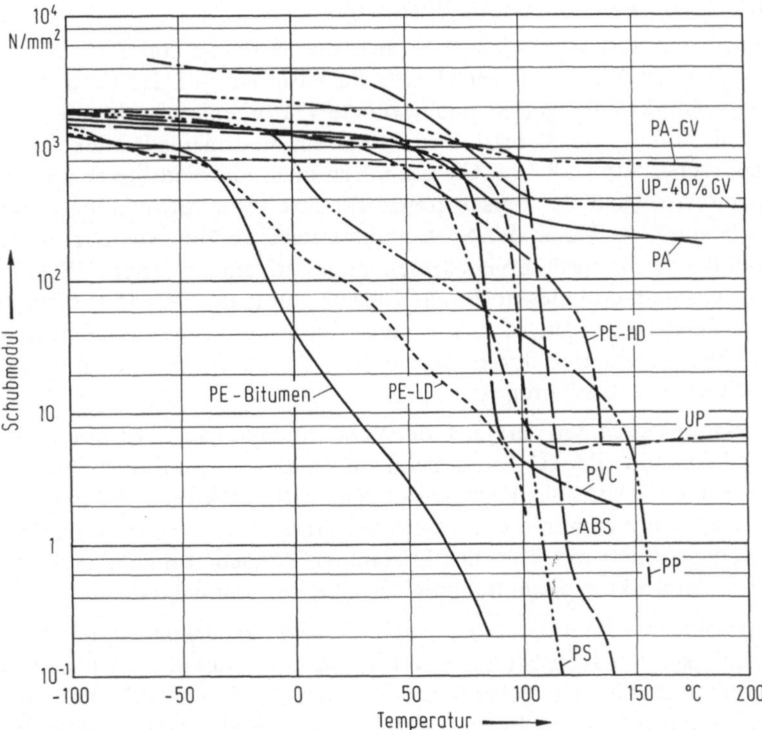

Bild 6.6 Schubelastizitätsmodul in Abhängigkeit von der Temperatur. Schubmodulkurven verschiedener Kunststoffe mittels Torsionsschwingungsmessungen ermittelt. (Nach technischen Unterlagen der BASF AG, Ludwigshafen)

In den *Schubmodulkurven* im Bild 6.6 kommt nun über die Temperaturabhängigkeit der unterschiedliche *Aufbau der Kunststoffe* zum Ausdruck. So ist z. B. der horizontale Verlauf der Polystyrolkurve (PS) bis etwa 80 °C auf den eingefrorenen amorphen Zustand zurückzuführen, der über dem Einfrierbereich um 90 °C plastisch wird. Dies kommt durch den steilen Abfall des Schubmoduls zum Ausdruck. Auch beim teilkristallinen Polypropylen (PP) ist ein solcher horizontaler Schubmodulbereich, der die eingefrorene amorphe Phase kennzeichnet, vorhanden. Er endet jedoch bei ca. −10 °C. Statt eines steilen Abfalls folgt hier bis etwa 140 °C ein flacherer Abfall, und erst ab 140 °C erfolgt ein steilerer Abfall. Das Polypropylen ist teilkristallin, und in dem Bereich bis 140 °C liegt somit die plastische Phase mit den teilkristallinen Bereichen nebeneinander vor, während über 140 °C die kristallinen Bereiche schmelzen und dann nur noch die plastische Phase vorliegt. Daher fällt hier der Schubmodul ganz ab. Beim Polyethylen (PE) liegt der Einfriertemperaturbereich um − 120 °C. Daher verlaufen die Schubmodulkurven schon zwischen −100 °C und 0 °C schräger. Das Polyethylen mit dem höheren kristallinen Anteil, das harte Niederdruckpolyethylen (PE-H), hat einen geringeren Festigkeitsabfall als das mit dem geringeren kristallinen Anteil, das weichere Hochdruck-Polyethylen (PE-W).

Auch die Wirkungen von Copolymerisationen können mit solchen Messungen festgestellt werden, wie der Vergleich der Polystyrolkurve (PS) mit der Polyacrylnitrilbutadien-Styrol-Kurve (ABS) deutlich zeigt.

Besonders eindrucksvoll zeigt sich auch die Wirkung von *Füll- und Verstärkungsstoffen* bei gefüllten und verstärkten Kunststoffen auf das Festigkeitsniveau. Das meist verstärkt oder gefüllt angewendete Duromer „ungesättigter Polyester" (UP) zeigt als homogener Kunststoff nicht nur ein niedrigeres Festigkeitsniveau als der glasfaserverstärkte (UP 40% GV), sondern auch ein niedrigeres über der Einfriertemperatur, so daß die Einsatzgrenze für hochfeste Anwendungen bei 60 °C zu enden beginnt, weil hier der Schubmodul stark abfällt. Aus der dargestellten Schubmodulkurve für glasfaserverstärkten, ungesättigten Polyester (UP 40% GV) ist deutlich zu ersehen, daß hier noch eine Einsatztemperatur von 150 °C von der Festigkeit her durchaus möglich ist. Aber auch beim homogenen ungesättigten Polyester (UP) bleibt noch eine durchaus deutliche Restfestigkeit über 100 °C, die auf die Vernetzung zurückzuführen ist.

Interessant ist auch der Vergleich der Verstärkungswirkung beim teilkristallinen Plastomer Polyamid (PA-GV) und beim duromeren ungesättigten Polyester (UP 40% GV). Beim PA wird das Festigkeitsniveau nicht so stark angehoben wie beim UP, weil das PA mit kürzeren Glasfasern verstärkt ist und die Haftung der Glasfasern durch die Vernetzung fehlt. Die kristallinen Bereiche bringen aber im Bereich höherer Temperaturkurven ein höheres Festigkeitsniveau beim PA.

Im allgemeinen erhöht der *Zusatz von Füll- und Verstärkungsstoffen* die Temperaturbeständigkeit der Kunststoffe beim Einsatz. Dies muß aber nicht sein, wie dies die Schubmodulkurve der Polyethylen-Bitumen-Mischung (PE-Bitumen) gegenüber dem Niederdruck-Polyethylen (PE-HD) deutlich zeigt. Dabei wird beim PE-Bitumen ein kontinuierliches Abfallen ab −40 °C beobachtet, was auf die Weichheit des Füllstoffes Bitumen zurückzuführen ist. Dadurch wird es auch schwierig, eine mögliche obere Einsatztemperatur anzugeben, während bei anderen Stoffen mit steilem Schubmodulkurvenabfall, z. B. beim Polystyrol, eine relativ gute Angabe der möglichen oberen Einsatztemperatur gemacht werden kann.

Allgemein lassen sich durch die Aufnahme und Analyse der Schubmodulkurven auch von gefüllten und verstärkten Kunststoffen Schlüsse über das temperaturabhängige Verhalten der Festigkeit ziehen und insbesondere die Temperaturgrenzen der Anwendbarkeit abschätzen, auf deren genauere Betrachtung im folgenden eingegangen wird.

6.6 Die Anwendungstemperaturbereiche

Eine der meistgestellten Fragen an den Kunststoff-Fachmann ist die nach dem Temperaturbereich, in dem ein Kunststoff angewendet werden kann. Die Antwort muß enttäuschen. Allgemein ist es nicht möglich, solche Bereiche anzugeben, weil sie von drei Gegebenheiten abhängen, die von Anwendungsfall zu Anwendungsfall unterschiedlich sind. Es sind dies die im folgenden behandelten Punkte:

1. Der Zustand und der Aufbau des Kunststoffs, besonders im Makrobereich;
2. die Beanspruchung nicht nur hinsichtlich der Größe der einzelnen Belastungen, sondern auch ihrer zeitlichen und räumlichen Kombination;
3. die Gestalt des angewendeten Kunststoffteils; auch die Gestaltveränderungen im Laufe seiner Anwendungen.

6.6.1 Einfluß von Art, Zustand und Aufbau

Der Zustand eines Kunststoffes ist in vielerlei Weise maßgebend für den möglichen Anwendungstemperaturbereich. Dies wird deutlich durch den Einfluß des Polymerisationsgrades, der Makromolekulargewichtsverteilung und des Verzweigungsgrads und weiter der Art seines Aufbaus, seines Ausrichtungszustands und seiner Zusammensetzung im Makrobereich. Letzterer kann durch Füllungen, Verstärkungen oder Zellstruktur gekennzeichnet sein. Es wurde bei der Diskussion der Schubmodulkurven gezeigt, daß ein bestimmter Kunststoff, z. B. das Duromer ungesättigter Polyester (UP), im ungefüllten und unverstärkten Zustand wesentlich weniger temperaturfest ist als mit einer Verstärkung, die selbst wesentlich höhere Temperaturen aushält, z. B. mit Asbest oder Glasfasern.

Bereits bei der Behandlung des Enthalpieverlaufs in Bild 3.3 sind schematisch Anwendungstemperaturbereiche eingezeichnet. Dies deutet bereits darauf hin, daß Hinweise auf den Anwendungstemperaturbereich erhalten werden, wenn bekannt ist, ob es sich um ein Plastomer, Elastomer oder Duromer handelt und die Lage des Einfriertemperaturbereiches und ggf. der Kristallitschmelztemperaturbereiche bekannt ist. Allerdings ist nur die Antwort bei den *Elastomeren* einfach. Da sie in der Anwendung gummielastisch wirken sollen, müssen sie plastisch im elastischen vernetzten Zustand eingesetzt werden, d. h. ihre untere Anwendungstemperaturgrenze muß oberhalb des Einfriertemperaturbereichs des Elastomeren liegen. Ihre obere Temperaturgrenze kann sich an einer Temperatur befinden, wo die Zersetzung oder das Aufreißen der Vernetzungen bei Beanspruchungen gerade noch nicht stattfindet, wenn nicht besondere Ansprüche an die Festigkeit gestellt werden. In diesem Fall liegt sie dann allerdings wesentlich niedriger.

Da *Plastomere und Duromere* auch in ihrem eingefrorenen Bereich angewendet werden, gibt es für diese Stoffe den Einfriertemperaturbereich praktisch nicht als untere Anwendungs-Grenze. Es ist aber zu beachten, daß Kunststoffe, die im eingefrorenen Bereich eingesetzt werden, z. B. unmodifiziertes Polystyrol (PS), relativ stoß- und schlagempfindlich sind. Diese Schlagempfindlichkeit nimmt mit fallender Temperatur zu, weswegen hinsichtlich der Beanspruchung auf Stoß untere Grenzen der Anwendungstemperaturen vorhanden sein können. Besonders drastisch kommt dies bei Plastomeren zum Ausdruck, die nicht in ihrem eingefrorenen amorphen Bereich eingesetzt werden, so z. B. dem bereits genannten Polypropylen. Sein Einfriertemperaturbereich liegt etwas unter −10 °C, und es kann natürlich noch darunter eingesetzt werden. Wenn es aber unter −10 °C auf Schlag beansprucht wird, dann bricht es leicht, während es in seinem Einsatzbereich über 0 °C ein sehr schlagfester Werkstoff ist.

Allgemein kann also gesagt werden, daß die verminderte Schlagfestigkeit den Einsatz mancher Kunststoffe bei tieferen Temperaturen begrenzt. Trotzdem können bei speziellen Anwendungen Kunststoffe besonderer Einstellung bis zu sehr tiefen Temperaturen eingesetzt werden. Eine solche Einstellung ist z. B. eine PE-Bitumen-Mischung, die bis −140 °C noch hochschlagfest ist, obwohl der Einfriertemperaturbereich des amorphen Anteils von PE bei ca. −125 °C liegt.

Die obere Temperaturgrenze der Anwendung kann bei den Duromeren durch die Zersetzung gegeben sein, wenn nicht ein hohes Festigkeitsniveau verlangt wird, so daß diese wesentlich niedriger liegt. Bei den Plastomeren kann sie durch die mangelnde Formbeständigkeit bei höheren Temperaturen begrenzt sein, die bei homogenen amorphen Plastomeren über dem Einfriertemperaturbereich, bei teilkristallinen über dem Kristallitschmelztemperaturbereich auftritt.

Es wurde schon bei der Betrachtung der Schubmodulkurven ersichtlich, daß nicht nur Kunststoffart und -aufbau, sondern auch der Makroaufbau die Anwendungstemperaturbereiche maßgeblich verändern kann. Daraus folgt, daß die Modifizierung der Kunststoffe, insbesondere durch Copolymerisation, Mischung, Füllung, Verstärkung, Schäumung u. a. nicht nur die Eigenschaften als solche verändern kann, sondern auch dazu dient, die optimalen für den *Anwendungsfall verlangten Temperaturbereiche* zu erhalten. In dieser Hinsicht ist der gezielte Einsatz von komplexen Kunststoff-Werkstoff-Strukturen sicher erst am Anfang.

6.6.2 Das Beanspruchungskollektiv bestimmt die Anwendungstemperaturbereiche

Es ist eigentlich zu erwarten, daß die Temperaturen, die bei einer Anwendung eines Kunststoffes auftreten, bekannt sind. Leider ist dies oft nicht der Fall, so daß natürlich auch keine entsprechende Abstimmung des Kunststoffteils auf die auftretenden Temperaturen und die damit verbundenen Belastungen stattfinden kann. Dabei können diese Temperaturen Tiefst- und Höchstwerte erreichen, die oft nicht erwartet werden. Am Beispiel eines Automobils, das viele Kunststoffteile enthält, sei dies an den gemessenen maximalen Temperaturen nach 2 Stunden Sonneneinstrahlung in Bild 6.7 gezeigt. Die dabei festgestellten Werte sind z. T. erstaunlich hoch. Die Kunststoffteile in und am Auto sind darauf eingestellt. Wie beim Auto treten auch

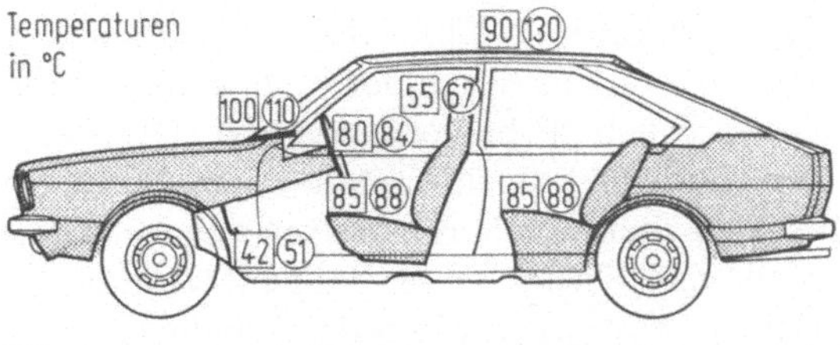

Bild 6.7 Anwendungstemperaturen bei Kraftfahrzeugen. Aufheizung eines Mittelklassewagens in der Sonne in verschiedenen Klimazonen. Meßwerte nach 2 Stunden Parken in der Sonne. Durchschnittswerte, die von verschiedenen Faktoren, z. B. vom Farbton des Lackes abhängen. (Nach Unterlagen der Volkswagen AG, Wolfsburg)

bei anderen Teilen Temperaturen auf, die nicht ohne weiteres vorausgesehen werden, die aber bei der Kunststoffanwendung berücksichtigt werden müssen.

Am Beispiel der Schub- oder Scherfestigkeit wurde bereits gezeigt, daß es nicht nur auf die auftretenden Anwendungstemperaturen, sondern auch auf die Höhe der mechanischen Belastungen ankommt, um einen zulässigen Anwendungstemperaturbereich festlegen zu können. Dies muß noch verallgemeinert werden. Es kann auf das ganze *Belastungskollektiv* ankommen: die Art und Weise, wie und wo die Erwärmung oder Abkühlung auftritt, wo und wie die mechanischen Belastungen auftreten, auf chemische und andere Belastungen. So tritt z. B. die Spannungskorrosion, die später noch besprochen wird, bei höherer Temperatur wesentlich stärker auf und reduziert damit die Fähigkeit, mechanische Belastungen aufzunehmen, auch stärker. Solche und ähnliche Zusammenhänge können nur berücksichtigt werden, wenn alle Belastungen eines Teils betrachtet werden.

6.6.3 Formbeständigkeit in Abhängigkeit von der Gestalt der Teile

Bei tiefen Temperaturen ist bei manchen Kunststoffen die Schlag- und Stoßfestigkeit niedrig, evtl. zu niedrig. Durch die Gestaltung des Teils kann durch *Vermeidung von Kerben,* spitzen Kanten und Ecken dieser Tatsache Rechnung getragen und die Risiken hinsichtlich der Schlagfestigkeit reduziert werden. Noch weitgehender gilt dies für die Beeinflussung der Wärmeformbeständigkeit eines Teils durch seine Gestalt.

Primär wird bei der Gestaltung eines Teils die für den jeweiligen Kunststoff und für seine Funktionen geeignetste Form festgelegt. Beim Kunststoff beinhaltet dies, daß durch geeignete Formgebung bereits die Entscheidung getroffen wird, ob ein Kunststoff hinsichtlich seiner Wärmeformbeständigkeit verwendbar ist oder nicht. Anders ausgedrückt: das Kunststoffteil muß während seiner Anwendung formbeständig sein. Und die Formbeständigkeit des Teils hängt nicht nur von der allgemeinen Temperaturformbeständigkeit des Kunststoffes und seines Aufbaus ab, sondern auch von seiner Gestalt.

Am *Beispiel* der heute üblichen *Kunststoff-Rolläden* sei dies erklärt. Solche Rolläden müssen, wenn sie im Sommer als Sonnenlichtschutz wirken, die Sonnenbestrahlung über längere Zeit ohne wesentliche bleibende Formveränderung überstehen. Der Kunststoff erwärmt sich dabei bis über 90 °C. Würde man die Kunststoff-Rolläden aus massiven Leisten, wie die Holzrolläden, zusammensetzen, dann wäre das kostengünstige und sonst für die Rolläden geeignete, weil witterungsbeständige, Polyvinylchlorid (PVC) für die Anwendung ungeeignet: Bereits bei 90 °C weist PVC einen so starken Abfall der Festigkeit (siehe z. B. Bild 6.6) auf, daß die nötige Formbeständigkeit nicht vorhanden ist. Die Leisten würden sich verbiegen, der Rolladen würde nicht mehr funktionieren. Die heute eingesetzten Kunststoff-Rolläden bestehen aber nicht aus massiven Leisten, sondern aus Hohlprofilen, bei denen nur jeweils eine Flachseite der Sonnenbestrahlung ausgesetzt ist. Die Konstruktion der Profile ist nun, wie im Bild der Tabelle 6.8 im Schnitt gezeigt, so, daß die nicht der Sonnenbestrahlung ausgesetzte Seite die Kraftübertragung übernimmt. Dies wird dadurch erreicht, daß an jeder Leiste die benachbarten Leisten derart befestigt sind, daß die Vorderseite keiner Belastung ausgesetzt ist. Diese linke Seite des rechteckigen Querschnitts kann nun weich werden, ohne daß durch die Gewichtsbelastung eine störende Formänderung auftreten kann. Der Einsatz des kostengünstigen PVC ist damit durch eine geeignete Formgebung möglich geworden. In der Tabelle 6.8 sind diese und weitere konstruktive Überlegungen stichwortartig aufgeführt.

Tabelle 6.8 Werkstoffbezogene Gestaltung. Gegenüberstellung von Rolladenprofilen aus Holz und Kunststoff. Querschnitt durch Rolladenprofil aus PVC und die Gründe für dessen Gestaltung.

Rolladenprofile aus Holz	Kunststoff		Erreichte Verbesserungen
Massivausführung	Hohlprofil		bessere Wärmeisolierung, geringer Materialverbrauch
Kettenverbindung	kettenlose Einschiebe-verbindung durch-gehend		einfacher Aufbau, leichtere Montage, längere Haltbarkeit
Einfachprofil	3-fach-Profil		bessere Herstellbarkeit, einfacheres Zusammensetzen
Lichtöffnungen durch Profile und Ketten begrenzt	Lichtöffnungen mit kurzen Längen in den Einschieblaschen		geringere Einbruchsmöglichkeiten
vor Feuchtigkeit und Fäulnis zu schützen	Profilaufbau gestattet starke Erwärmung der Außenseite, Festigkeit gibt weniger erwärmte Innenseite		es kann das kostengünstigere, wärmeempfindliche PVC verwendet werden. Wartungsfrei, keine Oberflächenbehandlung

Heute sind Kunststoff-Rolläden ausnahmslos aus PVC, und man kann sich leicht davon überzeugen, daß ein der Sonne ausgesetzter Rolladen tatsächlich so weich wird, daß mit dem geschützten Finger ein Eindrücken möglich ist. Dies stört aber die Funktionsfähigkeit nicht, weil der hintere Teil des Hohlprofils der Rolladenleiste nicht so warm wird und damit hart bleibt.

Diese örtliche Trennung von Wärmebelastung durch Sonnenbestrahlung und der mechanischen Belastung ist allerdings nicht immer möglich. Treten dann bei Temperaturbeanspruchungen gleichzeitig Belastungen auf, die Formänderungen bewirken, welche die Funktionsfähigkeit des Teils ausschließen, so muß entweder ein wärmeformbeständiger Kunststoff oder Kunststoffaufbau gewählt, oder dafür gesorgt werden, daß Temperatur- oder mechanische Belastung reduziert werden oder nicht gleichzeitig auftreten. Dies alles läßt sich, ähnlich wie beim Beispiel der Rolläden, durch entsprechende Gestaltung der Teile oft gut erreichen.

6.6.4 Heute übliche Anwendungstemperaturbereiche

Durch entsprechende Auswahl von Kunststoff, Aufbau und Gestaltung lassen sich bei der Entwicklung eines Teils beim Kunststoff, wie gezeigt wurde, Schwierigkeiten, die sich durch die Temperaturabhängigkeit der Eigenschaften ergeben, umgehen. Diese sind im wesentlichen die geringe Schlagfestigkeit und hohe Steife bei tiefen Temperaturen sowie geringe Festigkeit, geringe Form- und chemische Beständigkeit bei hohen Temperaturen.

Je nachdem, wie bei einer Planung für einen Kunststoffeinsatz diese Fragen bearbeitet und gelöst sind, ergibt sich für das jeweilige Teil ein *individueller Anwendungstemperaturbereich*. Bei üblichen PVC-Teilen geht er höchstens bis 70 °C, während er für das gleiche PVC bei Rolläden bis über 90 °C reicht, wobei das Teil allerdings nur partiell hoch beansprucht wird.

Es gibt Methoden, die obere Grenze des Anwendungstemperaturbereiches über die Formbeständigkeit der Kunststoffe mittels verschiedener Prüfanordnungen in Abhängigkeit von der Temperatur zu messen. Die dabei gewonnenen Grenztemperaturen gelten aber nur, wenn die gleichen oder ähnliche Bedingungen wie bei der Prüfung bei der Temperatureinwirkung gleichzeitig wirksam werden.

Diese Erklärungen zeigen, daß es sich bei der Frage der Anwendungstemperaturbereiche um eine der schwierigsten der Kunststofftechnik handelt. Es ist damit auch begründet, warum solche Bereiche in allgemein gültiger Form nicht angegeben werden können. Wenn trotzdem immer wieder Temperaturbereiche angegeben werden, dann dazu, um erste *Anhaltspunkte* für die Planungen zum *Einsatz eines Kunststoffes* zu liefern. Unter diesen Vorbehalten sei auch hier eine Übersicht über die heute für Durchschnittsteile üblichen Anwendungstemperaturbereiche von Kunststoffen in der Tafel 6.9 gegeben. Zum Vergleich sind hier auch einige Temperaturbereiche von klassischen Werkstoffen beigegeben.

Die Reihenfolge der Kunststoffe entspricht der der Tafel 1.1, in der die zeitliche Entwicklung im Überblick dargestellt ist. Die jüngsten Kunststoffe befinden sich jeweils am Anfang der drei Kunststoffgruppen, die ältesten am Ende. Durch die Heranziehung dieser zeitlichen Entwicklung der Kunststoffe als Einteilungsprinzip in Bild 6.9 ist deutlich eine Tatsache zu erkennen: Die Kunststoffentwicklung, vor allem im letzten Jahrzehnt, richtet sich bevorzugt auf Kunststoffe, die auch in *höheren Temperaturbereichen* angewendet werden können. Dabei wird bereits die 300 °C-Grenze fast erreicht, ein Bereich, der früher für Kunststoffe als unerreichbar gehalten wurde.

Es besteht also das Bestreben, den relativ kleinen Anwendungstemperaturbereich der allgemeinen Kunststoffe, grob gesagt ca. von –100 °C bis 150 °C, besonders nach oben zu erweitern. Diese Tendenz wird sich weiter verstärken, wobei die metallorganischen Kunststoffe, die augenblicklich (1977) nur im Labor hergestellt werden, eine wichtige Rolle spielen werden.

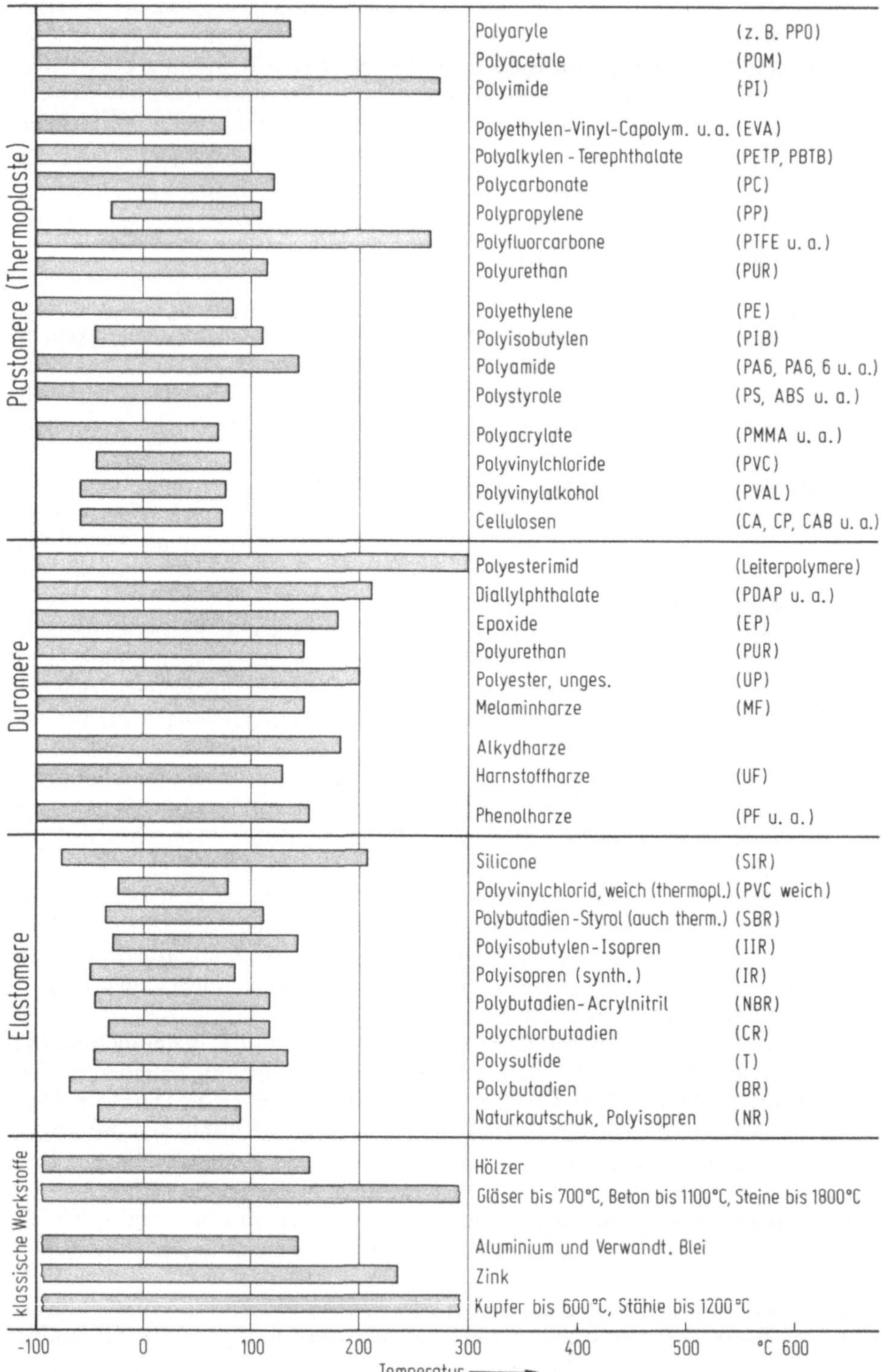

Tafel 6.9 Anwendungstemperaturbereiche der Kunststoffe. Die angegebenen Bereiche können je nach Einstellung und Beanspruchungen des Kunststoffes schwanken; sie gelten für die üblichen Einstellungen und nicht zu starke Beanspruchungen.

6.7 Ausblick

Die zahlreichen Kunststoffe werden in vielen speziellen Aufbauarten angewandt, auf denen ihre vielen besonderen Eigenschaftskombinationen beruhen. Das macht natürlich auch bei den wärmetechnischen Eigenschaften viele Variationen möglich. Trotzdem kann allgemein gesagt werden, daß Kunststoffe eine größere Wärmeausdehnung, eine kleinere auf das Volumen bezogene Wärmekapazität und eine bessere thermische Isolierfähigkeit als fast alle anderen Werkstoffe aufweisen.

Dies bringt bei der Anwendung zahlreiche Einschränkungen mit sich und macht viele spezielle Maßnahmen nötig, um diesem Verhalten gerecht zu werden. Darauf wurde in diesem Kapitel mehr eingegangen als auf die entsprechenden Vorteile. Daher sei hier nochmals darauf hingewiesen, daß unter diesen vielen Aspekten der thermischen Eigenschaften nicht vergessen werden darf, daß Kunststoffe gute Wärme- und Kälteisolatoren sind, und daß sie in ihrem Makroaufbau als Schaumkunststoffe sogar die besten sind, die die Technik zu bieten hat.

Der zweite Aspekt ist die Abhängigkeit anderer, insbesondere der mechanischen, Eigenschaften von der Anwendungstemperatur und von Wärme- oder Kältebelastung. Bei niedrigen Temperaturen wird evtl. die Stoß- und Schlagfestigkeit sehr gering, die Steifheit groß, bei hohen Temperaturen wird das Festigkeitsniveau, das bei Beibehaltung der Formstabilität noch vorhanden ist, immer geringer.

Daher liegt ein Schlüssel zum Verständnis der Anwendungstechnologie der Kunststoffe in ihrem temperaturabhängigen Verhalten. Daß dies primär von ihrem anderen Zusammenhalt und außerdem auch von den eigentlichen wärmetechnischen Eigenschaften, wie Wärmekapazität und Wärmeleitung, abhängt, ist klar. Daß aber das Zusammenwirken von Temperaturbelastung und anderen Belastungen erst Auskunft geben kann über den jeweiligen Anwendungstemperaturbereich, ist ein Spezifikum der Kunststoffe, das eine andere Arbeitsweise bei der Planung, Gestaltung und Konstruktion von Kunststoffteilen nötig macht, als dies bei Teilen aus den klassischen Werkstoffen nötig ist.

Es wurde begründet, warum dies so ist und weshalb vor allem die oberen Grenzen der Anwendungstemperatur nur detailliert für jeden einzelnen Fall genauer festgelegt werden können. Die Kunststoffliteratur spricht dabei von einer Grenze der Wärmeformbeständigkeit, obwohl in vielen Fällen die Form nicht unbedingt vollkommen beständig sein muß. Im allgemeinen ist aber doch der Gesichtspunkt der Formbeständigkeit eine gute erste Orientierung.

Dabei kann festgestellt werden, daß die verhältnismäßig geringe Wärmebeständigkeit der Kunststoffe bei vielen Anwendungen gewisse Schwierigkeiten machen kann. Eingehende Überlegungen sind oft nötig, um bei den vorliegenden Temperaturbeanspruchungen und der dabei gegebenen Maßtolerierung wirtschaftlich günstige Kunststoffe einzusetzen. Jedes Ausweichen auf Kunststoffe, welche höhere Temperaturbereiche besser aushalten, und es gibt solche, welche bereits mit Metallen verglichen werden können, muß durch wesentlich höhere Preise bezahlt werden. Diese geringe Wärmebeständigkeit bringt aber gleichzeitig eine viel einfachere und wirtschaftlichere spanlose Warmverarbeitung mit sich, die der Grund vieler Kunststoffanwendungen ist.

7. Optische, elektrische und akustische Eigenschaften

Kunststoffe als organisches Glas, als elektrischer Isolator und Halbleiter und als Schallgeber und -absorber aufgrund besonderer Eigenschaften.

7.1 Einleitung

Während bis jetzt Eigenschaften behandelt wurden, die mehr oder weniger für jede Anwendung von Bedeutung sind, sollen jetzt die Eigenschaften auf verschiedenen Spezialgebieten betrachtet werden. Sie sind für die Kunststoffe deswegen von Bedeutung, weil ihre ausgesprochenen Spitzenwerte verschiedener Eigenschaften auf diesen Gebieten ihnen große spezielle Anwendungsgebiete erschlossen haben.

Die optischen Eigenschaften werden als erstes behandelt. Hier wird nicht nur das spezielle optische Verhalten dargestellt, sondern auch über das Aussehen von Kunststofferzeugnissen und die Farbgebung berichtet. Nur ein Teil der Kunststoffe wird optisch eingesetzt, nämlich die durchsichtigen und durchscheinenden relativ harten Kunststoffe, die auch als organische Gläser bezeichnet werden. Welche dies sind, und welches ihre besonderen optischen Eigenschaften sind, wird anschließend behandelt.

Für die Elektrotechnik sind Kunststoffe primär elektrische Isolierstoffe und Dielektrika. Der Grund wird bei der Betrachtung ihrer elektrischen Eigenschaften klar. Neben ihrer Isolierwirkung und ihren guten Dielektrizitätskonstanten werden dabei auch ihre elektrostatische Aufladungsfähigkeit und die Halbleitereigenschaften verschiedener Spezialkunststoffe gestreift. Daraus wird ersichtlich, daß sich die heutige Elektrotechnik weitgehend auch auf den Möglichkeiten der Kunststoffe aufbaut, denn kombiniert vor allem mit den elektrischen Isoliereigenschaften werden die Möglichkeiten der einfachen Formgebung und der Integration von Funktionen im Kunststoffteil im heutigen Elektro- und elektronischen Gerät zunehmend besser genutzt.

Daß uns Kunststoffe heute schon in unserer Umgebung vielseitig vor Lärm schützen, ist den wenigsten bewußt. Grundlage für Schallminderungen sind ihre akustischen Eigenschaften, die abschließend in diesem Kapitel behandelt werden. Dabei wird sich zeigen, daß auch für den akustischen Einsatz nicht alle Kunststoffe und ihre Aufbauarten gleichwertig sind. Je nach angestrebtem Zweck muß deshalb auch hier der geeignetste Kunststoff in seinem geeignetsten Aufbau ausgewählt und in der optimalsten Gestaltung angewendet werden.

7.2 Aussehen und Farbton

7.2.1 Masseeinfärbung

Kunststofferzeugnisse fallen durch ihre vielfältige Farbgebung auf. Von Natur aus weisen die Kunststoffe aber keine Färbung auf. Sie sind, wenn sie keine farbgebenden Beimischungen enthalten, in der amorphen Phase unterhalb und auch oberhalb des Einfriertemperaturbereichs *durchsichtig* und, wenn teilkristalline Bereiche vorhanden sind, weiß bis gelblich weiß. In letzterem Fall wird von *naturfarbig* gesprochen. Nicht nur beigemischte Farbstoffe (Pigmente), sondern auch Füllstoffe, Verstärkungsmaterial und andere chemische Substanzen können nun die Farbe der Kunststoffe verändern.

Bei allen Beimischungen ist der Kunststoff durchgehend gefärbt. Man spricht dabei von einer Beimischung in die Masse, und wenn die Einfärbung durch entsprechendes Farbpigment erreicht wird, von einer *Masseeinfärbung*. Solche sind deswegen in den meisten Fällen günstig und möglich, weil die warmverarbeiteten Kunststoffe als plastische Stoffe mit vollkommen glatten Oberflächen erhalten werden können, so daß keine Glättung durch Nachbearbeitung und durch Oberflächenbeschichtungen benötigt wird. Die Korrosionsfestigkeit der meisten Kunststoffe erübrigt zudem eine schützende Oberflächenschicht.

Masseeinfärbung hat den großen Vorteil, daß der ganze Kunststoff durchgehend die gleiche Farbe hat. Bei Oberflächenbeschädigungen, auch tiefergehenden, bleibt das Kunststoffteil deshalb in seiner Farbe einheitlich. Der weitaus größte Teil der Kunststofferzeugnisse weist eine solche Masseeinfärbung auf.

Auch alle ungefüllten, ohne teilkristalline Bereiche durchsichtigen, Kunststoffe können mittels Masseeinfärbung in allen beliebigen Farben angewendet werden. Das Besondere ist, daß sie auch durch Beigabe spezieller Farbpigmente *durchsichtig eingefärbt* werden können. Nicht nur für technisch-optische Anwendungen, wie die Reflektoren von Fahrzeugstrahlern, sondern auch anstelle der teuren Farbgläser im Kunsthandwerk kann farbiger durchsichtiger Kunststoff angewendet werden.

Wenn sich der Kunststoff abbaut, und dies kann unter der Einwirkung von Sonne oder anderem UV-Licht geschehen, zeigt sich dies durch eine *Vergilbung*. Diese schlägt bei sehr hellen, wenig deckenden Farben durch, bei deckenden dunklen Farben wird sie völlig überdeckt. Es ist daher empfehlenswert, bei Anwendungen, bei denen dieses Vergilben sichtbar auftritt, dem Kunststoff Substanzen beizugeben, die den Abbau durch UV-Strahlen verhindern, sogenannte *UV-Stabilisatoren*, oder aber mit dunklen, deckenden Farben zu arbeiten.

Da es leicht möglich ist, Kunststoffe im Verbund herzustellen, ist es durch die Masseeinfärbung möglich, Teile direkt *zwei- und mehrfarbig herzustellen,* wenn die einzelnen Verbundpartner die verschiedenen Farben aufweisen. Mehrfarbige Spritzguß- oder Extrusionsteile werden z. B. auf diese Weise in großen Mengen dadurch automatisch produziert, daß mit zwei oder mehreren Plastifiziereinheiten mit unterschiedlichen Materialeinfärbungen auf ein Werkzeug gearbeitet wird, in welchem das Verbundteil entsteht.

7.2.2 Oberflächenbeschichtungen

Es ist möglich, Kunststoff infolge seiner Verbindungsfähigkeit oberflächlich zu färben. Bei Modellen und Serien in kleineren Stückzahlen oder bei Teilen, die eines besonderen Oberflächenschutzes bedürfen, werden solche *Oberflächenbehandlungen* vorgenommen. Diese Oberflächeneinfärbung macht einen gesonderten, meist kostspieligen Arbeitsgang nötig, während die Masseeinfärbung bei der Verarbeitung vorgenommen wird. Bei besonders farb- oder lackabweisenden und unbenetzbaren Oberflächen einiger Kunststoffarten (z. B. Polyethylen (PE), Polypropylen (PP) und Polyfluorcarbone (PTFE)) ist vor der Oberflächenfärbung eine Vorbehandlung nötig, damit die Farbschicht gut haftet.

Da die gegossenen oder gespritzten Kunststoffe sehr glatte Oberflächen aufweisen, ist ohne Schwierigkeiten eine einwandfreie *Verspiegelung* möglich. Nicht nur für Verzierungen werden solche Verspiegelungen aus Gold, Silber usw. bereits angewendet, sondern ganze Spiegelreflektoren für Autobeleuchtungen und ähnliches werden als technische Teile mit verspiegelten Kunststoffoberflächen heute in größtem Maße angewandt. Dabei kann mit einem, dem Galvanisieren von Metallteilen ähnlichen, Verfahren bei einigen Kunststoffen gearbeitet werden, das auch zur Herstellung von Metallschutzschichten benutzt wird, während allgemein die Verspiegelungen durch Aufdampfen in Vakuum erreicht werden.

7.2.3 Bedrucken und Beschriften

Eine besonders viel praktizierte Art der Oberflächeneinfärbung ist das Bedrucken. Nicht nur Einfärben, sondern auch Firmenzeichen, Verwendungszweck, Bedienungsangaben oder Werbung werden in vielfacher Weise dabei auf Gehäuse, Verpackungen und andere Kunststoffteile mittels auf den Kunststoff abgestimmter Druckverfahren aufgebracht. Dazu stehen heute automatisch arbeitende Maschinen sowie Spezialdruckfarben zur Verfügung, die sehr effektvolle, qualitativ einwandfreie Bedruckungen liefern. Dabei ist bei einigen Kunststoffen, wie beim Oberflächenbeschichten, allerdings noch eine spezielle Oberflächenbehandlung nötig.

Nicht nur deshalb sollte aber bedacht werden, daß es auch möglich ist, *Schriftzüge* oder Zeichen direkt in das *Werkzeug einzugravieren*. Die Schrift erscheint im Teil dann erhaben oder vertieft und macht einen geprägten Eindruck. Beim Warmformen im Werkzeug so mithergestellte Schriftzüge haben allerdings den Nachteil, daß sie in der gleichen Farbe erscheinen wie das Kunststoffteil. Ein nachfolgender besonderer Arbeitsgang des Druckens kann dann aber entfallen.

7.3 Organische Gläser und ihre Eigenschaften

Bei der Besprechung des Aufbaus (Kapitel 2) wurde bereits erkannt, daß amorphe Kunststoffe praktisch Pseudoflüssigkeiten sind, weil die unregelmäßige Anordnung der Makromoleküle der einer Flüssigkeit entspricht. Damit ist es möglich, viele der besonderen Eigenschaften zu erklären. Auch die *Durchsichtigkeit* der *amorphen festen Kunststoffe,* die jener der üblichen Flüssigkeiten, wenn sie keine gelösten oder dispergierten Stoffe enthalten und nicht aus nichtabsorbierenden Molekülen bestehen, entspricht, ist durch das Fehlen kristalliner Strukturen bedingt.

Kristalline Substanzen, die aus vielen Kristalliten bestehen, sind dagegen meistens *undurchsichtig,* was ebenfalls für die *kristallinen Bereiche der Kunststoffe* gilt.

Daher kommen teilkristalline und mit kristallinen Stoffen gefüllte und verstärkte Kunststoffe nicht für Glasanwendungen in Betracht.

7.3.1 Überblick über die organischen Gläser

Da Gläser bis auf wenige Ausnahmen als homogene Kunststoffe angewendet werden, ist es besonders wichtig, daß verschiedene Kunststoffe zur Auswahl für Anwendungen mit verschiedenen Eigenschaften zur Verfügung stehen.

Organische Gläser sind:

als Plastomere: Polyacrylate (PMMA), Polystyrole (PS), Polymethylpenten (PMP), Polycarbonate (PC) sowie Polyvinylchlorid (PVC) und die Polycellulosen (PC).

als Duromere: ungesättigte Polyester (UP), Epoxidharze (EP), Alkydharze und Allylharze.

als Elastomere: Polyvinylchlorid weich (PVC-w), Polystyrol thermoplastisch vernetzt (SBR), Polyisobutylen-Isopren (IIR). Polyacrylester-Elastomere (ACM, AMM).

Besonders auffallend und wenig bekannt ist die Tatsache, daß neben Duromeren auch Elastomere, letztere als durchsichtige gummielastische Teile, mit optischen Wirkungen, eingesetzt werden können.

Neben den eigentlichen organischen Gläsern, den durchsichtigen Kunststoffen, gibt es noch eine Reihe *durchscheinender Kunststoffe,* die je nach Wandstärke vom schwachen Milchglaseffekt bis zu einem opaken Durchscheinen liegen, es sind dies die Polyamide (PA), die Polyethylene (PE), Polypropylen (PP), Aminoplaste (UF und MF), Polyvinylcarbazol (PVK), Phenole (UF), und andere.

Die nur durchscheinenden Kunststoffe lassen bei gleicher Schichtstärke natürlich weniger Licht durch als die durchsichtigen. Trotzdem werden sie als Opak- und Mattgläser in der Lichttechnik und Optik, aber auch in der Verpackungstechnik vielseitig angewendet.

7.3.2 Eigenschaften

Größte *Vorteile* der organischen gegenüber den anorganischen Gläsern sind ihre *Bruch- und Schlagfestigkeit,* ihre Elastizität und ihre kostengünstigere und variablere Formbarkeit und Gestaltbarkeit. Letztere gestatten durch *Integration der Funktionen* die optische Funktion direkt in Abdeckungen, Gehäuse u. a. zu integrieren. Als wichtigster Vorteil kommt dadurch der niedrigere Preis, der im wesentlichen auf der kostengünstigeren Fertigung beruht, für schwierig geformte Teile zustande.

Als *Nachteile* der organischen Gläser müssen vor allem ihre geringere Oberflächenhärte, welche die Verkratzungsgefahr erhöht, ihre größere Wärmeausdehnung, die niedrigere Wärmebeständigkeit und teilweise ihre Brennbarkeit, sowie höhere Rohstoffpreise, betrachtet werden.

Da die Kunststoffe als „organische Gläser", von Ausnahmen abgesehen, ohne Füllstoffe angewendet werden, ist ihr *Gewicht* im allgemeinen nur etwa *ein Drittel* von dem der „anorganischen Gläser".

Die Praxis hat gezeigt, daß die Nachteile durch die verschiedensten Maßnahmen, wie zum Beispiel Beschichtung mit einer härteren Schicht und Konstruktionsmaßnahmen, weitgehend zu beherrschen sind. Das hat zur Folge, daß die Vorteile so überwiegen, daß heute schon viele bruchsichere Fenster, Schaugläser, Lichtkuppeln und vor allem der weitaus größere Teil der technischen optischen Anwendungen von Kunststoffen gestellt wird und nicht mehr von den anorganischen Gläsern.

7.3.3 Lichtdurchlässigkeit

Von den optischen Eigenschaften ist die Lichtdurchlässigkeit die dominierende, denn erst die *Durchsichtigkeit* macht den Werkstoff als optisches Glas geeignet. Licht sind elektromagnetische Wellen, die durch ihre Wellenlängen gekennzeichnet sind. Neben dem *sichtbaren Licht* (Wellenlängen von 400 bis 800 nm) gibt es den darüberliegenden unsichtbaren Ultrarotbereich (Wellenlänge 0,0008 bis 1 mm) und den unter 400 Nanometern (nm) liegenden, ebenfalls unsichtbaren, ultravioletten Bereich.

Die *Lichtdurchlässigkeit* (Transmissionsgrad) ist von der Wellenlänge und von der Streuung, die das Licht im Werkstoff erleidet, abhängig. Wie diese *Abhängigkeit von der Wellenlänge* aussehen kann, ist am Beispiel einer 1 mm dicken Polyacrylat-Platte (PMMA) in Bild 7.1 gezeigt.

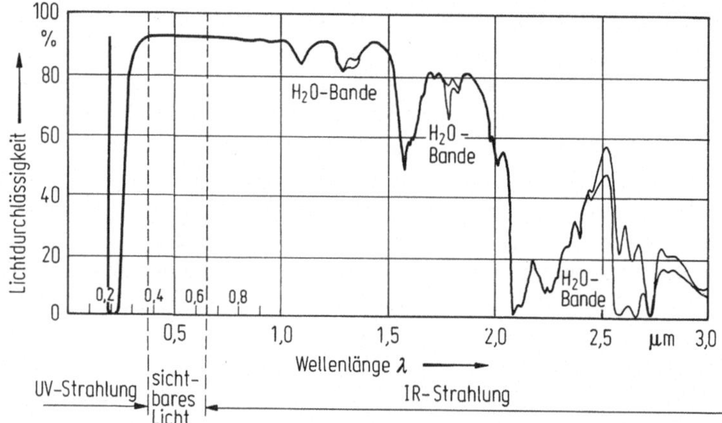

Bild 7.1 Lichtdurchlässigkeit eines organischen Glases. Licht- und Strahlungsdurchlässigkeit von homogenem Polymethylmethacrylat (PMMA), einem amorphen Polymeren. (Dicke 1 mm)

Eine vollständige Durchlässigkeit ist dabei nirgends vorhanden, eine Lichtintensitätsschwächung auf ungefähr 90% ist vor allem auch im sichtbaren Bereich festzustellen. Es sei aber bemerkt, daß diese 90%ige Lichtdurchlässigkeit sehr gut ist und daß die meisten Stoffe, auch die anorganischen Gläser, darunter liegen. Hinweise über die Größenordnungen der *Lichtdurchlässigkeit verschiedener Gläser* im sichtbaren Bereich gibt unter anderem Bild 7.2.

Bei der Betrachtung des ultravioletten und ultraroten Bereiches in Bild 7.1 zeigt sich, daß die Polyacrylatplatte hier nicht immer „durchsichtig" ist. Ihre Durchlässigkeit geht z. T. in diesen Bereichen bis auf Null zurück, d. h. für bestimmte Wellenlängen von Ultrarotlicht und Ultraviolettlicht ist das im sichtbaren Bereich durchsichtige Polyacrylat undurchsichtig. Daher können Kunststoffe auch als *optische Filter* verwendet werden, mit denen bestimmte Wellenbereiche der elektromagnetischen Strahlung ausgefiltert werden. Die auszufilternden Wellenlängen können durch Beigabe von Farbstoffen oder Substanzen, welche auf andere Wellenlängen reagieren, noch variiert werden.

Die *Lichtstreuung,* die einer der Gründe ist, warum die Lichtdurchlässigkeit keines Glases 100% erreicht, kann für spezielle Anwendungen (Reflektoren, Leuchtflächen u. a.) verstärkt werden, indem die Oberfläche aufgerauht wird oder bzw. und in dem Kunststoff lichtstreuende Partikel oder Zentren (z. B. kristalline Bereiche) gerichtet eingebaut werden.

7.3.4 Lichtbrechung als Grundlage optischer Systeme

Bei der Auswahl von Werkstoffen für Linsen, Prismen und optische Systeme und bei der Festlegung deren geometrischer Form ist als die kennzeichnende Größe für das Brechungsverhalten der *Brechungsindex* maßgebend.

Bekanntlich beruht auf der unterschiedlichen Brechung verschiedener optischer Gläser die Möglichkeit, durch ihre Kombination optische Linsensysteme zu erhalten, die eine sehr gute Abbildung erlauben. Der sehr weite *Bereich des Brechungsindex der optischen Gläser* ist in Bild 7.2 vergleichend zu denen der organischen Gläser eingetragen. Um einen Eindruck von der unterschiedlichen Brechungswirkung bei verschiedenen Brechungsindizes zu geben, ist zusätzlich gleichzeitig noch der jeweilige Brechungswinkel eingetragen, welcher entsteht, wenn das Licht unter einem Winkel von 64° einfällt.

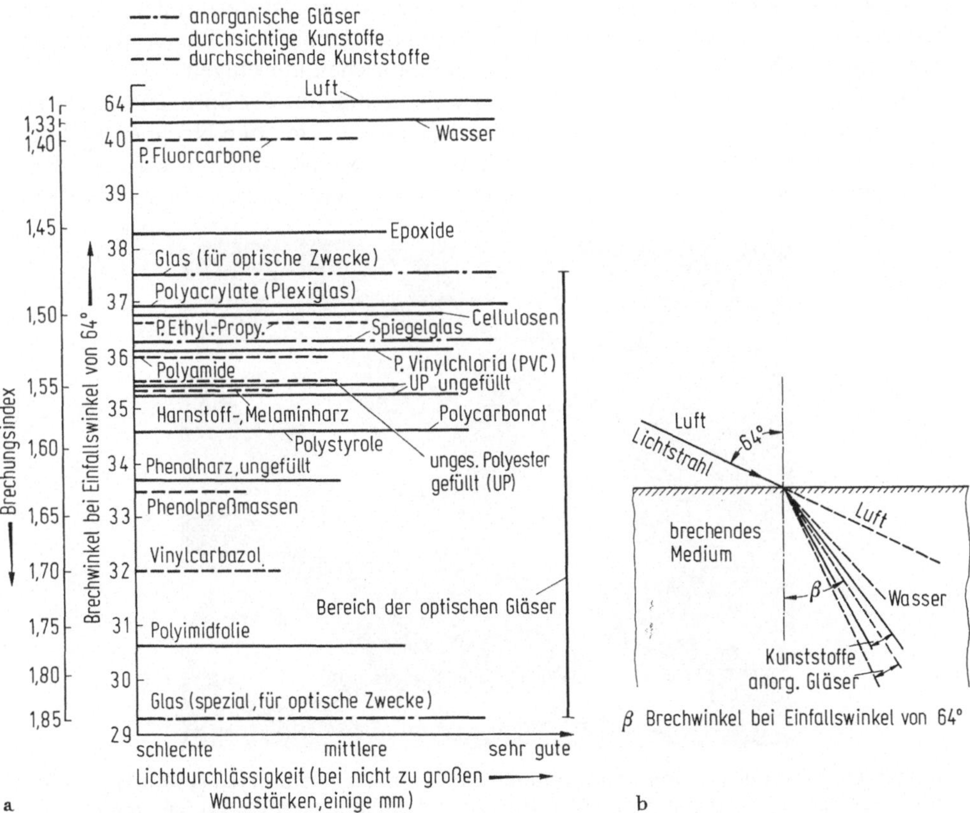

Bild 7.2 Optische Brechung. (a) Brechungsindizes organischer und anorganischer Gläser und ihre Lichtdurchlässigkeiten; **(b)** schematische Veranschaulichung der Lichtbrechung.

Interessanterweise liegen die Kunststoffe alle in der Nähe des Brechungsindex des normalen sogenannten Spiegelglases. Die optischen Gläser mit ihren höheren Brechungsindizes werden von den organischen Gläsern nicht erreicht. Dies ist bei der Konstruktion und Auslegung von *optischen Systemen* aus organischen Gläsern zu berücksichtigen. Andererseits ist es natürlich möglich, durch entsprechende Beigaben zu den Kunststoffen auch den Brechungsindex zu verändern, ähnlich wie das bei den optischen Gläsern geschieht. Alle in Bild 7.2 angegebenen Brechungsindizes gelten für Kunststoffe, die keine Beimischungen enthalten, welche den Brechungsindex verändern würden. Sie gelten außerdem für eine Temperatur von 20 °C. Mit zunehmender Temperatur nimmt der Brechungsindex der Kunststoffe etwas ab, und interessanterweise weist die Brechungsindex-Kurve in Abhängigkeit von der Temperatur im Bereich der Einfriertemperatur einen schwachen Knick auf.

Bei der Anwendung der *Kunststoffe für optische Systeme* sind neben ihren eigentlichen optischen Werten vor allem die vorhergehend besprochenen Nachteile so zu berücksichtigen und durch Gestaltung und Werkstoffwahl auszugleichen, daß sie die Funktionsfähigkeit und die Qualität der Optik nicht beeinträchtigen. Daß dies weitgehend gelungen ist, zeigt die Entwicklung, die der Einsatz der Kunststoffe als organische Gläser genommen hat. Erst 1958 wurde das erste Fotoapparat-Objektiv in Großserie eingesetzt, nachdem bereits 1956 der erste Kunststoff-Reflektor als Autorückstrahler zum Einsatz gekommen war. Heute ist der größere Teil der hergestellten Linsen aus Kunststoff, und die organischen Gläser haben als technisches optisches Material mengenmäßig die anorganischen überflügelt.

In Bild 7.3 ist eine *Polyacrylat-Linse,* wie sie gerade aus der Spritzgußmaschine kommt, gezeigt, und es ist darin zu sehen, daß diese Linse ohne Nachbearbeitung bereits ein einwandfreies optisches Bild liefert. Die Kunststofflinsen wurden übrigens anfänglich noch in Metallhalterungen und Metallkameras eingebaut. 1960

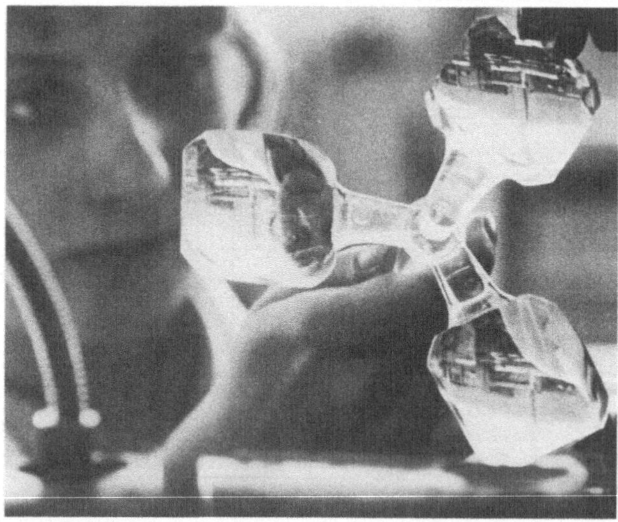

Bild 7.3 Optische Linsen. Drei Projektorlinsen aus Polymethylmethacrylat (PMMA) gespritzt, direkt aus der Spritzgußmaschine mit Anspritzung entnommen. Diese Linsen werden nicht nachgearbeitet. Ihre Qualität läßt sich an der Abbildung der Person und der Spritzgußmaschine auf den Linsen erkennen.   (Foto: DEMAG AG, Duisburg)

kam die erste Vollkunststoffkamera auf den Markt, und damit wurde der Kunststoff auch der wichtigste Werkstoff für die Kameragehäuse.

Hinsichtlich der Anwendung der organischen Gläser sei abschließend noch erwähnt, daß sie immer mehr als integrierte Optiken, als vergrößernde Schaugläser und sowie fast ausschllließlich als Leuchtenabdeckungen, z. T. mit Linsenraster, und Lampengläser angewendet werden.

Abschließend zu den optischen Eigenschaften sei noch mitgeteilt, daß bei einer bestimmten Ausrichtung der Kunststoffmoleküle im organischen Glas eine *Polarisation* des Lichts auftritt. Dieser Effekt findet vor allem in der wissenschaftlichen Optik Anwendung.

7.4 Kunststoffe als mehrfunktionale, optimale elektrische Isolierstoffe

Mit dem Aufkommen der Elektrotechnik erwies es sich als großes Hindernis, daß keine preiswerten hochwirksamen und einfachen Isolierstoffe verfügbar waren. So mußte anfänglich z. B. mit bitumengetränktem Papier oder mit Geweben isoliert werden. Daher hat schon ab der Jahrhundertwende die aufstrebende Elektroindustrie keine Bemühungen gescheut, mehr und bessere Isolierstoffe zu erhalten und zu entwickeln. Ein Teil der Kunststoffe verdankt diesen Anstrengungen ihre schnelle Einführung und Verbreitung. So ist z. B. der erste vollsynthetische Kunststoff, das Phenolharz (UF, das Bakelit), anfänglich unter anderem als Elektroisolierung entwickelt worden, und auch später kamen wesentliche Impulse zur Weiterentwicklung von der Elektroindustrie. Erwähnt sei noch, daß die Entdeckung und Einführung der Silikone (SI, Polysiloxane) um 1940 der Firma General Electric (USA) zu verdanken sind, die inzwischen auch ein Kunststoffhersteller geworden ist.

7.4.1 Elektrischer Durchgangswiderstand und Durchschlagfestigkeit

Elektrische Isolierstoffe müssen primär hohe elektrische *Isolierwirkung* aufweisen, d. h. einen hohen Durchgangswiderstand und hohe Durchschlagfestigkeit. Sie sollen aber auch in der Lage sein, die metallischen elektrischen Leiter mechanisch dauerhaft zu begrenzen oder zu umschließen. Die Herstellung dieser Isolierung soll möglichst kostengünstig sein.

Kunststoffe mit ihrer Isolierwirkung und mit ihrer Fähigkeit, sich einfach und vielfältig mit Metallen verbinden zu lassen und sich in der Form bei der Herstellung fast allen Anforderungen anzupassen, sind dafür besonders geeignet. Bei ihrer Gestaltung zu Isolatoren oder Isolierschichten macht man von den speziellen Festigkeiten und elastischen Eigenschaften der Kunststoffe Gebrauch. Von Vorteil ist dabei die große Flexibilität dünner Plastomerschichten, die große Elastizität der Elastomere, sowie die korrosionsverhindernde Wirkung von Kunststoffschichten auf Metallen, so daß Kunststoffe heute für elektrische Isolierungen verschiedenster Art angewandt werden.

Die *elektrische Leitung,* das Gegenteil der elektrischen Isolierung, kann allgemein durch freie Elektronen, aber auch durch Ionen, erfolgen. Viele organischen Stoffe weisen keine freien Elektronen auf. Die Leitung durch die immer, zumindest als Verschmutzung, vorhandenen Ionen wird bei den Kunststoffen durch die Verknäuelung der Makromoleküle praktisch unmöglich gemacht. Nur die Kunststoffe,

die in ihren Aufbau Wasser oder andere polare Flüssigkeiten einbauen (z. B. Polyamid, PA) machen darin eine Ausnahme. Aus diesen Gründen sind Kunststoffe
ohne leitende Zusätze und ohne Flüssigkeitseinbau elektrisch nicht leitend, d. h.
Isolierstoffe.

Daß ein Teil der Kunststoffe die besten elektrischen Isolierstoffe sind, die es
überhaupt gibt, zeigt der *Vergleich der Kunststoffe mit anderen Isolierstoffen* in Bild
7.4. Da ein Isolierstoff um so wirtschaftlicher ist, je kleiner die einen elektrischen
Durchschlag verhindernde Wandstärke bezogen auf die Spannung ist, wurde eine
Durchschlagswandstärke gegenüber den Durchgangswiderstandswerten aufgetragen. Sie ist ein Maß für die sogenannte *Durchschlagsfestigkeit* oder Durchschlag-
feldstärke in Kilovolt je Millimeter (kV/mm).

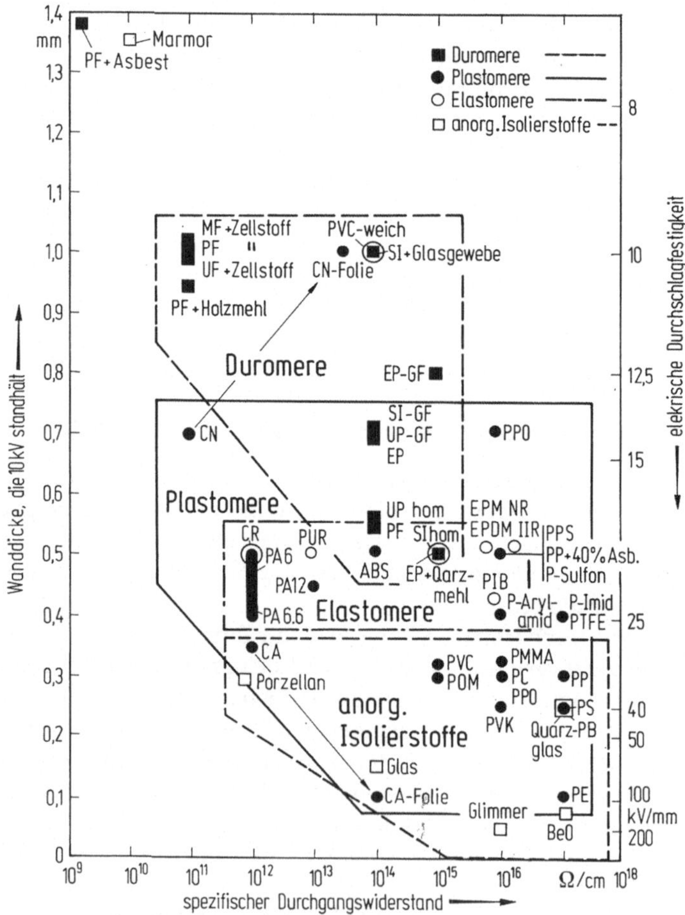

Bild 7.4 Elektrische Isolierung. Kunststoffe gehören zu den besten elektrischen Isolierstoffen.
Als Isolierstoffe werden sie hauptsächlich durch ihren spezifischen Durchgangswiderstand und
ihre Durchschlagfestigkeit gekennzeichnet. Die elektrische Durchschlagfestigkeit in kV/mm ist
der Wandstärke umgekehrt proportional, die einer bestimmten Spannung (hier 10 kV) stand-
hält. Wenn nicht anders vermerkt: homogener Makroaufbau.

Kunststoffe, die die größten elektrischen Durchgangswiderstände bei größter Durchschlagfestigkeit aufweisen, innerhalb der umrandeten Plastomere, sind die besten elektrischen Isolierstoffe. Einige anorganische liegen günstiger, jedoch sind ihrer Anwendbarkeit durch die schwierige und eingeschränkte Formgebung und ihrer Bruchanfälligkeit Grenzen gesetzt. Der Vergleich von ungefüllten und gefüllten Kunststoffen (z. B. die Duromere Phenolharz (UF) oder Epoxidharz (EP)) und weichgemachten und nicht weichgemachten Kunststoffen (Polyvinylchlorid, PVC und PVC-w), Bild 7.4, zeigt deutlich, daß viele Zusätze eine Verschlechterung, spezielle Zusätze, z. B. Quarz, aber auch bei höherer Festigkeit eine Verbesserung der elektrischen Isolierfähigkeit bringen können. Allgemein kann gesagt werden, daß der spezifische elektrische Durchgangswiderstand am höchsten beim homogenen Kunststoff ist, während bereits geringe Verunreinigungen oder Hohlräume zu Verschlechterungen führen können, aber nicht müssen. Die wesentlich bessere Isolierwirkung eines durch Ausrichten homogeneren und mit weniger Einschlüssen versehenen Celluloseacetatfilms (CA-Folie) gegenüber dem normalen Stoffwert zeigt dies anschaulich.

In Bild 7.4 über elektrische Isolierstoffe sind zum Vergleich neben gefüllten Duromeren auch Glas, Porzellan und andere anorganische elektrische Isolationsstoffe aufgeführt. Diese gefüllten Duromere haben, wie Porzellan, keramische Massen und Glas, ihr Anwendungsgebiet im Bereich der *Höchstspannungen bei höheren Temperaturen.* Dies deswegen, weil nicht nur die Wärmebeständigkeit der allgemeinen Kunststoffe bei höheren Temperaturen oft nicht mehr gewährleistet ist, sondern auch ihre elektrischen Isoliereigenschaften bei steigenden Temperaturen abnehmen. Durch die zunehmende Beweglichkeit der Makromolekülketten bei höheren Temperaturen ist auch eine bessere Beweglichkeit elektrischer Ladungsträger zu verzeichnen, welche eine Erniedrigung des Widerstandes hervorrufen.

7.4.2 Zusätzliche Funktionen der elektrischen Isolierstoffe

Da die elektrischen Leitermaterialien als Metalle mehr oder weniger korrosionsempfindlich sind, kann ihre elektrische Isolation mit Kunststoffen gleichzeitig als *Korrosionsschutz* wirken. Auch das Zusatzgewicht zu den bereits relativ schweren Leitermetallen ist durch die Isolierung mit den leichten Kunststoffen gering.

Die Kunststoffe, die lediglich Isolations- und Korrosionsschutzfunktionen erfüllen, sind heute bereits in der Minderzahl. Es handelt sich dabei nur noch um die Kabel- und Leitungsisolierungen und ähnliches. Heute ist die *integrierte Funktion* dominierend, bei der die elektrischen Isolierfunktionen gleichzeitig mit Haltefunktionen, Gehäuse- und Montagefunktionen sowie ähnl. kombiniert werden. Daraus sind die modernen Schaltungstechniken mit der sogenannten gedruckten Schaltung unter Einbezug der Halbleiter und die Kompaktbauelemente und Kompaktgeräte entstanden, die heute das Gesicht der elektronischen und Elektrogeräte bestimmen, wie der Aufbau eines Montagegehäuses in Bild 7.7 zeigt.

7.4.3 Halbleitende Spezialkunststoffe

Ein besonderes Gebiet sind die halbleitenden Kunststoffe. Ihre Existenz war bereits seit längerem bekannt, aber es ist erst seit neuerem möglich, durch einen bestimmten Molekülaufbau, der eine geeignete Anordnung der Moleküle bringt, bestimmte voraussagbare Halbleitereigenschaften zu bekommen.

Kunststoffe, die in elektronischen Bauelementen als Halbleiter eingesetzt werden, sind schon heute verschiedentlich auf dem Markt. Darunter ist das u. a. bei Farbfernsehbildröhren verwendete Plastomer Polyvinylcarbazol, das in amorphem, eingefrorenem Zustand angewendet wird. Es ist in Bild 7.4 eingezeichnet. Solche Anwendungen sind jedoch sicher erst ein Anfang, denn die Kunststoffhalbleitertechnik steht noch an ihrem Beginn.

7.5 Dielektrische Verluste und Dielektrizitätszahl

7.5.1 Wechselstromverlust bewirkt dielektrische Erwärmung

Alle elektrischen Wechselströme, jene in den Leitungsnetzen und jene der Hochfrequenztechnik in der Nachrichtentechnik, erleiden beim Durchgang durch isolierte Leitungen einen *Energieverlust,* welcher von der Art der Isolierung oder des Dielektrikums abhängig ist. Dies beruht darauf, daß in einem elektrischen Wechselfeld befindliche Stoffe erwärmt werden. Dem entspricht ein Verlust an Nutzenergie und man spricht daher von *dielektrischen Verlusten.* Ihre Größe hängt außer von der Nutzleistung auch von der Frequenz der Wechselströme und der Temperatur ab.

Zur Veranschaulichung ist dieser dielektrische Wechselstromverlust bei 1 000 Watt in Bild 7.5 für eine Reihe von Stoffen vergleichend für 220 Volt und 50 Hertz gegeben.

Diese 1 000 Watt entsprechen bei einer Spannung von 220 Volt einer Stromstärke von 2,6 Ampere. Es gibt Stoffe, bei denen der auftretende Verlust bei 10 Watt liegt, also immer noch bei einem Prozent, und Stoffe, bei denen er bis auf den 10 000sten Teil zurückgeht. Da mit diesem Verlust eine für manche Zwecke sehr störende Erwärmung verbunden ist, ist es nicht nur aus wirtschaftlichen Gründen sehr wichtig, diese Stoffe mit dem geringeren Verlust anwenden zu können. Die wasserunempfindlichen (= hydrophoben) Plastomere gehören wieder zu den Spitzenreitern, denen sich die ungesättigten Polyester hinzugesellen. Die Naturstoffe Quarz und Papier liegen ungünstiger.

Die dielektrischen Wechselstromverluste beruhen auf verschiedenen Effekten. Bei hohen Frequenzen spielt eine wesentliche Rolle die Verschiebung der Elektronen-Gesamtheit, der sogenannten Elektronenwolke, gegenüber den Atomkernen im isolierenden Werkstoff. Sind polare Gruppen vorhanden, so können sie Dipolmomente bilden, die durch die Einwirkung des Wechselfeldes hin- und herbewegt werden. Diese Verschiebung bzw. Bewegung ist Arbeit und kostet damit Energie. Sie führt zu einer Erwärmung des Kunststoffes, die von der Stärke der die Hin- und Herbewegung bewirkenden elektrischen Feldstärke und der Schnelligkeit der Hin- und Herbewegung, also der Frequenz abhängig ist.

Eine solche *polare Gruppe* im Kunststoff bildet z. B. das Chlor mit den Kettenatomen im früher besprochenen Polyvinylchlorid (PVC), wie schematisch in Bild 7.6 gezeigt ist. Die dielektrische Erwärmung führt bei Kunststoffen mit solchen polaren Gruppen zu wesentlich höheren Wechselstromverlusten als die Einwirkung des Wechselstroms auf einen unpolaren Kunststoff, z. B. auf Polyethylen.

Als Kenngröße für die Stärke der dielektrische Verluste wird der sogenannte *dielektrische Verlustfaktor* tan δ (Tangens Delta) verwendet, der bei den gebräuch-

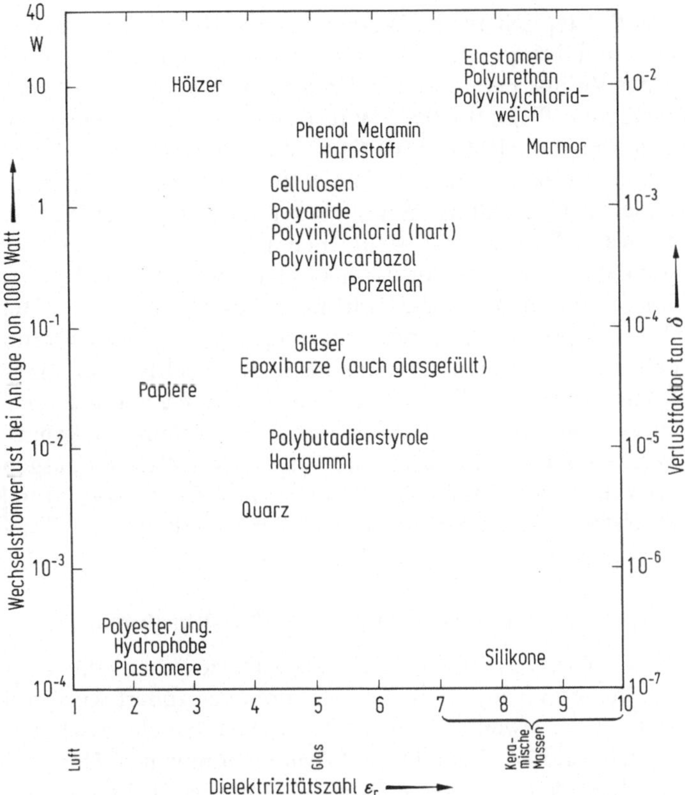

Bild 7.5 Dielektrizitätszahlen und Wechselstromverluste. Kunststoffe können besonders niedrige Wechselstromverluste, aber auch hohe Dielektrizitätszahlen, aufweisen. Die Wechselstromverluste werden durch den Verlustfaktor tan δ charakterisiert und am Beispiel der Verlustleistung bei Anlage von 1000 Watt veranschaulicht. Hydrophobe Plastomere: Polystyrole, Polyethylene, Polypropylene, Polyfluorcarbone, Polyisobutylen, Polycarbonat.

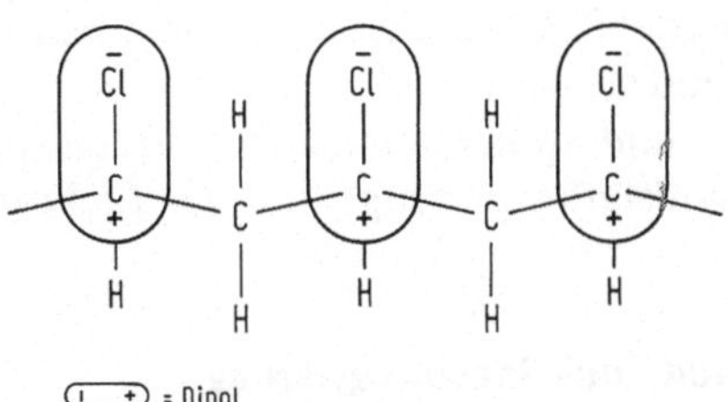

Bild 7.6 Elektrische Dipole in Kunststoffen. Bildung von Dipolen in Kunststoffen als polare Gruppen, am Beispiel des Polyvinylchlorids (PVC). Sie bedingen die elektrische Erwärmung durch Wechselstrom, die Wechselstromverluste zur Folge hat. (Schematische Darstellung)

lichsten Isolierstoffen typischerweise Werte zwischen 10^{-4} und 0,05 annimmt, wobei starke Frequenz- und Temperaturabhängigkeit vorhanden ist. Wie aus Bild 7.5 ersichtlich, liegt der Verlust beim Polyvinylchlorid (PVC) um 1 Watt (tan $\delta = 10^{-3}$) und beim Polyethylen (PE) um 0,0002 Watt (tan $\delta = 2 \cdot 10^{-6}$). Durch Beigabe von Weichmacher zum Polyvinylchlorid (PVC) wird die Beweglichkeit der Makromolekülketten zueinander erhöht, und damit auch die der Dipolmomente. Dies hat zur Folge, daß bei gleichen Verhältnissen nun ein zehnfach so großer Wechselstromverlustfaktor von etwa 10 Watt auftritt (siehe ebenfalls Bild 7.5), der sich in einer stärkeren Erwärmung des Polyvinylchlorids-weich (PVC-w) niederschlägt.

Der in Bild 7.5 zugrunde gelegte übliche Wechselstrom von 50 Hertz bewirkt bei Kunststoffen mit polaren Gruppen eine relativ geringe Temperaturerhöhung. Sie können daher als Isolatoren für allgemeine Wechselstromleitungen durchaus eingesetzt werden. Anders ist dies bei *hochfrequenten Wechselströmen*. Hier kann die Erwärmung so groß werden, daß das Material zum Schmelzen kommt. Bei Polyvinylchlorid-Weich-Folien und einigen anderen Kunststoffen mit ausgeprägten polaren Gruppen wird dieser Effekt der *dielektrischen Erwärmung* mittels hochfrequentem Wechselstrom für die Erwärmung bei der Verarbeitung, z. B. zum Schweißen von Folien, angewendet.

7.5.2 Hohes Speichervermögen ist Grundlage von Kondensatoren

Die Werte für die Dielektrizitätszahl, die angibt, wievielmal die Kapazität (das elektrische Speichervermögen) eines Kondensators vergrößert wird, wenn anstelle von Luft als Isolator der jeweilige Werkstoff zwischen den elektrischen Leitern verwendet wird, sind in Bild 7.5 ebenfalls auf Wechselstrom von 50 Hertz bezogen. Dadurch ist es möglich, dem jeweiligen Wechselstromverlust die entsprechende *Dielektrizitätszahl* für die Werkstoffe zuzuordnen. Es zeigt sich dabei, daß die Dielektrizitätszahl um so größer wird, je stärker und je beweglicher die polaren Gruppen in einem Stoff sind. Dies muß in den meisten Fällen durch relativ hohe dielektrische Verluste bezahlt werden. Ausnahme sind die Silikone (SI), bei denen der Dipol in der Kette liegt und durch unpolare Außengruppen abgeschirmt ist. Dadurch wird eine hohe Dielektrizitätszahl bei einem niedrigen dielektrischen Verlustfaktor erreicht.

Wenn ein Kondensator überlastet ist, erfolgt ein Durchschlag: ein Entladungsfunke bricht durch die Isolation. Es gibt nun *Kondensatoren* die so aufgebaut sind, daß sie *selbstheilend* sind. Dabei wird der Durchschlagfunke benutzt, um das umliegende, den Isolator bildende, Plastomer zu erwärmen. Es wird dabei plastisch, fließt in das Durchschlagloch und schließt es.

Für die Kondensator- und Spulenherstellung werden spezielle hochreine Folien mit sehr konstanter Wandstärke gefertigt, die als *Elektroisolierfolien* im Handel sind.

7.5.3 Miniaturisierung und Funktionsintegrierung

Die teilweise extrem niedrigen dielektrischen Verluste mancher Kunststoffe, die z. B. bei Polystyrol (PS) so niedrig wie bei den besten klassischen Isolierstoffen liegen können, sowie günstige Werte der Dielektrizitätszahl haben der Elektrotechnik und der Elektronik neue Möglichkeiten eröffnet. Sie zeigen sich nicht nur in der

Schaffung von preiswerten und zuverlässigen Bauelementen, sondern auch in ihrer Verkleinerung, der Miniaturisierung, so daß sie nur noch einen Bruchteil des Raums einnehmen und des Gewichts aufweisen, das frühere Bauelemente, die auf klassischen Werkstoffen basierten, aufwiesen. Bei einem Kondensator kann dieses Größenverhältnis z. B. 1 : 1000 betragen. Der Durchbruch zur Miniaturisierung und der damit zusammenhängenden Automatisierung, auf dem die heutige elektronische und elektrische Gerätetechnik beruht, ermöglichten somit erst der Einsatz der Kunststoffe.

Bild 7.7 Kombination von elektrischer Isolierfunktion mit mechanischen und Montagefunktionen. Teile eines Isolier- und Montagegehäuses für ein Phonogerät aus Polystyrol, im Spritzgießverfahren ohne Nacharbeit hergestellt. Zahlreiche Funktionen sind in das Spritzgießteil durch eine gezielte Produktentwicklung integriert. Oben: Unterseite, unten: Oberseite. (Foto: Verfasser; Hersteller: Continentale Metallgesellschaft, Frankfurt/M.)

Geräte und Bauelemente erlauben eine *funktionelle Integrierung* ineinander, so daß die Isolierung gleichzeitig das Gehäuse darstellt oder bzw. und die tragenden Funktionen liefert. Ein solches Gehäuse kann mit vielen Elementen in einem Gang gespritzt werden und kann weit über 100 Montage- und Wartungsanschlüsse oder mechanische Funktionsglieder in einer Form enthalten. Im bereits erwähnten Bild 7.7 ist ein solches Gehäuseunterteil für ein Phonogerät mit 138 integrierten Funktionen gezeigt, welches aus schlagfestem Polystyrol besteht und im Spritzgießverfahren automatisch hergestellt wird.

7.6 Elektrostatische Aufladung von Kunststoffoberflächen

Wie jeder Isolator, so sind auch Kunststoffe auf ihrer Oberfläche *elektrostatisch aufladbar*. Stärke und Vorzeichen der elektrischen Aufladung hängen von der Art der Makromoleküle und davon, wie sie in der Oberfläche formiert sind, sowie von an der Oberfläche adsorbierten Substanzen ab. Da die Elektronenaustrittsarbeit bei Kunststoffen, ähnlich wie bei Metallen, relativ gering ist, sie beträgt 4 bis 5 Elektronenvolt (eV), kann eine Aufladung nicht nur durch Reibung, sondern auch durch atmosphärische Einflüsse erfolgen.

7.6.1 Elektrostatische Spannungsreihe

Aus einer Spannungsreihe geht hervor, ob sich ein bestimmter Werkstoff, wenn er mit einem anderen gerieben wird, gegen diesen positiv oder negativ auflädt. Obwohl solche Spannungsreihen bei Kunststoffen problematisch sind, weil Kunststoffe Zusätze enthalten können oder Ausrichteffekte aufweisen können, die die Verhältnisse in einer solchen Spannungsreihe ändern, ist in Bild 7.8 eine *Spannungsreihe der Kunststoffe*, ergänzt durch *Metalle, Wolle und Glas* angegeben. Es ergibt sich darin eine Reihenfolge der Kunststoffe, die auch hinsichtlich der Struktur und der Unterschiedlichkeit der Oberflächen Schlüsse zuläßt. Für die praktische Anwendung gibt diese Reihe Hinweise für die Kunststoffauswahl hinsichtlich ihrer elektrostatischen Anwendungen.

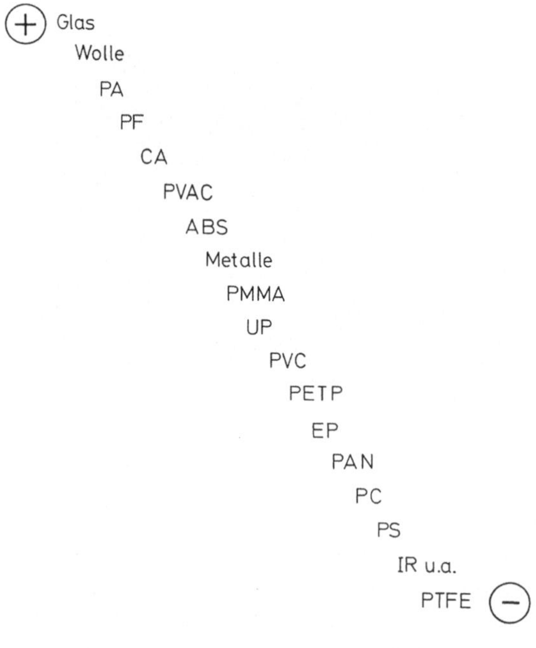

$\oplus$ Glas
    Wolle
      PA
        PF
          CA
            PVAC
              ABS
                Metalle
                  PMMA
                    UP
                      PVC
                        PETP
                          EP
                            PAN
                              PC
                                PS
                                  IR u.a.
                                    PTFE $\ominus$

Bild 7.8 Elektrostatische Aufladung. Elektrostatische Spannungsreihe der Kunststoffe und wichtiger anderer Werkstoffe. Aufladung durch Reibung. Elektronenaustrittsarbeit bei Kunststoffen 4 bis 5 eV.

Ihre genauere Beachtung ist dabei öfter angebracht als meistens angenommen wird. Sowohl die Beseitigung schädlicher Verstaubungen von Oberflächen, als auch die Anwendung nützlicher Effekte der elektrostatischen Aufladung können im allgemeinen dadurch noch besser werden und zu optimaleren Erzeugnissen führen.

7.6.2 Hauptanwendungsgebiete der elektrostatischen Aufladung

Die Anwendungsgebiete der elektrostatischen Aufladung der Kunststoffe lassen sich in drei Gebiete einteilen:

— *Elektrotechnische Anwendungen* hauptsächlich zur Erzeugung von abgreifbaren Oberflächenladungen und z. B. zur Aufladung von Hochspannungskondensatoren in Hochspannungsgeneratoren.

— *Haftanwendungen* zum evtl. leichtlöslichen, vorübergehenden Verbinden von Kunststoffteilen, insbesondere von Folien, z. B. beim Zuschneiden oder bei der Montage als Verarbeitungshilfe, aber auch zu Verpackungs- oder Ordnungszwecken.

Kopiertechnische Anwendungen zum Erzeugen von Bildern und Texten, durch Umwandlung der Vorlagen in ein Ladungsbild, dann Beschickung mit Farbe, die nur an den aufgeladenen Stellen haftet und evtl. fixiert wird.

7.6.3 Verhinderung der Verschmutzung der Oberflächen durch Aufladung

Die *negativen Auswirkungen* der elektrostatischen Aufladung bestehen vor allem in der Verschmutzung von Kunststoffoberflächen, sowie elektrischem Funkenüberschlag bei Kleidungsstücken aus Kunststoff-Fasern und exponierten Kunststoffoberflächen, wie Türgriffen oder Handläufen und Bodenbelägen.

Vor allem bei trockenem Wetter können auf feuchtigkeitsabweisenden Kunststoffoberflächen in schmutzhaltiger Atmosphäre störende *Staub- und Schmutzschichten* entstehen, die unter Umständen nicht nur das Aussehen, sondern auch die Funktionsfähigkeit der Teile beeinträchtigen. Es bilden sich störende sogenannte *Staubfiguren* auf solchen aufgeladenen Kunststoffoberflächen, wie eine in Bild 7.9 zu sehen ist. Auch die *elektrische Ableitung* von Aufladungen, welche bei Berührung zu unangenehmem Funkenüberschlag und Elektrisieren führt, ist dann vor allem bei trockener Umgebung vorhanden.

Es ist möglich, diese Nachteile, welche die elektrostatische Aufladungsfähigkeit hervorruft, weitgehend zu vermeiden. Daß dies in der Praxis oft nicht geschieht, ist auf Unwissenheit zurückzuführen oder eine Frage zu hoher Kosten. Bei allen der menschlichen Berührung ausgesetzten im trockenen Einsatz befindlichen Kunststoffoberflächen und bei allen dekorativen Oberflächen sollte jedoch darauf geachtet werden, daß keine zu starke elektrostatische Aufladung stattfinden kann. Im einzelnen kann dies durch folgende *Maßnahmen* bewirkt werden:

— *Wahl von Kunststoffen,* die einen Feuchtigkeitsfilm auf der Oberfläche, z. B. Polyamid (PA), oder solchen, die nur geringe elektrostatische Aufladung aufweisen.

— *Wahl eines Werkstoffaufbaus,* der zu nicht-aufladbarer Oberfläche führt, z. B. gefüllt oder verstärkt, mit leitendem oder feuchtigkeitsanziehendem Material oder eines flächenhaften Verbundes mit leitender Oberfläche, z. B. Metallschicht.

— Behandlung mit *leitfähigem, oberflächenaktivem Material* nach Herstellung des Teils, z. B. durch Tauchen in wässerige Lösung und Auftrocknenlassen (wird vor allem bei optischen Anwendungen bevorzugt).

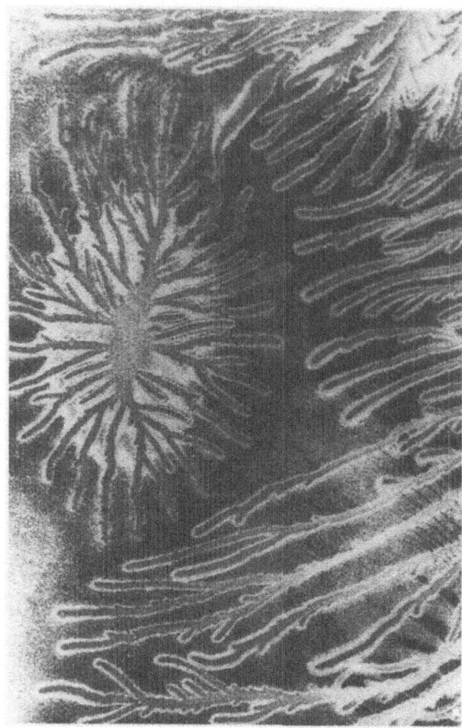

Bild 7.9 Staubanziehung durch Kunststoffoberflächen mit hohem elektrischem Widerstand.
Staubfiguren auf elektrostatisch aufgeladener Kunststoffoberfläche von Polyethylen (PE).
(Foto: Chemische Werke Hüls AG, Marl)

— Einbau von *leitfähigen Pulvern oder Fasern* in den Gesamtkunststoff durch Beigabe in die Schmelze oder in die reagierende flüssige Phase. Vorerst noch nicht bei allen Kunststoffen und Farben möglich.

— *Ionisierung oder Befeuchtung* der Umgebungsluft. Wirkt nur örtlich, wird bevorzugt bei der Verarbeitung angewandt, um Entladungsfunken zu vermeiden.

Heute müssen in den meisten Fällen diese Maßnahmen bei entsprechenden Fertigungen noch gesondert eingeplant werden. Es gibt jedoch schon einzelne Kunststoff-Hersteller, welche bestimmte Spezialeinstellungen von aufladungsunfreundlichen Kunststoffen liefern, die bereits leitfähige Zusätze eingebaut haben und als antistatisch eingestellte Spezialtypen bezeichnet werden. Es ist zu erwarten, daß sich diese Entwicklung fortsetzt.

Es sei abschließend bei der Behandlung der elektrischen Eigenschaften darauf hingewiesen, daß sie in besonderem Maße durch das Verhalten und den Aufbau der Kunststoffe erklärbar sind. Nur teilweise wurde im vorhergehenden darauf hingewiesen. Es ist aber ohne weiteres einleuchtend, daß deshalb auch aus den elektrischen Eigenschaften und ihren Änderungen auf das Verhalten und den Aufbau der Kunststoffe geschlossen werden kann.

Die Polymerchemiker und -physiker benützen daher *elektrische Messungen* an Kunststoffen in vielfältiger Weise zur *Struktur- und Zustandserforschung*.

7.7 Akustik der Kunststoffe

Wenn gleich geformte Teile aus verschiedenen Kunststoffen angestoßen werden, so können sie ganz unterschiedlich klingen. So hat z. B. Polystyrol im homogenen Aufbau einen mehr metallisch hellen Klang, Polyethylen einen dumpfen schwachen Klang und ein Elastomer einen kaum hörbaren dunklen Klang. Solche Unterschiede sind jedem, der sich mit Kunststoffen befaßt, offensichtlich, aber bei vielen Fachleuten fehlen genauere Vorstellungen über ihr akustisches Verhalten, obwohl Kunststoffe heute die größte Stoffgruppe sind, die bei der Lärm- und Schallbekämpfung eine Rolle spielen. Die genauere Behandlung der akustischen Eigenschaften ist allerdings schwierig, weil es sich um ein komplexes Gebiet handelt. Der Kunststoff ist nämlich vielseitig, so kann er einmal als Schallerzeuger, und das andere Mal als Schalldämpfer wirken.

7.7.1 Schall und Schallgeschwindigkeit

Der Schall beruht auf mechanischen Schwingungen von Materie in dem Frequenzbereich, in dem sie für das menschliche Ohr hörbar sind, etwa 20 Hz bis 20 000 Hz. Schallschwingungen breiten sich in der Materie als Wellen aus. Ihre *Ausbreitungsgeschwindigkeit* wird als Schallgeschwindigkeit bezeichnet. Obwohl diese etwas von der Temperatur und der Schwingungsfrequenz abhängig ist, hängt sie im wesentlichen von der Dichte des Materials und von seinen elastischen Eigenschaften und ferner von seiner Form ab. Näherungsweise gilt für Longitudinalwellen, bei denen die Ausbreitung durch Schwingung in der Ausbreitungsrichtung erfolgt, in homogenen Kunststoffen folgende Schallgeschwindigkeitsformel:

$$c_L = f \cdot \sqrt{\frac{E}{\varrho}}$$

c_L = Schallgeschwindigkeit der Longitudinalwellen
f = Formfaktor
E = Elastizitätsmodul
ϱ = Dichte

Der Formfaktor f gibt die Formabhängigkeit, wobei die Schallgeschwindigkeit bei $f = 1$ für einen Stab mit gegen die Länge kleinen Querdimensionen gilt. Bei merklichen Querdimensionen und natürlich besonders bei allseitig unbegrenzter Ausdehnung des Materials wird die Schallgeschwindigkeit anders.

In Bild 7.10 sind *Schallgeschwindigkeiten* für verschiedene Werkstoffe eingetragen. Es ist aus der gegebenen Schallgeschwindigkeitsformel klar, daß z. B. Stahl und Glas mit ihrem großen Elastizitätsmodul eine große Schallgeschwindigkeit aufweisen müssen. Die Schallgeschwindigkeiten in Kunststoffen liegen wesentlich niedriger. Sie sind wegen der variablen Elastizitätsmoduln und der Abhängigkeit von der Form nicht konstant und überstreichen den Bereich niedrigster bis mittlerer Schallgeschwindigkeiten bis über 3000 m/s (PS). Für Luft bei 20 °C wird im allgemeinen mit 340 m/s gerechnet. Hier handelt es sich wie bei allen Gasen immer um longitudinale Kompressionswellen. Und es ist nun das besondere der Kunststoffe, daß die Werte der Schallgeschwindigkeit teils wesentlich über und teils wesentlich unter denen der Luft liegen. Die *Elastomeren* weisen je nach ihrer Elastizität und

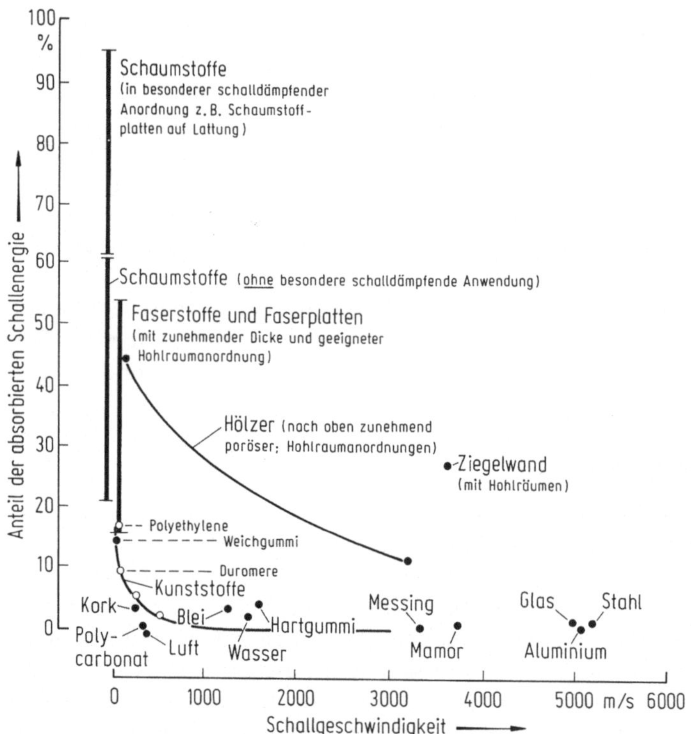

Bild 7.10 Akustisches Verhalten. Schallgeschwindigkeiten und Schallschluckfähigkeiten (Absorptionsgrade) verschiedener Werkstoffe und Anordnungen.

Füllung Geschwindigkeiten zwischen 40 bis 150 m/s auf. Je steifer ein Kunststoff wird, desto höher ist seine Schallgeschwindigkeit. So weist das hochgefüllte, relativ harte Elastomer, das als Hartgummi angewendet wird, eine Schallgeschwindigkeit je nach Zusammensetzung von etwa 1 600 m/s auf und im eingefrorenen amorphen Zustand eingesetzte Plastomere um 1 800 m/s.

7.7.2 Schallanregbarkeit und Schallgabe

Hartgummi und unmodifiziertes Polystyrol zeigen Schallgeschwindigkeiten im mittleren Bereich. Beide klingen, wenn sie angestoßen werden, sind also gute Schallgeber. Trotzdem ist der von ihnen erzeugte Schall auch bei gleicher Körperform sehr unterschiedlich. Polystyrol hat einen hellen, lauten; Hartgummi einen dunklen, leiseren Klang. Der Grund dafür ist die unterschiedliche innere Dämpfung der Wellen, welche auf der unterschiedlichen Struktur und dem unterschiedlichen Zusammenhalt beider Materialien beruht. Polystyrol ist homogen und im amorphen Zustand eingefroren. Hartgummi ist stark gefüllt oder verstärkt, und der Elastomeranteil liegt im plastischen Zustand vor. Letzterer ist relativ gering, so daß bei der Schallabstrahlung das Füllmaterial wesentlich mitwirkt, aber die ihn umgebenden plastischen Elastomerzonen dämpfen und bewirken daher den relativ dunklen und leisen Klang.

Klangfarbe und Schallabstrahlung sind also nicht nur von der Schallgeschwindigkeit abhängig, sondern wegen der inneren Dämpfung auch von der Art des Kunststoffes, von seinem Aufbau und von seiner Form. So wird Polystyrol (PS) als Lippenmaterial für Orgelpfeifen verwendet, wobei die Größe der Lippe die Tonhöhe angibt. Polystyrol und andere Kunststoffe werden aber auch als Resonatoren bei Klanggebern benutzt, z. B. als Pfeifenkörper von Orgeln. Auch bei elektronischen Musikinstrumenten werden Polystyrol und Polyacrylate (PMMA) als Schallgeber und Resonatoren viel verwendet. Für solche Schallgeber finden immer die Kunststoffe Anwendung, die eine geringe innere Dämpfung für Schallschwingungen haben und deren Schallgeschwindigkeit oberhalb von 1 500 m/s liegt.

7.8 Schallschutz und Geräuschminderung als Zukunftsgebiete

In zunehmendem Maße werden die Kunststoffe bewußt zum Schallschutz eingesetzt, und dies geschieht mit besonderen Anordnungen, die sich die unterschiedlichen Aufbaumöglichkeiten des Kunststoffes gerichtet zunutze machen. Aus diesem Grunde sei im folgenden noch speziell auf die Schallminderung durch den Einsatz von Kunststoffen allgemein und durch die Anwendung besonderer Anordnungen eingegangen.

7.8.1 Beseitigung von Lärmquellen ist einfachster Schallschutz

Lärmbelästigung ist am besten zu vermeiden, wenn der Schallgeber so gebaut wird, daß er weniger oder gar keinen Schall mehr abgibt. Dies ist möglich, wenn für den Schallgeber ein Kunststoff genommen werden kann, der relativ wenig Schall gibt. Besonders Kunststoffe, welche im Bereich niedrigster Schallgeschwindigkeiten und hoher innerer Dämpfung liegen, kommen dafür in Frage.

Oft werden Teile aus solchen Kunststoffen angewendet, die eine ganz erhebliche *Schalldämpfung* bewirken, ohne daß dies das primäre Konstruktionsziel gewesen wäre. Es wird aber als angenehme Beigabe betrachtet. So sind bekanntlich Laufwerke der Feinwerkstechnik mit Kunststoffzahnrädern wesentlich leiser als entsprechende mit Metallzahnrädern. Ein anderes Beispiel sind Fußböden. Beton leitet Schall gut und strahlt ihn relativ gut ab. Ein Elastomerfußboden, z. B. aus Polyvinylchlorid-weich (PVC-w), ist ein schlechter Schallgeber und vermeidet weitgehend Lärmbelästigung beim Begehen.

Es muß also im Auge behalten werden, daß bereits der normale Einsatz von homogenen, gefüllten oder verstärkten, aber besonders von Schaum-Kunststoffen eine Verminderung der Geräusche bringt, wenn sie anstelle von Metallen, Glas oder Beton Anwendung finden. Die größere innere Dämpfung bewirkt, daß sie nicht so stark anregbar sind.

Kann bei einer Konstruktion nicht auf die Anwendung von Metallen oder anderen Werkstoffen, welche als gute Schallgeber wirken, verzichtet werden, dann kann in vielen Fällen auf die den Schall abstrahlenden Oberflächen der anderen Werkstoffe eine weiche Kunststoffschicht aufgebracht oder das Teil direkt als Verbundteil mit Kunststoff hergestellt werden, um die Geräusche merklich zu mindern. Es wird hier „*entdröhnt*". Und erst, wenn das nicht genügt, wird zu den im folgenden beschriebenen Maßnahmen der Schalldämmung gegriffen.

7.8.2 Schalldämmung mit Kunststoffen benötigt wenig Aufwand

Die im vorhergehenden erwähnte Entdröhnung ist zum Teil schon eine Schalldämmung, obwohl sie durch den Verbund mit dem Schallgeber sich auch am Schallgeber befindet. Die *eigentlichen Schalldämmungen* haben die Aufgabe, bereits entstandenen Schall zu mindern oder zu beseitigen.

Am Beispiel des Fußbodens wurde darauf hingewiesen, daß es am besten ist, den Fußboden gar nicht als Schallgeber auszubilden, sondern ihn mit einem Elastomer oder mit Faserschichten in Form eines Teppichbodens zu belegen. Ist dies nicht möglich, weil der Fußboden größere Festigkeit und Härte aufweisen muß, dann kann durch Unterlegen der harten Fußbodenschicht mit einem *Schalldämm-Material* eine Schallabsorption des Trittschalls erreicht werden. Bereits eine 4 cm dicke Platte Polystyrol-Schaumkunststoff mit hauptsächlich geschlossenen Poren und einer Dichte von 0,05 g/cm³ unter der harten, festen Fußbodenschicht macht die Begehung des Bodens für Personen, die sich in dem darunter liegenden Raum befinden, unhörbar. Hier ist eine Schallabsorption erreicht, die sich allerdings nur voll für den darunterliegenden Raum auswirkt, während in dem Raum, in dem der Boden begangen wird, der Trittschall zu hören ist. Es handelt sich um eine gerichtete *partielle Schalldämmung*.

Wenn in einem Raum Gegenstände sind oder er von Werkstoffen begrenzt ist, die durch Schall selbst zu Schallgebern werden, also mitschwingen, so wird dies als *Resonanz* bezeichnet. Schallgeber von Musikinstrumenten bedienen sich in besonders wirkungsvoller Weise der Resonanz, damit sie den Ton mit möglichst großer Lautstärke weitergeben.

Ist der Raum, in dem sich der Schallgeber befindet, mit Werkstoffen begrenzt, welche den Schall absorbieren, dann handelt es sich um einen *schallgedämpften* Raum. Schlaf- und Arbeitsräume sollten schallgedämpft sein, sind es aber in vielen Fällen nicht. Eine gewisse Schalldämpfung erfahren Räume allerdings oft durch das Tapezieren mit Schaumkunststoff-Tapeten, die wesentlich dicker sind als Papiertapeten.

Totale Schalldämmung setzt allerdings die gesamte Abkapselung des Raumes oder der Schallquelle voraus. Motoren können z. B. durch eine geschlossene Umhüllung abgekapselt sein. Die Innenseite der Umhüllung muß dann so ausgebildet sein, daß sie möglichst wenig Schall aufnimmt und weitergibt. Dazu haben sich harte und halbharte Schaumkunststoffe mit vorwiegend offenen Zellen als besonders geeignet erwiesen. Die Zellen erweisen sich als Resonanzräume, in denen sich die Schallenergie totläuft. Aber auch Kunststoff-Faseranordnungen sowie Kork und mineralische Fasern geben eine sehr gute Schalldämmung. Die Schallgeschwindigkeiten in solchen Absorptionsmaterialien geringer Dichte sind stets kleiner als in freier Luft. Ihre Wirksamkeit, den auf sie zukommenden Schall zu vermindern, bzw. zu schlucken oder absorbieren, hängt von ihrer *Anbringung* und von ihrer *Anordnung* ab. Diese Anordnungen hängen natürlich von den Funktionen der den Raum begrenzenden Elemente ab. Fenster und Türen werden anders schallgedämpft als Wände. Bei Fenstern geschieht es z. B. durch Doppelverglasung, die ein Vakuum enthält. Eine Anordnung für Wände ist die der *mitschwingenden Membran*, bei der eine Kunststoff-Folie vor eine Weichschaumstoff-Schicht geringer Dicke gepackt ist. Autoinnenräume werden so schallgedämpft. Eine andere Anordnung ist die der *mitschwingenden Platte,* bei der eine bereits schallschluckende homogene oder gefüllte Kunststoff- oder Hartschaumstoff-Platte so angebracht wird, daß sich hinter ihr ein Luftraum befindet, der noch durchkommende Schallschwingungen gegenüber der dahinter liegenden Wand fernhält. Diese sogenannten Plattenabsorber erreichen Schluckgrade bis fast 100%, wie es in Bild 7.10 angedeutet ist.

Genauere Angaben des Schallschluckvermögens sind in einer solchen Übersichtsdarstellung nicht möglich, weil es einerseits von der Art des Faserstoffs oder Schaumkunststoffs, seiner Dicke und Anbringung und andererseits von der Art des Schalls, seiner Stärke und Frequenz, also Höhe wesentlich abhängt. Diese Zusammenhänge sind theoretisch auch noch nicht einigermaßen zufriedenstellend geklärt, obwohl in der praktischen Schalldämmtechnik schon beachtliche Erfolge erzielt werden. Verhältnismäßig dünne Wandstärken dieser Materialien, kombiniert mit Hohlraum-Anordnungen, führen hier schon zu voll befriedigenden Schalldämmungen.

Richtig wäre es, solche schalldämmenden Anordnungen direkt bei der Planung mit zu berücksichtigen und sie als integrierte Funktionen mit einzubauen. Leider geschieht dies heute noch in den meisten Fällen nicht, so daß solche schallschlukkenden Anordnungen nachträglich angebracht werden müssen. Dafür liegen entsprechende Kunststoffhalbzeuge bei den Baustoffhandlungen bereit. Es gibt aber auch Fertigsysteme im Baukastensystem, von denen eines mit *Schall-Absorptionsbausteinen* noch erwähnt sei. Mit ihnen können einstöckige Räume umbaut werden, da der umgebende Kunststoff gleichzeitig die Tragfunktion und durch seine einseitige Ausbildung als durchbrochener Filterhalter die Dämmfunktion mit wahrnimmt. In Bild 7.11 sind solche Schallabsorber aus Polypropylen und die damit er-

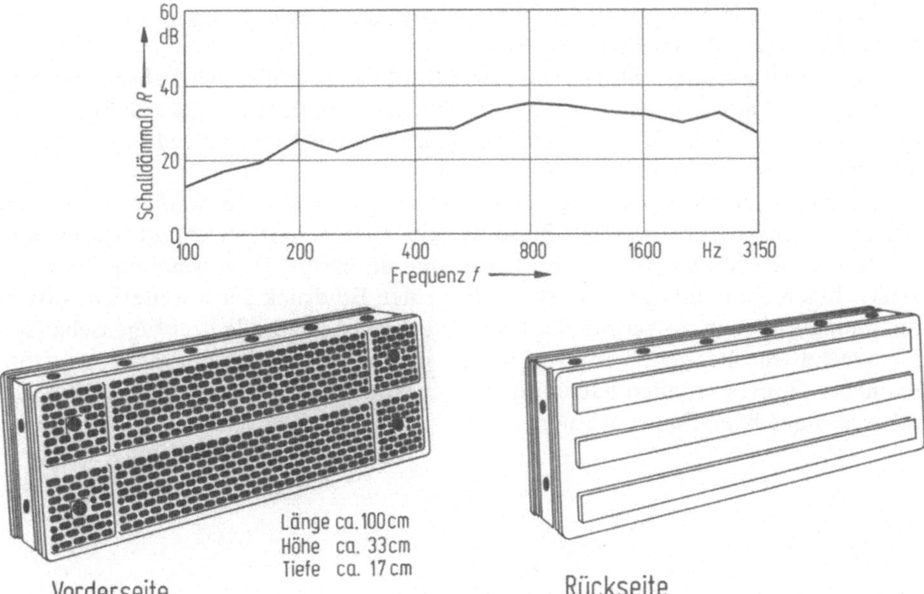

Bild 7.11 Schallisolationsbaustein. Schalldämmung von Kunststoff-Absorptionsbausteinen aus Polypropylen(PP)-Körper mit Absorptionsfilter aus Mineralwolle.
(Nach: Unterlagen der Maibach Plastik-Fabrik, Eislingen/Fils)

reichbare Schalldämmung bei großer Lärmbeanspruchung gezeigt. Die erreichten 35 Dezibel (dB) stellen eine gute Schalldämmung dar, nämlich eine Verringerung der Schalleistung um den Faktor 3 200. Da die sehr leichten Schaumkunststoffe und Faserplatten mit geringem Aufwand in den verschiedensten Anordnungen anwendbar sind, so ist es klar, daß Schallminderung mit ihnen in zunehmendem Maße angewendet werden wird, um störenden Lärm zu verhindern.

7.9 Ausblick

In diesem Kapitel sind drei wichtige spezielle Gebiete von Kunststoffeigenschaften zusammengefaßt behandelt, nämlich die optischen, die elektrischen und die akustischen Eigenschaften. Für jedes dieser Gebiete bieten Kunststoffe besondere Eigenschaften, die sie zu Spitzenleistungen befähigen und welche die Grundlage für eigene Industriezweige geworden sind. Das jüngste dieser Gebiete ist der Schallschutz und die Lärmminderung, die weitgehend auf der Anwendung von Schaumkunststoffen, Kunststoff-Fasern, Elastomeren und anderen Kunststoffen beruhen. Die Nutzung der optischen Eigenschaften in den organischen Gläsern und die der elektrischen Eigenschaften durch die heutigen elektrischen Isolierstoffe haben sich heute schon allgemein durchgesetzt. Daher wird bereits oft vergessen, daß es Kunststoffe waren, die den optischen und elektrischen Geräten und Anlagen erst ihren heutigen hohen technischen Standard ermöglicht haben.

Der größte Teil der Kunststoffe wird jedoch nicht primär zur Ausnutzung ihrer optischen, elektrischen oder akustischen Eigenschaften eingesetzt. Da aber diese Eigenschaften von vielen Kunststoffen ohnehin aufgewiesen werden, wäre es oft möglich, sie auch in Fällen auszunutzen, wo zunächst z. B. mechanische Eigenschaften die Wahl des Kunststoffs bestimmt haben.

Manchmal geschieht dies bereits bewußt. In vielen Fällen wird aber ohne Notwendigkeit darauf verzichtet, solche zusätzlichen nützlichen Eigenschaften in das Erzeugnis einzubauen. Und dies meist deshalb, weil nicht daran gedacht wird oder weil das Wissen um diese Möglichkeiten fehlt.

Das vorliegende Kapitel kann dieses Wissen nur andeuten, weil es sich um ein überaus großes Gebiet handelt. Es sollte aber hier besonders darauf hingewiesen werden, wo die Möglichkeiten der Kunststoffe durch die Mitanwendung ihrer speziellen Eigenschaften liegen, um zumindest einen Eindruck der erweiterten Anwendungsmöglichkeiten zu vermitteln. Dabei wurde klar, daß alle drei Eigenschaftsgebiete technische Bereiche vertreten, welche durch die Entwicklung der Kunststoffe ein neues Gesicht erhalten haben und weiter erhalten werden und damit die Technik wesentlich beeinflussen werden.

8. Chemische Eigenschaften

*Für die Kunststoffe als „Chemiewerkstoffe" sind die chemischen Eigenschaften beson-
ders kennzeichnend und bilden die Grundlage neuer Anwendungstechnologien.*

8.1 Einleitung

Kunststoffe waren früher als „Chemiewerkstoffe" primär die Domäne der Chemiker. Seitdem sich immer mehr Nichtchemiker mit ihnen befassen, stellt sich die Frage: was muß der Nichtchemiker über den Chemismus der Kunststoffe wissen? Eine Antwort darauf versucht die vorliegende Darstellung, die für den Nichtchemiker geschrieben ist, zu geben.

Bei der Behandlung des Aufbaus und des Zusammenhalts der Kunststoffe wurde der Einfluß der chemischen Zusammensetzung auf das Verhalten im Rahmen des sich überlagernden Aufbaus sowie des dabei bewirkten Zusammenhaltsmechanismus besprochen. Quellung, Lösung und Weichmachung, aber auch Versagensverhalten insbesondere hinsichtlich des Zusammenhalts wurden dabei ebenfalls behandelt.

Daran soll angeknüpft werden, wenn hier die speziellen Eigenschaften, die für die Anwendung von Bedeutung sind und welche auf dem speziellen Chemismus der Kunststoffe beruhen, behandelt werden. Diese weisen eine große Variationsbreite auf, während im Gegensatz dazu die anderer Werkstoffe oft relativ schmal ist. Außerdem erschließen die vielseitigen chemischen Eigenschaften der Kunststoffe neue Anwendungsgebiete und -techniken.

Kunststoffe werden vom Menschen chemisch aufgebaut. Es ist daher möglich, in ihren chemischen Aufbau so einzugreifen, daß gewünschte Eigenschaften erzielt werden. Durch die Wahl einer entsprechenden Ausgangssubstanz zur Polymerisation, durch Einpolymerisieren anderer Substanzen, durch Mischung und Verbund mit anderen Stoffen sowie durch Art und Grad der Vernetzung u. a. können auch hinsichtlich der chemischen Eigenschaften die verschiedensten Effekte erzielt werden, auf denen ihre große Variationsbreite beruht. Diese ist aber auch der Grund, daß die chemischen Eigenschaften in vielen Nachschlagewerken für die Praxis meist zuwenig ausführlich niedergelegt sind. Firmenschriften der Kunststoffhersteller und der verarbeitenden Industrie enthalten meist die besten detaillierten Angaben über die chemischen Eigenschaften. Auf sie sollte im Einzelfall zurückgegriffen werden, denn der folgende Überblick kann keine detaillierte, genaue Aufstellung ersetzen. Er soll vielmehr durch die Erklärung der Zusammenhänge Kenntnisse über die Möglichkeiten der chemischen Eigenschaften bei der Anwendung, aber auch über die der durch sie bedingten Beschränkungen vermitteln.

8.2 Verhalten gegen gasförmige Stoffe

Für das Gefühl erscheinen einem die meisten Kunststoffe gasundurchlässig, dies ist aber oft nicht der Fall, jedoch ist die Gasdurchlässigkeit meist sehr gering. Eine Ausnahme stellen offenzelliger Schaumstoff, Gewebe und Vliese (non-wovens) dar, die auch in beliebig gasdurchlässigen Strukturen herstellbar sind.

Unabhängig von der Gasdurchlässigkeit muß die Verträglichkeit mit Gasen betrachtet werden, denn es gibt welche, die mit Kunststoffen reagieren und sie schädigen.

8.2.1 Gasdurchlässigkeit aufgrund der Diffusion

Die wichtigsten Stoffe, für die bei den Anwendungen möglichste *Undurchlässigkeit* gefordert wird, sind Luft (Reifen, aufblasbare Gegenstände), Wasserdampf (Lebensmittelverpackungen, Feuchtigkeitsabdichtungen) und die Dämpfe von Mineralölprodukten (Benzinleitungen und Behälter u. ä.). Der Effekt der Durchlässigkeit ist bei homogenen Kunststoffen mit sehr dünner Wandstärke, also insbesondere bei dünnen Folien, am besten zu messen.

Dies beruht darauf, daß die Durchlässigkeit von Gasen (Permeabilität) auf der *Diffusion,* also dem Eindringvermögen des Gesamtatoms bzw. Moleküls beruht. Bei größeren Wanddicken kann ein Eindringen der Gase an der Oberfläche möglich sein, es braucht aber nicht so tief zu sein, daß ein Durchgang erfolgt. Das Kunststoffteil ist dann für dieses Gas undurchlässig. Oft erfolgt trotz der größeren Wanddicke ein Durchgang, die tiefer eindringende Gasmenge kann aber dann gering sein und relativ viel Zeit für diesen Durchgang benötigen, die Durchlässigkeit ist dann gering.

Aber auch dünne Folien von homogenen Kunststoffen als flächenhafte Gebilde können noch fast gasundurchlässig sein. Um dies zu veranschaulichen, ist in Bild 8.1 die *Gasdurchlässigkeit* von 0,1 mm dicken Folien verschiedener Kunststoffe und anderer Stoffe *gegenüber Wasserdampf* vergleichsmäßig aufgetragen. Wenn bedacht wird, daß Feuchtigkeit bei vielen Stoffen zu Fäulnisbildung führen kann, dann ist es sehr instruktiv, zu sehen, welche Mengen Feuchtigkeit, allerdings bei ungünstigen Bedingungen, nur innerhalb 24 Stunden durch Folien treten können und welche großen Unterschiede die einzelnen Kunststoffe hinsichtlich ihrer Durchlässigkeit aufweisen. So läßt z. B. eine Polyethylenfolie nur den zehnten Teil einer gleichdicken Polystyrolfolie und nur den tausendsten Teil einer Cellulosefolie durch. Letztere entspricht in ihrer chemischen Zusammensetzung dem Papier, und in der Feuchtigkeitsundurchlässigkeit liegt sie auch in der Größenordnung der besseren Verpackungspapiere. Nur die teure metallkaschierte Papierverpackung liegt so günstig wie die preisgünstige Polyethylenfolie. Daher haben sich auch diese und Polyvinylchlorid (PVC)-Folien in zunehmendem Maß in der Verpackung durchgesetzt. Allerdings weisen solche Folien auch wenig Atmung auf und können daher in manchen Fällen Schimmelbildung begünstigen.

Entsprechende Angaben über andere Gase, auch bei anderen Kunststoffen, sind in der Literatur über die Durchlässigkeit gegenüber anderen Stoffen zu finden. Es ist immer zu untersuchen, ob die erforderte Undurchlässigkeit vorhanden ist, oder ob die Durchlässigkeit bei der verwendeten Wanddicke und Kunststoffart, dessen

Aufbau und Stoffzustand so gering ist, daß sie das Funktionieren nicht in Frage stellt.

Dabei ist zu beachten, daß sich *verschiedene* Gase *ganz unterschiedlich verhalten* können. Beim relativ wasserdampfdichten Polyethylen ist eine größere Durchlässigkeit für Kohlendioxid und viele Geruchs- und Aromastoffe sowie für Dämpfe von Erdölprodukten vorhanden. Das hat etwa zur Folge, daß ein Polyethylentank immer etwas nach Benzin oder Heizöl riecht, insbesondere, wenn er aus Hochdruckpolyethylen (PE-LD) besteht. Bei dem höherkristallinen Niederdruckpolyethylen (PE-HD) ist die Durchlässigkeit und damit der Geruch geringer.

Diese Erscheinungen beruhen darauf, daß die Diffussion hier fast ausschließlich in der plastischen amorphen und nicht in der kristallinen Phase vor sich geht. Hier finden bevorzugt Platzwechselvorgänge statt, in die partiell das eindringende Gasmolekül mit einbezogen wird, je mehr die Molekülart des Gases mit der monomeren des Kunststoffes übereinstimmt. Je stärker und öfter Platzwechselvorgänge vor sich gehen, um so schneller wird sich das Gasatom oder -molekül in dem Kunststoff bewegen. Das bedeutet also, daß bei *höherer Temperatur* eine *größere Durchlässigkeit* vorhanden ist.

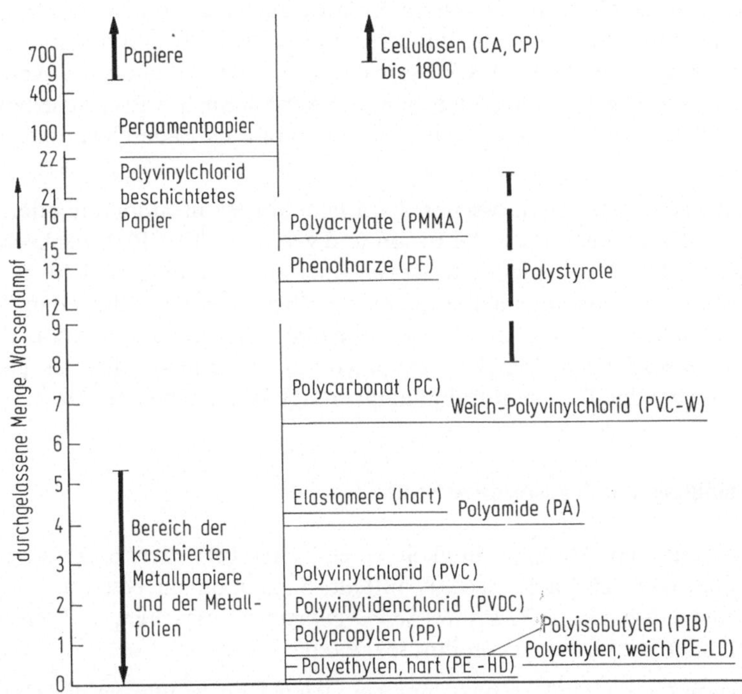

Bild 8.1 Wasserdampfdurchlässigkeit von Folien. Kunststoffolien können vor Feuchtigkeit, aber auch vor Austrocknen schützen!
Eine 0,1 mm dicke Folie von einer Fläche von 1 m² läßt bei feuchter Luft in 24 Stunden ungefähr die angegebene Menge Wasserdampf durch.

Auch bei mehr oder alleiniger plastischer, amorpher Phase ist die Durchlässigkeit größer als bei größeren kristallinen Anteilen. Aus diesen Gründen sind auch Elastomere in absolut undurchlässiger Einstellung schwierig zu erzielen. Für luftundurchlässige Elastomerartikel, z. B. insbesondere Reifen, wird deshalb ein Copolymerisat des plastomeren Polyisobutylen mit einem geringen Elastomeranteil Polyisopren als „Butylgummi" oder genauer als Polyisobutylenisopren verwendet. Das Isopren ermöglicht die Vernetzung, das Isobutylen bringt die Undurchlässigkeit.

8.2.2 Atmende Stoffe gestatten Luftkonvektion

Um Größenordnungen höher kann die Durchlässigkeit bei Geweben und Vliesen (non-wovens) und offenzelligen Schaumstoffen sein, bei denen Zwischenräume, z. B. zwischen den einzelnen Fasern, eine Durchlässigkeit gewähren, die als *Atmen* bezeichnet wird. Bei der Kleidung und anderen Anwendungen ist sie eine notwendige Eigenschaft, um die nötige Lufterneuerung am Körper durch Luftkonvektion zu ermöglichen.

Das besondere einiger heutigen Kunststoff-Fasern, die für Bekleidungszwecke angewendet werden, ist nun neben ihrer Atmungsfähigkeit im Gewebe oder Vlies eine mehr oder weniger starke wasserabstoßende Wirkung. Diese kommt trotz der Durchlässigkeit der Gewebe und Vliese für Gase auch hier voll zur Wirkung, so daß kein Wasser durchdringen kann und erst eine längere Beaufschlagung oder ein Walken notwendig ist, damit das Wasser eindringt oder durchdringt. Anders kann dies bei offenporigen Schaumstoffen sein. Sie werden auch wasseranziehend eingestellt, so daß sie Wasser ansaugen und finden dann als Badeschwämme u. a. Anwendung.

Eindringen in den geschlossenen Kunststoffkörper in atomarer oder, wie besprochen, molekularer Form ist Diffusion und geschieht über Platzwechselvorgänge im Kunststoff. Das hier behandelte *Atmen* über Hohlräume geschieht durch Konvektion. Für beide Vorgänge gelten unterschiedliche Gesetzmäßigkeiten. So ist die Diffusionsfähigkeit sehr von der Gasart abhängig. Bei der Konvektion (beim Atmen) ist eine solche Abhängigkeit kaum vorhanden. Entsprechendes gilt für die Unterschiede bei der Temperaturabhängigkeit des Durchgangs der Gase.

8.2.3 Schädigung durch gasförmige Stoffe

Durchlässigkeit und Atmungsfähigkeit eines Teiles brauchen nicht zu bedeuten, daß das Gas, das sich im Kunststoff aufhält, Schädigungen bewirkt. Es gibt aber Dämpfe und Gase, die z. T. *starke Schädigungen* verursachen, weil sie mit dem Kunststoff oder mit Gruppen von ihm reagieren.

Zu diesen Gasen gehören nicht nur bei vielen Kunststoffarten die Dämpfe von starken Säuren und Laugen, sondern auch das bei elektrischen Entladungen (Funken) auftretende Ozon. Letzteres führt vor allem bei Elastomeren zu einem Abbau der Ketten, bevorzugt wahrscheinlich an der Stelle noch vorhandene Doppelbindungen und führt bei Beanspruchung zu den gefürchteten *Ozonrissen*.

8.3 Verhalten gegen Flüssigkeiten

Wie die Moleküle von Gasen, so können auch die von Flüssigkeiten in einen Kunststoff eindringen, d. h. diffundieren. Dies kann, wie bereits besprochen, da die im Kunststoff enthaltenen Flüssigkeitsmoleküle einen Raum beanspruchen, zu einer Vergrößerung des Volumens, einer Quellung, führen. Es wurde auch schon darauf hingewiesen, daß bei weiterer Flüssigkeitszufuhr bei weitem nicht jede Quellung zu einer Lösung des Kunststoffes führen muß. Um lösungsfähig zu sein, muß der Kunststoff eine genügende, relativ große Menge des Lösungsmittels aufnehmen können. Außerdem müssen die einzelnen Makromoleküle ohne Zersetzung zerlegbar sein. Dies bedeutet aber, daß die Makromoleküle nicht vernetzt sein dürfen. Schwach vernetzte Elastomere sind daher in manchem Lösungsmittel noch teillöslich. Stark vernetzte Duromere sind überhaupt nicht löslich und auch ein Quellen tritt bei ihnen nur noch in sehr geringem Maße auf. So kann bei einem Kunststoff seine *Quellfähigkeit* unter gleichen Bedingungen direkte Aussagen über die *Stärke seiner Vernetzung* erlauben.

Ein Kunststoff selbst kann in bestimmten Lösungsmitteln infolge seines chemischen Aufbaus unlöslich oder löslich sein. Ist er als Plastomer löslich, so sind Kunststoffteile, die aus diesem Kunststoff bestehen und als Duromere vernetzt sind, trotzdem nur teillöslich oder überhaupt nicht löslich. Duromere können also so ausgebildet werden, daß sie gegen alle Lösungsmittel hinsichtlich der Lösungsfähigkeit unlöslich sind. Daß dies nicht auch für die Beständigkeit gegen Zersetzung gilt, wird im nachfolgenden behandelt.

8.3.1 Beständigkeit gegen Chemikalien und Lösungsmittel

Es ist für die Formbeständigkeit eines Teils primär gleichgültig, ob es durch Anquellen, Lösen oder Zersetzen ausfällt. Daher ist in den nachfolgenden Tabellen immer von Beständigkeit gesprochen, wenn das der Flüssigkeit ausgesetzte Teil formbeständig bleibt und seine Oberfläche nicht verändert. Unter nichtbeständig fallen alle Arten von Funktionsausfall durch Anquellen, Anlösen aber auch Zersetzen.

In der Tabelle 8.2 ist die Wirkung von Säuren, Laugen, organischen Lösungsmitteln, Fetten und Ölen für die einzelnen Kunststoffarten angegeben. Die Kraftstoffe sind in einer eigenen Spalte aufgeführt.

Dieser tabellarische Überblick muß nach zwei Richtungen als nur allgemeiner Hinweis aufgefaßt werden. Bekanntlich sind die in den einzelnen Spalten gebrachten Chemikalien in sehr unterschiedliche Einzelstoffe unterteilbar. Es ist unmöglich, jeder einzelnen Variante im Rahmen einer solchen globalen Darstellung gerecht zu werden. Ganz zu schweigen von dem sehr unterschiedlichen Verhalten von Flüssigkeitsmischungen oder von Flüssigkeiten, welche gewisse Zusätze, wie oberflächenaktive Stoffe, Rostschutzmittel u. ä., enthalten. Auch die Kunststoffe selbst reagieren bei gleicher chemischer Zusammensetzung gegenüber einer Flüssigkeitseinwirkung unterschiedlich. Sehr stark geht die Größe des Makromoleküls, also des Polymerisationsgrads ein. Bei extrem großen Polymerisationsgraden ist eine Lösung der meisten Kunststoffe fast unmöglich und nur noch eine gewisse Anquellung bei Einwirkung von Flüssigkeiten, die den Kunststoff zersetzen, möglich. Von großer Bedeutung ist weiterhin der Ordnungs- und Ausrichtungsgrad der Makromolekülelemente sowie Art und Verteilung evtl. beigegebener Füll- und Verstärkungsstoffe.

Tabelle 8.2 Beständigkeit der Kunststoffe gegen Säuren, Laugen, organische Lösungsmittel, Kraftstoffe und Öle und Fette.

Die Zeichen bedeuten: + + = sehr gut beständig
                           + = gut beständig
                           ± = bedingt beständig
                           − = nicht beständig

Sind zwei oder drei Zeichen für einen Kunststoff in einer Spalte angebracht, so ist die Beständigkeit gegen die entsprechende Stoffgruppe differenziert, je nach herausgegriffener Chemikalie.

Bemerkung: Die angegebenen Beständigkeitswerte gelten bei Dauereinwirkung primär für Zimmertemperatur. Bei wesentlich höheren Temperaturen ist, falls nicht sehr gut beständig, mit Verschlechterungen bei der Beständigkeit zu rechnen.

Kunststoffe	Säuren	Laugen	Organische Lösungsmittel	Kraftstoffe	Öle und Fette
Plastomere (Thermoplaste)					
Polyaryle	+ + ±	+ +	+ +	+ +	+ +
Polyacetal	−	+ +	+ +	+ +	+ +
Polyacrylate	± +	+	−	−	+ +
Polyacrylnitril	+ ±	±	+ −	+	+ +
Polyalkylen-Terephthalate	±	−	± −	± +	+ +
Polyamid	−	±	+ +	+ +	+ +
Cellulosen	−	−	−	± −	+ +
Polyethylen	+ + −	+ +	+ ± −	+ −	+ ±
Polyfluorcarbone	+ +	+ +	+ + −	+ +	+ +
Polypropylen	+	+ +	±	±	+
Polystyrol	+ ±	+ +	+ −	± −	+ + ±
Polystyrol, Copolymere	+ −	+ +	−	− +	+ +
Polyurethan, nicht vernetzbar	±	+	+ −	± +	+ +
Polyvinylacetat	± −	± −	+ −	+ −	+
Polyvinylalkohol	+	±	+ + ±	+ +	+ +
Polyvinylcarbazol	+ ±	+ +	+ −	+ −	+ +
Polyvinylchlorid	+ ±	+ +	− +	+ ± −	+ +
Polyvinylchlor., weichgem.	± +	+ ±	−	± −	±
Duromere (Duroplaste)					
Alkyde	+ ± −	−	± −	+ + ±	+ +
Epoxidharz	+ −	+ ±	+ ±	+ +	+
Harnstoffharz	−	± +	+ +	+ +	+ +
Melaminharz	−	+ −	+ +	+ +	+ +
Phenolharz	+ −	+ −	+ +	+ +	+ +
Polyester, ungesättigt	±	−	± −	± +	+ +

Tabelle 8.2 Fortsetzung

Kunststoffe	Säuren	Laugen	Organische Lösungsmittel	Kraftstoffe	Öle und Fette
Elastomere, vernetzt und aktiv gefüllt					
Polyacrylester	−	±	−	−	+ +
Polybutadien	+	+	−	−	−
Polybutadien-Acrylnitril	±	±	+ −	+	+ +
Polybutadien-Styrol	+	+	−	−	−
Polychlorbutadien	+	+	± −	−	±
Polyethylen, chlorsulfoniert	+	+	±	±	+
Ethylen-Prop.-Terpolymere	+	+	−	−	−
Polyfluorcarbone	+ +	+ +	+ ±	+ ±	+ +
Polyisobutylen-Isopren	+ + ±	+ +	± −	−	−±
Polyisopren, Naturkautschuk	+	+	−	−	−
Silicone	−	−	+ ±	+	+ +
Polysulfid	±	+	+ +	+	+ +
Polyurethan, vernetzt	±	±	+ −	+	+ +

Daß zusätzlich einpolymerisierte Komponenten, wie bei Misch-, Pfropf- und Copolymerisaten wie den schlagfesten Polystyrolen, besonders einschneidende Veränderungen im Verhalten gegen Lösungsmittel hervorbringen können, sei betont. Schließlich ist auch noch von Bedeutung, in welcher Form die Flüssigkeit auf den Kunststoff einwirkt. Sie kann als in Luft verteilter Nebel oder als konzentrierte, den ganzen Körper benetzende Flüssigkeit einwirken. Prinzipiell gilt außerdem, daß die Einwirkung um so intensiver sein wird und damit die Beständigkeit um so geringer, je höher die Temperaturen sind.

Aus der Tabelle 8.2 ist ersichtlich, daß für alle Anwendungszwecke beständige Kunststoffe gefunden werden können. Die meisten Kunststoffe sind nur in einer oder zwei der aufgeführten Chemikaliengruppen nicht beständig. Es gibt aber solche, welche in allen Spalten Beständigkeit aufweisen. Dies sind natürlich kostenaufwendige Kunststoffe. Da nur bei manchen chemischen Anwendungen ein Kunststoff gegen viele Chemikalien beständig sein muß, wird in den meisten Fällen unter den kostengünstigen Massenkunststoffen ein geeigneter zu finden sein, welcher gegen die Chemikalien, mit denen er in Berührung kommt, genügend beständig ist.

Bei den Duromeren gelten die gegebenen Werte nur, falls eine genügende Vernetzung und ausschließlich die Verwendung geeigneter Zumischstoffe vorausgesetzt werden, welche in den genannten Bereichen beständig sind. Bei den Elastomeren muß ebenfalls eine genügende Vernetzung und die Verwendung geeigneter Zumischstoffe vorausgesetzt werden. Gerade auf dem Gebiet der Elastomeren ist es üblich, eine erwünschte Beständigkeit auch durch Mischen zweier Elastomere oder durch Beimischen eines anderen Kunststoffes zu erreichen. Dagegen sind bei allen Plastomeren die Beständigkeiten in der Tabelle 8.2 für den homogenen Kunststoffaufbau gegeben.

Tabelle 8.3 Beständigkeit der Kunststoffe gegen Feuchtigkeit und Wasser. Lösungsmittel für die einzelnen Kunststoffe.

Die Zeichen bedeuten: + + = sehr gut beständig
                        + = gut beständig
                        ± = bedingt beständig
                        − = nicht beständig

Bemerkungen: Beständigkeit gegen Wasser und Feuchtigkeit gilt primär bei Raumtemperatur. Bei wesentlich höheren Temperaturen ist, falls nicht sehr gut beständig, mit Verschlechterungen bei der Beständigkeit zu rechnen.

Die angegebenen Wasseraufnahmen gelten für Sättigung bei Wasserlagerung bei Raumtemperatur und sind nur ungefähre Anhaltswerte. Sie sind bei den Duromeren und Elastomeren sehr von den Zumischungen und dem Vernetzungsgrad abhängig.

Die angegebenen Lösungsmittel sind Hinweise. In den meisten Fällen gibt es auch zahlreiche andere Lösungsmittel

Kunststoffe	Wasser Feuchtig- keit	Wasser- aufnahme	Löslich in	Besondere Effekte
Plastomere (Thermoplaste)				
Polyaryle,	+ +	0,05%	Ketone, Estern	nur bedingt quellbar
Polyacetal	+	1%	starken Säuren, Methylenchlorid	nagel- und schraubbar
Polyacrylate	+	0,5%	Aceton, Benzol, Ethylacetat	aus Lösung; Lacke, Kleber
Polyacrylnitril	+ +	0,1%	Dimethylformamid	aus Lösung zur Faser vergossen
Polyalkylen- Terephthalate	+	0,36%	Methylenchlorid u. a.	Schlag bewirkt plastische Verformung
Polyamid	± −	1 − 12%	Ameisensäure, Kresol, Phenole	Wasser schmiert als Schmelze dünnflüssig
Cellulosen	±	1,3 − 3%	teilweise Chloroform, Aceton	Spezialeinstellungen, die sich in Wasser und org. Lösungsmitteln lösen
Polyethylen	+ ±	0,01%	Benzol, Tetralin, chlorierte Kohlen- wasserstoffe	Spannungskorrosion
Polyfluorcarbone	+ +	0	unlöslich	abstoßende Oberfläche
Polypropylen	+ +	0,01%	Tetralin, Xylol	keine Spannungskorrosion, nagelbar, Scharniereffekt
Polystyrol	+ +	0,1%	Benzol, Toluol	von Citrusfrüchten und Aromastoffen angegriffen
Polystyrol Copolymere	+	0,6%	Benzol, Toluol	Vernetzung über Copolyneren möglich
Polyurethan, nicht vernetzbar	+	0,5 − 1,3%	Dimethylformamid, heißes Phenol	als Schmelze dünnflüssig
Polyvinylacetat	+ +	0,1%	Benzol, Methylen- chlorid, Aceton	klebrig, geschmeidig
Polyvinylalkohol	−	beliebig	Wasser	Verdickungsmittel

Tabelle 8.3 Fortsetzung

Kunststoffe	Wasser, Feuchtig- keit	Wasser- aufnahme	Löslich in	Besondere Effekte
Polyvinylcarbazol	+ +	0,05%	Methylenchlorid, Tetrahydrofuran	Feuchtigkeitsaufnahme ist von Oberfläche abhängig
Polyvinylchlorid	+ +	0,1%	Tetrahydrofuran, Dioxan	leichte Salzsäureabspaltung bei Erhitzung
Polyvinylchlorid weichgemacht	+ +	0,1	Cyclohexanon, Tetrahydrofuran	Weichmacherwanderung möglich, Ausschwitzen
Duromere				
Alkyde	+ +	0,5%	unlöslich	zahlreiche Modifikationen
Epoxidharz	+ +	0,1%	unlöslich	guter Universalklebstoff
Harnstoffharz	+	0,7%	unlöslich	lichtecht
Melaminharz	+	0,5%	unlöslich	lichtecht
Phenolharz	+	0,3 – 1,2%	unlöslich	dunkelt nach
Polyester, ungesättigt	+ +	1%	unlöslich	Glasfaser verstärkt, Glas vorpräparieren

Elastomere (Mischungen mit Ruß und günstigen Beschleunigern vernetzt)
Lösung wenn nicht
oder schwach vernetzt

Kunststoffe	Wasser, Feuchtig- keit	Wasser- aufnahme	Löslich in	Besondere Effekte
Polyacrylester	± –	groß	Methylenchlorid	beständig in heißen Fetten und Ölen
Polybutadien	+	6%	Methylenchlorid, Ethylacetat	hohe Elastizität, geringer Verschleiß
Polybutadien- Acrylnitril	+ +	1,5%	Methylenchlorid, Ethylacetat	kann gut mit Plastomeren gemischt werden
Polybutadien-Styrol	+ +	4%	Methylenchlorid, Ethylacetat	Ölverstreckung als flüssige Füllung
Polychlorbutadien	+ +	3%	Methylchlorid, Ethylacetat	Neigung zur Kristallisation, für Kleber
Polyethylen, chlorsulfoniert	+ ±	0,3%	Benzol, Tetralin	gute Hitzebeständikeit
Ethylen-Prop.-Terp.	+	0,01%	Xylol, Tetralin	sehr gute elektrische Eig.
Polyfluorcarbone	+ +	0%	unlöslich	Gleitwirkung, nicht haftend
Polyisobutylen- Isopren	+ +	0,4%	Benzol, Toluol, Tetrachlorkohlen- stoff	gasdicht
Polyisopren, Naturkautschuk	+	1,5%	Benzol, Tetrachlor- kohlenstoff	hohe Strukturfestigkeit
Silicone	±	0,3%	Benzol, Trichlor- ethylen	hitzebeständig, nicht haftend
Polysulfid	+ +	0,02%	Säuren, Clophen	lösungsmittelbeständig, geringe Festigkeit
Polyurethan, vernetzt	±	4%	Dimethylformamid	geringer Abrieb

Obwohl es in der Tabelle angegeben ist, sei hier nochmals darauf hingewiesen, daß die Beständigkeitswerte bei *Dauereinwirkungen* gelten. Dies heißt, daß Kunststoffe, die nur als bedingt beständig bezeichnet sind, bei manchmal auftretender kurzzeitiger Chemikalieneinwirkung in vielen Fällen noch als beständig betrachtet werden können. Ein sichtbarer Angriff bei Chemikalieneinwirkung erfolgt hier meist erst nach längerer Einwirkung.

8.3.2 Beständigkeit gegen Wasser und Feuchtigkeit

Wie Metalle und andere Werkstoffe werden auch manche Kunststoffe von Wasser und insbesondere Wasserdampf mehr oder weniger angegriffen. Ein solcher Angriff besteht bei manchen Kunststoffen nur in einer Quellung und Lösung, bei anderen aber auch in einer echten chemischen Zersetzung, Bild 8.4. Da Wasserdampf in Form von Feuchtigkeit in der Luft mehr oder weniger auftreten und auf jeder Oberfläche kondensieren kann, sind die meisten Kunststoffe der Feuchtigkeit ausgesetzt. Aus diesem Grunde ist die wichtige Beständigkeit der Kunststoffe gegen Feuchtigkeit und Wasser in der Tabelle 8.3 gegeben. Für die Kennzeichnung der Beständigkeit sind wieder die in der ersten Beständigkeitstabelle verwendeten Symbole genommen. Des weiteren ist in einer weiteren Spalte das Wasseraufnahmevermögen der Kunststoffe zusammengestellt.

Einige Kunststoffe sind gegen Wasser nur bedingt oder spezielle sind überhaupt nicht beständig. Wo werden die letzteren angewandt? In gelöster, dispergierter Form oder zu Teilen, die sich bei der Anwendung in mehr oder weniger feuchtigkeitsfreier Luft oder Flüssigkeiten befinden. Auf die Wasserbeständigkeit ist besonders zu achten bei Anwendungen in Meeresklima und in sehr feuchten Gebieten, z. B. in den Tropen. Auf die Feuchtigkeitsbeständigkeit ist besonders bei gleichzeitiger Einwirkung starker Wärme zu achten.

Neben der Beständigkeit ist in der Tabelle 8.3 auch die *Wasseraufnahme bei Wasserlagerung* angegeben. Diese zeigt, daß geringe Mengen Wasser auch bei gut beständigen Kunststoffen in die Oberflächen diffundieren oder an der Oberfläche angelagert (adsorbiert) werden. Ein solcher geringer Wassergehalt an der Oberfläche wirkt sich günstig gegen die elektrostatische Aufladung der Oberflächen und die dadurch hervorgerufene Verschmutzung aus. Die größere Wasseraufnahmefähigkeit der Polyamide wird zur Schmierung von Lagerflächen benutzt, weil Polyamid, das Wasser enthält, dieses unter Druck teilweise abgibt, damit einen Schmierstofffilm bildet und besser gleitet.

Wichtigste Eigenschaft der Kunststoffe bei feuchter Atmosphäre ist das *Fehlen einer Korrosion,* wie sie bei Metallen auftritt. Die Zusammenstellung zeigt, daß die meisten Kunststoffe in dieser Hinsicht sehr gut beständig sind.

8.3.3 Löslichkeiten der Kunststoffe

Wie Lösung vor sich geht und ihre Anwendung in der Farben-, Lack- und Klebstoffherstellung sowie zur Weichmachung wurde bereits im Kapitel 3 behandelt. Welche *Lösungsmittel* die einzelnen *Kunststoffe lösen,* wird in Tabelle 8.3 mitgeteilt. Dabei werden nur jeweils einige gebräuchliche Lösungsmittel gebracht.

Ein solches Lösungsmittel kann auch dazu dienen, verkratzte Kunststoff-Flächen anzuquellen und zu glätten, schwer zu beseitigende Verschmutzungen zu entfernen und Teile zu ätzen.

Wie erwartet, sind die vernetzten Duromere nicht lösbar, aber auch das Plastomer Polyfluorcarbon ist kaum löslich, weil seine Fluorgruppen mit ihrer Dipolwirkung eine sehr abstoßende Oberfläche formieren.

Bild 8.4
Chemischer Angriff von Kunststoff.
Becher aus glasklarem Polystyrol (PS),
der bei mehrfacher Benützung
als Trinkbecher durch Obstsäfte
angegriffen wurde.
(Foto: Verfasser)

8.3.4 Geruchsprobleme bei Kunststoffteilen

Bei Kunststoffteilen ist zwischen Eigen- und Fremdgeruch zu unterscheiden. *Fremdgeruch* kann von heraustretenden ausdiffundierenden Gasen und Flüssigkeiten stammen, die von Substanzen kommen, mit denen der Kunststoff in Berührung war oder ist. Insbesondere bei Verpackungen und Flaschen kann durch Diffusion ein Durchdringen erfolgen. Verhindert werden können solche Fremdgerüche, indem Kunststoffe gewählt werden, durch die Stoffe, die mit ihnen in Berührung kommen, nicht diffundieren können. Im Extremfall bei beiderseitigem Kontakt mit verschiedenen Stoffen werden deswegen heute sogar Verbundfolien aus bis zu vier Schichten verschiedener Kunststoffe verwendet.

Es wurde bereits besprochen, daß die Länge der Makromoleküle eines Kunststoffes nicht einheitlich ist, sondern eine Verteilung aufweist. Dabei enthält jeder Kunststoff größere und kleinere Makromoleküle sowie im Extremfall sogar noch monomere Moleküle. Kunststoffe können außerdem von ihrer Herstellung oder Verarbeitung her Lösungsmittelmoleküle und Weichmacher enthalten. Alle diese relativ gegenüber den Makromolekülen kleinen Moleküle weisen eine größere Beweglichkeit auf und können insbesondere bei Temperaturerhöhungen in die Atmosphäre austreten. Sie erzeugen bereits in kleinsten Mengen einen wahrnehmbaren *Eigengeruch,* der vor allem bei der Warmverarbeitung und frisch hergestellten Kunststoffgegenständen stören kann. Meistens wird der Geruch nach einiger Zeit wesentlich schwächer oder verschwindet dann ganz. In besonders hartnäckigen Fällen kann versucht werden, ihn durch längeres Tempern schneller zu beseitigen.

Nur in sehr wenigen Fällen ist die Vermeidung und Beseitigung eines schwachen Geruchs nicht möglich. Wenn dieser störend ist, muß entweder auf eine andere Kunststoffzusammensetzung ausgewichen werden oder durch ein *Geruchskorrektiv* der Geruch verbessert werden. Dies geschieht dadurch, daß aromatische Geruchskomponenten im Kunststoff bewußt eingebaut werden, die den ungünstig wirkenden Eigengeruch mit ihrem Geruch überdecken. Interessant ist, daß bereits Anwendungen bekannt wurden, bei denen, ohne daß ein Eigengeruch zu beseitigen gewesen wäre, Geruchskomponenten in Kunststoffe eingebaut werden, welche Ledergeruch o. ä. erzeugen.

8.4 Verhalten gegen feste Stoffe

Da Kunststoffe gegen verschiedene Säuren und Laugen sowie gegen Fette nicht immer beständig sind — unter 8.3.1 in Tabelle 8.2 ist dies behandelt — ist natürlich auch von den Salzen der Laugen und Säuren und von festen Fetten keine Beständigkeit bei den betreffenden Kunststoffarten zu erwarten. Der Angriff bleibt allerdings wesentlich schwächer als beim Vorhandensein eines entsprechenden flüssigen Partners. Meistens wird nur die Oberfläche, die mit dem festen Stoff in Berührung kommt, angegriffen und macht dann einen verätzten Eindruck.

Eine auf Kunststoffe beschränkte Erscheinung sind *Effekte der Weichmacherwanderung*. Sie können dann auftreten, wenn ein Kunststoffteil mit einem weichgemachten Kunststoff in Kontakt ist. Tritt der Weichmacher durch den Kontakt nur aus, und wird er nicht von dem anderen Kunststoff aufgenommen, dann ergibt sich eine Belagbildung an den Oberflächen. Diffundiert er in das andere Kunststoffteil hinein, so findet eine Quellung, eine Verringerung seiner Festigkeit und eventuell eine Verformung statt. Letztere ist dann darauf zurückzuführen, daß gewisse Bereiche des Kunststoffteils weichgemacht sind, während andere Bereiche keinen Weichmacher enthalten und dadurch mechanische Spannungen entstehen. Der Kunststoff, aus dem der Weichmacher ausgewandert ist, wird spröder und faßt sich klebrig an.

Bei Gefahr der Weichmacherwanderung muß entweder ein nicht weichgemachter Kunststoff oder einer mit einem höhermolekularen Weichmacher verwendet werden. Durch das wesentlich größere Molekül ist dessen Beweglichkeit im Kunststoff reduziert und damit auch sein Austreten weitgehend verhindert (*„Innere Weichmachung"*).

8.5 Chemischer Abbau und seine Wirkungen

Der chemische Abbau als Versagensursache wurde bereits bei der Besprechung des Kunststoffzusammenhalts behandelt. Auch Unbeständigkeit gegen Gase und insbesondere Flüssigkeiten, wie sie in den vorhergehenden Abschnitten besprochen wurde, ist nicht immer nur Verlust der Formbeständigkeit durch Weichwerden und Lösen, sondern kann auch Zersetzung, also chemischen Abbau beinhalten. Dieser tritt bei der Anwendung von Kunststoffen in verschiedenster Weise auf, so daß es notwendig ist, hier zuerst auf den allgemeinen Mechanismus und dann auf die wichtigsten Abbauerscheinungen bei der Anwendung einzugehen.

8.5.1 Mechanismus des chemischen Abbaus

Kunststoffe werden mittels einer chemischen Reaktion aufgebaut. Eine solche Aufbaureaktion, z. B. die Polymerisation, sie sei global Polyreaktion genannt, enthält immer auch Abbaureaktionen, also Depolyreaktionen. Das Reaktionsgleichgewicht bei der Polyreaktion der Kunststoffe und bei ihrer Anwendung ist jedoch zugunsten der aufbauenden Polyreaktion verschoben.

Für die Abbaureaktion eines Kunststoffes ist, wie für jede andere Reaktion, eine Mindestenergie der Moleküle notwendig, ohne die die Reaktion nicht abläuft. Diese Aktivierungsenergie q ist zusammen mit der herrschenden Temperatur maßgebend, ob die Reaktion abläuft und wenn ja, mit welcher Geschwindigkeit. Der Zusammenhang zwischen diesen Werten ist durch die *Arrhenius'sche Gleichung* gegeben.

Da beim Zerfall die Zerfallszeit interessiert, ist hier diese Gleichung nach der Zeit aufgelöst. Die Arrhenius-Gleichung für die „Umsatzzeit" t bei einer Aktivierungsenergie q lautet:

$$t = t_g \, e^{q/RT} \tag{8.1}$$

wobei $R = $ Gaskonstante
$\quad\quad T = $ absolute Temperatur
$\quad\quad t_g = $ Grenzzeit, bei der alle Platzwechselvorgänge zur Reaktion führen

Diese Gleichung kann in der logarithmierten Form

$$\ln t = \ln t_g + q/RT \tag{8.1 a}$$

zur Bestimmung von q ohne Kenntnis von t_g benützt werden.

Für die Polyreaktionen der verschiedensten Kunststoffe sind die Aktivierungsenergien bekannt. Die der Abbaureaktionen liegen in der gleichen Größenordnung.

Da der Kunststoff bei der Anwendung stabil vorliegt, muß, wenn sich der Kunststoff chemisch zersetzt, diese Aktivierungsenergie für die Zersetzung irgendwie zugeführt werden. Die einfachste Möglichkeit ist die Erwärmung des Kunststoffes. Ein Teil dieser zugeführten Wärme geht, wie bei der Behandlung des Enthalphiegesetzes in 3.4.1 erklärt, in Wärmebewegung über, wobei diese so groß werden kann, daß die Zersetzung stattfindet, also die Aktivierungsenergie überschritten wird.

Gleichzeitig wird aber auch bei höherer Temperatur, das ist ebenfalls aus der Arrhenius'schen Gleichung ersichtlich, die Abbaugeschwindigkeit größer, bzw. die Umsatzzeit kleiner. Dieser Einfluß ist beachtlich; eine Faustregel der Chemiker sagt, daß bei einer *Temperatursteigerung um nur 10 °C die Reaktionsgeschwindigkeit* auf das *Doppelte* beschleunigt wird, d. h. Zerfallserscheinungen durch entsprechende Angriffe zeigen sich wesentlich früher und stärker. Bei konstanter niedriger Temperatur kann die Energiezuführung, mit der die Aktivierungsenergie des chemischen Abbaus eingebracht wird, in verschiedenster Form erfolgen. Wenn sie mittels reaktionsfähiger Moleküle eines Gases oder einer Flüssigkeit, aber auch eines festen Stoffes erfolgt, so bewirkt dies Ausfälle, die in den Beständigkeitszusammenstellungen der Tabellen 8.2 und 8.3 bereits berücksichtigt sind. Eine *neue Reaktion* mit dem *Fremdmolekül* erfolgt dann, wenn die Aktivierungsenergie Fremdmolekül – Kunststoff größer ist als jene, mit der der Kunststoff aufgebaut ist. Daß hier auch Zwischenreaktionen an freien Bindungen auftreten, sei hier nur am Rande vermerkt.

Im folgenden werden die Abbaumechanismen betrachtet, bei denen nicht eine neue Reaktion durch Fremdmoleküle den Abbau bewirkt, sondern durch Energiezufuhr über Strahlen oder mechanische Energie Abbauerscheinungen auftreten.

8.5.2 Abbau unter mechanischer Belastung

Der Zusammenhalt der Kunststoffe im amorphen Zustand beruht im wesentlichen auf der chemischen Bindung, mit der das Makrokettenmolekül zusammengehalten wird. Eine mechanische Beanspruchung dieser Bindungen kann deshalb zu ihrer Schwächung und schließlich zu ihrem Zerreißen an besonders beanspruchten Stellen, den Bruchstellen, führen. Außerdem wird bei langzeitiger Belastungsbeanspruchung das Auftreten eines allgemeinen chemischen Abbaus beobachtet, wie er bereits in Kapitel 3 im Abschnitt 3.9 und in Tafel 3.10 besprochen ist. In letzterer werden die Belastungsbereiche in Abhängigkeit von der Belastungszeit gezeigt und der steile Abfall am Schluß der Belastungskurve dem chemischen Abbau zugeordnet. Bei der Analyse dieses Versagensverhaltens wird offensichtlich, daß der Eintritt des chemischen Abbaus von der Höhe der Belastung und der Temperatur abhängt. Da diese Größen gemessen werden können, ist die *Aktivierungsenergie,* d. i. die Energie, die nötig ist, damit die *Abbaureaktion* abläuft, *bestimmbar.*

Dies kann mit der vorhergehend gegebenen Arrhenius'schen Gleichung geschehen, indem von den Belastungen über Zeitstandskurven die Umschlagzeit, das ist die Zeit, bei der die Zersetzung stark anläuft, in Abhängigkeit von der Temperatur ermittelt wird. In der Tafel 8.5 ist diese Auswertung zeichnerisch für Polyethylen und Polypropylen gegeben. In der beigegebenen Tabelle sind die aus der Neigung dieser Geraden für die Umschlagzeit gefundenen Zerfallsaktivierungsenergie-Werte q eingetragen. Sie werden den Aktivierungsenergien, die aus den Untersuchungen von Polymerisationsreaktionen bei der Herstellung dieser Kunststoffe gewonnen wurden, gegenübergestellt.

Wie zu erwarten, liegen die aus den Belastungskurven nach vieljähriger Beanspruchung ermittelten Aktivierungsenergien für die schließlich auftretende chemische Zersetzung in beiden Fällen niedriger als die zur Polymerisation nötigen. Die Belastung hat einen Teil der notwendigen Aktivierungsenergien geliefert, oder anders ausgedrückt, die Kunststoffe sind nach dieser Beanspruchung geschädigt. Dabei ist, wenn man die *Schädigung nach dem Abfall* gegenüber dem Ursprungswert beurteilt, die bei Polypropylen größer als die bei Polyethylen. Die Aktivierungsenergie, die schließlich zum Zerfall des Polypropylens nötig ist, liegt nämlich unter der des Polyethylens, obwohl dies bei den Polymerisationsaktivierungsenergien umgekehrt ist. Auch dieser Effekt konnte aus den bei Beobachtungen in der Praxis entstandenen Erkenntnissen erwartet werden. Obwohl nämlich Polypropylen eine höhere Temperaturbeständigkeit als Polyethylen hat, ist seine Anfälligkeit gegenüber chemischer Zersetzung größer.

Polyethylen und Polypropylen sind relativ einfache Beispiele für den chemischen Zerfall, weil bei ihnen im wesentlichen nur eine Reaktion bevorzugt auftritt. Aus diesem Grunde ist auch die Abschätzung der Aktivierungsenergie des chemischen Abbaus über die modifizierte Arrhenius'sche Gleichung möglich. Bei den komplizierter aufgebauten Kunststoffen laufen auch beim Zersetzen mehrere Reaktionen nebeneinander ab, ganz zu schweigen davon, daß bei gefüllten und verstärk-

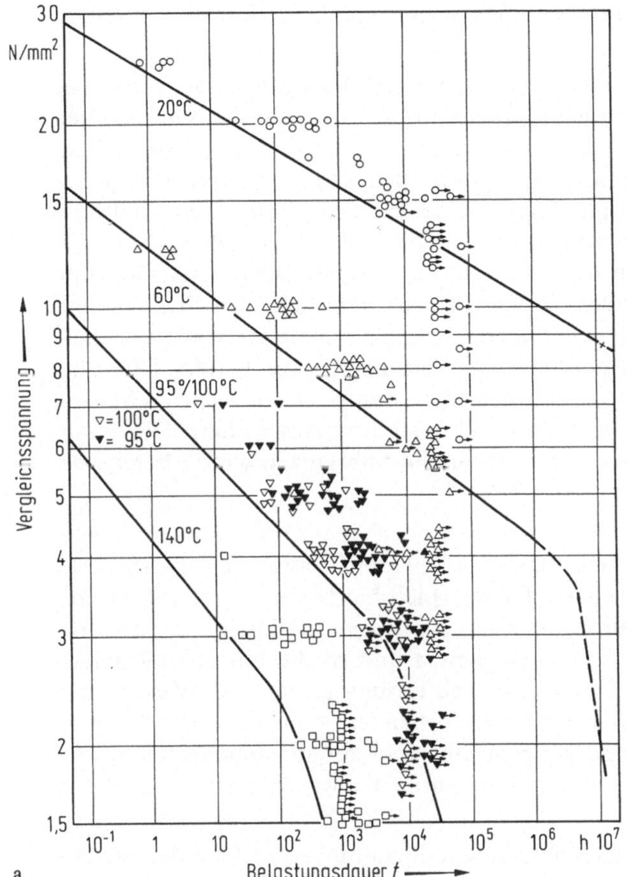

a Rohrbeanspruchung unter Temperatureinwirkung für Polypropylen (PP)

b Lineare Auftragung der Umschlagzeiten t_u gemäß der Arrhenius-Beziehung für Gleichwertzeiten, (q_z = Zerfallsenergie)
$$t_u = t_g \cdot \exp(+q_z/RT)$$

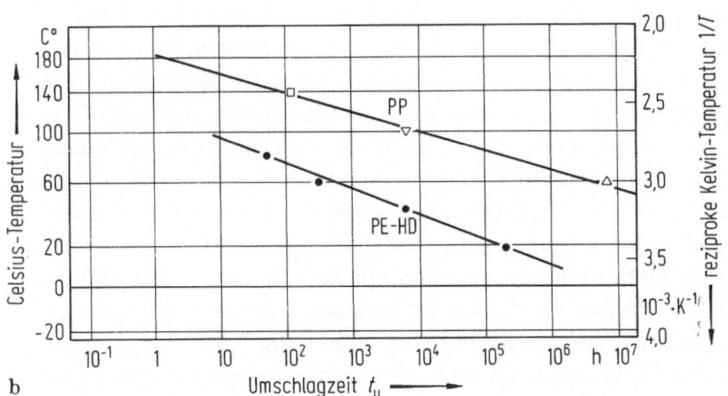

Energie in kJ/mol	PE	PP
Bindungsenergie der C-C-Kette	320	320
Polymerisations-Aktivierungs-energie	250	300
Zerfalls-Aktivierungs-energie q_z aus Arrhenius-Extrapolation für t_u	190	≈150

Tafel 8.5 Mechanische Dauerbelastung vermindert die chemische Stabilität. Abschätzung der Zerfallsaktivierungsenergie für die Zerfallsreaktion von Polyethylen (PE) und Polypropylen (PP) bei mechanischer Dauerbelastung von Rohren.
(Auswertung nach A. Frank, *VDI-Z.* 109 (1967), S. 1321)

ten Kunststoffen auch noch Reaktionen in und mit den Zumischstoffen ablaufen können.

Im vorliegend betrachteten Fall waren Gebrauchsbelastungen wirksam, die während langer Zeit zu keinem Bruch führten und über dem ganzen Kunststoffteil relativ gleichmäßig wirkten. Im Falle der sogenannten *Spannungskorrosion* oder besser *Spannungsrißbildung* führen partielle große Belastungen zu einem *partiellen Abbau.* Auch hier spielt die amorphe Phase wieder die Hauptrolle. Sie ist teilweise oder vollständig angewendet im Kunststoff enthalten als „Pseudoflüssigkeit" fast beliebig mit anderen Materialien mischbar und verbindbar. Diese bereits in ihren Auswirkungen besprochenen großen Vorteile bringen natürlich auch Nachteile mit sich. Die Mischbarkeit, die auf dem geringeren Zusammenhalt der Makromoleküle und auf der nicht eindeutig zugeordneten gegenseitigen Lage beruht, läßt ganz zwangsläufig ein Eindringen von Fremdmolekülen, wenigstens in geringen Maßen, auch dann zu, wenn dies nicht erwünscht ist, also bei ihrer Anwendung. Die darauf beruhende Quellung durch Wasser und organische Substanzen wurde bereits besprochen.

Nur Spuren einer eindringenden Flüssigkeit oder eines Gases können manchmal Spannungsrißbildung bewirken, wenn das Teil gleichzeitig unter *äußeren oder inneren Spannungen* steht. Ein weiterer Faktor spielt hierbei eine große Rolle: die Benetzbarkeit der Kunststoffe durch die in ihn eindringende Flüssigkeit. Diese Benetzbarkeit weisen vor allem polare Flüssigkeiten und solche mit oberflächenaktiven Stoffen auf. Letztere können in Wasser und Lösungsmittel, z. B. Waschmittelrückstände, enthalten sein. Ist Benetzbarkeit vorhanden, dann ist nicht damit zu rechnen, daß die Spannungsrißbildung zum Stillstand kommt, sondern dann wird sie sich schneller oder langsamer durch den ganzen Kunststoff fortsetzen. Wie ist dies zu erklären?

Eingefrorene innere oder aufgeprägte äußere Spannungen können den Makromolekülverband in weiten Bereichen in einen Zwangsspannungszustand setzen. Wenn in solchen Bereichen Gebiete entstehen, in denen die Flüssigkeit eindringt und der Kunststoff weichgemacht wird, d. h. die Makromolekülketten beweglicher werden, entziehen sich die Makromoleküle in diesem Gebiet dem Spannungszustand. Zwischen dem entspannten und den nicht entspannnten Bereichsteilen entstehen deshalb Spannungsspitzen, die zu Molekülkettenrissen (Spannungsrisse) führen und bei ausgerichteten Molekülketten zu einem sogenannten Aufspleißen. Wenn ausgerichtete Anteile von Molekülketten bevorzugt in Kerben vorhanden sind, sind daher Kerbstellen besonders spannungsrißempfindlich. Auch Spritzgußteile weisen oft neben inneren Spannungen eine Ausrichtung der Makromolekülketten in Spritzrichtung auf. Daher können sie ebenfalls sehr spannungsrißgefährdet sein, wie dies in Bild 8.6 sichtbar wird. Da das gezeigte Spritzgießteil längere Zeit der Feuchtigkeit und Atmosphäre ausgesetzt war, haben die Risse die gesamte Wandstärke des Teils erfaßt. Trotzdem zeigt es noch Formfestigkeit bei allerdings wesentlich erniedrigter Festigkeit.

Spannungsrißbildung wird, wenn die Tendenz dazu vorhanden ist, um so größer, je höher der Polymerisationsgrad, also die Makromoleküllänge des Kunststoffes ist. Sie wird um so geringer, je stärker eine vorhandene gegenseitige Vernetzung der Makromoleküle ist.

Bild 8.6
Spannungsrißkorrosion.
Spannungsrisse, hauptsächlich in
Fließrichtung, bei einem
Spritzgießteil aus Celluloseacetat
(CA), die ohne äußere
mechanische Belastung nur durch
langjährige Witterungseinwirkung
in korrosiver Industrieatmosphäre
im Freien entstanden sind. Die
Anspritzung erfolgte in dem
kreisförmigen Bereich unten Mitte.
(Foto: Verfasser)

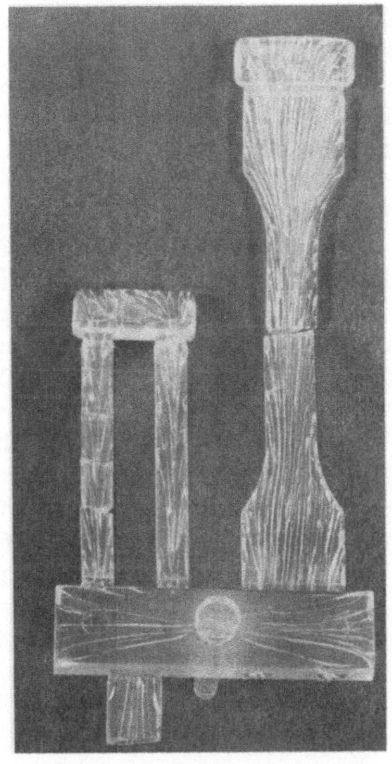

Gegen den anfangs beschriebenen chemischen Abbau bei Dauerbelastung nach
langen Zeiten nützt nur geeignete Kunststoffauswahl und geringere Belastung,
eventuell durch andere Dimensionierung. Die Bildung von Spannungsrissen, die
bei Kunststoffteilen, die mit chemischen Reagenzien, insbesondere mit oberflächenaktiven Substanzen zusammenkommen, wie z. B. Rührer, Rohre, Kabel, Flaschen,
muß dadurch nach Möglichkeit verhindert werden, daß der ausgewählte Kunststoff
mit denjenigen Flüssigkeiten, mit denen er zusammenkommt, keinen Spannungsriß-
effekt zeigt. Im allgemeinen sind die amorphen Plastomere am empfindlichsten,
dann folgen die teilkristallinen Kunststoffe, während Duromere und insbesondere
höher gefüllte und verstärkte Kunststoffe wesentlich weniger anfällig sind. Vom Augenschein her ist das einzusehen, genaue Erklärungen, wie die Abbauvorgänge
unter mechanischen Belastungen ablaufen, gibt es aber noch nicht. Daher ist auch
noch keine optimale Vermeidung dieser Vorgänge möglich, es ist aber damit zu
rechnen, daß sich dies ändert, wenn die Vorgänge genauer erforscht sein werden.

8.5.3 Strahlungseinwirkung

Kunststoffoberflächen sind nicht nur der Lichteinwirkung, sondern auch der Einwirkung der energiereicheren UV-Strahlung und unter Umständen sogar noch
energiereicherer Strahlung ausgesetzt. Diese Strahlungen werden im Kunststoff teilweise absorbiert. Dies hat eine *Erwärmung* des Kunststoffes, die insbesondere bei
energiereicheren Strahlungen (UV-Strahlung bei direkter Sonnenbestrahlung) so
groß sein kann, daß partiell Molekülteile der Makromoleküle so in Schwingung ver-

setzt werden können, daß Molekülketten reißen, also die zum Anlaufen der Abbaureaktion nötige Aktivierungsenergie örtlich überschritten wird.

Parallel dazu kann natürlich eine solche Strahlungseinwirkung, wenn reaktionsfähige Partner im Kunststoff vorhanden sind, auch chemische Reaktionen, wie Vernetzung oder Polymerisation aktivieren und begünstigen (Nachreaktionen). Im
angewendeten Kunststoff wird nach einer gewissen Zeit der Abbau überwiegen, der
besonders beachtet werden muß. Dieser wird bei naturfarbenen und hellen Teilen
anfangs durch Vergilbung und später Schwärzung des Teils und durch zunehmende
Reduzierung seiner Festigkeit sichtbar.

Diese Folgen von Strahlungseinwirkungen lassen sich mildern oder gar vermeiden. Bei hellen Erzeugnissen geschieht das durch die Beigabe von sogenannten
Lichtschutzmitteln (Licht- oder UV-Stabilisatoren), die das einfallende Licht, insbesondere das UV-Licht, absorbieren und seine Energie nicht an die Kunststoffmoleküle weitergeben. Erst die Möglichkeit, durch solche Lichtschutzmittel die Strahlungseinwirkung auf den Kunststoff zu verhindern, hat es möglich gemacht, durchsichtige Kunststoffe auch für optische Zwecke einzusetzen und sie dabei der Sonnenbestrahlung auszusetzen. Dunkel gefärbte und gefüllte oder verstärkte Kunststoffe benötigen, genauso wie oberflächengeschützte Kunststoffe, keine oder weniger
Lichtstabilisierung, weil bei ihnen entweder durch die geschützte Oberfläche keine
Strahlung zum Kunststoff durchdringen kann, oder bei entsprechender Wahl des
Verstärkungs- oder Füllmaterials dieses die UV-Absorption übernimmt. So ist z. B.
der als Verstärkungsmaterial bei Elastomeren verwendete Ruß ein ausgezeichnetes
Lichtschutzmittel.

8.5.4 Gezielter chemischer Abbau und Regenerierung

Erst im letzten Jahrzehnt ist die Frage des *Kunststoffabfalls* und seiner *Beseitigung*
oder Wiederverwertung näher bearbeitet und die dabei resultierenden Ergebnisse
in den Anfängen in der Praxis eingesetzt worden. Insbesondere handelt es sich dabei um die bewußte Steuerung der im Kunststoff ablaufenden möglichen Stabilisie-
rungs- und Abbaureaktionen und gleichzeitig das Abgehen von der Bemühung,
den chemischen Abbau global nur mehr oder weniger zu verhindern. Durch die
größere Beachtung des Umweltschutzes haben diese Arbeitsrichtungen z. Z. allge-
meines Interesse und deshalb sei, obwohl ihre Anwendungen noch in den Anfängen
sind, zum Schluß der Behandlung des chemischen Abbaus hier kurz darauf eingan-
gen.

Bis auf wenige Ausnahmen sind die *Abbauprodukte,* die bei der Zersetzung des
Kunststoffes entstehen, *ungiftig und umweltfreundlich* und können daher überall ab-
gelegt werden. Da der Abbau normal in den meisten Fällen aber über Jahrzehnte
dauert, hat die Möglichkeit viel Aufsehen erregt, den Abbau, also den *Zerfall des
Kunststoffes* in das Kunststoffprodukt *einzuprogrammieren.* Solche Anwendungen
sind für kurzlebige Verpackungsgüter ins Auge gefaßt worden, um die Umweltver-
schmutzung durch ihr Aussetzen zu vermeiden. Sie können auf zwei Wegen erfolgen, einmal indem ein Stoff eingebaut wird, der bei längerer UV-Bestrahlung eine
Umsetzung erfährt und den Zerfall des Kunststoffes bewirkt, das andere Mal, indem ein Material beigegeben wird, das nach einer bestimmten Zeit zu reagieren beginnt und dann ebenfalls die Zersetzung des Kunststoffes bewirkt.

Polyethylen-Tragtaschen und Polystyrol-Becher wurden bereits vereinzelt mit diesen Einstellungen hergestellt. Vorerst haben sie wenig Resonanz gefunden, weil der schnelle Zerfall auch oft dann stattfindet, wenn er noch gar nicht erwünscht ist. Diese selbstabbauenden Kunststofferzeugnisse scheinen nur auf solchen Gebieten auf die Dauer gute Aussichten zu haben, bei denen gewährleistet ist, daß die Benützung einmalig und kurzzeitig ist. So bestechend daher solche Lösungen auf den ersten Blick für den Umweltschutz wirken, so wird doch ihre Anwendung nur auf sehr spezielle Fälle beschränkt bleiben.

Es ist nämlich viel wirtschaftlicher, den *Kunststoff* nicht chemisch zu zerstören, sondern ihn *wieder zu verwenden.* Dies ist bei den meisten Anwendungen einfach möglich, weil es sich bei ihnen um solche mit Plastomeren (Thermoplasten) handelt, bei denen die Wiederverwendung durch einfaches Aufschmelzen und Wiederverarbeiten, also durch rein physikalische Maßnahmen vorgenommen werden kann. Wiederverwendeter Kunststoff spart Energie und Material und hinterläßt keine Zersetzungsabfälle. Anders ist das bei den viel weniger angewandten chemisch vernetzten Kunststoffen. Nur teilweise werden hier Elastomere chemisch und selten auch Duromere heute bereits etwas reduziert, d. h. teilabgebaut und dann durch *chemischen Wiederaufbau* und neue Vernetzung wieder zu einsatzfähigen Teilen verarbeitet.

Die schwierigste Frage der Wiederverwertung von Kunststoffabfällen ist daher die Trennung von Mischungen verschiedener Kunststoffe und anderen Werkstoffen jeglicher Art, die heute bereits an verschiedenen Stellen bearbeitet wird, aber noch nicht gelöst scheint.

Wenn nun der Kunststoff nach längerer Anwendung bereits eine gewisse chemische Zersetzung erfahren hat und er durch *Wiederverarbeitung* neu eingesetzt werden soll, *schadet* hier nicht der bereits vorhandene *chemische Abbau?* Nur bis zu einem gewissen Grad, denn die Wiederverarbeitung stoppt die bereits vorhandenen Zersetzungsreaktionen. Bei einem teilkristallinen Plastomer können die wenig beanspruchten und unzersetzten Molekülkettenanteile der kristallinen Bereiche frei, während angegriffene Kettenteile der Moleküle, die sich im plastischen Bereich befanden, evtl. in den neuen kristallinen Bereich eingebaut werden. Dadurch entsteht ein echter Erneuerungseffekt, der sogar bei vielfachem Aufarbeiten gut bemerkbar ist.

Es entwickeln sich aber auch immer bessere Methoden zur *Regenerierung,* d. h. durch Beigabe spezieller Mittel, *Abbauschäden bei der Wiederverarbeitung zu beheben* und damit das Qualitätsniveau eines noch nicht eingesetzten Kunststoffes zu erreichen. Diese Mittel wirken in zwei Richtungen. Sie brechen Zersetzungsreaktionen ab sowie stabilisieren und verbinden Makromolekülteile wieder chemisch miteinander, d. h. sie bauen den abgebauten Kunststoff wieder auf.

8.6 Alterung als Zusammenfassung aller Einflüsse während der Anwendung

Die verschiedenen Einflüsse, die Veränderungen der Kunststoffe während ihrer Anwendung bewirken, sind unterschiedlich und vielschichtig. Wie gezeigt, handelt es sich um physikalische und chemische Einwirkungen, die z. T. über die Oberfläche,

z. T. direkt im ganzen Kunststoff angreifen. Ihre Einzelauswirkung ist sehr unterschiedlich, je nach der Beaufschlagung und Beanspruchung bei der Anwendung. Ihre detaillierte Einzelerfassung ist deshalb in vielen Fällen sehr schwierig und meistens wegen des großen Versuchsaufwandes nicht sinnvoll.

8.6.1 Begriff und Untersuchung der Alterung

Die Kunststofftechnologie hat daher einen bei klassischen Werkstoffen bereits verwendeten, aber dort nicht so im Vordergrund stehenden Begriff gewählt, um eine *kunststoffspezifische Gesamtaussage* über die Veränderung des Kunststoffes bei der Anwendung zu bekommen. Es ist der Begriff der *Alterung*. Unter Alterung wird die Gesamtheit der Änderungen der chemischen und physikalischen Strukturen des Kunststoffes während seines Gebrauchs verstanden. Ein solcher Gebrauch kann unter Einwirkung der normalen Atmosphäre bei Raumtemperatur, aber auch unter zusätzlicher Einwirkung von höheren Temperaturen, UV-Bestrahlung, Chemikalien, Elektrizität u. a. vor sich gehen.

Jede solche unterschiedliche Art des Beanspruchungskollektivs beim Gebrauch wird natürlich zu einem anderen Alterungsverhalten führen. Bei einer Laboratoriumsprüfung der Alterung werden bevorzugt die Beanspruchungen und Klimaeinflüsse so erfaßt, daß allgemeinere Aussagen möglich sind. Es ist daher die Tendenz zu beobachten, genormte *Prüfungen* entweder in besonderen *Testklimaschränken*, in denen UV-Bestrahlung, Feuchtigkeit, Erwärmung und andere Einflüsse simuliert werden können, oder im Freien unter bestimmten konstanten Bedingungen durchzuführen.

Die Angaben solcher Versuche geben dann Hinweise, wie sich das Festigkeitsverhalten, das Aussehen, die Form, die elektrischen Eigenschaften u. a. nach einer gewissen Anwendungszeit ändert. Die Untersuchungen in den Testschränken werden dabei so angelegt, daß eine *Zeitraffung bei der Beurteilung* möglich ist, so daß bei kürzerer Versuchsdauer bereits Aussagen über die Alterung bei wesentlich längeren Anwendungszeiten möglich sind.

Die Änderungen einer Eigenschaft müssen dann als Maßstab für das Alterungsgeschehen verwendet werden. In dem Bild 8.7 ist die Abnahme eines solchen Meßwertes in Abhängigkeit von der Zeit aufgetragen sowie der Einfluß von Stabilisierungsmaßnahmen, wie sie im folgenden besprochen werden, angedeutet. Der Vergleich solcher Alterungskurven läßt nun Aussagen über die Anwendbarkeit der einzelnen Kunststoffteile bei den verschiedenen Bedingungen zu.

8.6.2 Möglichkeiten der Beeinflussung der Alterung

Jeder Werkstoff altert, der eine sehr langsam, der andere schneller, wobei die Gesamtheit der Belastungen in ihrer zeitlichen Reihenfolge, das Belastungskollektiv, eine maßgebliche Rolle spielt. Bei den Kunststoffen kann die Alterung sehr unterschiedlich sein und daher muß sie beim Einsatz besonders beachtet werden.

Es wird sich dann allerdings zeigen, daß sie bei vielen Anwendungsfällen bei einem evtl. Funktionsausfall des Erzeugnisses keine Rolle spielt. Entweder ist die Anwendungszeit zu kurz (z. B. Wegwerfartikel), die Beanspruchung sehr gering

(z. B. Einsatz in geschlossenen Räumen), oder der Funktionsausfall wird durch extreme partielle Beanspruchung (z. B. Stoß oder Schlag) unabhängig vom Alterungszustand bewirkt.

Dem stehen die Anwendungsfälle gegenüber, bei denen Alterungserscheinungen für den Funktionsausfall verantwortlich sind. Sie sind zahlreich, so z. B. durch Versprödung, durch Sonneneinstrahlung, Spannungsrißbildung, durch Flüssigkeitseinwirkung, Undurchsichtigwerden von optischen Teilen, durch Vergilbung infolge Strahlungseinwirkung und vieles mehr. Zwar kann in diesen Fällen die Funktionsfähigkeit nicht dadurch erhalten werden, indem die Alterung beseitigt wird. Diese ist immer vorhanden, aber in vielen Fällen kann sie so beeinflußt werden, daß der Funktionsausfall vermieden oder hinausgeschoben wird. Dies geschieht durch sogenannte *partielle Stabilisierungen* der Alterung. Sie können durch gerichtetes Alterungsverhalten selbst und durch *beigegebene Stabilisatoren* erreicht werden.

Stabilisierung durch *gerichtetes Alterungsverhalten* ist deshalb möglich, weil die Alterung in anwendungstechnischer Hinsicht nicht nur Verkürzungen der Lebensdauer von Teilen bringen kann, wie das allgemein angenommen wird, sondern auch erhebliche Verlängerungen. Alterung kann so z. B. nicht nur zu einer höheren Här-

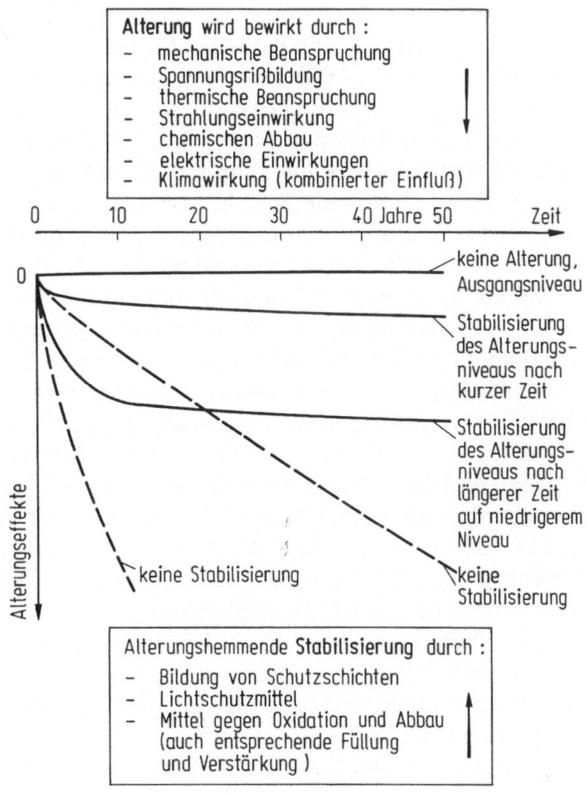

Bild 8.7
Kunststoff-Alterung im Einsatz.
Schematische Darstellung der
zeitlichen Verläufe der Alterung.
Gründe für Alterung und
Gegenmaßnahmen.

te, zu einer größeren Sprödigkeit und zu einer größeren Zugfestigkeit, sondern auch zu größerer Witterungs- und Temperaturbeständigkeit führen. Letztere können z. B. dadurch erreicht werden, daß sich durch die Alterungsvorgänge eine Schutzschicht auf dem Kunststoff bildet, die ihn witterungs- oder temperaturfester macht.

Der bekannteste Extremfall in dieser Hinsicht sind die Apollo-Raumfahrtkapseln, bei deren Rückflug durch die Atmosphäre die Kunststoffoberfläche verkohlt und damit einen Hitzeschild bildet, der das weitere Angreifen des dahinter liegenden Kunststoffes verhindert. In viel größerem Umfang wird die Witterungsfestigkeit durch Alterung bei Gebrauchsgegenständen, Bauteilen und Geräteverkleidungen, die im Freien benutzt werden, zum Teil unbewußt angewandt. Die Dauernutzung im Freien ist dabei in vielen Fällen nur dadurch möglich, daß eine starke Alterung an der Kunststoffoberfläche stattfindet und zu einer teils abgebauten, teils nicht mehr reaktionsfähigen Oberflächenschicht führt, die den Kunststoff außenwitterungsfest macht. Besonders bei modifizierten Polystyrolen (z. B. ABS) sind solche Effekte gut beobachtbar. Solche Stabilisierungen durch Alterung können sich in unterschiedlichen Zeiten abspielen. Sie sind in der Alterungskurve bemerkbar durch ein Abknicken in die horizontale Richtung, wie dies in Bild 8.7 für zwei solcher Möglichkeiten durch Kurven angedeutet ist. Dies darf jedoch nicht darüber hinwegtäuschen, daß es auch viele Fälle gibt, in denen keine solche Stabilisierung möglich ist und bei denen dann die zunehmende Alterung bei der Anwendung in Rechnung gesetzt werden muß. Auch solche Verläufe der Alterung sind in Bild 8.7 als gestrichelte Kurven eingezeichnet. Die Schwierigkeit dabei ist immer, daß jede Kurve nur für den gleichen Kunststoff und ähnliche Anwendungsfälle gilt.

So bildet sich z. B. auf der hellen Oberfläche eines Kunststoffteils aus Polyarcylnitrilbutadienstyrol (ABS) eine Bewitterungsschicht, die zur Witterungsbeständigkeit, d. h. zur Stabilisierung des Alterungsniveaus, schon nach wenigen Tagen führt, wenn das Teil im Freien steht. Wird die Oberfläche eines solchen Teils aber durch Reibung beansprucht, dann kann sich diese Schicht nicht bilden und das Teil wird nicht witterungsfest. Eine Schicht, die den Schutz bewirken könnte, wird nämlich durch die Reibungsbeanspruchung im Entstehen immer wieder gehindert und die entsprechende Alterungskurve wird ungünstiger liegen.

Innere Spannungen führen bekanntlich bei Benetzung mit bestimmten Flüssigkeiten zu Spannungsrissen. Durch längere Lagerungen in Wärme können die inneren Spannungen weitgehend beseitigt werden, so daß Spannungsrißgefahr entfallen kann. Aus solchen und ähnlichen Gründen werden Kunststoffteile bewußt beim Hersteller *künstlich gealtert;* so zum Beseitigen der inneren Spannungen in Wärmeschränken über mehrere Stunden unter dem Einfrier- (bei amorphen eingefrorenen Plastomeren) bzw. Kristallitschmelzbereich (bei teilkristallinen Plastomeren); zur Erreichung von größerer Weichheit und Schlagfestigkeit bei Polyamiden in Wasserdampf oder Wasser, damit die Oberflächen angequollen, und das Wasser eine Weichmachung bewirkt, und vieles andere mehr. Alle diese künstlichen Alterungen werden dazu eingesetzt, Anwendungseigenschaften partiell zu ändern.

Die Vermeidung einer partiellen Alterung, d. h. eine Stabilisierung eines Alterungsniveaus für eine oder mehrere Eigenschaften, kann nicht nur durch entstehende Schutzschichten und durch Beendigung von Alterungsreaktionen durch Absättigung der Reaktionspartner u. a. bewerkstelligt werden, sondern auch durch eine ganze Reihe verschiedener Chemikalien, die beigegeben werden und den Ablauf verschiedener Vorgänge hindern. Sie wird als *Stabilisierung* bezeichnet und die wichtigsten ihrer Möglichkeiten sind in dem Bild 8.7 zusammenfassend aufgezählt. Es sei hier noch vermerkt, daß die beigegebenen Chemikalien global als Alterungsschutzmittel oder Stabilisatoren bezeichnet werden.

Füllung und Verstärkung der Kunststoffe können, aber müssen nicht das Alterungsverhalten verbessern und das Alterungsniveau stabilisieren. Gerade aus dem Gebiet der Duromeren und Elastomeren gibt es über den Einfluß geeigneter Füllungen und Verstärkungen zahlreiche umfassende Untersuchungen. Es liegen dadurch Erfahrungen vor, wie selbst bei starken Beanspruchungen durch geeignete Füllungen und Verstärkungen Stabilisierungen auf Alterungsniveaus, die für die Anwendungen von Bedeutung sind, erreicht werden können. Bei den Plastomeren (Thermoplasten) ist die Technologie des Füllens und Verstärkens, insbesondere im Hinblick auf Erfahrungen über die differenzierten Auswirkungen bei der Alterung allerdings noch in den Anfängen. Es ist jedoch außer Zweifel, daß hier noch wirkungsvollere Maßnahmen hinsichtlich des Alterungsverhaltens erreichbar sind, als sie von den Duromeren und Elastomeren bekannt sind. Forschungen dazu sind an verschiedenen Stellen im Gange.

8.6.3 Vergleich der Alterung bei Kunststoffen und Metallen

Unglücklicherweise wird die Spannungsrißbildung oft als Spannungsrißkorrosion und die Einwirkung von Sauerstoff oder Ozon als Oberflächenkorrosion bezeichnet, obwohl beide Effekte in keiner Weise mit der Metallkorrosion vergleichbar sind. Spannungsrißbildung und partielle Oberflächenreaktionen mit Sauerstoff u. ä. sind zwar, wenn sie bei Kunststoffteilen zu Funktionsstörungen oder -ausfall führen, sehr einschneidend, sind aber im Rahmen ihrer Gesamtbedeutung untergeordnet und auch in keiner Weise mit den Wirkungen der Metallkorrosion zu vergleichen.

Metallkorrosion tritt bei allen nicht rostfreien Metallen immer und total dann auf, wenn die Oberfläche nicht geschützt ist. Obwohl der Grad der auftretenden Metallkorrosion von der Umgebung, z. B. der Luftfeuchtigkeit, abhängt, ist in allen Fällen die Korrosion von der Oberfläche ausgehend, vorhanden. Bei allen Kunststoffen sind diese sogenannten Korrosionserscheinungen Sonderfälle, die an entsprechende Umgebungsmedien und spezielle Verhältnisse gebunden sind. Daher weisen die meisten Kunststoffe bei ihrer Anwendung keine Korrosion auf, und es ist möglich, da, wo durch die besonderen Verhältnisse diese speziellen Korrosionserscheinungen auftreten könnten, durch Wahl eines anderen Kunststoffes und eines entsprechenden Kunststoffaufbaus die Korrosion auszuschließen.

Aus diesen Gründen ist die Wahl der Bezeichnung „Korrosion" für bestimmte Alterungserscheinungen bei Kunststoffen nicht nur falsch, sondern erweckt auch Mißverständnisse. Denn von ihnen kann gesagt werden, daß sie *keiner Korrosion* unterliegen. Damit ist gemeint, daß die bei ungeschützten Metalloberflächen auf jeden Fall auftretende Korrosionswirkung über die ganze Fläche, die durch das Rosten zum Ausdruck kommt und auf elektrochemischem Abbau des Metallgefüges beruht, bei Kunststoffen nicht stattfindet. Deshalb werden Metalle mit Kunststoffüberzügen versehen und können und werden andererseits Kunststoffteile in feuchter und aggressiver Atmosphäre und in Flüssigkeiten eingesetzt.

Die Möglichkeit der Stabilisierung von Alterungsniveaus ist für die zukünftige Kunststoffanwendung insbesondere hinsichtlich der Anwendung bei höheren Temperaturen von Bedeutung. Dies sei wieder durch einen Vergleich mit den Metallen veranschaulicht. Ein normaler homogener Kunststoff, der bei Raumtemperatur eingesetzt wird, soll mit einem Metall, dessen Schmelzpunkt bei 1 300 °C liegt, verglichen werden. Ein Kunststoff bei einem Erweichungsbereich zwischen 100 und 200 °C wird mit diesem um eine Zehner-Potenz niedrigeren Erweichungsbereich von der Anwendung her nur vergleichbar, wenn die Metalle um ca. 700 °C angewendet werden würden. Hier würden nun bei gleicher Belastung beim Metall beträchtliche Alterungsvorgänge infolge der thermischen Einwirkung bei höheren Temperaturen ablaufen. Beim Kunststoff sind dagegen bei diesem Vergleich nicht nur eine wesentlich längere Lebensdauer, sondern auch wesentlich geringere Alterungserscheinungen zu beobachten.

Die mögliche bessere Einsatzfähigkeit der Kunststoffe in der Nähe ihrer Grenzanwendungstemperatur ist noch nicht ausgereizt, weil die Stabilisierungsmethoden noch nicht endgültig erforscht sind. Es ist aber denkbar, daß an Stelle teurerer Spezialkunststoffe in Zukunft teilweise unsere heutigen Kunststoffe auch für höhere Temperaturen mit anderen, besseren Stabilisierungen angewendet werden können.

8.7 Brandverhalten

Bei vielen wichtigen Anwendungen, insbesondere für den Bau- und Elektrosektor, spielt das Brandverhalten der Kunststoffe oder Verbundwerkstoffteile eine wichtige Rolle. Aus diesem Grund sind viele Prüfungen und Untersuchungen durchgeführt worden, um das Verhalten bei Brand zu klassifizieren und die günstigsten Einsatzbedingungen und -einstellungen der Kunststoffe an feuergefährdeten Stellen zu finden. Die wichtigsten Überlegungen hierzu sollen besprochen werden.

8.7.1 Nur zwei Kunststoffe sind völlig unbrennbar

Homogene Kunststoffe zeigen bei zunehmender Erwärmung, wenn sie chemisch vernetzt sind bereits im festen Zustand, wenn sie unvernetzt sind in der thermoplastischen Schmelze stark zunehmende Abbauerscheinungen. Ein Übergang in eine gasförmige Phase ist nicht möglich, weil die Makromoleküle zu groß sind, um sich in einer Gasphase bewegen zu können. Die Abbauerscheinungen machen sich durch Schwarzfärbung und Veränderung der Eigenschaften bemerkbar. Auf den Abbau kann bei längerer, starker Erhitzung bei den meisten Kunststoffen eine Entflammung, zuerst der Abbauprodukte, eintreten. Nur einige wenige, z. B. Nitrozellulose, weisen ohne wesentlichen Abbau direkte Entflammbarkeit auf. Diese werden als *leicht entflammbar* bezeichnet.

Ein Teil der Kunststoffe beginnt daher unter der Einwirkung einer Flamme zu brennen und brennt nach deren Wegnahme weiter. Sie werden als *normal entflammbar und brennbar* bezeichnet. Zu ihnen gehören Polystyrol, Polyethylen u. a.

Die als *schwer entflammbar und schwer brennbar* bezeichneten Kunststoffe brennen nur in Anwesenheit der Flamme und haben löschende Gruppen in ihrem Makromolekül. Beim Polyvinylchlorid ist es z. B. sein Chlor im Grundmolekül. Auch phenolharze und Polychlorbutadien-Elastomere gehören hierzu. Sehr anschaulich ist der Unterschied der normalen und der schweren Entflammbarkeit bei der Brandprüfung zu sehen, die in Bild 8.8 gezeigt ist.

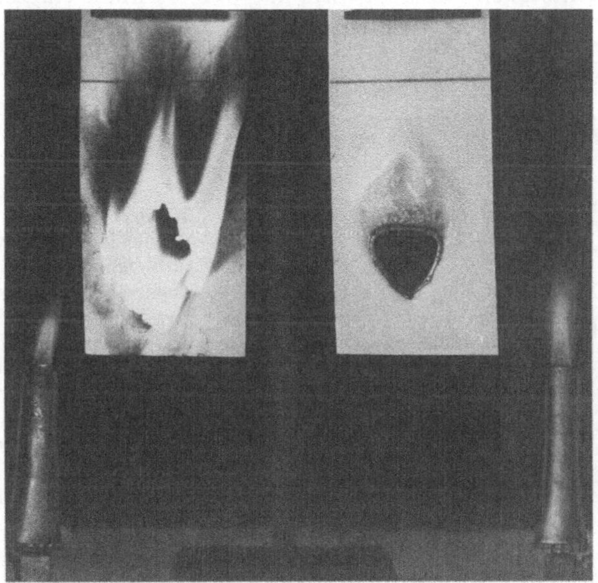

Bild 8.8 Brandverhalten. Schwerentflammbar ausgerüstete und entflammbare Kunststoffplatte bei der Prüfung des Brandverhaltens.
Die beiden Bunsenbrenner sind nach einer definierten Beflammung von den Platten entfernt worden. Die entflammbare Platte brennt weiter (im Bild links), die schwer entflammbare ist sofort erloschen (im Bild rechts).
(Foto: BASF AG, Ludwigshafen)

Stoffe, die auch bei Flammeneinwirkung nicht brennen, werden als *nicht brennbar* bezeichnet. Hierunter fallen die wichtigsten Baustoffe. Bei den Kunststoffen, wenn sie ohne Zumischungen und Verstärkungen, also homogen, betrachtet werden, sind allerdings bei den heute industriell angewandten nur zwei unbrennbar, nämlich die relativ kostenintensiven Spezialkunststoffarten Polyfluorcarbone und Polysilikone. Eine Polyfluorcarbon-Drahtisolierung ist im Vergleich zu einem schwer entflammbaren Polyvinylchlorid in Bild 8.9 gezeigt. Das schwer entflammbare Polyvinylchlorid zersetzt sich unter der Hitzeeinwirkung durch den eingeschalteten Lötkolben und gibt Gase ab, ohne aber zu entflammen. Ein Kunststoff, der normal brennbar ist, würde dabei entflammen.

8.7.2 Charakterisierung des Brennverhaltens bezieht sich auf das Gesamtteil

Die im vorhergehenden gebrachte Einteilung des Brandverhaltens wurde ausschließlich auf homogene Kunststoffe bezogen, um einen Eindruck vom Chemismus ihres Brandverhaltens zu vermitteln. Als organische Stoffe brennen sie, von

Ausnahmen abgesehen, mehr oder weniger gut. Für die Anwendung braucht das Verhalten des homogenen Kunststoffes nicht maßgebend zu sein, hier gilt auch nicht das *Brandverhalten* des Werkstoffaufbaus im Teil, sondern das des *ganzen Teils*. Dies ist der Grund, warum Kunststoffe da, wo „Schwerentflammbarkeit" oder gar „Unbrennbarkeit" verlangt wird, in größerem Maße eingesetzt werden als ihre eigentliche Brennbarkeit erwarten läßt.

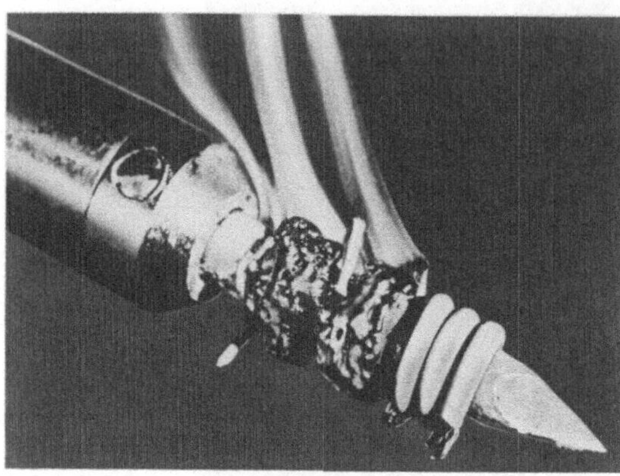

Bild 8.9
Vergleich von schwer entflammbarem und unbrennbarem Kunststoff. Polyvinylchlorid- und polyfluorcarbon-isolierter Draht sind um einen beheizten Lötkolben gewickelt.
Das schwerentflammbare Polyvinylchlorid verkohlt (*links*), das unbrennbare Polyfluorcarbon bleibt unversehrt (*rechts*).
(Foto: Du Pont, Genf)

Fast alle Kunststoffe können durch entsprechende Füll- oder Zumischkomponenten als gefüllte oder homogene Kunststoffe schwer brennbar eingestellt werden. Im *Verbund mit anderen Werkstoffen* sind mit solchen Kunststoffen Teile aufbaubar, die *nicht brennbar* sind. Ein Sandwichelement, auf beiden Außenseiten aus Metallblech und in der Mitte aus schwer brennbarem Polyurethanschaum, fällt z. B. hierunter. Nachteil solcher schwer entflammbar bzw. brennbar eingestellter Kunststoffe mit einer sogenannten Flammschutzausrüstung ist oft, daß sie gesundheitsschädliche Gase abspalten, die bei ihrer Verbrennung berücksichtigt werden müssen.

Heute werden, um den Sicherheitsvorschriften zu genügen und die günstigen anderen Eigenschaften der Kunststoffe in Anwendung bringen zu können, immer mehr schwer entflammbare und selbstlöschende Kunststoffmischungen als Teile mit Teilen aus oder sogar im Verbund mit anderen, nicht brennbaren Werkstoffen eingesetzt.

8.7.3 Vorteile der Brennbarkeit

Obwohl die Brennbarkeit, da wo es um Feuersicherheit geht, ein großer Nachteil ist, der Schwierigkeiten bereitet, kann sie auch ein Vorteil sein. So z. B., wenn es sich um die Beseitigung des Kunststoffes, insbesondere als Müll handelt. Polyethylen-Folie und Verpackungstaschen haben sich deswegen so gut eingeführt, weil sie überall ohne Schwierigekeiten verbrannt werden können und daher *umweltfreundlich* sind.

Auch im Bauwesen gibt es solche Fälle. Einer sei hier ebenfalls genannt. Bei Zimmerbränden sind die meisten Gesundheitsschädigungen und Todesfälle nicht auf Verbrennungen, sondern auf Ersticken zurückzuführen. Der Rauch des Feuers ist oft nicht in der Lage, sich einen Ausgang zu verschaffen, um die Erstickungsgefahr zu vermindern. Eingebaute Lichtkuppeln und andere Öffnungen, die aus Elementen aus Plastomeren verschlossen sind, schaffen, wenn sie brennen, den nötigen Ausgang zum *Abziehen des Rauches* und vermindern so die Erstickungsgefahr in einem Zimmer bei einem Zimmerbrand.

Die *Verkohlung,* die insbesondere direkt bei starker Wärmebeanspruchung von Duromeren auftritt, kann als *Hitze- und Brandschutz-Schichterzeugung* eingesetzt werden. Bei dem Rückflug der Apollo-Raumkapseln zur Erde wurde dies angewendet. Es gibt aber heute auch schon *Kunststoff-Brandschutzlacke,* welche bei Hitzebeanspruchung verkohlen und dann das Abbrennen des geschützten Materials verhindern. Auch sie bestehen aus speziellen Duromeren.

Eine besondere Finesse stellt die Anwendung der Verkohlung von Kunststoff-Fasern zur *Herstellung von C-Fasern* dar. Hier gelingt es, durch besondere Techniken trotz der Verkohlung den Faserzusammenhalt aufrecht zu erhalten und damit eine hochfeste Faser zu erreichen, die auch hochtemperaturfest ist. Diese Fasern werden zunehmend dazu benutzt, Metalle zu verstärken, denn sie können wegen ihrer Temperaturfestigkeit auch in flüssige Metalle, ohne daß sie Schaden nehmen, eingebaut werden.

Ob es in Zukunft auch möglich sein wird, ganze Teile unter Beibehaltung ihrer Festigkeit gerichtet zu verkohlen, und sie dann als *hochtemperaturfeste Erzeugnisse* anzuwenden, wird die Zukunft erweisen. Versuche dazu sind bereits im Gange. Andererseits befinden sich auch Spezialkunststoffe in der Entwicklung, die nicht brennbar sind, und es ist daher damit zu rechnen, daß für solche Anwendungen bald neue, allerdings noch relativ kostspielige Kunststoffe zu Verfügung stehen.

8.8 Tierbefraß

Eine weitere Erscheinung, die mit dem Chemismus der Kunststoffe zusammenhängt, ist der Tierbefraß. Die meisten Kunststoffe sind zwar, wenn sie in den Verdauungstrakt kommen, unschädlich. Sie werden aber von Tieren nicht angefressen, was auch für die wenigen für Tiere interessanten Kunststoffe gilt, wenn sie glatte Oberflächen aufweisen und ihnen nicht direkt im Weg stehen.

Je nach Tierart gibt es nämlich einige Kunststoffe, welche dem Tierbefraß stärker ausgesetzt sind. So gibt es solche, die nur als *Kauhilfe* dienen, andere sind wegen ihres Salzgehalts gesucht. So gelten z. B. bestimmte Polyamide als Leckerbissen für Ratten und Mäuse. Bei solchen Kunststoffen kann dann der Tierbefraß so stark werden, daß die Funktionsfähigkeit verloren geht.

In Bild 8.10 ist am Beispiel einer Kunststoffgießkanne gezeigt, daß der Befraß erhebliche Ausmaße annehmen kann. Bei Anwendungen, bei denen die Anwesenheit von Tieren gegeben ist und der Kunststoff offen zugänglich sein muß und daher nicht abgedeckt werden kann, ist daher die Auswahl des Kunststoffes so zu treffen, daß kein Tierbefraß möglich ist.

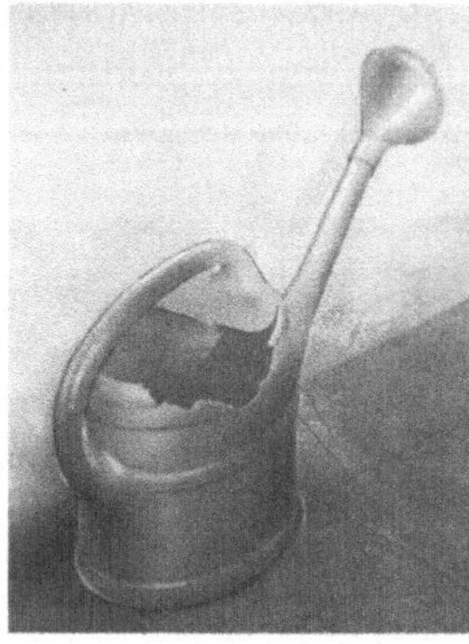

Bild 8.10
Schäden durch Tierfraß. Tierfraß
bei Gießkanne aus Polypropylen
(PP).
(Foto: Verfasser)

8.9 Ausblick

Alle gebrachten Betrachtungen, aber besonders jene über die Alterung, zeigen, daß der Chemismus der Kunststoffe nicht nach ihrer Herstellung und Verarbeitung seine Bedeutung verliert. Bei der Anwendung beginnt ein weiteres großes Feld chemischer Vorgänge, deren richtige Kenntnis und Steuerung maßgebend zu einer erfolgreichen und optimalen Anwendung ist.

Für den Anwender, der meistens kein Chemiker ist, wurde versucht, nicht nur dies zu zeigen, sondern auch die einzelnen Einwirkungen des Chemismus auf die Anwendung zu erklären. Aus ihnen wurde dann gefolgert, welche Möglichkeiten von der Chemie her bestehen, die Anwendungsmöglichkeiten zu verbessern, zu optimieren und zu erweitern.

Wenn auch nur wenige Beispiele gegeben wurden, so wurde doch sichtbar, daß die Möglichkeiten durch gerichtete chemische Beeinflussungen sehr groß und noch bei weitem nicht ausgeschöpft sind. Letzteres dürfte darauf beruhen, daß sich die Chemiker zwangsläufig primär mit der Herstellung und dem Aufbau der Kunststoffe befassen und nicht mit ihrer Anwendung. Es vollzieht sich jedoch hier eine gewisse Wende. Immer mehr wird die Anwendungstechnologie auch Forschungsgebiet der Chemiker.

Für den Nichtchemiker ist es zwar nicht nötig, sämtliche Einzelheiten der in Frage kommenden Reaktionsmechanismen und chemischen Möglichkeiten zu überschauen und zu verstehen. Dies bleibt die Aufgabe des Polymer-Chemikers. Genauso wie die technische Anwendung die Aufgabe des Ingenieurs bleibt. Nur die Zusammenarbeit des anwendungstechnisch orientierten Polymerchemikers und des Anwendungs-Ingenieurs muß wesentlich enger werden, um die im Kunststoff liegenden Möglichkeiten des Chemikers bei der Anwendung optimaler zur Geltung zu bringen. Dazu ist es nötig, diese hier gebrachten chemischen Eigenschaften und ihre Möglichkeiten zu kennen.

9. Kunststoffeigenschaften beim Einsatz

Der kunststoffgerechte Einsatz erfordert die planmäßige Berücksichtigung vieler zusammenwirkender Einzeleigenschaften.

9.1 Einleitung

Es gibt viele Wertezusammenstellungen über Kunststoffeigenschaften. Der hier gegebene Eigenschaftenüberblick sollte bewußt keine solche ersetzen, sondern anhand weniger Angaben versuchen, den Zusammenhang zwischen Eigenschaften und Aufbau verständlich zu machen und die sich daraus ergebenden wichtigsten Möglichkeiten zu veranschaulichen. Daß dies bei der Vielzahl der möglichen Eigenschaftseinstellungen bei weitem nicht vollständig sein kann und im übrigen sehr schwierig ist, dürfte aus dem vorhergehenden ersichtlich geworden sein. Kunststoffe weisen nämlich das differenzierteste und ausgedehnteste Eigenschaftsbild auf, das eine Werkstoffgruppe überhaupt hat. Dies ist hinsichtlich ihrer Vielfältigkeit ein Vorteil, erweist sich aber bei einem Teil der heutigen Anwendungstechnologie noch als Nachteil.

Als Nachteil deswegen, weil bei vielen Anwendungen Auswirkungen einzelner Eigenschaften übersehen werden und dadurch Funktionsstörungen und -ausfälle entstehen können. Viele solche Beispiele sind dem Fachmann bekannt; sie sind daran schuld, daß es auch heute teilweise noch heißt, daß Teile darum versagen, weil sie aus Kunststoff sind. Dies ist aber ein Fehlschluß. Solche Teile versagen, weil hier der Kunststoff nicht werkstoffgerecht angewendet worden ist.

Ziel unserer Beschäftigung mit den Eigenschaften ist es daher, zu erkennen, wie die Kunststoffe werkstoffgerecht zu behandeln und einzusetzen sind und nicht nur bloße Werkstoffeigenschaften kennenzulernen. Aus diesen Gründen ist bereits in den früheren Kapiteln immer wieder auf die praktischen Auswirkungen eingegangen worden. Trotzdem soll nun noch allgemein über die Rolle, welche die Eigenschaften beim Einsatz der Kunststoffe spielen und die daraus folgenden Überlegungen für die Beurteilung einer Anwendung gesprochen werden. Dabei wird gezeigt werden, daß beim Planen eines Kunststoffeinsatzes gegenüber den klassischen Werkstoffen ein Umdenken in zweierlei Hinsicht nötig ist: in der Methode der Planung und in der Art der Wertung der Eigenschaften, meist mit einem „komplexen Eigenschaftsbild", das aufgrund des jeweiligen Beanspruchungskollektivs aufgestellt wird.

9.2 Komplexität der Kunststoffeigenschaften

Mehrere Effekte überlagern sich beim Zustandekommen eines Eigenschaftswertes. Im vorhergehenden kam dies in verschiedenen Variationen zum Ausdruck. Um die Vielschichtigkeit jedoch prinzipiell zu erklären, sind hier die vier wichtigsten Abhängigkeitsgruppen zusammenhängend behandelt.

9.2.1 Schwankungen bei Herstellung und Verarbeitung bringen Streuungen in den Eigenschaften

Stoffe mit kleinen Molekülen, sogenannte niedermolekulare Stoffe, zu denen fast alle klassischen Werkstoffe gehören, lassen sich relativ konstant in Zusammensetzung und Aufbau zur Verfügung stellen. Anders ist es bei den Kunststoffen mit ihren Makromolekülen, bei denen für den Chemiker eine Einhaltung einer konstanten *Makromolekülgröße und -form* praktisch unmöglich ist. Die chemische Forschung und Technologie hat hier zwar bereits viel erreicht, um den Kunststoff relativ gleichmäßig herzustellen, aber eine *Molekulargewichtsverteilung*, d. h. eine über einen gewissen Bereich streuende Größe der Makromoleküle tritt immer auf.

Auch die *Form der Makromoleküle* ist in der Praxis nicht immer einheitlich. Die Annahme, daß es sich um reine Kettenmoleküle handele, ist idealisiert. Es treten immer mehr oder weniger Kettenverzweigungen auf. Außerdem können noch Unregelmäßigkeiten an den Seitengruppen und den Endgruppen auftreten.

Wird der mit solchen Herstellungsstreuungen immer behaftete Kunststoff dann zum *Fertigteil verarbeitet*, dann treten nochmals, je nach den Verarbeitungsbedingungen und ihren Streubereichen unterschiedliche Veränderungen der Makromolekülform und Gestalt auf. Besonders bei den dominierenden Warmverarbeitungsverfahren können Molekülkettenabbau, Reaktionen und Abbau der Seitengruppen und auch, obwohl nicht vorgesehen und erwünscht, sogar einzelne Vernetzungen auftreten. Diese verarbeitungsbedingten Veränderungen führen in der Regel zu einer Vergrößerung der bereits vorhandenen Streuungen.

Diese wirken sich primär in den Feinheiten des chemischen Aufbaus, im sogenannten sekundären chemischen Aufbau aus und damit sekundär auch in den Eigenschaften. Kettenverzweigungen und Unregelmäßigkeiten in den Seitengruppen führen z. B. bei einem teilkristallinen Plastomer zu einer Verminderung der kristallinen Anteile. Die Bildung der kristallinen Bereiche setzt nämlich Regelmäßigkeit des chemischen Aufbaus voraus. Wenn aber der gleiche Kunststoff beim gleichen prinzipiellen Gruppenaufbau einen geringeren kristallinen Gesamtanteil aufweist, sind nicht nur seine Festigkeit und sein elastisches Verhalten, sondern auch andere Eigenschaften anders als die des gleichen Kunststoffes mit dem größeren kristallinen Anteil.

Ähnliches gilt für alle Kunststoffe, und zwar mehr oder weniger für jeden vorgegebenen Einzelwert einer Eigenschaft. Es muß deshalb darüber Klarheit bestehen, daß die eigentlichen Eigenschaften durch Schwankungen im chemischen Aufbau ebenfalls Streuungen unterworfen sind und exakterweise daher nur die Angabe eines Bereiches richtig wäre. Je nach Kunststoffart kann diese Schwankung kleiner oder größer sein, sie wird aber immer in einem gewissen Bereich vorhanden sein, auch wenn nur ein Einzelwert angegeben wird.

Diese Streuungen entstehen bei der Herstellung, aber auch bei der Verarbeitung der Kunststoffe zwangsläufig. Es ist aber der große Verdienst der Hersteller und Verarbeiter sowie ihrer Forschung, daß es gelungen ist, diese Streuungen so klein zu halten, daß die Kunststoffeigenschaften bei den Fertigteilen nur in kleinen, meist unschädlichen, Bereichen variieren. Dies ist nicht selbstverständlich, denn noch vor einigen Jahrzehnten wies oft ein- und derselbe Kunststoff, z. B. je nachdem an welchem Tag er hergestellt war, relativ starke Unterschiede in seinem Eigenschaftsbild auf.

9.2.2 Variation des sekundären chemischen Aufbaus führt zu gerichteten Eigenschaftsänderungen

Die Chemiker haben aus ihren Untersuchungen über die Herstellschwankungen Lehren gezogen und festgestellt, daß eine bewußte Einstellung von Makromolekulargewichtsverteilung und Makromolekülform, also des sekundären chemischen Aufbaus, es erlaubt, gewünschte Eigenschaftsbilder zu erzielen. Neben der Festlegung der chemischen Struktur, des primären chemischen Aufbaus, ist dies eine wichtige Möglichkeit der Anpassung an die Anwendungsgegebenheiten.

Die *Auswirkung* einer solchen bewußt angewendeten *Variation des sekundären chemischen Aufbaus* eines Kunststoffes auf sein gesamtes *Eigenschaftsbild* sei für einen Fall, der große Eigenschaftsunterschiede bringt, nämlich den des Polyethylens (PE), gezeigt.

Polyethylen wird im wesentlichen nach zwei Fabrikationsverfahren hergestellt, dem Hochdruck- und dem Niederdruckverfahren. Das Hochdruckverfahren ergibt Produkte mit Polymerisationsgraden im mittleren Bereich und teilweise verzweigten Ketten. Da der kristalline Anteil eines solchen Polyethylens dadurch geringer und damit auch seine Dichte geringer ist, werden so hergestellte Polyethylene als solche niedriger Dichte oder PE-LD (low density PE) bezeichnet. Bei der Niederdruck-Polymerisation entstehen dank spezieller Katalysatoren weniger verzweigte Ketten, und es können höhere Polymerisationsgrade erzielt werden. Solche Polyethylene weisen einen höheren kristallinen Anteil und damit größere Dichte auf, sie werden als solche hoher Dichte oder PE-HD (high density PE) bezeichnet.

Durch die Variation der Reaktionsführung bei der Polymerisation bei diesen beiden Herstellungsverfahren können nun Polyethylene gewonnen werden, die mit ihrem mittleren Polymerisationsgrad, ihrem spezifischen Gewicht und mit ihrem Kristallinitätsgrad einen weiten Bereich überstreichen können. In Bild 9.1 sind Eigenschaften für in dieser Weise variierte Polyethylene zusammenfassend angegeben, wobei nochmals betont sei, daß es sich hier nur um die Eigenschaften des Polyethylens als homogener Kunststoff und in einem Gruppenaufbau handelt, nämlich dem plastomoren teilkristallinen mit plastischer uneingefrorener amorpher Phase.

Es zeigt sich hier, daß es einerseits Eigenschaften gibt, die im wesentlichen vom mittleren Polymerisationsgrad, das heißt, dem mittleren Molekulargewicht, andererseits solche, die hauptsächlich von dem kristallinen Anteil abhängig sind. Die wichtigsten dieser Eigenschaften sind jeweils außerhalb des Diagramms von Bild 9.1 angegeben. Zwei wesentliche Eigenschaften, welche von beiden Faktoren abhängig sind, stellt das eigentliche Diagramm dar.

Die Fließfähigkeit in der Schmelze wird mit wachsender Molekülgröße immer schlechter, was für die Verarbeitung von großer Bedeutung ist. Dagegen wird die Beständigkeit gegen Stöße sowie Spannungsrisse, d. h. Spannungsrißkorrosion, mit zunehmender Molekülgröße wesentlich besser. Von der Größe des kristallinen Anteils hängen die Dichte und die Härte ab. Alle diese Größen nehmen stark zu. Ihre Zahlenwerte können dem Bild 9.1 entnommen werden. Dagegen nehmen Löslichkeit und Quellfähigkeit, die Gasdurchlässigkeit und die Durchsichtigkeit mit zunehmendem kristallinen Anteil stark ab.

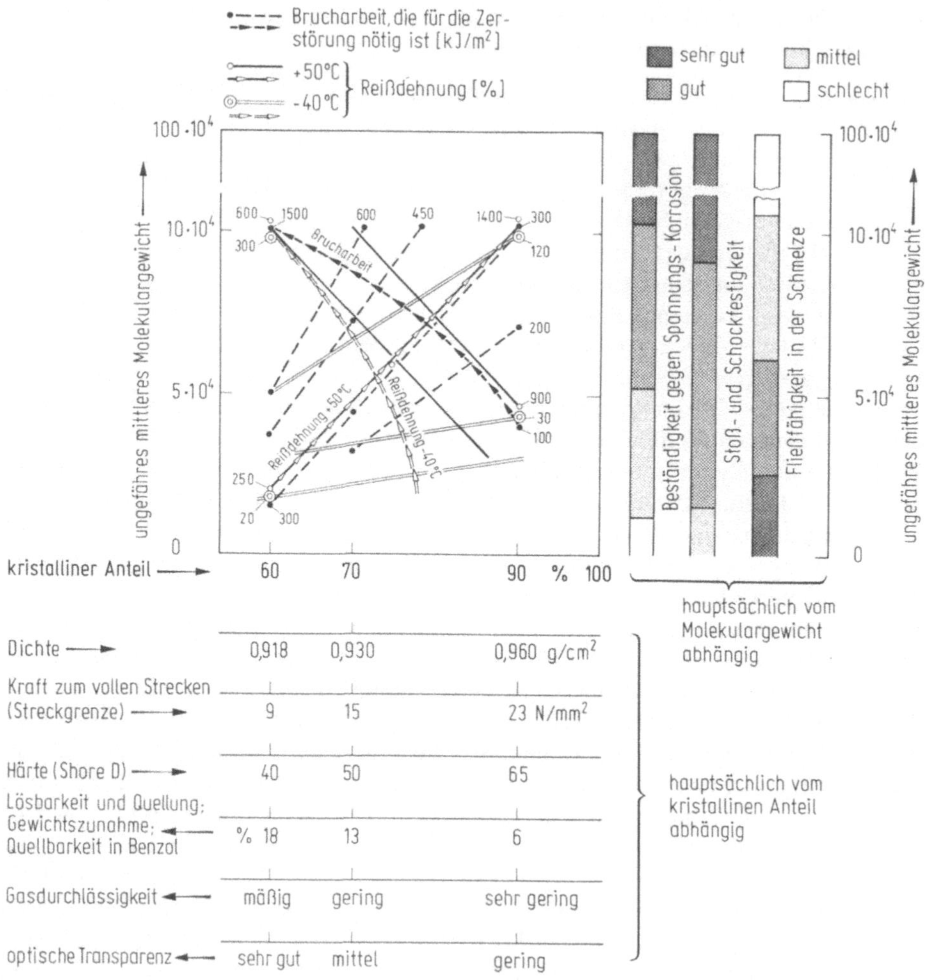

Bild 9.1 Komplexe Abhängigkeiten von Kunststoffeigenschaften. Eigenschaften des Polyethylens in Abhängigkeit vom mittleren Polymerisationsgrad und vom kristallinen Anteil.
(Werte gelten ausschließlich für unvernetzte homogene Polyethylene. Bis zu einer Dichte von ca. 0,925 g/cm³ wird von Polyethylen niedriger Dichte oder Hockdruckpolyethylen (PE-LD) gesprochen, darüber von solchem hoher Dichte oder Niederdruckpolyethylen (PE-HD).)

Die Dehnung bis zum Zerreißen einer festen Probe ist die sogenannte Reißdehnung und wird in Prozent von der Länge der unbeanspruchten Probe angegeben. Diese Reißdehnung ist stark abhängig von der Temperatur und aus diesem Grunde einmal bei +50 °C und einmal bei −40 °C in dem Diagramm eingetragen. Die größte Dehnung bei +50 °C wird bei großem kristallinem Anteil und großem Molekulargewicht erreicht. Die kleinste Dehnung wird beobachtet, wenn kristalliner Anteil und Molekulargewicht klein sind. Das für die kleinste Dehnung bei +50 °C gesagte gilt auch für die kleinste Dehnung bei −40 °C. Dagegen liegt bei −40 °C die größte Dehnung bei einem Polyethylen mit hohem Molekulargewicht aber kleinem kristallinem Anteil. Hier ist deutlich ein „Bremseffekt" der kristallinen Bereiche zu erkennen.

Anders ist dies bei der Brucharbeit, welche nötig ist, um eine feste Polyethylenprobe zu zerstören. Sie ist am geringsten bei großem kristallinem Anteil und kleinem Molekulargewicht. Bis zu einem gewissen Grad können sich jedoch hier kristalline Bereiche und die Größe der Moleküle ausgleichen. So ist die Brucharbeit bei großem kristallinem Anteil und großem Molekulargewicht gleich der Brucharbeit bei kleinem kristallinem Anteil und kleinem Molekulargewicht.

Bei den verschiedenen in der Praxis zum Einsatz kommenden Polyethylenarten werden solche in Bild 9.1 beschriebenen Unterschiede im Eigenschaftsbild ganz bewußt ausgenutzt. Natürlich wird diese Möglichkeit auch bei allen anderen Kunststoffen entsprechend angewendet.

9.2.3 Einflüsse der Variation in den Arten des Makroaufbaus

Bei der Kunststoffanwendung finden verschiedene Arten des Makroaufbaus Verwendung, um die für die Anwendung gewünschten Eigenschaftskombinationen zu erhalten. Da dazu die Kunststoffe mit Herstellschwankungen und mit ihrem variierten sekundären chemischen Aufbau angewendet werden, gehen die entsprechenden Eigenschaftsstreuungen und -änderungen auch in den einzelnen Makroaufbau ein.

Der Grad ihrer *Auswirkung* ist allerdings *unterschiedlich*. Bei den Schaumkunststoffen, den gefüllten und verstärkten Kunststoffen, aber auch bei den im Verbund verwendeten, haben Eigenschaftsstreuungen und -änderungen um so weniger Einfluß, je größer der Einfluß der Schaumstoffstruktur bzw. der Füll- oder Verstärkungsstoffe oder der Verbundwerkstoffstruktur ist.

Dies ist ein Vorteil der komplexen Werkstoffstrukturen. Er erlaubt es, Kunststoffrohstoffe mit gröber tolerierten Eigenschaften zu verwenden, als dies z. B. bei der Herstellung von Präzisionsteilen aus homogenem Kunststoff möglich ist.

Darüber hinaus erlaubt die *Art des Aufbaus der komplexen Werkstoffstrukturen* eine weitere *gezielte Variation des Eigenschaftsbildes*. Auf diese Maßnahmen und ihre Auswirkungen ist bereits in den früheren Kapiteln hingewiesen worden. Hier sei allgemein wiederholt, daß die Anwendung komplexer Werkstoffstrukturen gerade beim Kunststoff sehr weite Veränderungen der Eigenschaften ermöglicht. Dies ist ein wesentlicher Grund für die zunehmende Anwendung von Kunststoffen mit komplexem Aufbau. Daß auch bei diesen komplexen Strukturen wieder Eigenschaftsstreuungen aufgrund der Herstellung und aufgrund von Streuungen des Aufbaus der Ausgangsstoffe eingebaut werden, ist klar. Sie wirken sich jedoch wegen des besonders ausgerichteten Eigenschaftsbildes meist nicht so gravierend aus wie jene, die bei dem homogenen Kunststoff beobachtet werden.

Diese Verhältnisse sind allgemein in Tafel 9.2 veranschaulicht. Die zwangsläufige Streuungsbreite einer beliebigen Eigenschaft, die dort durch gestrichelte Begrenzungslinien gekennzeichnet ist, wird zwar bei Änderungen im Mikro- und vor allem im Makrobereich, also in dem des Makroaufbaus, größer als bei solchen nur im atomaren Bereich. Die Variierbarkeit der Eigenschaftswerte durch Variation des Makroaufbaus ist jedoch bei den komplexen Aufbaustrukturen so groß, daß größere immer vorhandene Streuungen besser aufgefangen werden können. In Tafel 9.2 sind die beschriebenen Überlegungen stichwortartig angedeutet; auf Beispiele wird hingewiesen. Es ist eine der typischen *Eigenheiten der Kunststoffe,* daß ohne Änderung der eigentlichen *Kunststoffart* und bei sonst gleichen äußeren Bedingungen sehr *unterschiedliche Eigenschaftswerte* aufgrund von Variationen im Aufbau einstellbar sind.

9.2.4 Stärkere Abhängigkeit von den äußeren Bedingungen

Andererseits weisen die Eigenschaftswerte meistens aber auch eine wesentlich größere Abhängigkeit von äußeren Einflüssen auf, als dies bei klassischen Werkstoffen bereits der Fall ist. Für Temperaturänderungen wurde dies bereits besprochen. Diese größere Abhängigkeit beruht natürlich auch darauf, daß der Zusammenhalt des Kunststoffes im allgemeinen wesentlich schwächer ist, und daß die Erweichungsbereiche näher an den Anwendungstemperaturen liegen als bei anderen Werkstoffen (siehe z. B. Tafel 6.9). Auch auf andere wichtigste Einflüsse und die sich dabei ergebenden Eigenschaftsänderungen ist bereits hingewiesen worden. Insbesondere wurde auch bereits besprochen, daß nicht nur die Art der Einwirkungen, sondern auch ihre Zeitdauer bei den Auswirkungen beim Kunststoff eine ganz wesentliche Rolle spielt.

Gibt es nun eine Möglichkeit, die Auswirkungen der großen Variationen im Aufbau und der starken Einflüsse äußerer Bedingungen allgemein zu erfassen? Im derzeitigen Stadium unserer Erkenntnisse ist diese Frage zu verneinen. Es wird aber eines Tages möglich sein, hier aufgrund theoretischer Überlegungen weitgehende Angaben zu machen, die dem Praxisverhalten entsprechen. Daher sei auf dieses Problem noch kurz eingegangen.

In Tafel 9.2 ist über die zufälligen Schwankungen und über die gezielten Variationen, denen ein beliebiger Eigenschaftswert unterliegen kann, eine qualitative Vorstellung gegeben worden, wobei eine Reihe der wichtigsten Gründe angegeben wurden. Ersichtlich ist, daß ein solcher *Eigenschaftswert (W)* allgemein immer von fünf Größen abhängig ist. Das bedeutet, daß er als *folgende Funktion (f)* geschrieben werden kann:

$$W = f(Z, B, T, t, \vec{r}) \tag{9.1}$$

wobei Z = Zustand des Kunststoffes zum Zeitpunkt und am Ort der
Beanspruchung
B = Beanspruchung
T = Temperatur des Kunststoffes
t = Beanspruchungsdauer
$\vec{r}$ = Ort und Richtung der Beanspruchungswirkung im Kunststoff

Diese allgemeine Abhängigkeit eines Eigenschaftswertes eines Kunststoffes zeigt deutlich, wie komplex die Abhängigkeit eines solchen Wertes ist. Es wird weiter klar, daß die meist angewendete Methode, diese komplexen Verhältnisse in den Griff zu bekommen, eine radikale Vereinfachung darstellt, die darin besteht, jeweils

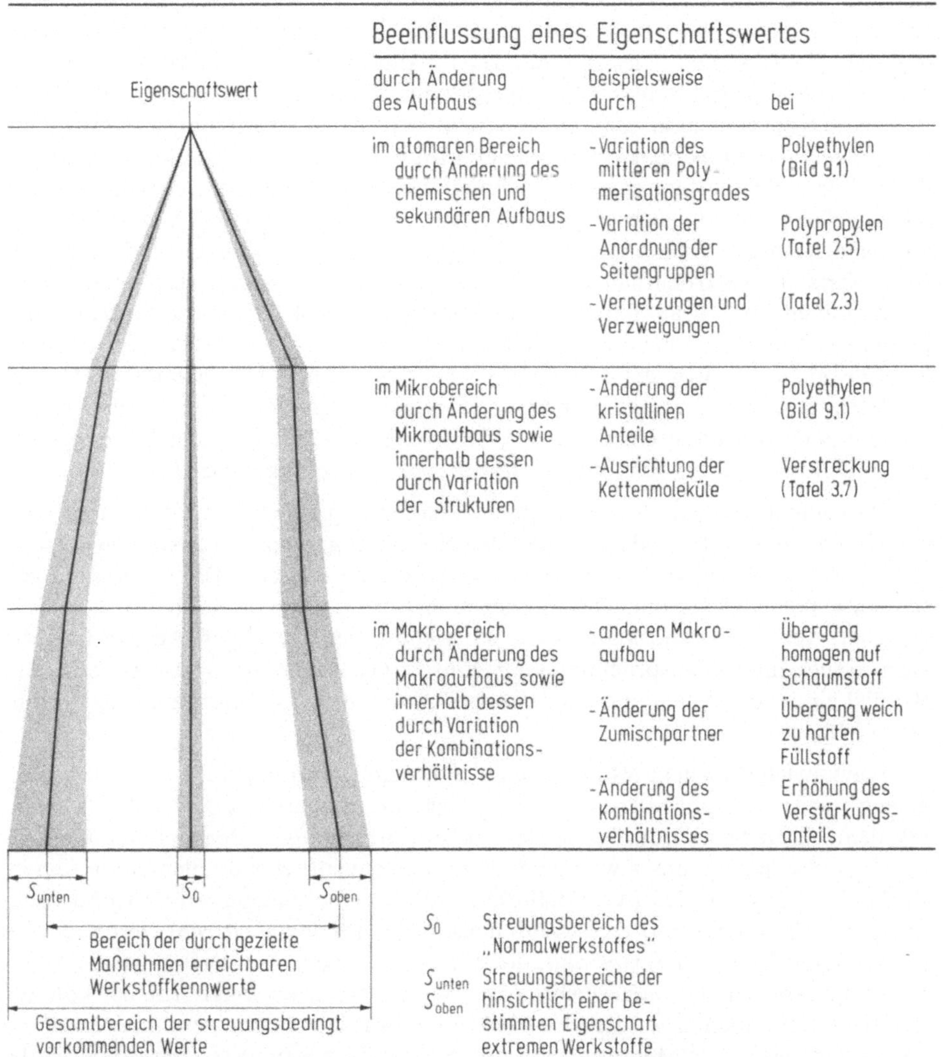

Tafel 9.2 Variationsmöglichkeiten und Streubreite von Kunststoffeigenschaften. Durch eine Reihe von Maßnahmen können die Eigenschaftswerte von Kunststoffen in einem weiten Bereich variiert und verbessert werden. Allerdings wird die Variationsmöglichkeit durch größere Streubereiche der Eigenschaften erkauft, so daß das Verhalten des Kunststoffs zwar besser, aber weniger präzis festlegbar wird.
Dargestellt sind ein „Normalwerkstoff" und zwei „Extremwerkstoffe" hinsichtlich einer bestimmten Eigenschaft sowie die dazugehörigen Streubereiche.

einen Teil der Variablen einfach konstant zu halten. Bei der Ermittlung der *Kriech-oder Retardationskurven* werden z. B. B, T und $\vec{r}$ konstant gehalten, so daß nur noch eine Abhängigkeit von Z, das in diesem Fall die Verformung repräsentiert, und von t besteht.

Schwieriger zu verstehen ist die theoretische Grundlage der *Entspannungs- oder Relaxationskurven* (siehe Bild 5.10), bei denen ebenfalls wieder T und $\vec{r}$ und zusätzlich Z als Verformung konstant angenommen werden. Die Beanspruchungszeit t und die Beanspruchung B, welche diesmal die Spannung im Kunststoff darstellt, sind hier die Variablen. Dies sind natürlich Näherungen, denn in Wirklichkeit ändert sich Ort und Richtung der Beanspruchungswirkung $\vec{r}$ und der Zustand Z ständig. Diese Änderungen können aber so klein sein, daß sie näherungsweise als konstant angenommen werden können. Hier wird bereits eine Hauptschwierigkeit der theoretischen Behandlung sichtbar. Es handelt sich um die stillschweigende Voraussetzung, daß es sich um richtungsunabhängige Eigenschaften handelt, die bei einem homogenen, in alle Richtungen gleich aufgebauten, sog. isotropen Stoff auftreten. Auch wenn im Makroaufbau von einem homogenen Werkstoff gesprochen wird, gilt dies nicht für den atomaren und den Mikroaufbau des Kunststoffes. Hier sind Inhomogenitäten auch bei diesen sogenannten „homogenen Kunststoffen" vorhanden, die nicht nur von der Molekulargewichtsverteilung, Unregelmäßigkeiten in den Verzweigungen der Ketten und evtl. Unregelmäßigkeiten in den Vernetzungen, sondern auch von unterschiedlichen Ausrichtungsvorgängen bei der Verarbeitung, so von Diffusionsvorgängen und gerichteten Abkühlvorgängen, bewirkt werden.

Da keine allgemeine Regel für deren Behandlung gegeben werden kann, muß von Fall zu Fall entschieden werden, welche Bedingungen angenommen werden sollen, um das jeweilig interessierende Verhalten zu erfassen. Diese Bedingungen werden je vom Aufbau und Zustand des Kunststoffes und von der betrachteten Eigenschaft abhängen, und daher ist es so wichtig, den jeweiligen Aufbau und die Auswirkung einer Beanspruchung beim Einsatz des Kunststoffes zu verstehen. Am Beispiel eines verstärkten und eines unverstärkten Polyvinylchlorids sei dies veranschaulicht.

Polyvinylchlorid liegt als homogener Kunststoff, also ungefüllt unverstärkt, als eingefrorenes amorphes Plastomer vor. Wird eine Eigenschaft, z. B. die Elastizität mit dem Elastizitäts-Modul betrachtet, so kann bei geringen Beanspruchungen näherungsweise angenommen werden, daß das zu beanspruchende Element in seinem Zustand Z konstant bleibt und daß die Elastizität unabhängig von Ort und Richtung $\vec{r}$ ist. Es besteht also eine dreidimensionale *Abhängigkeit von Elastizität, Beanspruchungsdauer und Temperatur,* die in Bild 9.3 für einen Bereich unter dem Einfriertemperaturbereich aufgezeichnet ist. Wie zu erwarten, zeigt sich bei höheren Temperaturen, auch unter dem Einfriertemperaturbereich, ein wesentlich stärkerer Abfall des Elastizitäts-Moduls als bei niedrigeren Temperaturen. Außerdem ist der Abfall bei längerer Beanspruchungszeit größer als bei kürzerer. Dies bedeutet, daß der *Elastizitäts-Modul* zwar für das als homogen und isotrop angenommene Polyvinylchlorid *keine Konstante* ist, wie dies bei klassischen Werkstoffen angenommen wird, aber zumindest für *jeden Belastungsfall einen eindeutigen Wert* aufweist. Einem solchen herausgegriffenen Wert wird die Bezeichnung Kennwert, bzw. *Elastizitäts-Modul-Kennwert* gegeben. Er ist jeweils nur für die speziellen Bedingungen eines bestimmten Belastungsfalles gültig. Mit ihm lassen sich jedoch Dimensionierungen und Berechnungen dazu für den jeweiligen Einsatzfall vornehmen.

Ganz anders geht die Beurteilung vor sich, wenn z. B. das gleiche Polyvinylchlorid mit Glasfasern verstärkt ist. Diese Glasfasern können dabei in alle Richtungen gleichmäßig isotrop verteilt oder bevorzugt in eine Richtung ausgerichtet sein. Hier liegt dann ein komplexer Werkstoffzustand, in diesem speziellen Fall ein verstärkter Kunststoff vor, der nicht mehr als homogen zu betrachten ist. Um hier Aussagen über die Eigenschaften zu bekommen, muß ganz anders vorgegangen werden. Wie bereits in 5.3.2 beschrieben, wird hier mit der Superposition der Eigenschaftswerte des Verstärkungsmaterials und des verstärkten Kunststoffes gearbeitet. Wird nun z. B. mit Elastizitäts-Moduln gerechnet, so kann für eine *Glasfaserverstärkung* der dafür bekannte konstante *Elastizitäts-Modul-Wert* der Glasfasern verwendet werden, während für den Kunststoff selbst, also die Matrix, nur der *Elastizitäts-Modul-Kennwert* für eine bestimmte Beanspruchungszeit und -temperatur zugrundegelegt werden kann. Letztere kann z. B. beim Polyvinylchlorid wieder dem in Bild 9.3 gegebenen Diagramm entnommen werden.

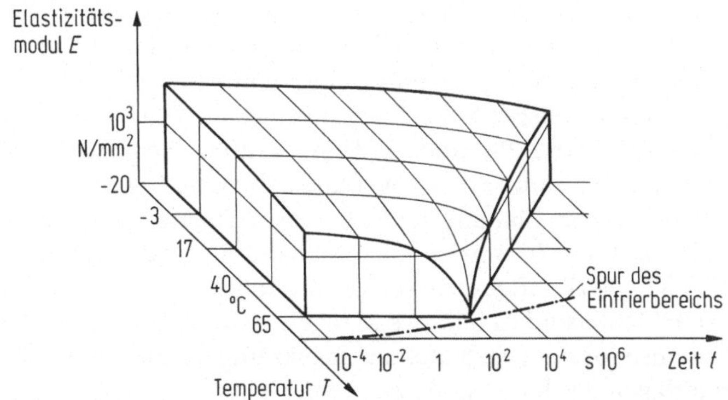

Bild 9.3 Abhängigkeit des Elastizitätsmoduls von Beanspruchungsfaktoren. Zeit- und Temperaturabhängigkeit des Elastizitätsmoduls von Polyvinylchlorid (PVC, homogener Plastomer, amorph). Einfriertemperaturbereich beginnt bei ca. 90 °C.
(Nach: W. Rettig, *Gummi, Asbest, Kunststoffe* 23 (1970), S. 976)

9.2.5 Heutige und zukünftige Erfassung der Kunststoffeigenschaften

Die Kunststoffwissenschaften haben, wie angedeutet, *Methoden* geschaffen, mit denen Kunststoffe für spezielle Bedingungen in ihrem *Verhalten näherungsweise erfaßt* werden können. Eine besondere Bedeutung dabei haben die thermodynamischen Methoden, wie dies bei der Anwendung des Enthalpie-Satzes (siehe 3.4.2) deutlich wird. Auch eine zufriedenstellende theoretische Erklärung des elastischen Verhaltens, insbesondere der Entropie-Elastizität der Kunststoffe, ist bereits vorhanden. Die Tatsache, daß Kriechvorgänge bei der Anwendung eine Rolle spielen, aber noch mehr die Bedeutung der Fließvorgänge bei der Verarbeitung für den Aufbau und den Zustand des Kunststoffanteils bei der Anwendung machen aber auch deutlich, daß rheologische und hydrodynamische Gesichtspunkte bei der theoretischen Behandlung der Kunststoffe große Bedeutung haben.

In der Zukunft werden die theoretischen Einzeluntersuchungen immer mehr zu einem Gesamtbild des Kunststoffverhaltens führen. Es ist dazu ein theoretisches Gebäude vorstellbar, das aufbauend auf der Kontinuumsmechanik, der Thermodynamik und der Hydrodynamik sowie der Rheologie Gesetzmäßigkeiten des Kunststoffverhaltens so erfaßt, daß das genauere Verhalten eines Kunststoffes mit einem bestimmten Aufbau aus dem Rechner abgerufen werden kann.

Leider ist dies Zukunftsmusik. Heute liegen nur relativ wenige funktionell erfaßte Abhängigkeiten der Kunststoffeigenschaften vor, wie sie z. B. in Bild 9.3 für den Elastizitäts-Modul-Kennwert von Polyvinylchlorid (PVC) gegeben ist. Sicher wird sich die Sammlung von Eigenschaftsabhängigkeiten immer mehr erweitern, was verschiedene neue Nachschlagwerke über Kunststoffeigenschaften und ihre Abhängigkeiten zeigen. Für eine optimale Kunststoffanwendung wären jedoch von allen Kunststoffarten in ihren verschiedenen Anwendungsformen und von allen wichtigen Eigenschaften solche Unterlagen nötig. Da dies aber nur über die oben angedeutete Datenspeicherung und Berechnungen durch Computer möglich wäre, die auf den theoretischen Zusammenhängen der Kunststoffe basieren, ist dies heute und wohl auch in absehbarer Zukunft noch nicht möglich.

Die heute zur Verfügung stehenden Tabellen geben meist nur, z. B. für mechanische Eigenschaftswerte, solche für eine Beanspruchungstemperatur bei 20 °C, bzw. Raumtemperatur und für Belastungszeiten von ca. 1 Minute als sogenannte Kurzzeitwerte und einige ausgewählte Langzeitwerte an. Nur in Sonderfällen werden dann auch noch Werte für andere Temperaturen beigegeben. Aus diesem Grunde ist es heute noch relativ schwierig, ohne gerichtete Eigenversuche einwandfreie Eigenschaftswerte zur Planung und Dimensionierung komplizierter Teile zu erhalten. Aus diesem Grunde werden auch Kunststoffe relativ viel öfter als klassische Werkstoffe nicht werkstoffgerecht oder nicht optimal gestaltet eingesetzt.

Kunststoff-Fachleute sind sich dieses Mangels bewußt, und es wird an verschiedenen Stellen intensiv daran gearbeitet, aussagekräftigere und besser handhabbare Eigenschaftsunterlagen der Kunststoffe zu gewinnen.

9.3 Einordnung der Kunststoffe in die Werkstoffpalette

Obwohl es nur bedingt sinnvoll ist, Kunststoffe mit anderen Werkstoffen hinsichtlich Einzeleigenschaften zu vergleichen, wird dies in der Praxis immer wieder ausführlich getan. Auch wenn gesagt wird, daß die gleichen Eigenschaftswerte bei Kunststoffen anders zu werten sind als bei klassischen Werkstoffen und daß die Aufgabe der Kunststoffe nicht die ist, die anderen Werkstoffe zu substituieren, so wird immer wieder versucht, direkte Vergleiche anzustellen. Daher sei abschließend zur Betrachtung der Eigenschaften eine allgemeine Überlegung mitgeteilt, welche sich als *Leitfaden durch die ganzen Eigenschaftsgebiete* bezeichnen läßt.

Die Einordnung der Kunststoffe in das Gebiet der Werkstoffe aufgrund ihrer Eigenschaften führt nämlich zu dem interessanten Ergebnis, daß die Kunststoffe in vieler Hinsicht zwischen den anorganischen und organischen klassischen Werkstoffen einzuordnen sind. In Bild 9.4 ist dies symbolisch gezeigt. Dabei ist die Unterteilung der Werkstoffgruppen vorgenommen und es sind die Gebiete der Eigenschaftsüberschneidung durch Verbindungsstriche gekennzeichnet. Es ist klar, daß

Plastomere z. B. die unteren Eigenschaftswerte der Leichtmetalle auf der einen Seite, die Eigenschaften der Hölzer auf der anderen Seite erreichen können. So stellen nicht nur die Plastomere, sondern auch die Duromere und Elastomere im homogenen Makroaufbau ein echtes Zwischenglied dar, das anorganische und organische Stoffe verbindet.

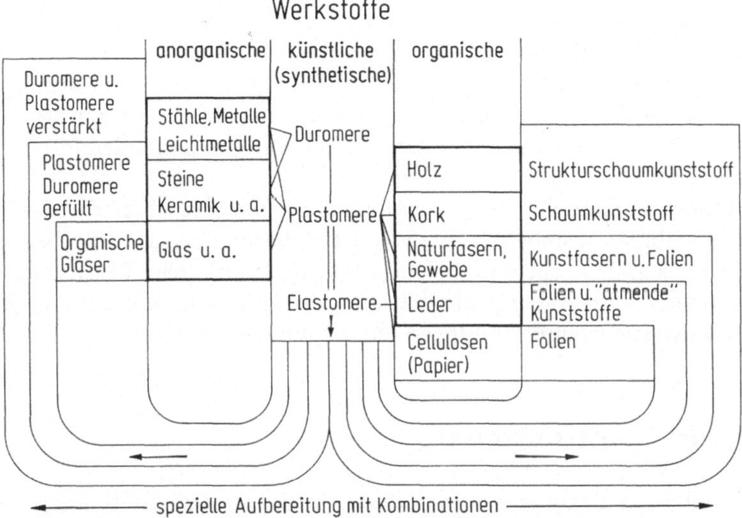

Bild 9.4 Werkstoffordnung. Die Kunststoffe stehen nach ihren allgemeinen Eigenschaften zwischen anorganischen und organischen klassischen Werkstoffen und sind je nach ihrem Aufbau mit beiden Gruppen vergleichbar.

Dieser heute allgemein verbreiteten Ansicht, daß Kunststoffe zwischen den organischen und anorganischen Werkstoffen liegen, muß nun eine ganz wesentliche Korrektur zugefügt werden. In ihren speziellen Strukturen können die Kunststoffe im Rahmen optimaler Eigenschaften bei verschiedenen Anwendungen den klassischen Werkstoffen überlegen sein. Dies ist in Bild 9.4 dadurch angedeutet, daß rein schematisch die entsprechenden komplexen Werkstoffstrukturen der Kunststoffe, die Hauptanwendungsgebiete klassischer Werkstoffe mit immer mehr Erfolg bedienen, auf beiden Außenseiten der Werkstoffpalette angeführt sind.

Hier zeigt sich nun die interessante Tatsache, daß heute großen Gebieten von *klassischen Werkstoffanwendungen* in der Praxis *Kunststoffanwendungen gegenüberstehen*. Bei dem Gebiet der Fasern ist bekannt, daß über 60% aller Textil-Fasern heute von Kunststoff-Fasern gestellt werden. Weniger bekannt ist dagegen, daß manche hochreißfesten und wasserunempfindlichen Druckpapiere bereits Kunststoff-Folien sind, daß viele herkömmliche Lederwaren heute aus kunststoffbeschichteten Geweben oder Schaumkunststoff-Folien, die z. T. auch atmen können, gefertigt werden und daß Holz und Kork in zunehmendem Maße durch Strukturschaumstoff bzw. Isolierschaumstoff ersetzt werden, weil sie günstigere Eigenschaften zeigen.

Bei den anorganischen Werkstoffen sind die bereits behandelten organischen Kunststoffgläser, die neben den anorganischen stehen, bekannt. Natursteine werden in einzelnen Fällen durch gefüllte Duromere und Plastomere ergänzt, und bei den Metallanwendungen helfen immer mehr verstärkte Plastomere und Duromere bessere Produkte zu erreichen.

Diese sehr grobe Darstellung zeigt, daß eine Einordnung der Kunststoffe zwischen organischen und anorganischen Werkstoffen nur eine Orientierungsbasis für den Einsatz des homogenen Kunststoffes ist, während mit dem Hinzukommen und der zunehmenden Bedeutung der anderen komplexen Strukturen des Kunststoffaufbaus die Kunststoffanwendungen und -eigenschaften fast auf der gesamten Werkstoffpalette mehr oder weniger alle Gebiete durchsetzen. Dies deswegen, weil die verschiedenen Aufbaumöglichkeiten der Kunststoffe Strukturen ermöglichen, die klassische Werkstoffe nicht aufweisen können und Eigenschaftsbilder haben, die bessere Anwendungen ergeben.

Die Erreichung spezieller Eigenschaftsbilder durch die unterschiedlichen Aufbau- und Kombinationsmöglichkeiten führt einerseits dazu, daß die einzelnen Kunststoffeigenschaften sehr variabel sind und daß zahlreiche Eigenschaftskombinationen möglich sind. Andererseits hat dies zur Folge, daß ein optimaler Kunststoffeinsatz schwierig ist und gründliche Überlegungen erfordert.

9.4 Weg zum Kunststoffeinsatz

In vielen Fällen wird nur ein vorhandenes Teil auf Kunststoff umgestellt. Der schwierigere Fall liegt aber dann vor, wenn aufgrund der Kunststoffeigenschaften neue technische Prinzipien möglich werden und es sich also um eine neue Anwendung mit einem neuen Werkstoffeinsatz handelt. Dem gegenüber steht als einfachster Fall eines Werkstoffeinsatzes eine bekannte Anwendung mit dem Einsatz des traditionellen Werkstoffes. Im folgendem werden für diese drei Ausgangssituationen die Planung und deren Unterschiede besprochen.

9.4.1 Methodik des Vorgehens

Bei der *bekannten Anwendung* mit *traditionellem Werkstoffeinsatz* kann es sich z. B. um eine Metallkonstruktion handeln. Dabei ist bereits bekannt, daß das Metall für den Einsatz geeignet ist. Es müssen nicht die einzelnen Einflüsse auf das Teil untersucht werden, sondern es muß so gestaltet und dimensioniert werden, daß es nicht versagt. Des weiteren ist für einen Korrosionsschutz zu sorgen und eventuell sind noch besondere Eigenschaften zu beachten. Diese Methode der Planung ist in Bild 9.5 auf der linken Seite schematisch dargestellt. Sie ist relativ einfach, weil das *Erfahrungswissen für diese Anwendung* bereits in hohem Maße vorhanden ist, und jeder Konstrukteur, ohne daß er sich darüber Rechenschaft abgibt, die Vor- und Nachteile seines klassischen Werkstoffes so abschätzen wird, daß er zu einer guten Lösung kommt.

Im Falle des *Einsatzes von Kunststoff in neuer Anwendung* oder auch im Rahmen der bekannten Anwendung sind die zuletzt genannten Voraussetzungen nicht gegeben. Das Erfahrungswissen für das Verhalten der Kunststoffe ist im allgemeinen noch lückenhaft und vage, weil ihr Verhalten so verschiedenartig und komplex ist. Ein auf der Tradition beruhendes Wissen, daß ein bestimmter Kunststoff bei einer Anwendung seine Aufgaben erfüllt, ist ebenfalls aus mangelnder Erfahrung oft noch nicht vorhanden. Daher besteht die Notwendigkeit in der *Methodik der Planung umzudenken.* Zuerst muß die Aufgabenstellung festgelegt werden, welche Grundlage für die Zusammenstellung der auftretenden Beanspruchungen ist. Danach erfolgt die Kunststoffauswahl, nicht nur der Kunststoffart, sondern auch der Gruppe und des Makroaufbaus, wie dies bereits in Tabelle 2.12 beschrieben ist. Erst wenn diese bekannt sind, kann unter Hinzuziehung der entsprechenden Eigenschaften und unter Berücksichtigung der besonderen Verarbeitungsverfahren die Gestaltung und Dimensionierung des Kunststoffteils erfolgen. In Bild 9.5 ist dieser Weg auf der linken Seite gezeigt.

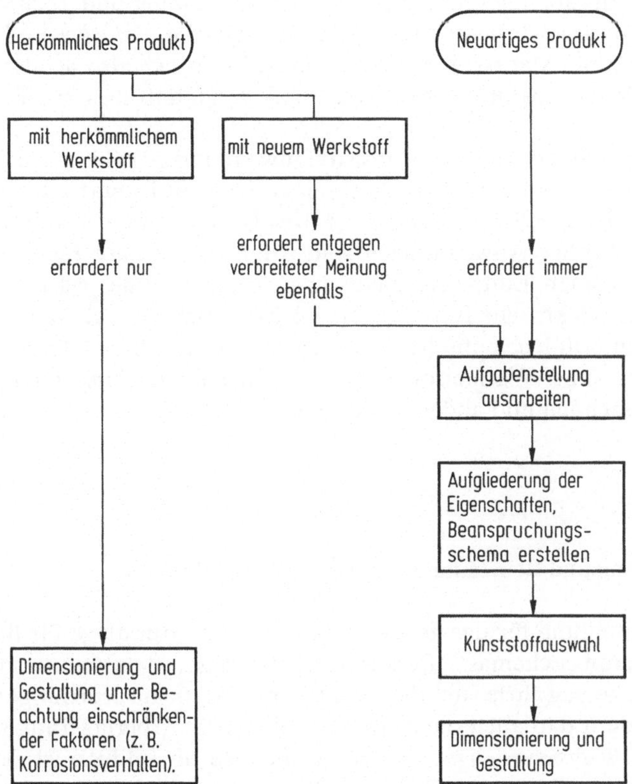

Bild 9.5 Planung bei Kunststoffanwendung. Unterschiedliche Vorgehensweisen bei der Realisierung von herkömmlichen Produkten mit herkömmlichen Werkstoffen, herkömmlichen Produkten mit neuen Werkstoffen und neuen Produkten. Umstellung des Werkstoffs erfordert ähnlich umfassende Planung wie bei neuem Produkt.

9.4.2 Rentiert sich größerer Planungsaufwand?

Offensichtlich dabei ist, daß der Aufwand, um einen optimalen Kunststoffeinsatz zu erreichen, dabei wesentlich größer ist, als wenn ein neues Teil für eine bekannte Anwendung aus einem traditionellen Werkstoff zu planen ist. Da die Notwendigkeit dieses größeren Arbeitsaufwandes wenig bekannt ist und kaum irgendwo begründet wird, scheuen viele davor zurück. Ohnehin fehlen die notwendigen Kenntnisse in manchen Fällen. Es sind daher viele Fehleinsätze von Kunststoffen und viele nicht optimale Lösungen in der Praxis nicht etwa darauf zurückzuführen, daß hier keine besseren Lösungen möglich wären, sondern, daß gar nicht der nötige Planungsaufwand betrieben wurde, um die optimale Lösung zu erreichen. Es ist immer wieder erstaunlich, daß sogar bei der Planung von Kunststoffteilen weniger sorgfältig vorgegangen wird, als bei der von Metallteilen, obwohl sachliche Gründe für das Gegenteil sprächen.

Wer vor dem Planungs- und Entwicklungsaufwand, der mit dem Kunststoffeinsatz verbunden ist, noch zurückschreckt, sollte sich aber klar machen, daß er durch den Kunststoffeinsatz nicht nur neue Funktionsprinzipien und Techniken erschließen kann, sondern auch bereits vorhandene *Techniken einfacher und kostengünstiger realisieren* kann. Mehrkosten der Planung müssen sich also bei der Verwendung des Kunststoffteils bezahlt machen. Die Praxis zeigt, daß dies in vielen Fällen tatsächlich der Fall ist.

Diese gutgeplanten, neuen Kunststoffanwendungen sind es auch, die unsere Technik verändern und dem Kunststoff seinen Platz im Rahmen der Werkstoffe erobern helfen. Manche *Beispiele solcher Anwendungen* wurden bereits genannt; einige besonders wichtige Anwendungen sind z. B.: Aufblasbare Elemente, wie Traglufthallen, aber auch Luftpolsterfolien u. a., geräuscharme, wartungsfreie Rollen und Zahnräder; elektrische Isolierungen, welche gleichzeitig Gehäuse- oder Bewegungsfunktionen erfüllen; optische Teile, welche gleichzeitig Abdeckungsfunktionen erfüllen, Kälte- und Wärmeisolierugen mit tragenden Funktionen, Schallisolierungen mit tragenden und abdeckenden Funktionen sowie Leichtbauelemente aller Art.

9.4.3 Festlegung und Beurteilung des Eigenschaftsbildes

Die Aufgabenstellung für das geplante Teil gibt die Grundlage für die Aufstellung eines Anforderungsschemas. Hieraus folgt die Zusammenstellung der Beanspruchungen, welche gewährleistet, daß nicht nur keine Beanspruchungungsart vergessen wird, sondern daß auch die zeitliche und örtliche Überlagerung der Beanspruchungen, das *Beanspruchungskollektiv,* erfaßt wird. In Bild 9.6 ist angedeutet, wie ein solches Schema über eine Skizze des Produkts und seiner Beanspruchungen gewonnen werden kann.

Ganz gleich, ob die Zusammenstellung durch ein solches Aufskizzieren oder durch Auflistung erfolgt, ist bei allen Beanspruchungen zu unterteilen in solche, die auf das gesamte Teil *gleichmäßig wirken,* solche, deren Wirkung *ungleichmäßig* ist, und in *partielle Beanspruchungen.* Letztere sind am häufigsten. Sie überlagern sich aber den auf das ganze Teil wirkenden Beanspruchungen und werden sich oft auch gegenseitig beeinflussen. So wird z. B. in einem Bereich hoher Zugbeanspruchung bei gleichzeitigem Auftreten einer Temperaturerhöhung die Abhängigkeit der Zugfestigkeit von der Temperatur eine größere Dehnung an der beanspruchten Stelle bewirken.

Bei den ungleichmäßig wirkenden Beanspruchungen wird nun noch untersucht, ob ihnen ein Schwerpunkt zuzuordnen ist, so daß sie näherungsweise auch als partielle Beanspruchungen behandelt werden können. Wenn dies möglich ist, wird eine Vereinfachung der Planung erreicht.

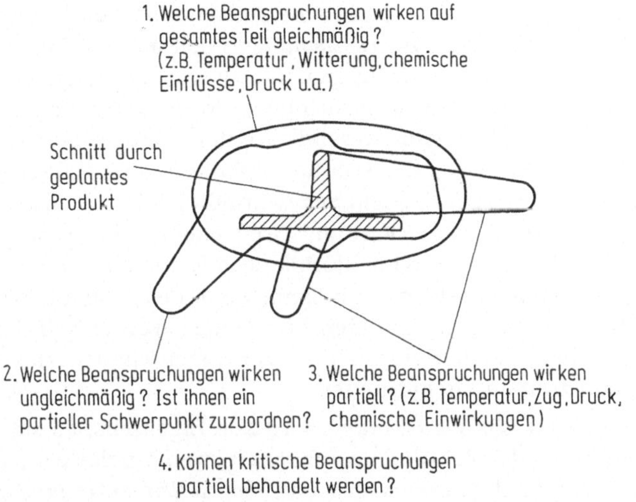

Bild 9.6 Beanspruchungsschema. Aufstellung eines Beanspruchungsschemas dient der richtigen Beurteilung des erforderlichen Eigenschaftskollektivs.

Das Erkennen der *zeitlichen und örtlichen Überlagerung* der verschiedenen Beanspruchungen, wozu das Beanspruchungsschema aufgestellt wird, ermöglicht es nun, das Eigenschaftskollektiv festzulegen und den geeignetsten Kunststoff und Aufbau auszuwählen. In den meisten Fällen wird dabei so verfahren, daß die Stellen der kritischen Beanspruchung betrachtet und ausgewählt werden und nach ihnen die Auswahl getroffen wird.

Wenn nun ein Kunststoff alle Forderungen, die an das Teil gestellt werden, erfüllt, ist die Entscheidung leicht. Meistens sind die Forderungen nicht in allen Punkten erfüllbar. Und nun zeigt sich, ob wirklich die letzten *Möglichkeiten* herausgeholt werden. Dies geschieht in *drei Richtungen.* Die *konstruktive Änderung* des Teils, so daß der Kunststoff den Anforderungen entspricht, ist die einfachste; die *Änderung der Konzeption des Teils* und damit seiner Funktion ist die zweite und weit schwierigere und die *Milderung von Forderungen* die dritte.

Öfter als vielleicht vermutet wird, ist diese dritte Richtung ein gangbarer Weg, denn in vielen Fällen sind die Forderungen, die an ein Teil gestellt werden, zunächst überhöht. Eine Sicherheitsspanne ist meistens noch miteinkalkuliert. Kunststoffteile weisen bei richtiger Herstellung aber eine solche Qualität auf, daß Sicherheitsspannen nicht in dem Maße wie bei anderen Materialien nötig sind, z. B. vor allem bei Holz mit seinen Fehlstellen und bei den leicht zerbrechlichen Gläsern. Es ist auf diese Weise schon oft möglich gewesen, bei Teilen Kunststoffe einzusetzen, bei denen dies auf den ersten Blick nicht möglich schien.

9.4.4 Abhängigkeit von Verarbeitung und Gestalt

Ein nach dem beschriebenen Verfahren aufgestelltes Beanspruchungsschema eines Teils beruht auf den tatsächlichen Beanspruchungen in der Praxis. Die zur Verfügung stehenden Eigenschaftswerte des Kunststoffes sind unter bestimmten festgelegten Bedingungen ermittelt. Eine wesentliche Schwierigkeit bei der Verwendung solcher Eigenschaftswerte für eine praktische Anwendung beruht nun darauf, daß die *Bedingungen der praktischen Beanspruchung* in den meisten Fällen ganz andere sind als die *Meßbedingungen,* die den Eigenschaftswerten zugrunde liegen.

Letztere können den Praxisbeanspruchungen in manchen Fällen ähnlich sein, sich in anderen Fällen jedoch ganz wesentlich unterscheiden. Dies sei am Beispiel eines Verbundkörpers aus einer Kunststoffdeckplatte und einem Schaumkunststoff in Bild 9.7 gezeigt, an dem ein Element angeschraubt ist. Bei Beanspruchung bricht dieses Element mit einem Teil des Verbundkörpers heraus. Es müßte jetzt aufgrund der Tabelleneigenschaften eine Kunststoffplatte mit einer Schaumstoffschicht gefunden werden, die nicht herausbrechen kann, wenn diese nicht kunststoffgerechte Befestigungsart aus bestimmten Gründen beibehalten werden soll. Dies ist, wie in vielen anderen Fällen, durch Heranziehung von Eigenschaftswerten aus Tabellen nicht möglich, und zwar aus drei Gründen:

1. Abhängigkeit von der Verarbeitung. Fast alle Eigenschaften sind von der Art und der Durchführung der Verarbeitung abhängig, weil durch sie die *Formation der Makromoleküle,* eventuell *Ausrichtungen* und *Fehlstellen* sowie *innere Spannungen* begründet werden.

Im Falle des Sandwichelementes ist nicht nur eine Verarbeitungsabhängigkeit der Festigkeit der Deckschicht durch den erreichten Ausrichteffekt der Makromoleküle in der Platte, der des Schaumstoffes durch die erreichte Struktur des Schaums, sondern auch der Festigkeit der Verbindung zwischen Deckschichtplatte und Schaumstoffschicht vorhanden. In einem gewissen Maße ist auch die Festigkeit des Schraubensitzes noch von der Art der Einbringung der Schraube abhängig.

2. Abhängigkeit von der Gestalt des Teils. Insbesondere bei relativ kleinen Wandstärken, aber auch bei Wölbungen, Kanten, Durchbrüchen u. ä. sind die Eigenschaftswerte ganz wesentlich von der Gestalt abhängig. Dies beruht nicht nur auf dem eventuell *unterschiedlichem Beanspruchungsverlauf* im Teil, sondern auch auf der dann unterschiedlichen Änderung der Fähigkeit des Teils, der *Beanspruchung zu widerstehen.* Die bereits besprochene Kerbwirkung bei manchen Kunststoffteilen kann außerdem wirksam werden.

Bei dem betrachteten Sandwichteil ist z. B. nicht nur die Dicke der Deckplatte sondern auch die Form der Befestigungsschraube und des befestigten Elements von ausschlaggebender Bedeutung für das Auftreten des in Bild 9.7 gezeigten Schadens.

3. Abhängigkeit von den Beanspruchungsbedingungen. Zu diesen Bedingungen gehören die Einleitung der Beanspruchung in das Teil, die Beanspruchungsbereiche örtlich und zeitlich, die *Überlagerung* mit anderen Beanspruchungen, das Alter des Teils und andere.

Bei dem betrachteten Sandwichelement wird das Ausbrechen der Schraubbefestigung durch Hebelwirkung erzielt, und es ist offensichtlich, daß nicht nur die Größe der wirkenden Kraft, sondern auch der Angriffspunkt und die Angriffsrichtung ganz wesentlich für das Versagen sind.

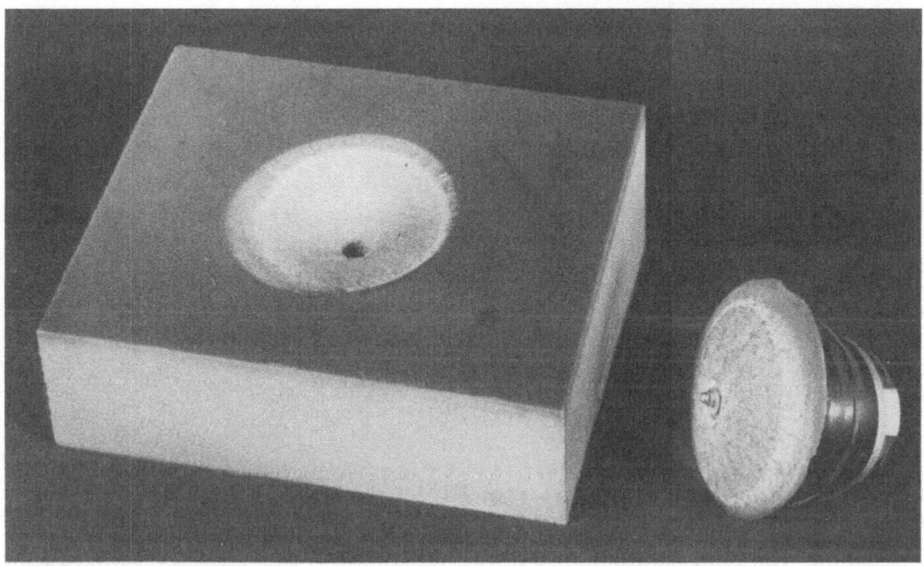

Bild 9.7 Komplexer Schaden bei Verbundkonstruktion. Schaden bei Verbundelement aus Kunststoffplatte mit angeklebter Polyurethan-Hartschaumstoffplatte (Sandwichelement). Ein mit einer Schraube befestigtes Halterelement bricht bei Beanspruchung heraus. Der Bruch betrifft auch den Verbund Platte–Schaumstoff.
(Foto: Bayer AG, Leverkusen)

Obwohl die Eigenschaftswerte der einzelnen Kunststoffe unter genau festgelegten Bedingungen bestimmt sind, die es gestatten sollen, Rückschlüsse auf die Beurteilung der Eigenschaften bei der Anwendung zu ziehen, sind diese Rückschlüsse nur in einem Teil der Fälle für die Durchführung der Planung ausreichend. Dies ist insbesondere der Fall, wenn die Bedingungen der Bestimmung der Eigenschaftswerte in etwa den Praxisbedingungen entsprechen. Ist dies nicht der Fall, so muß in manchen Fällen erst eine *Praxisprüfung* durchgeführt werden, die Aufschluß über die *tatsächlichen Beanspruchungswerte* gibt und eine bessere Beurteilung des Verhaltens des Kunststoffteils unter der tatsächlichen Belastung gestattet.

Das Versagen des Sandwichelementes in Bild 9.7 ist bei einer solchen Praxisprüfung aufgetreten. Die Schraube mit Halteelement brach dabei bei einer Zugkraft von 2100 N aus. Aufgrund dieses Wertes kann nun entweder dafür gesorgt werden, daß die an der Schraubbefestigung auftretenden Kräfte immer unter diesem Wert liegen, oder daß das Sandwichelement oder die Befestigung so verstärkt werden, daß höhere Belastungen ohne Schaden überstanden werden können.

Es gibt heute die unterschiedlichsten *Prüfungen,* die mit *praxisähnlichen Bedingungen* durchgeführt und deren Ergebnisse ergänzend zu den Eigenschaftswerten herangezogen werden, um eine endgültige Auswahl des Kunststoffes und seines Aufbaus zu erreichen. Solche Prüfungen am geplanten Teil sind, wie gezeigt, insbesondere dann notwendig, wenn beabsichtigt ist, komplexe Strukturen oder Werkstoffkombinationen anzuwenden, deren für die Auswahl kritischen Eigenschaften nicht in Eigenschaftswerten festliegen. Dies ist leider öfters der Fall und ist auch der

Grund dafür, warum die komplexen Aufbauarten und Kombinationen zu selten und zu wenig gezielt angewendet werden.

Die Darstellung der Kunststoffeigenschaften in den vorangegangenen Kapiteln erscheint vielleicht relativ einfach und überschaubar. Bei der Heranziehung von Tabellenwerken erscheinen die Kunststoffe in ihren Eigenschaften bereits vielschichtiger und schwerer überblickbar. Wenn aber ein schwierigeres Teil aus Kunststoff in seinen Eigenschaften bestimmt werden soll, dann ist dies eine Aufgabe, die im Grunde in den Details nur der Polymerphysiker, oder noch besser der „Kunststoffkunde-Ingenieur" lösen kann. Dies muß auch dem Kunststoffanwender klar sein: er kann vieles selbst anhand von Eigenschaftstabellen festlegen und entscheiden. Es gibt aber Grenzen seiner Möglichkeiten, und dann muß bei der Planung eines neuen Kunststoffteils der Fachmann herangezogen werden.

9.5 Gestaltung und Fertigung von Kunststoffteilen

Die Planung von Kunststoffteilen ist deswegen komplex, weil die Werkstoffauswahl nicht ohne Berücksichtigung des Zusammenhangs von der Gestaltung des Teils und seiner Verarbeitung mit dem Kunststoff und seinem Aufbau getroffen werden kann, weil Verarbeitung und Gestalt des beanspruchten Teils maßgeblich sein Eigenschaftsbild beeinflussen. Dies ist aber nur eine Seite des Einflusses von Verarbeitung und Gestaltung. Sie beeinflussen vor allem auch die *Wirtschaftlichkeit und die Anwendungstechnologie,* ohne deren Beachtung nicht von einer *optimalen* Lösung gesprochen werden kann.

Da dieses Zusammenwirken von Kunststoff, Fertigung und Gestalt nicht auf Anhieb im optimalen Verhältnis gefunden werden kann, geschieht die Planung eines Kunststoffteils meist in einem mehrmaligen Vor- und Zurückdenken, in einem „Rückkoppeln", bis die Kombination, die die optimale Lösung darstellt, gefunden ist. In Bild 9.8 ist dies schematisch gezeigt.

Ohne auf die Begründung und die Durchführung der einzelnen Schritte einzugehen, sei hier nur erwähnt, daß, wer diese Kunststoffanwendungen plant, wegen dieser Zusammenhänge nicht nur *Konstrukteur* sein darf, sondern auch die Grundzüge der *Kunststoffkunde* und *Verarbeitung* kennen muß. In allen schwierigen Fällen kann er selbstverständlich Spezialisten heranziehen. Für ein erfolgreiches Zusammenarbeiten mit diesen, sei es nun mit dem Polymerphysiker auf der einen oder dem Fertigungsingenieur auf der anderen Seite, ist aber Voraussetzung, daß er deren Sprache spricht und ihre Arbeitsweise versteht. Leider ist die Sprache der Polymerphysiker und auch jene der Kunststoff-Ingenieure, der „Kunststoffwissenschaftler" und der Kunststoffprüfingenieure heute noch eine ganz andere als jene der Konstruktions- und Fertigungsingenieure. Dazwischen eine Brücke zu schlagen und mit beiden Seiten zu einer erfolgreichen Planung zu kommen, ist aber wie die Praxis zeigt, besonders aussichtsreich, weil sich dadurch neue Gebiete besonders gut erschließen.

Im folgenden Band, aber auch in Beschreibungen des Konstruierens und der Anwendung von Kunststoffen werden die einzelnen Planungsmethoden ausführlich behandelt. Hier sollte nur gezeigt werden, daß es nicht genügt, das Eigenschaftsbild

der Kunststoffe zu kennen, sondern daß auch *modifizierte Planungstechniken* beim
Suchen einer optimalen Lösung nötig sind. Dies nicht nur deshalb, weil die Kunststoffeigenschaften von vielschichtigen Bedingungen abhängen, sondern auch, weil
Kunststoffe eine große Variabilität hinsichtlich ihrer einsetzbaren Strukturen aufweisen und damit sehr anpassungsfähig sind. Wird diese Anpassungsfähigkeit voll
ausgeschöpft, dann ergeben sich die technisch besten und wirtschaftlichsten, das
sind eben die gesuchten optimalsten Lösungen.

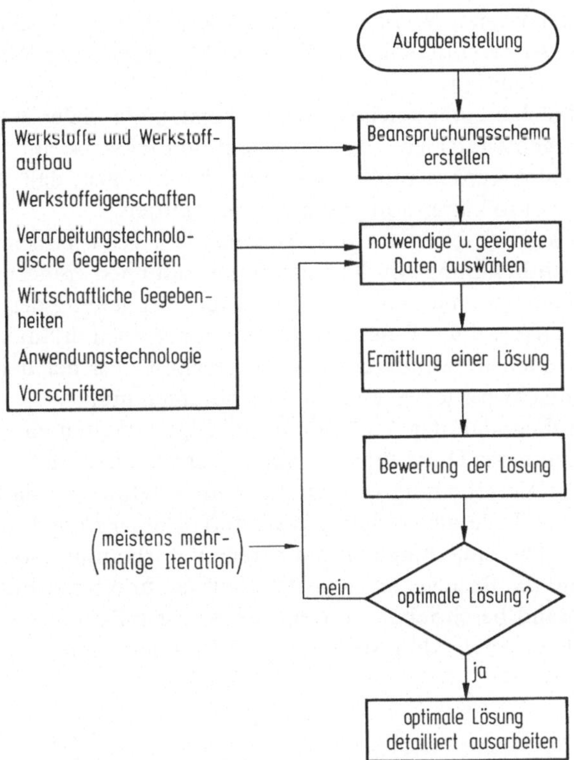

Bild 9.8 Strategie der Produktentwicklung bei Kunststoffen. Arbeitsstrategie für Weg zur optimalen Lösung, gegebenenfalls unterstützt auch durch Konstruktionskatalog für systematisches
Konstruieren.

9.6 Ausblick

Manche Kunststoffeigenschaften sind in der gesamten Werkstoffpalette einmalig.
Durch Anwendung der verschiedenen Kunststoffe, ihren verschiedenen Aufbau
und ihren verschiedenen Kombinationen sind außerdem unzählige unterschiedliche
Eigenschaftskombinationen erreichbar. Diese unzähligen Möglichkeiten sind aber
auch der Grund, warum es gar nicht so einfach ist, bei Kunststoffanwendungen immer eine optimale Lösung und damit werkstoffgerechte Anwendung zu entwickeln.

Die in den vorangegangenen Kapiteln gegebenen Eigenschaftsbeschreibungen
wurden bewußt kurz und relativ einfach gehalten. Dies sollte es erleichtern, einen

Überblick zu bekommen, bei dem nicht nur eine Kenntnis der wichtigsten Eigenschaftsunterschiede vermittelt, sondern auch ein Gefühl für die Komplexität der Zusammenhänge ermöglicht werden sollte. Aus diesem Grunde wurde auch versucht, Bezüge zum Aufbau der Kunststoffe, der in den Kapiteln 2 und 3 behandelt ist, aufzuzeigen.

In den Eigenschaftskapiteln sind zuerst die Eigenschaften im Rahmen einer Eigenschaftsgruppe global gegenübergestellt. Das bedeutet, daß bei der Betrachtung der Eigenschaften jeweils die wichtigsten Kunststoffe und in vielen Fällen zusätzlich die wichtigsten klassischen Werkstoffe gegenübergestellt sind. Die Eigenschaften sind dabei immer so beschrieben, daß Vor- und Nachteile der Kunststoffe besonders hervorgehoben werden.

Es ist klar, daß bei einer solchen Gegenüberstellung vieler Werkstoffe jeweils innerhalb eines Eigenschaftsbereichs vereinfacht und teilweise auf weniger wichtige Werkstoffe verzichtet werden muß. Dies führt jedoch dazu, daß die dargestellten Zusammenhänge um so klarer und anschaulicher werden.

Dieses letzte Kapitel sollte Hinweise geben, wie Eigenschaftsbetrachtungen bei der Entwicklung und Planung von Kunststoffanwendungen einbezogen werden. Sie sind eine Grundlage, aber nicht die einzige, für die Erreichung des anzustrebenden optimalen werkstoffgerechten Einsatzes. Dabei wurde auch erläutert, daß hier eine andere, meistens auch aufwendigere Planungstechnik, als bei der Planung eines Teils aus klassischen Werkstoffen zum Einsatz kommen muß.

Es wurde deutlich, daß der Aufbau und die Eigenschaften eines Kunststoffteils auch von der Art und der Durchführung seiner Verarbeitung abhängen. Es ist sogar so, daß gerade die Verarbeitung oft den Ausschlag dafür gibt, daß der Kunststoff wirtschaftlich gegen Teile aus anderen Werkstoffen mit Erfolg konkurrieren kann. Dies beruht auf den vielfältigen anpaßbaren Verarbeitungsmöglichkeiten. Ihre Möglichkeiten und die Bezüge zum Kunststoffaufbau und ihren Eigenschaften werden im zweiten Band beschrieben, in dem die Kunststoffverarbeitung und ihr Zusammenhang mit der Anwendungstechnologie behandelt werden.

Kunststoff-Überblick: Kunststoffarten, Kunststoffe, Handelsnamen und Lieferformen

Die Zusammenstellung erhebt keinen Anspruch auf Vollständigkeit, weder im Hinblick auf die behandelten Kunststoffe, noch auf die erwähnten Handelsnamen. In den drei Kunststoffgruppen ist die Einteilung der Kunststoffarten alphabetisch vorgenommen.

Kunststoffarten sind „Familien" chemisch verwandter Kunststoffe.

Chemische Formeln sind in der Regel für das Monomere eines wichtigen Vertreters angegeben.

Kunststoffgruppen (vgl. Tafel 2.4) sind wie folgt bezeichnet und unterteilt:

    Plastomere (P)

        P-a   im eingefrorenen amorphen Zustand

        P-kw teilkristallin, mit plastischer amorpher Phase

        P-kh teilkristallin, mit eingefrorener amorpher Phase

    Elastomere (E)

        E-v   chemisch vernetzt

        E-th physikalisch vernetzt (thermoplastisch)

    Duromere (D)

Kunststoffe: Kurzzeichen und Namen wichtiger Einzelkunststoffe. Kunststoffnamen sind kursiv gedruckt, die von Massenkunststoffen und technischen Kunststoffen fett.

Verwendete Abkürzungen:

    abgew(andelt)

    Cop(olymere)

    Mod(ifikationen)

Handelsnamen sind nur in Auswahl angegeben; Ländernamen (in Klammern) nur in Ausnahmefällen.

Lieferformen nur die üblichen, auf dem Markt erhältlichen.

    Abkürzung: Vern(etzung).

Bemerkungen: Die Spalte enthält neben Eigenschafts- und Anwendungshinweisen die *Makroaufbauarten* bei den wichtigsten Anwendungen (vgl. Tafel 2.10), gekennzeichnet durch folgende Abkürzungen:

hom	homogene (massige) Kunststoffe
Fol, Fas	Flächen- und linienhafte Gebilde (Folien und Fasern)
Schst	Schaumkunststoffe
gef, verst	gefüllte und verstärkte Kunststoffe („umhüllender Verbund")
Verb	Verbundwerkstoffe („flächenhafter Verbund")

Kunststoffart und chemische Formel	Kunststoffgruppe	Kurzzeichen	Kunststoff

Plastomere (Thermoplaste)

Kunststoffart und chemische Formel	Kunststoffgruppe	Kurzzeichen	Kunststoff
Polyacetale 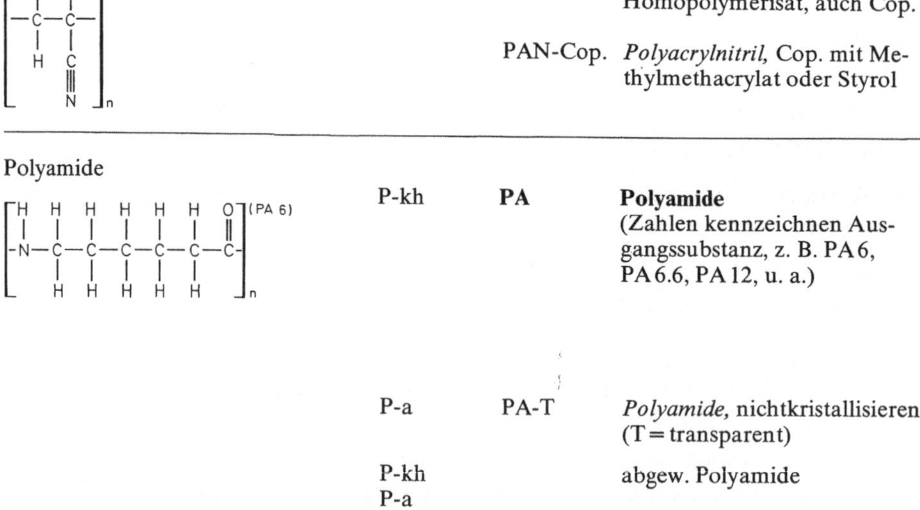	P-kw	**POM**	**Polyacetal (Polyoxymethylen),** Homopolymerisate
		POM-Cop.	**Polyacetal-Cop.**
Polyacrylate	P-a	**PMMA**	**Polymethylmethacrylat,** auch Cop.
			Polyacrylmethacrylester, auch Cop.
		PMI	*Polymethacrylimid*
		PAN	**Polyacrylnitril,** Homopolymerisat, auch Cop.
		PAN-Cop.	*Polyacrylnitril,* Cop. mit Methylmethacrylat oder Styrol
Polyamide	P-kh	**PA**	**Polyamide** (Zahlen kennzeichnen Ausgangssubstanz, z. B. PA6, PA6.6, PA12, u. a.)
	P-a	PA-T	*Polyamide,* nichtkristallisierend (T = transparent)
	P-kh P-a		abgew. Polyamide

Handelsnamen (Auswahl)	Lieferformen	Bemerkungen (Makroaufbau)

Plastomere (Forts.)

Handelsnamen (Auswahl)	Lieferformen	Bemerkungen (Makroaufbau)
Delrin, Tenac (jap.) Formaldafil (nur verst., USA)	Granulat, auch mit Glasfasern; Halbzeug	gute dynamische Festigkeiten, geringe Reibwerte (hom, verst)
Ultraform, Hostaform, Celcon (USA), Daicel, Duracon (jap.)	Granulat, auch mit Glasfasern; Halbzeug	wie oben, hydrolyse- und alkalienfest (hom, verst)
Plexiglas, Degalan, Resarit, Diakon (GB), Acrylite, Lucite (USA)	flüssig monomer zum Gießen, Pulver, Körner, Granulat, Halbzeug	organisches Glas, witterungsbeständig, Oberflächenhärte und -glanz (hom)
Acronale, Degalan, Luprenal, Plexisol, Plextole, Baycryl	körnig (selten), als Lösung (mit Zeichen L), als Dispersion (mit Zeichen D)	Lack- und Dichtungsmassengrundlage, wasserlösliche als Leime (Verb, Fol)
Rohacell	Halbzeug	wärmefest (Schst)
Dolan, Dralon, Orlon	Fasern	wollähnlich (Fas)
PAN-A, Barex, Cycopac, Lopac (USA)	Granulat, Folien	aroma- und kohlensäuredicht (hom, Fol)
Ultramid, Vestamid, Durethan, Rilsan, u. a.	Granulat, Pulver zum Sintern, Halbzeug	hohe Festigkeit, Wasseraufnahme, geringe Reibwerte (Fol, hom, verst, Verb)
Perlon, Nylon, u. a.	Fasern, Fäden	seidenähnlich (Fas)
Lactame, u. a.	weiche Brocken	zum Polymerisieren (hom, Verb)
Trogamid, Rilsan N, Hostamid LP, Ultramid KR	Granulat, Halbzeug	durchsichtig bis transparent, wärmefest (hom, Fol)
Eurolon, Versalon, Nylosol	Pulver, Körner, Lösung	Lösungsmittel- und Schmelzkleber (hom, Fol, Zumischung)

Kunststoffart und chemische Formel	Kunst-stoff-gruppe	Kurz-zeichen	Kunststoff
Polyaryle	P-a	PPO	*Polyphenylenoxid* auch mod.
(Struktur PPS)		PPS	*Polyphenylensulfid*
		PSU	*Polysulfone,* auch Mod.
			Polyarylamid, versch. Mod.
Cellulosen	P-a	CA	*Celluloseacetat* mit Weichmacher
(Struktur CA)		CAB	*Celluloseacetobutyrat,* ähnlich:
		CP	*Cellulosepropionat,* mit Weichmacher
		CN	*Cellulosenitrat*
			CN mit Weichmacher
			Hydratcellulosen u. Abwandlungen
Polyester, gesättigt	P-kh	**PC**	**Polycarbonat,** geringer kristalliner Anteil, auch amorph
(Struktur PC)		**PTP**	**Polyalkylenterephthalate:**
		PETP	**Polyethylenterephthalat**
		PBTP	*Polybutylenterephthalat* (u. ä.)

Handelsnamen (Auswahl)	Lieferformen	Bemerkungen (Makroaufbau)
Noryl, Arnox, Laril	Granulat, auch mit Schäummittel	wärmefest, wasserunempfindlich (hom, Schst, verst)
Ryton, Tyron	Granulat Dispersion	chemikalienfest, geringe Reibwerte (hom, Fol)
Bakelite BP, Udel, Thermocomp (USA), 200 P (GB)	Granulate, Halbzeug	wärmefest, elektrische Isolierung (hom, Fol, Verb)
Aramid-Fasern, Kevlar, Kermel, Nomex	Fasern, Fäden, Folien, Halbzeug	hochfeste, hitzefeste Gewebe (Fas, Fol)
Cellidor A, Rhodialite, Tenit A (USA)	Granulat, Halbzeug, Lösungen	glasklar, brillant (hom, Fol, Fas)
Cellidor B, Cellit B, Tenit (USA), Uvex (USA), Cellidor CP, Celadex (GB), Forticel	Granulat, Pulver für Sintern, Halbzeug, Lösungen	wie oben, wärmefest, wetterfest (hom, Fol)
Collodium, Celluloid	Lösungen	Lack u. Beschichtungen (hom, Fol, Zumisch.)
Celluloid	Felle, Halbzeug	Schmuckteile mit Effektoberflächen (hom, gef)
Zellglas, Cellophan	Folien	glasklar (Fol)
Reyon, Polynosics	Fasern, Fäden	seidenähnlich, auch baumwollähnlich (Fas)
Makrolon, Lexan, Merlon, Jupilon, Panlite (jap.)	Granulat, Folien, Halbzeug	transparent, schlag- u. stoßfest, elektr. Isol. (hom, Fol, verst, Verb)
Hostadur, Ultralen, Vestodur, Arnite	Granulat, auch mit Glasfasern und Glaskugeln	spannungsrißfrei, abriebfest, geringer Reibwert
Diolen, Trevira, Dacron, Mylar	Fasern, Fäden, Folien	knitterfest (hom, Fas, Fol, verst)
Pocan, Ultradur, Deroton (GB), Kodar (USA)	Granulat, Glasfasern und -kugeln	wie oben und wärmefest und verstärkt hochtemperaturstandfest (hom, Fas, Fol, verst)

Kunststoffart und chemische Formel	Kunststoff-gruppe	Kurz-zeichen	Kunststoff
Polyethylene (Olefine) $\left[\begin{array}{c} \overset{H}{\underset{H}{-C}}-\overset{H}{\underset{H}{C}}- \end{array}\right]_n^{(PE)}$	P-kw	PE-LD	**Polyethylen niedriger Dichte** (Hochdruckverf.)
		PE-HD	**Polyethylen hoher Dichte** (Niederdruckverf.)
		PE-cop EVA	*Polyethylen* cop. mit Vinylacetat
		EVAC	mit Acrylestern
Polyfluorcarbone $\left[\begin{array}{c} \overset{F}{\underset{F}{-C}}-\overset{F}{\underset{F}{C}}- \end{array}\right]_n^{(PTFE)}$	P-kh	**PTFE**	**Polytetrafluorethylen**
		PTFE-Cop	**Polytetrafluorethylen-Cop** mit Ethylen, Propylen u. a.
		PCTFE	*Polychlortrifluorethylen*
	auch P-a	PVDF	*Polyvinylidenfluorid,* u. ä.
Polyimide	P-a	PI	*Polyimide,* mit Amino-, Amid- u. anderen Gruppen mod
Polypropylene (Olefine) $\left[\begin{array}{c} \overset{H}{\underset{H}{-C}}-\overset{H}{\underset{H-C-H}{C}}- \\ \underset{H}{} \end{array}\right]_n^{(PP)}$	P-kw	**PP**	**Polypropylen** und Cop. (isotaktisch)
		PB	*Polybuten*
	P-a	PMP	*Polymethylpenten*
	P-a	PIB	*Polyisobutylen,* ähnlich ataktisches PP

Handelsnamen (Auswahl)	Lieferformen	Bemerkungen (Makroaufbau)
Baylon, Alkathene (GB),. Lacqtene (frz.), Dylan (USA). u. a.	Granulat, für Sintern gemahlene Pulver, Folien	Dichten 0,918 bis 0,93 g/cm^3, geringerer kristalliner Anteil transparent
Hostalen, Vestolen, Lupolen, Eltex, Rigidex (GB), u. a.	Granulat und grobe Pulver, Halbzeug (auch sehr hochmolekulare Typen)	Dichten 0,93 bis 0,965 g/cm^3, größere kristalline Anteile (hom, Fol, gef, Schst, Verb)
Levapren, Acralen (USA), Evaflex (jap.)	Körner, Pulver zum Zumischen	weichmachende Komponente (hom, Fol)
Surlyn A, Zetafin	Körner, Halbzeug	flexibel, auch haftvermittelnd (hom, Fol)
Teflon, Hostaflon, Fluon (GB), Polyflon	Pulver für Sintern, Dispersion, Halbzeug	geringste Reibwerte, abstoßende Oberfläche, schwer verarbeitbar (hom, Fol, gef)
Hostaflon, Teflon, Tefzel (USA), Neoflon (jap.)	Granulat, Halbzeug	wie oben, aber normal verarbeitbar (hom, Fol, gef)
Kel-F, Plaskon (USA), Voltalef, Edifren	Granulat, auch weichgemacht, Halbzeug	wie oben, aber spröder (hom)
Tedlar, Dyflor, Solef, Kynar, Dalvor (USA)	Granulate, Halbzeuge, insbes. Schutz- u. Trennfolien	wie oben und evtl. durchsichtig, dann auch UV- u. wetterfest, klebbar (hom, Fol, verst, Verb)
Polyimidal, Pyralin, Torlon, Vespel, AI 630, XWE 810	Körner, Pulver zum Sintern, Dispersionen, Halbzeug	hochfest, hitzefest, flammbeständig, niedriger Reibwert (hom, Fol, verst, Verb)
Kermel, Upjohn 2080	Fasern, Fäden	wie oben (Fol, Fas)
Hostalen PP, Novolen, Vestolen P, Stamylan P, Napryl, u. a.	Granulat, auch gef., verst., Halbzeug	Steifigkeit, Oberflächenhärte, geringe Kälteschlagfestigkeit, kostengünstig (hom, Fol, gef, verst)
Witron, Polybutene	Granulat	Zeitstandsfestigkeit (hom, gef)
TPX Polymers (GB) (jap.)	Granulat, Halbzeug	durchsichtig, sterilisierbar (hom, Fol)
Oppanol, Vistanex, APPS 66, Afax, Istobond	Pasten, Blöcke wie oben, auch niedermolekulare, auch mit Bitumen	weich, wasserdampf- u. gasundurchlässig (Fol, hom, gef, verst, Verb)

Kunststoffart und chemische Formel	Kunststoffgruppe	Kurzzeichen	Kunststoff
Polystyrole	P-a	**PS**	**Polystyrol**, rein
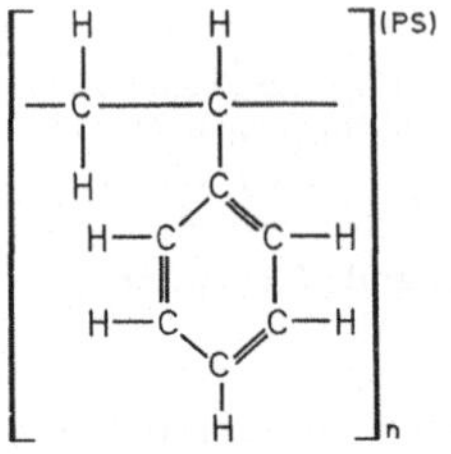 (PS) formula		**PS-Cop.** **PSB**	**Copolymerisierte Polystyrole:** **Polystyrolbutadien**
		PSAN, **SAN**	**Polystyrol-Acrylnitril**
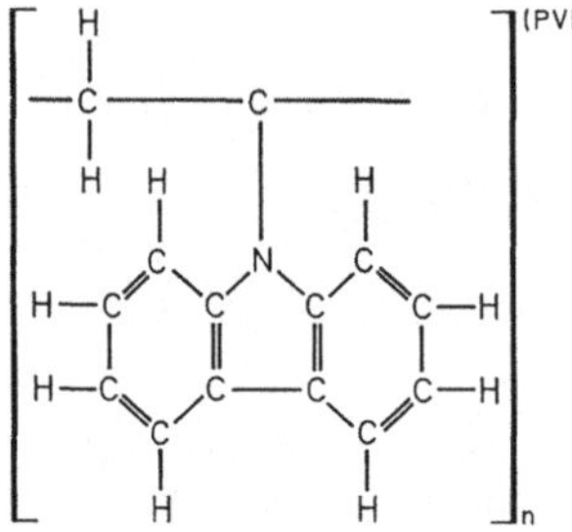 (PVK) formula		**PABS,** **ABS**	**Polyacrylnitrilbutadienstyrol**
			dispergierbare u. lösbare Polystyrole und Mod.
		PVK	*Polyvinylcarbazol*
Polyvinylacetate	P-a	PVAC	*Polyvinylacetat*
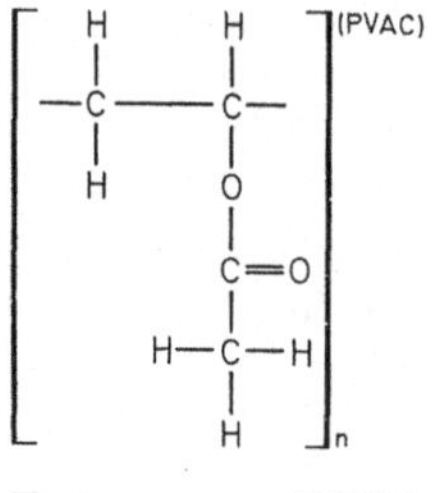 (PVAC) formula			*Polyvinylacetat* und Cop.
		PVAL	*Polyvinylalkohol,* auch teilverseift
			Polyvinylacetale:
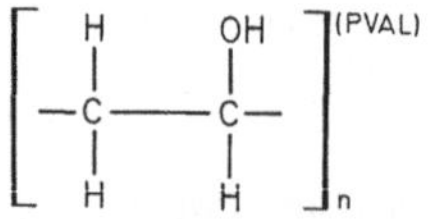 (PVAL) formula		PVB	*Polyvinylbutyral,*
		PVF	*Polyvinylformal*
		PVE	*Polyvinylether*

Handelsnamen (Auswahl)	Lieferformen	Bemerkungen (Makroaufbau)
Vestyron, Hostyren, Styron (USA), Carinex	flüssig-monomer zum Gießen, Granulat, Halbzeug	durchsichtig, spröde, kostengünstig, gute elektr. Eigensch. (hom, Fol, Schst)
Styropor, Styrocell	Halbzeug	Hartschaumstoff (Schst)
PS schlagfest, Kraton, Fosta-Tuflex (USA)	Granulat, Halbzeug	schlagfest, elastisch, nicht witterungsfest
Luran, Sicoflex, Tyril, Lustran (USA)	Granulat, auch mit Verstärkung, Halbzeug	steifer, witterungsfester, durchsichtig (hom, Fol, schst, verst)
Novodur, Terluran, Formid, Lacqran, Kralastic (USA), u. a.	Granulat, auch verstärkt, Halbzeug	steif und schlagfest, galvanisierbar (hom, schst, verst, Verb)
Emu-Pulver, Litex, Polystyrol LG, u. a.	Dispersion, Lösungen	hart, glatt (hom, Fol, Verb, Zumisch)
Luvican	niedermolekulare Flüssigkeit, Körner	halbleitend, fotoleitend, wärmefest, hoher Preis (hom, Fol, Verb)
Mowilith, Vinnapas	Körner, Brocken	weich, Bindevermögen (Fol, Zumischungen)
Curasol, Dilexo, Mowicoll	Dispersion	Beschichtungen, Befestig., Leime (hom, Zumischung, Verb)
Mowiol, Polyviol	Pulver, Halbzeug	gerichtete Wasserempfindlichkeit einstellbar (hom, Fol, Fas)
Mowital, Pioloform,	Lösungen, Körner, Wachse,	kraftstoffbeständig
Rhovinal B (frz.), Saflex (USA)	Klebefolien, Sicherheitsglasfolien	u. undurchlässig, klebend (hom, Fol)
Lutonal V, M, Z, AK	Brocken, Lösungen	plastische Massen (hom, Zumischungen)

Kunststoffart und chemische Formel	Kunststoffgruppe	Kurzzeichen	Kunststoff
Polyvinylchloride $\begin{bmatrix} H & H \\ | & | \\ -C-C- \\ | & | \\ H & Cl \end{bmatrix}_n$ (PVC)	P-a	**PVC**	**Polyvinylchlorid,** mit Hilfs- und Zusatzstoffen
		PVC cop. oder mod.	**Polyvinylchlorid,** modifiziert mit elastischen Komponenten cop. bzw. nachbehandelt
$\begin{bmatrix} H & Cl \\ | & | \\ -C-C- \\ | & | \\ H & Cl \end{bmatrix}_n$ (PVDC)		PVC-w	weichgemachtes PVC
		PVDC	*Polyvinylidenchlorid,* u. Mod.

Duromere (Duroplaste)

Bemerkung: Duromere, welche hauptsächlich auch als Elastomere Anwendung finden, sind nur

Aminoharze $\begin{bmatrix} H & H & H \\ | & | & | \\ -C-N-C-N- \\ | & \| & \\ H & O \end{bmatrix}_n$ (UF)	D	**UF**	**Harnstoffharze,** auch mod. ähnlich auch Thioharnstoffharze
(MF)		MF	*Melaminharze,* auch cop. und mod., ähnlich auch Anilinharze

Handelsnamen (Auswahl)	Lieferformen	Bemerkungen (Makroaufbau)
Vinnol, Hostalit, Vestolit, Trosiplast, Solvic, Geon (USA), u. a.	Pulver, Granulat (selten), Halbzeug	witterungsbeständig, kostengünstig, schwer entflammbar (hom, Fol, Schst, gef, Verst)
Vestolit O, Protefan, Vylen	Dispersion	wie oben (Fol, Schst, gef, Verb)
Hostalit Z, H, Vestolit HI, Lonza B, Vinnol KS	Pulver, Granulat (selten), Halbzeuge	wie oben, und hochschlagzäh (hom, gef)
PVC-HT, Degalan V, Acryloid, Vinuran	wie oben (schwerer verarbeitbar)	höhere Wärmestandsfestigkeit, bessere Kältefestigkeit (hom, gef, Fas)
siehe Elastomere		
Diofan, Geon 200 Saran, Sarnafil, Diofan D, Vilit D	Körner, Pulver, Fäden, Folien, Dispersion	unbrennbar, abriebfest (hom, Fol, gef, Verb)

Duromere (Duroplaste), Forts.

einmal unter den Elastomeren angeführt, so die Silikonharze und die vernetzten Polyurethane.

H-Harze, Kaurit, Resamin, Urecoll	flüssig-zäh, Pulver, Brocken	durchsichtig, keine Verfärbung (hom, gef, verst)
Ultrapas, Pollopas, Cibanoid, Beetle	Granulat, Schnitzel	typisierte Preßmassen (gef, verst, Verb)
Beckurol, Limodur, Platopoll, u. a.	organische Lösungen	Lack- und Leimgrundlage (hom, Verb)
Isoschaum, Iporka, Piatherm	Lösung mit Treibmittel, Halbzeug	sehr leichter Hartschaumstoff (Schst)
Madurit, Melam, Melolam, u. a.	flüssig-zäh, Pulver, Brocken	durchsichtig, keine Verfärb. (hom, gef, verst)
Resart, Ultrapas, Melmex, u. a.	Granulat, Schnitzel	typisierte Preßmassen (gef, verst, Verb)
Madurit, Maprenal, Luwipal, Cibamid	organische Lösungen	Lack-, Beschichtung und Leimgrundlage (hom, Verb)

Kunststoffart und chemische Formel	Kunststoffgruppe	Kurzzeichen	Kunststoff
Epoxidharze 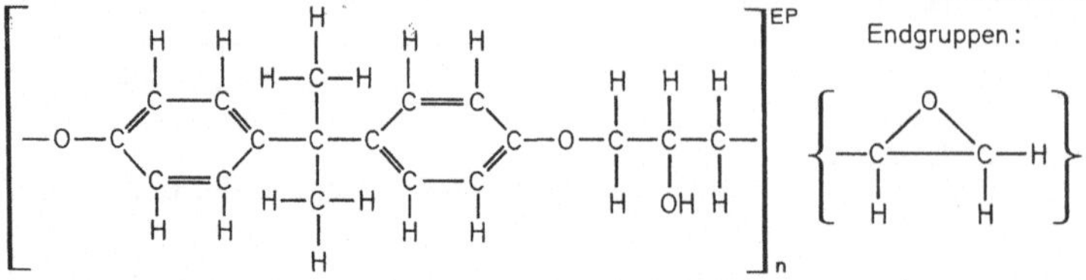	D	**EP**	**Epoxidharze** mit vielen chemischen Variationen, mit flexiblen Komponenten Endgruppen:
Imidharze	D	PI	*Polyimide,* bes. *Polybismaleinimid, Polyimidazole*
Kohlenstoffharze, cyclisierte und carbonisierte	D	PCB	*Polycyclobutadien*
		PCAN	*Polycycloacrylnitril* Carbonisierte Polymere, z. B. Polyacrylnitril und Cellulosen
Phenolharze 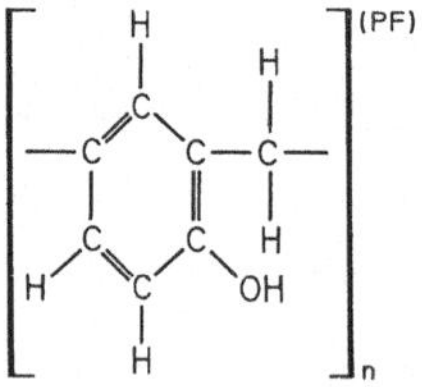	D	**PF**	**Phenolformaldehyd,** auch kombiniert mit anderen Harzen, insbesondere Kresolformaldehyd, und mod.
		CF	*Kresolformaldehyd,* meist mit PF ähnlich *Furanharze* als Furfurylalkoholformaldehyd
Polyesterharze, ungesättigte 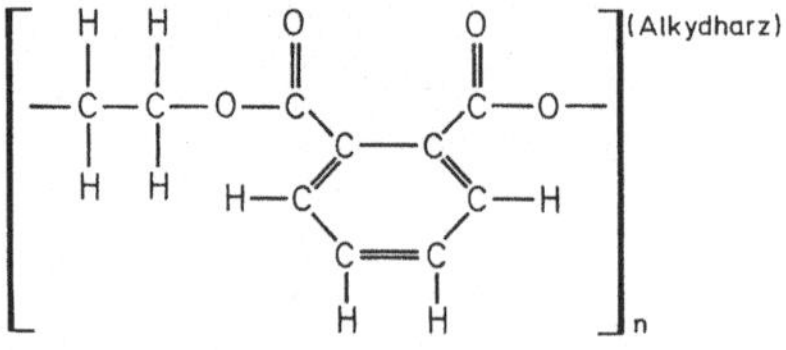	D	**UP**	**Polyester-Styrol**mischpolymerisat aus verschiedenen Estern und mod. ähnlich: **Alkydharze,** vielfältig mod.
		PDAP	*Polydiallylphthalat,* und andere Polyallylester

Handelsnamen (Auswahl)	Lieferformen	Bemerkungen (Makroaufbau)
Araldit, Lekutherm, Epikote, Rütapox, u. a.	flüssig-zäh, Pulver und Körner, Halbzeug	bis durchsichtig, wärmefest (hom, gef, verst, Verb)
Araldit, Supraplast, Hostaset, u. a.	Granulat, Brocken	typisierte Preßmassen (gef, verst, Verb)
Araldit, Levepox, Rütapox, u. a.	Lösungen, organisch	Kleb-, Beschichtungsstoff- u. Lackgrundlage (hom, gef, Verb)
Genon, Kerimid, Kinel, Sparmon	flüssig-zäh und Brocken, Halbzeug	Hochtemperaturfest (Fol, hom, verb)
Imidite, Pyron	Lösungen, Halbzeug, auch Fasern	wie oben, teuer! (Fas, Fol, Verb)
Pluton (USA)	Halbzeug, Fasern, Fäden	unlöslich, unschmelzbar, schwarz, hoher Preis (Fas, hom, Verb)
Black Orlon (USA)	Fasern, Fäden, Lacke	wie oben
C-Fasern	Fasern, Fäden für Verstärkung	wie oben, hohe Festigkeit (Fas)
Aerophenal, Durophen, Phenodur, u. a.	flüssig-zäh, Pulver, Körner, Halbzeug	Verfärbung, schwer entflammbar (hom, gef, verst, Schst)
Bakelite, Hostaset, Fenochem, u. a.	Granulat, Körner, Schnitzel, Halbzeug	typisierte Preßmassen mit eingearbeiteter Füllung u. Verstärkung (gef, verst, Verb)
Alnovol, Bakelite, Corophen, Albertol	niedermolekulare Flüssigkeiten und Lösungen	Lack- und Beschichtungsgrundl. (Fol, Verb)
meist wird der Phenolharz-Handelsname verwendet	ähnlich oben	meist Beimischung
		meist zusätzliche Komponente bei PF und UF
Leguval, Palatal, Vestopal, Alpolit, u. a.	Lösung in Styrol, Halbzeug	hochverstärkbar, (hom, geb, verst, Verb, Schst)
Hostaset, Menzolit, Resipol, Supraplast	Granulat, Körner, Schnitzel, Halbzeug	typisierte Preßmassen, auch Preßmatten (gef, verst, Verb)
Aldurol, Ludopal	Lösungen	Lackgrundlage (Fol, Verb)
Alkydale, Lioptal, Plexalkyd, u. a.	Lösungen, Brocken	wichtigste Lackgrundlage (Verb, gef, hom)
Bulitol, Moldap, Trefoil, u. a.	flüssig, Granulat, Körner, Halbzeug	durchsichtig, hart, auch Preßmatten (hom, Fol, gef, verst, Verb)

Kunststoffart und chemische Formel	Kunststoffgruppe	Kurzzeichen	Kunststoff
Elastomere			
Butadienelastomere $\left[\begin{matrix} H & H & H & H \\ -C-C=C-C- \\ H & & & H \end{matrix}\right]_n$ (BR)	E-v	**BR**	**Polybutadien,** bevorzugt Cis-1,4-, aber auch -1,2; auch mod.
$\left[\begin{matrix} H & & H & H \\ -C-C=C-C- \\ H & Cl & & H \end{matrix}\right]_n$ (CR)	E-v	**CR**	**Polychlorbutadien,** auch mod. „Chloropren"
(NBR)	E-v	NBR	*Polybutadien-Acrylnitril,* 20 – 40% Acrylnitrilanteile mod. „Nitrilkautschuk"
(SBR)	E-v	**SBR**	**Polybutadienstyrol,** meist um 25% Styrol, mod. „Styrolbutadien-Kautschuk"
			mit hohem Styrolanteil, mod.
	E-th		Blockpolymeres
Esterelastomere	E-v	ACM	*Polyacrylester*
	E-th	PETPR	*Polyethylenterephthalat,* und andere *Polyalkylenterephthalate,* blockpol. und mod.
Fluorcarbonelastomere	E-v	PTFER	*Polytetrafluorethylen,* und andere *Polyfluorcarbone,* auch mod.

Handelsnamen (Auswahl)	Lieferformen	Bemerkungen (Makroaufbau)
Elastomere (Forts.)	(Angabe der üblichsten Vernetzungsstoffe unter Lieferformen)	
Buna CB, Budene, Cariflex BR, Duragen, u. a.	Ballen, Pulver, Brocken (Schwefelvern.)	verschleiß- u. kältestandfest (gef, verst, Verb)
Butarez HTS, Hycar CTP, Hystel CWG, Rocon 150	flüssig (Mehrstoff-Vern.)	wie oben (auch für Raketentreibstoff) (hom, gef, verst, Verb)
Baypren, Butaclor, Neoprene, Switprene, Baypren-, Neoprenelatex	Stücke, Ballen (Schwefelvern., u. a.), Dispersionen	witterungsfest, schwer entflammbar, haftklebend, Klebstoff (hom, gef, verst, Verb, Fol)
Breon, Butacril, Chemigum, Hycar	Ballen, Felle (Schwefelvern., u. a.)	öl- u. kraftstoffbeständig, ozonfest (hom, gef, verst, Verb)
Hycar CTBN, u. a., Perbunan N-Latex	flüssig, Dispersionen	Beschichtungen, sonst wie oben (Fol, Verb)
Buna Hüls, Cariflex S, Europrene, Philprene, u. a. Synapren, Ugipol u. a.	Blöcke, Ballen, Pulver (Schwefelvern.) flüssig (Mehrstoff-Vern.)	kostengünstig, Universalelastomer (hom, Schst, gef, verst, Verb)
Duradene, Solprene, Bunatex, Litex	Lösungen, Dispersionen	Beimischungen, Beschichtung (hom, Verb)
Duranit, Buton	Blöcke (Schwefelvern.)	Hartgummi u. ä. (hom, gef, verst, Verb)
Kraton, Elaxar	Granulat (keine Vernetzungsstoffe)	Platomerverarbeitung (hom, gef, verst)
Hycar 4021, Vamac	Brocken, Felle (Amine-Vern.)	Kraftstoff- u. lösungsmittelf. (hom, Fol, gef, verst)
Arlastik (NL), Hytrel (USA)	Granulat (keine Vernetzungsstoffe)	wie oben u. hydrolysefest, Plastomerverarbeitung (hom, Fol, gef, verst, Verb)
Fluorel, Tecnoflon, Vitel, Kalrez, u. a.	Körner, Stücke, Halbzeuge (Amine-Vern., u. a.)	wärme- u. flüssigkeitsbeständig, abstoßend, teuer (hom, Fol, Fas, gef, verst, Verb)

Kunststoffart und chemische Formel	Kunst-stoff-gruppe	Kurz-zeichen	Kunststoff
Isoprenelastomere 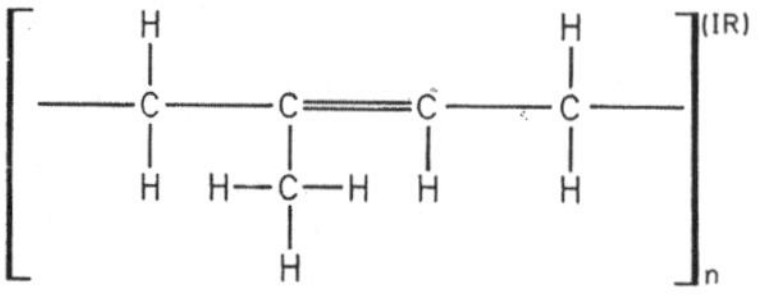	E-v	**NR**	**Naturkautschuk** (Cis-1,4-Polyisopren), aus Gummibaum gewonnen
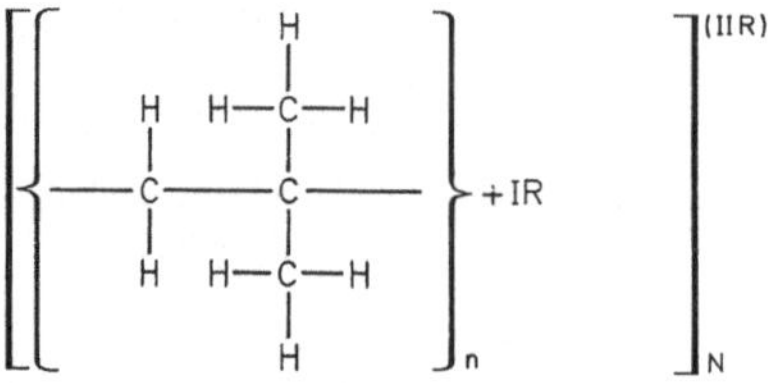		IR	*Polyisopren,* auch mod.
		IIR	**Polyisobutylenisopren,** Isoprenanteil um 5%, „Butylkautschuk"
Olefinelastomere	E-v	CSM	*Polyethylenchlor-sulfoniert*
		EVA	*Polyethylenvinyl-acetat*-Cop.
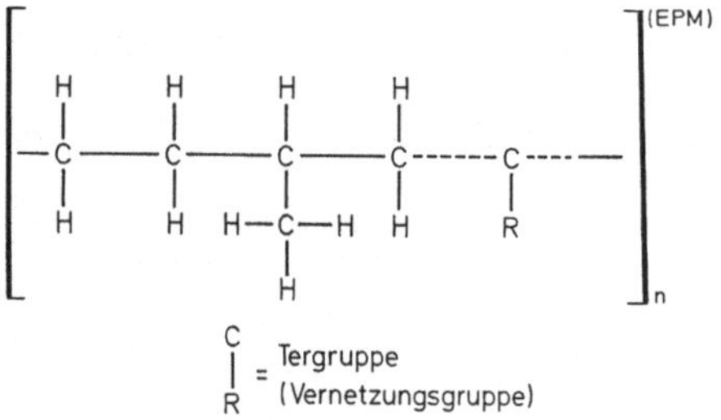		EPM EPDM	*Polyethylen-propylen-Terpolymere*
		CHR	ähnlich: *Polyepichlorhydrin*
Pentene-Elastomere	E-v	TPR	*Polytranspentenamer,* ähnlich: *Polyoctenamer*
Siliconelastomere 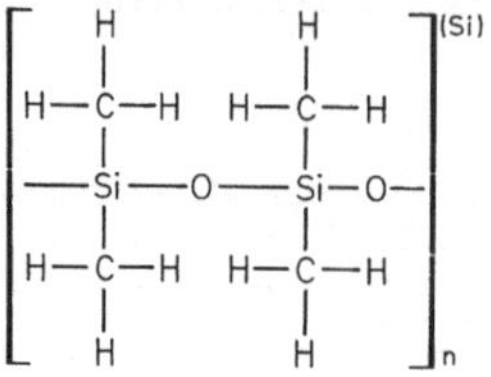	E-v	SIR	*Polyorganosiloxane,* variiert und mod. auch als Plastomere und Duromere angew.

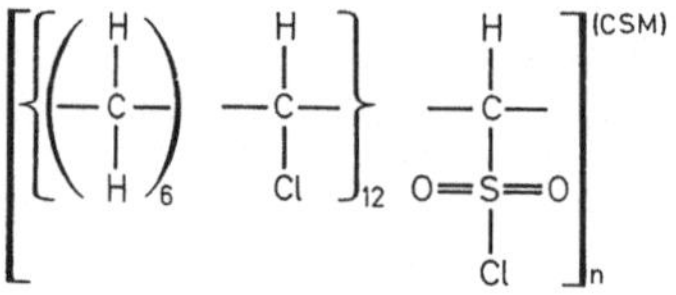

C | R = Tergruppe (Vernetzungsgruppe)

Handelsnamen (Auswahl)	Lieferformen	Bemerkungen (Makroaufbau)
Crepe-Kautschuk	gerollte Felle (noch wasserhaltig)	kostengünstig, hohe Elastizität, leicht verarbeitbar (alle Makroaufbauarten)
Smoked Sheet	Stücke, Platten	
Latexpulver, Latex	Pulver, Dispersion (Schwefelvern.)	wie oben (Fol, Schst)
Cariflex, Natsyn, Isolene D	Stücke, Blöcke, flüssig (Schwefelvern.)	höherer Preis, sonst wie bei NR
Enjay-, Hycar-, Petrotex-, Polasar- und Soca-Butyl	Stücke, Platten (Schwefelvern., aber auch andere)	gasdicht, luftundurchlässig (hom, Fol, Schst, gef, verst)
Hypalon (USA)	Stücke, Blöcke (Metalloxid- oder Epoxidvern.)	witterungsbeständig, selbstvernetzend (gef, verst, hom, Verb)
Levapren 450, Vinathene VAE, u. a.	Stücke, Blöcke (Peroxid-Vern.)	wärmestandfest, weich (Fol, hom, gef)
Dutral, Intonal, Buna AR, Keltan	Krümmel, Stücke (Schwefelvern.)	alterungsfest, elektr. (Fol, hom, gef, verst)
Hydrin, Gechron	flüssig u. Granulat (Amine-Vern.)	kraftstoffbeständig (gef, verst)
Goodyear, Montedison, Phillips noch wenig angewandt!	Stücke, Felle (Schwefelvern.)	große Dehnung, entropie-elastisch (hom, fol, gef, verst, Verb),
Silopren, Wacker-, GE- und ICI-Silicone, Silastene, Silastic	flüssig, Paste, Brocken, Felle (Peroxidvern. oder Vernetzersysteme)	schwer benetzbar, elektrisch hochwertig wärmebeständig, elastische Gießformen (alle Makroaufbauarten)

Kunststoffart und chemische Formel	Kunststoffgruppe	Kurzzeichen	Kunststoff
Sulfidelastomere 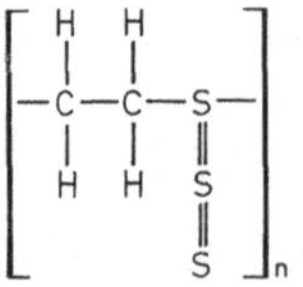	E-v	TR	*Polysulfide* mit unterschiedlichem Schwefelgehalt (Dichtungsmasse)
Urethanelastomere 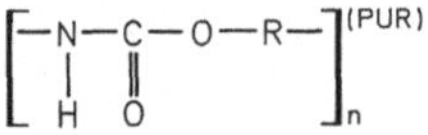 R = Verbindungs- und Vernetzungsgruppe mit 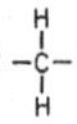 Kettengliedern	E-v	**PUR**	**Polyurethane,** chemisch variiert und modif. (auch bis zum Duromer vernetzbar) aus Diisocyanaten und Polyolen
	E-th	PUR	*Polyurethane,* thermoplastisch
Vinylchlorid-elastomere (chemische Formel siehe Polyvinylchlorid)	E-th	**PVC-w**	**Polyvinylchlorid-weich,** weichgemachtes Polyvinylchlorid, wie Plastomer verarbeitbar, viele Variationen und Mod.

Handelsnamen (Auswahl)	Lieferformen	Bemerkungen (Makroaufbau)
Thiokol X, Thiokol A, Thiokol-FA, -ST	Stücke, Brocken (Oxid-, auch Schwefelvern.)	lösungs- u. alterungsbest., Geruch!, geringe Festigkeit, Auskleidungen
Thiokol-LP, -Latex	flüssig, Dispersion (Oxidvern., u. a.)	(hom, fol, gef, verst, Verb)
Urepan, Adipren, Elasthane, Genthane	Felle, Brocken (verschieden vernetzbar, z. B. Schwefel)	verschleißfest (hom, gef, verst, Verb)
Durolan, Vulkollan	flüssig (Triolen-Vern.)	wie oben, gießbar
(Desmophen-Desmodur) Caradol-Caradate, Baymidur-Baygal, Lupranat-Lupranol u. a.	2 Komponenten, flüssig	wie oben, Reaktionsguß, Weich- u. Hartschaumstoffe (hom, gef, verst, Verb, Schst)
Caprolan, Desmopan, Elastollan, Texin, u. a.	Granulate, Plastomerverarbeit.	verschleißfest (hom, Fol, Fas, verst, gef)
Vinoflex, Trosiplast-w, Vestolit-w (w heißt weich)	Pulver, Granulat mit Weichmacher, auch Lösungen (Pasten) (kein Vernetzungsstoff)	hohe Bruchdehnung und Festigkeit (alle Makroaufbauarten, vorzüglich Fol u. Verb)

Bibliographie

Vorbemerkungen:

Aus der großen Zahl von Veröffentlichungen auf dem Gebiet der Kunststoffe wurde für dieses Literaturverzeichnis eine Auswahl wichtiger Werke getroffen, die geeignet sind, den in diesem Buch behandelten Stoff zu vertiefen und zu erweitern. Außerdem werden Veröffentlichungen angegeben, welche beim Schreiben des vorliegenden Buches als Quelle benutzt wurden.

Es sind zuerst wichtige Nachschlagewerke und die wichtigsten Fachzeitschriften aufgeführt. Nach einem Überblick über Gesamtdarstellungen entspricht die weitere Gruppeneinteilung der des Buches.

Englischsprachige Veröffentlichungen sowie Firmenschriften sind nur angeführt, wenn es keine anderen Veröffentlichungen gibt, oder wenn sie zur Bearbeitung dieses Buches benutzt wurden. Grundsätzlich sei darauf hingewiesen, daß bei der vertieften Bearbeitung eines Problems die Heranziehung von Firmenschriften unerläßlich ist.

Aus der angegebenen Literatur können ohne Schwierigkeiten wichtige weitere Literaturstellen, auch über Auslandsveröffentlichungen und Einzelveröffentlichungen, entnommen werden.

Nachschlagewerke

H. Saechtling: **Kunststoff-Taschenbuch.** 20. Aufl. München: Hanser 1976.
    1097 Seiten, 150 Abb., 100 Tab., 16 Tafeln. — Richtwerttafeln, Handelsnamensverzeichnis.

K. Stoeckhert: **Kunststoff-Lexikon.** 6. Aufl. München: Hanser 1975.
    708 Seiten, 62 Abb.

K. F. Heinisch: **Kautschuk-Lexikon.** 2. Aufl. Stuttgart: Gentner 1977.
    524 Seiten, 150 Abb. und Tab.

R. Bauer: **Chemiefaser-Lexikon.** 8. Aufl. Frankfurt: Deutscher Fachverlag 1976.
    200 Seiten mit Abbildungen.

H. Römpp: **Chemie-Lexikon.** 6 Bände. 7. Aufl. Stuttgart: Franckh 1972.

B. Carlowitz: **Kunststoff-Tabellen.** 2. Aufl. Bensberg: Schiffmann-Tabellen-Verlag 1973.
    406 Seiten, Eigenschaftstabellen mit Verarbeitungs- und Anwendungshinweisen.

P. Eyerer: **Informationsführer Kunststoffe.** 2. Aufl. Düsseldorf: VDI-Verlag 1977.
    560 Seiten. — Anschriften der Fachverbände, Institute, Bibliotheken, alle Titel der Fachliteratur.

Fachzeitschriften

Kunststoffe. Seit 1910, monatlich. München: Hanser.
Kunststoffkunde, Verarbeitung und Anwendung.

K-Plastic & Kautschuk-Zeitung. Seit 1969, 14tägig. Isernhagen: Kunststoff-Verlag.
Aktuelle Berichterstattung über Verarbeitung und Anwendung sowie über wirtschaftliche Fragen.

Kunststoff-Journal. Seit 1967, monatlich. München: Europa Fachpresse-Verlag.
Kunststoffkunde, -verarbeitung und -anwendung, Kunststoffmarkt. Kennzifferzeitschrift.

Kunststoffberater, Rundschau und Technik. Seit 1956, monatlich. Isernhagen: Kunststoff-Verlag.
Aktuelle Fortschrittsberichte, Fachbeiträge über Kunststofftechnik u. -wirtschaft.

Prodoc, Product-Documentation Kunststofftechnik. Seit 1962, vierteljährlich. Darmstadt: Hoppenstedt.
Herstellungs-, Verarbeitungs- u. Anwendungsberichte. Kennzifferzeitschrift.

Plastverarbeiter. Seit 1949, monatlich. Speyer: Zechner & Hüthig.
Verarbeitungs-, Gestaltungs- und Anwendungsberichte.

Gummi, Asbest, Kunststoffe. Seit 1948, monatlich. Stuttgart: Gentner.
Kunststoffkunde, Verarbeitung und Anwendung mit Schwerpunkt Elastomere.

Kautschuk- und Gummi-Kunststoffe. Seit 1948, monatlich. Berlin: Verlag f. Radio-Foto-Kinotechnik.
Kunststofferzeugung und Anwendung. Schwerpunkt Elastomere.

Colloid and Polymer Science/Kolloid-Zeitschrift & Zeitschrift für Polymere. Seit 1909, monatlich. Darmstadt: Steinkopff.
Kunststoffkunde, Schwerpunkt physikalische Chemie u. Physik.

Chemiefasern Textil-Industrie. Seit 1919, monatlich. Frankfurt: Deutscher Fachverlag.
Herstellung, Eigenschaften und Anwendung von Kunststoff-Fasern.

Modern Plastic International. Seit 1971, monatlich. Lausanne: McGraw-Hill.
Kunststoffkunde, Herstellung, Verarbeitung und Anwendung, Schwerpunkt USA u. Großbritannien.

Gesamtdarstellungen

H. Domininghaus: **Kunststoff-Fibel.** 2. Aufl. Speyer: Zechner & Hüthig 1970.
212 Seiten, 117 Abbildungen.

H. Käufer: **Kunststoffe als Werkstoff.** Würzburg: Vogel 1974.
264 Seiten.— Aufbau im Hinblick auf Verarbeitung und Anwendung.

R. Vieweg: **Kunststoff-Handbuch.** München: Hanser 1963 – 1975.
11 Bände, je 500 – 1000 Seiten. — Gesamtdarstellung über Aufbau, Verarbeitung, Eigenschaften und Anwendung der synthetischen Werkstoffe.

P. Kluckow, Zeplichal: **Chemie und Technologie der Elastomeren.** 3. Aufl. Stuttgart: Berliner Union 1970.
593 Seiten, 31 Abb., 304 Tabellen. — Praktische Darstellungen.

S. Boström: **Kautschukhandbuch.** 5 Bände und Ergänzungsband. Stuttgart: Berliner Union 1958 – 1962. Insgesamt 2346 Seiten, 1269 Abb. u. Tabellen.
Gesamtdarstellung über Aufbau, Verarbeitung, Eigenschaften und Anwendung der Elastomere.

F. Fourné: **Synthetische Fasern.** Stuttgart: Wiss. Verlagsges. 1964.
956 Seiten, 729 Abbildungen, viele Tabellen.

F. Wagner: **Kompendium der Kunststoffe.** Essen: Girardet 1974.
198 Seiten, 66 Abbildungen, 38 Tabellen.

J. Schurz: **Kunststoff-Praxis für Jedermann.** Stuttgart: Franckh 1964.
131 Seiten, 86 Abbildungen, 400 Versuche und Beispiele zum Selbstmachen.

C. M. v. Meysenburg: **Kunststoffkunde für Ingenieure.** 4. Aufl. München: Hanser 1973.
  244 Seiten, 130 Abbildungen, 39 Tafeln.

H. F. Mark: **Grundstoffe Kunststoffe Hochpolymere.** 3. Aufl. Hamburg: Rowohlt Taschenbuch
  Verlag 1970.
  190 Seiten. — Bildsachbuch, anschauliche Darstellung der Entwicklung der Kunststoffe.

H. Staudinger: **Arbeitserinnerungen.** Heidelberg: Hüthig 1961.
  335 Seiten, 9 Abbildungen, viele Literaturstellen.

Die Kunststoff-Industrie und ihre Helfer. Darmstadt: Industrieschau-Verlagsges. 1975.
  Ca. 700 Seiten. — Produktionsverzeichnis Kunststoffe sowie Beschreibung der Firmen.

H. Käufer: Der Kunststoff revolutionierte: Über Werden und Stand der internationalen
  Kunststoffindustrie. **Europa** 1951/XVIII Seite 43 – 46.

A. Hopff: Zur Kunststoffgeschichte. **Chemische Industrie** 10 (1952) 725.

R. Bauer: **Das Jahrhundert der Chemiefasern.** München: Goldmann 1958
  Über 160 Seiten. — Geschichtliche und wirtschaftliche Entwicklung der Chemiefasern.

R. Houwink: Das Zeitalter der Chemiewerkstoffe. **Kunststoffe** 56 (1956) 597.
  Zukünftige Entwicklung der Kunststoffe.

Aufbau und Zusammenhalt

H. G. Elias: **Makromoleküle: Struktur, Synthesen, Stoffe.** 3. Aufl. Basel, Heidelberg: Hüthig &
  Pflaum Wepf 1975.
  972 Seiten, 262 Abbildungen, 178 Tabellen.

K. Biederbeck: **Kunststoffe kurz und bündig.** 3. Aufl. Würzburg: Vogel 1974.
  272 Seiten, 70 Abbildungen und Tabellen. — Einführung in Aufbau und Einteilung der
  Kunststoffe.

B. Wunderlich: **Macromolecular Physics,** Vol. I. New York: Academic Press 1973.
  549 Seiten. — Einführung in den Mikroaufbau.

K. A. Wolf: **Struktur und physikalisches Verhalten der Kunststoffe.** Berlin: Springer 1962.
  Über 990 Seiten, 582 Abbildungen. — Beschreibung der älteren Arbeiten über die
  Kunststoffkunde.

H. Käufer: **Untersuchung über Zustand hochpolymerer Substanzen.** Diss. Tech. Hochschule
  München 1952.
  50 Seiten. — Insbesondere über das kinetische Verhalten sowie die Größe und Form
  von hochpolymeren Einzelmolekülen.

H. A. Stuart: **Die Physik der Hochpolymeren.** 4 Bände. Berlin: Springer 1952 – 1967.
  Ausführlichste Darstellung der physikalischen Fragen.

D. Braun (Hrsg.): **Grundfragen des Aufbaus, der Verarbeitung und der Prüfung. Kunststoff-
  Handbuch,** Bd. 1. München: Hanser 1975.
  1342 Seiten, 946 Abbildungen, 158 Tabellen. — Aufbau, Chemie, Physik u. Verarbeitung der Kunststoffe; von vielen Mitarbeitern.

G. Menges: **Werkstoffkunde der Kunststoffe.** Berlin: de Gruyter 1970.
  95 Seiten. — Kurzer Überblick über die Wirkungsweise der Kunststoffe bei den verschiedenen Beanspruchungen.

M. Kaufmann: **Riesenmoleküle.** München: König 1973.
  192 Seiten, 113 Abbildungen. — Herstellung und Zusammenhang sowie wirtschaftliche
  Folgerungen.

W. Meyer-Larsen: **Chemiefasern.** Hamburg: Rowohlt Taschenbuch Verlag 1972.
  160 Seiten. — Aufbau und Anwendung.

Kunststoff-Werkstoffe im Gespräch. Ludwigshafen: BASF 1975.
  187 Seiten. — Aufbau und Eigenschaften vom Chemismus her gesehen.

Kunststoff-Chemie und -Bestimmung

B. Vollmert: **Polymer Chemistry.** Berlin: Springer 1973.
  652 Seiten, 630 Abbildungen. — Chemische Zusammensetzung und ihr Einfluß auf den Kunststoff-Aufbau.

A. Krause; A. Lange: **Kunststoff-Bestimmungsmöglichkeiten.** 2. Aufl. München: Hanser 1970.
  191 Seiten, 31 Tabellen. — Anleitung zu einfachen und qualitativen und quantitativen chemischen Analysen.

S. Haenle; B. Gnauck; G. Harsch: **Praktikum der Kunststofftechnik.** München: Hanser 1972.
  349 Seiten, 80 Übungen, 252 Bilder, 13 Tabellen.

D. O. Hummel: **Kunststoff-, Lack- und Gummi-Analyse.** 2. Aufl. München: Hanser 1968.

W. C. Wake: **Die Analyse von Kautschuk und kautschukartigen Polymeren.** Stuttgart: Berliner Union 1960.
  228 Seiten, 43 Abbildungen.

H. G. Elias: **Neue polymere Werkstoffe** 1969 – 1974. München: Hanser 1975.
  218 Seiten, 31 Abbildungen, 83 Tabellen.

Eigenschaften, ihre Bestimmung und Auswirkung

B. Carlowitz: **Tabellarische Übersicht über die Prüfung von Kunststoffen.** 4. Aufl. Frankfurt: Umschau-Verlag 1974.
  48 Seiten.

Kunststoffnormen: Formmassen. DIN Taschenbücher, 21. 7. Aufl. Berlin: Beuth 1975.
  190 Seiten.

Prüfnormen für Kunststoffe: Mechanische, thermische und elektrische Eigenschaften. DIN Taschenbücher, 18, 5. Aufl. Berlin: Beuth 1974.
  301 Seiten.

Prüfnormen für Kunststoffe: Chemische, optische, Gebrauchs- und Verarbeitungs-Eigenschaften. DIN-Taschenbücher, 48. Berlin: Beuth 1974.
  275 Seiten.

Prüfnormen für Kautschuk und Gummi. DIN-Taschenbücher, 47. 4. Aufl. Berlin: Beuth 1977.
  500 Seiten.

Materialprüfnormen für Textilien. DIN-Taschenbücher, 17. Berlin: Beuth 1973.
  444 Seiten.

H. Dominghaus: **Die Kunststoffe und ihre Eigenschaften.** Düsseldorf: VDI-Verlag 1976.
  Ca. 587 Seiten, 325 Bilder, 82 Tabellen, 4 Falttafeln. — Ausführliche Erklärung der Eigenschaften der einzelnen Kunststoffe.

H. Käufer; W. Christmann: Kurzzeitiges Zerreißen von Kunststoffen.
  Kolloid-Z. 152 (1957) 18 – 23.

K. Oberbach: **Kunststoff-Kennwerte für Konstrukteure.** München: Hanser 1975.
  180 Seiten, 18 Tabellen, 226 Diagramme.

W. Hellerich; G. Harsch; S. Haenle: **Werkstoff-Führer Kunststoffe.** München: Hanser 1975.
  280 Seiten, 76 Bilder, 6 Tafeln, 69 Diagramme.

H. Käufer; G. Martin: Wirkung von verschieden kurzzeitigen Beanspruchungen beim Zerreißen von Polyäthylen. **Kolloid-Z.** 157 (1958) 124 – 133.
  Untersuchung über unterschiedliches Verhalten unterschiedlicher kristalliner Anteile.

E. Behr: **Hochtemperaturbeständige Kunststoffe.** München: Hanser 1969.
  140 Seiten, 93 Abbildungen, 32 Tafeln.

W. Hofmann; S. Koch: **Handbuch für die Gummi-Industrie.** Stuttgart: Berliner Union 1971.
  1026 Seiten.

H. Käufer; B. Hesselbrock: Verschiebung der neutralen Linie und Zusammenhang mit den Randfaserspannungen bei biegebeanspruchten Plastomerteilen. **Z. f. Werkstofftechnik** 8 (1977) 314 – 320.

Sachverzeichnis